概率与统计

主　　编　缪铨生
编写人员　（按姓氏笔画排序）：
　　　　　邹辛程　赵跃生　缪铨生

南京大学出版社

图书在版编目(CIP)数据

概率与统计/缪铨生主编. —南京:南京大学出版社,2000.7(2020.1重印)
高等学校小学教育专业教材
ISBN 978-7-305-03522-7

Ⅰ.概… Ⅱ.缪… Ⅲ.①概率论-高等学校-教材 ②数理统计-高等学校-教材 Ⅳ.O21

中国版本图书馆CIP数据核字(2000)第37857号

丛 书 名 高等学校小学教育专业教材
书　　名 概率与统计
主　　编 缪铨生
出版发行 南京大学出版社
社　　址 南京市汉口路22号 邮编 210093
电　　话 025-83596923 025-83592317 传真 025-83328362
网　　址 http://press.nju.edu.cn
电子邮件 nupressl@publicl.ptt.js.cn
经　　销 全国各地新华书店
印　　刷 常州市武进第三印刷有限公司
开　　本 850×1168 1/32 印张 14.5 字数 377千
版　　次 2000年10月第1版 2020年1月第13次印刷
ISBN 978-7-305-03522-7
定　　价 35.00元

高等学校小学教育专业教材
编写委员会名单

前　言

培养具有较高学历的小学教师是江苏社会主义现代化建设和基础教育事业发展的迫切需要，也是我国师范教育改革发展的必然趋势。1984 年，江苏省南通师范学校在全国率先进行培养专科程度小学教师的五年制师范教育试验；1998 年，通过联合办学形式，组建南京师范大学晓庄学院，在全国率先进行培养本科程度小学教师的试验，使江苏省较早启动了以高学历、高素质为基本特征的“跨世纪园丁工程”。10 多年来，试验院校为基础教育输送了一大批新型小学教师，提升了小学教师的学历结构，提高了小学教育教学质量，受到了教育行政部门和用人单位的普遍欢迎。但自试验以来，江苏省乃至全国还没有一套专为培养本专科程度小学教师而编写的小学教育专业教材，这不能不说是一种缺憾。

1997 年 6 月，江苏省教委根据原国家教委师范教育司《大学专科程度小学教师培养课程方案（试行）》的基本精神，组织制订并印发了《江苏省五年制师范课程与学习手册》，对培养专科程度小学教师的目标、规格、课程体系作了明确规定，对各专业所开设课程的目标、内容和要求作了具体说明。1999 年 6 月，又对《江苏省五年制师范课程与学习手册》中小学教育专业课程方案进行了修订，正式颁布了《江苏省五年制师范小学教育专业课程方案（试行）》（以下简称《方案》），标志着江苏省培养专科程度小学教师的五年制师范教学内容和课程体系的确立。“九五”期间，原国家教委师范司组织成立了“面向 21 世纪本专科学历小学教师专业建设”

课题组，江苏省教委和南京师范大学承担了其中一系列的子课题研究任务，编写教材纳入了课题组的预期研究成果，这为教材建设提供了理论和实践上的准备。为了着力解决培养本专科程度小学教师学校教材紧缺的燃眉之急，进一步规范和完善教学管理，切实保证教学质量，江苏省教委组织编写了这套高等学校小学教育专业教材。

这套教材以全面贯彻党的教育方针，全面提高教育质量为宗旨，以教育要“面向现代化、面向世界、面向未来”为指针，以《方案》为依据，体现素质教育思想和改革创新精神，体现大学文化程度和为小学教育服务的内在要求，遵循小学教师成长的规律和学科教学特点，加强通识教育，注重文理渗透，强化职业能力培养，合理安排教材结构，科学构建教材体系。在教材编写过程中，充分汲取了省内外试验院校的教学经验，并注意借鉴国际师范教育教学改革的先进成果，在确保科学性的前提下，进一步突出教材内容的时代性、针对性和系统性，坚持师范性和学术性统一，基础性和发展性并重，使教材体系更加符合培养面向21世纪本专科学历小学教师的需要。

全套教材按照“整体规划、分步实施、逐步到位”的教材建设目标进行编写。第一批主要编写《方案》中规定的学科专业必修课、教育专业必修课和部分选修课的教材，共计38本。

学科专业课教材有：《文学理论》《中国古代文学》《中国现当代文学》《外国文学》《汉语》《写作》《普通逻辑概要》《儿童文学》《人文社会科学基础》《高等代数》《数学分析》《空间解析几何》《概率与统计》《算术基本理论与数论初步》《微机辅助教学软件设计》《普通物理》《现代科技概论》等17本。

教育专业课教材有：《教育基本原理》《教育技术教程》《教育技术原理与训练》《教育科研方法》《儿童心理学》《班队管理》《小学语文教材概说》《小学数学教材概说》《小学语文教学概论》《小学数学教学概论》等10本。

选修课(必选)教材有:《大学语文》《高等数学》《中国文化概说》《教育思想史》《素质教育论》《教育现代化》《家庭社区教育》《教育伦理学》《现代教育思潮》《小学教育个案研究》《小学教育比较研究》等11本。

本套教材由国内学养深厚的知名专家学者担任主编,一大批具有丰富教学经验和较高学术水平的学科带头人集体参与编写,确保了教材质量。

本套教材适用于培养大学本、专科学历小学教师的全日制学校,也可以作为在职小学教师本专科学历进修、继续教育和自学考试的指定教学用书。

培养本专科学历小学教师是一项面向未来的探索,小学教育专业建设尤其是教材建设尚处在起步阶段。由于缺乏经验,加上编写时间仓促,难免存在一些不足之处,各地在具体使用过程中有什么问题或建议,请及时与江苏省教委师范教育处联系,以便修订完善。

高等学校小学教育专业
教材编写委员会
1999年8月

目　　录

第1章　事件与概率

§1.1　随机事件及其概率

1. 随机现象与随机试验

1）随机现象

我们观察自然界发生的现象，大体可归结为两类，一类现象称为决定性现象，这类现象的特点是：在一组条件下，其结果完全被决定，或者完全肯定，或者完全否定，不存在其他的可能性.例如，使两个带同性电的小球相靠近，则两小球互相排斥.这里，“使两个带同性电的小球相靠近”是一组条件，一旦这组条件实现，那么“两小球互相排斥”这一结果就完全被肯定，所以“使两个带同性电的小球相靠近，则两小球互相排斥”这一现象是决定性现象.该决定性现象，在试验中必然发生，故这种决定性现象常称为必然现象.又如，“使两个带同性电的小球相靠近”（条件），则“两小球互相吸引”（结果）完全被否定，所以这一现象也是决定性现象.该决定性现象，在试验中必然不发生，故这种决定性现象常称为不可能现象，显然，必然现象和不可能现象互为相反面，必然现象的反面就是不可能现象，反之，不可能现象的反面就是必然现象，由此可见，决定性现象（必然现象或不可能现象）实际上就是事前可以预言结果的现象，通常我们对某个现象可以“未卜先知”，应当说指的是决定性现象.

还有一类现象称为非决定性现象，这类现象的特点是：条件不能完全决定结果，每次观察所发生的结果可能是不同的，例如，“向桌上任意抛掷一枚硬币，落下后某一面向上”这一现象是非决定性现象. 因为条件“向桌上任意抛掷一枚硬币”不能完全决定结果“某一面向上”，落下后它可能“正面向上”，也可能“反面向上”. 又如，“从一副扑克牌中任选 2 张，所得 2 张牌的花色”是非决定性现象，因为任选的二张扑克牌花色可能是“黑桃、黑桃”，“黑桃、方块”，……，“梅花、梅花”等. 由上可知，非决定性现象实际上就是事前不能预言结果的现象，这类现象，我们称为**随机现象**. 这里，要提请大家注意的是，随机现象千万不能理解为杂乱无章的现象. 我们说这种现象是随机的，有两方面的意思：第一，对这种现象进行观察，其结果不是唯一的，可能会发生这种结果，也可能会发生那种结果，究竟出现哪一种结果，事前是不能预言的，只有事后才能得知；第二，在一次观察中，这种现象发生那一种结果常带有偶然性，但通过对这种现象的大量观察，我们会发现这种现象的各种可能结果在数量上呈现出一定的规律性，我们称它为随机现象的统计规律性. 例如，考察“任意抛掷一枚硬币，落下后某一面向上”这个随机现象，我们将硬币向桌上抛掷一次观察它所发生的结果，可能是“正面向上”，也可能是“反面向上”，若试验结果是“正面向上”，这是偶然的，然而我们大量重复进行抛掷硬币的试验，可以发现，即使各次试验结果没有什么规律性，但“正面向上的次数”与“反面向上的次数”各接近于总试验次数的一半，这就是所述随机现象内部存在的统计规律性. 又如，我们研究“存放在容器里的占有一定体积的气体的分子运动速度”这个随机现象. 由于气体分子间的相互碰撞，气体分子运动的速度时刻都在发生变化，某时刻气体分子运动的速度取某值是带有偶然性的，然而通过大量重复观察，我们发现气体分子运动的速度的绝对值服从麦克斯韦(Maxwell)分布，它就是“存放在容器里的占有一定体积的气体的分子运动速度”这个随机现象内部存在的统计规律性，概率论与数理统计就是研究随机现象统计规律性的一门数学学科.

2）随机试验

正如前面所述，为了研究随机现象的统计规律性，必须对所述随机现象进行观察或试验，今后我们把对随机现象所进行的观察或试验统称为试验，例如，为了研究“向桌上抛掷一枚硬币，落下后出现某一面向上”，我们必须做“向桌上抛掷一枚硬币”的试验；又如，为了考察“从一副扑克牌中任摸两张所出现的花色”，我们必须做“从一副扑克牌中任摸两张牌”的试验，这类试验有两个特点：一是在相同条件下可以重复进行；二是每次试验出现什么结果事前不能确定，试验的可能结果是多种的. 我们称这种试验为随机试验，以下所说的试验都是指随机试验.

对于一个试验，总有一个试验目的，根据这个目的，我们将得到试验可能出现的各种结果，例如，抛掷一枚硬币，我们的目的是要考察它哪一面向上，考察的结果只有两种可能：一是“正面向上”，二是“反面向上”；又如从一副扑克牌中任摸一张，我们的目的是要考察它是什么花色，考察的结果只有 4 种可能：“黑桃”、“红心”、“方块”、“梅花”. 今后，凡谈及试验的结果时，都是对某一确定的试验目的而言的.

2. 事件的概念

1）事件的直观意义

若某件事情在一次试验中一定发生，称这件事情为**必然事件**. 例如，“在一副扑克牌中任摸 14 张，其中至少有两张花色是不同的”这件事情就是必然事件.

若某件事情在一次试验中一定不发生，称这件事情为**不可能事件**，例如，“在一副扑克牌中任摸 14 张，其中没有两张花色是不同的”是不可能事件.

从必然事件、不可能事件的意义可以看到必然现象的结果是必然事件，不可能现象的结果是不可能事件，必然事件与不可能事件互为相反面，必然事件的反面就是不可能事件，不可能事件的反面就是必然事件，必然事件、不可能事件都是事前可以预言的事情.

若某件事情在一次试验中可能发生也可能不发生，称这件事情为**随机事件**，简称为**事件**. 例如，“任意抛掷一枚硬币，出现正面向上”，“从一副扑克牌中任摸两张，所得花色是相同的”都是事件.

根据事件的意义容易明白，试验的每一个可能结果是事件，因为这种事件不可能再分解为更为简单的事件，所以我们特别称这种事件为**基本事件**. 而一般的事件是由若干个基本事件复合而成的. 例如，考察在“0, 1, 2, …, 5”这 6 个数字中任取一个的试验，可能发生的结果有 6 种：“取得一个数是 0”，“取得一个数是 1”，……，“取得一个数是 5”，这些都是基本事件，而事件“取得一个奇数”是由“取得一个数是 1”，“取得一个数是 3”，“取得一个数是 5”这 3 个基本事件复合而成.

从上述事件的构成来看，在一次试验中，一个事件“发生”，当且仅当它所含的一个基本事件发生；一个事件“不发生”，当且仅当它所含的所有基本事件都不发生，这里，我们要注意的是，一个事件是否称为基本事件是相对于试验的目的来说的. 例如，一射手击靶，如果考察命中的环数，那么“命中 0 环”，“命中 1 环”，……，“命中 10 环”都是基本事件，共有 11 个，如果考察命中还是不命中，那么此时只有两个基本事件了，即“命中”，“不命中”. 又如，测量人的体重，如果关心的是重量，那么一般说来，区间$(0, \infty)$中的任一实数都可以是一个基本事件，这时，基本事件有无穷个；但如果测量体重的目的是为了举重比赛中分等级的话，这时就只有“52kg”，“56kg”，“60kg”，……以及“110kg 以上”等 10 个基本事件了.

通常，我们用符号 Ω 表示必然事件，用符号$\varnothing$表示不可能事件，用符号 A, B, C, …及带下标的 A_0, A_1, …表示事件，用符号 ω 及带下标的 ω_0, ω_1, …表示基本事件.

必然事件、不可能事件不是事件（即随机事件），但为便于讨论，我们也把它们看作事件.

2）样本空间

20 世纪 30 年代初，冯・米斯(Von Miss)开始用集合论的观点来研究事件，由于这个概念的引进，使得以后概率的研究走上了严格化的道路，为此需引进样本空间的概念.

称试验的每种可能结果即基本事件为**样本点**，因样本点就是基本事件，故样本点仍记为 ω 或带下标的 $\omega_0, \omega_1, \cdots$，样本点的全体称为**样本空间**，因任一次试验必然出现样本空间中的某一样本点，故样本空间作为一个事件是必然事件，仍以 Ω 表示.

例 1.1 掷一枚硬币，考察出现向上的面，试验的可能结果有两个："正面向上"，"反面向上"，样本点有两个，样本空间是

$$\Omega = \{\text{“正面向上”}, \text{“反面向上”}\}.$$

如采用记号

$$\omega_1 = \text{“正面向上”}, \ \omega_2 = \text{“反面向上”},$$

则 $\Omega = \{\omega_1, \omega_2\}$.

例 1.2 任意抛一枚骰子两次，观察前后两次出现的点数，试验的可能结果共有 36 个：

$$\omega_{ij} = (i, j), \ 1 \leqslant i \leqslant 6, \ 1 \leqslant j \leqslant 6,$$

样本空间

$$\Omega = \{\omega_{ij} : 1 \leqslant i \leqslant 6, \ 1 \leqslant j \leqslant 6\}.$$

例 1.3 观察某电话交换台在上午 9 点钟内所接到的呼唤次数，试验的可能结果是：$0, 1, 2, \cdots, i, \cdots$；样本点是 $\omega_i =$"接到 i 次呼唤"，$i = 0, 1, 2, \cdots$，样本空间 $\Omega = \{\omega_0, \omega_1, \omega_2, \cdots\}$.

例 1.4 在单位正方形 $(0 \leqslant x \leqslant 1, \ 0 \leqslant y \leqslant 1)$ 内投针，观察针落点的坐标，样本点是 (x, y)，$0 < x, y < 1$；样本空间 $\Omega = \{(x, y) : 0 < x, y < 1\}$，它含有无限不可列个样本点.

3）事件的集合论定义

前已指出,事件是由若干个基本事件复合而成,而基本事件就是样本点,所以事件是由若干个样本点组成,故事件可看作是样本空间 Ω 的子集.

我们把不包括任何样本点的空集也看作是一事件,因为一次试验必然要出现一个样本点,空集是不可能发生的,所以把空集作为一个事件就是一个不可能事件,仍用 $\varnothing$ 表示.

有了上面事件的集合论定义,容易理解,所谓在一次试验中事件 A 发生,当且仅当试验中出现的样本点 $\omega \in A$; 所谓在一次试验中事件 A 不发生,当且仅当试验中出现的样本点 $\omega \overline{\in} A$.

为便于比较事件的直观意义与集合论定义,现把各符号的两种解释列表如下:

表 1.1

符　号	集合论解释	概率论解释
Ω	空　间	必然事件
$\varnothing$	空　集	不可能事件
ω	点(元素)	基本事件,样本点
A	Ω 的子集 A	事件 A
$\omega \in A$	ω 是 A 中的点	事件 A 发生
$\omega \overline{\in} A$	ω 不是 A 中的点	事件 A 不发生

对于初学概率的人来说,善于对事件作出概率论解释尤为重要,对事件直观意义的理解将有助于我们学习概率论.

一个试验与一个样本空间相联系,反过来,一个样本空间又是许多同类型的试验模型的抽象化. 例如以只含有 2 个样本点的样本空间 $\Omega = \{\omega_1, \omega_2\}$ 来说,用于气象预报中,$\omega_1 =$ "晴天",$\omega_2 =$ "非晴天";用于人口普查中,$\omega_1 =$ "男性",$\omega_2 =$ "女性";用于产品质量检查中,$\omega_1 =$ "好品",$\omega_2 =$ "次品".

在今后的讨论中都假定样本空间是给定的,并且是在同一样本空间下,讨论事件的种种性质及其概率.

3. 事件的关系与运算

我们用事件的集合论定义来引进事件间的关系与运算，然后根据事件的集合论定义与直观意义的对应关系作出它们的概率论解释，在此基础上再研究事件间的基本性质，这些将有助于把复杂事件分解成简单事件，对今后复杂事件的概率计算是极其有益的.

1）事件的包含

若 A 是 B 的子集即 $A \subset B$，称**事件 B 包含事件 A**，因 $A \subset B \Leftrightarrow$“若 $\omega \in A$，则 $\omega \in B$”，所以 $A \subset B$ 表示事件 A 发生必然导致事件 B 发生，例如，从 1, 2, …, 9 共 9 个数中任取 1 数（以下简称取数试验），记 $A =$“取得数 2”，$B =$“取得偶数”，显然 $A \subset B$，即 A 的发生必然导致 B 的发生.

如以平面上某一矩形表示样本空间 Ω，矩形内的每一点表示样本点，用画在 Ω 内的两个小圆形表示事件 A 和 B，关系 $A \subset B$ 可用如图 1.1 中的几何图形来表示，它称为文氏图（Venn 图）.

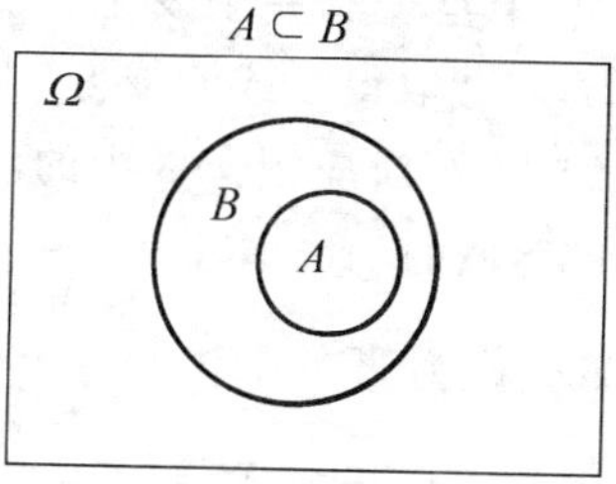

图 1.1

2）事件的相等

若 $A \subset B$ 且 $B \subset A$，称**事件 A 与事件 B 相等**，记为 $A = B$，它表示若 A 发生 B 必然发生. 反之 B 发生 A 也必然发生. 例如在取数试验中，令 $A =$“取得 2 或 4 或 6 或 8 诸数”，而 $B =$“取得偶数”，显然 $A = B$.

3）事件的对立（逆）

A 的补集 $\overline{A} = \Omega - A$ 称为事件 A 的**对立事件**或**逆事件**，因 $\omega \in \overline{A} \Rightarrow \omega \overline{\in} A$，$\omega \in A \Rightarrow \omega \overline{\in} \overline{A}$，由此知，$\overline{A}$发生则 A 不发生，反之，若 A 发生则$\overline{A}$不发生，所以$\overline{A}$表示与 A 性质相反的事件. 例如在取数试验中，令 $A =$“取得偶数”，则与之相反的事件$\overline{A} =$“取得奇数”. $\overline{A}$的几何图形如图 1.2，图中的阴影部分是事件$\overline{A}$.

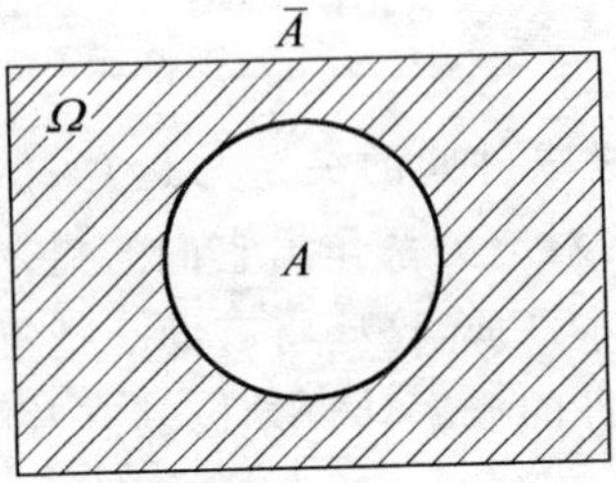

图 1.2

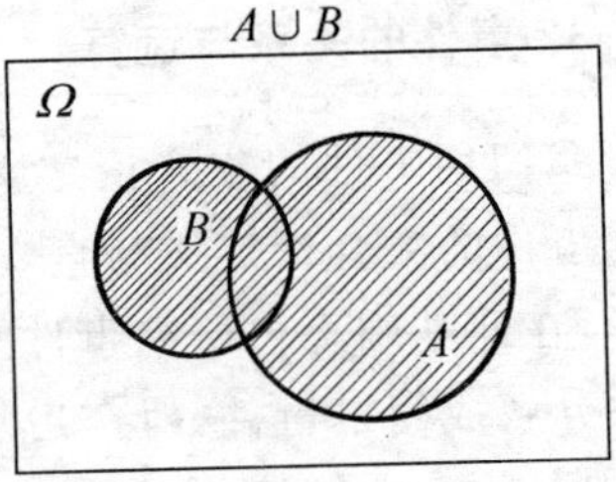

图 1.3

4）事件的和(并)

A 与 B 的和集 $A \cup B$ 称为**事件 A 与事件 B 的和**，因 $\omega \in A \cup B \Leftrightarrow \omega \in A$ 或 $\omega \in B$，所以事件 $A \cup B$ 发生 $\Leftrightarrow A$ 发生或 B 发生 $\Leftrightarrow A, B$ 中至少有一个发生，例如在取数试验中，令 $A =$“取得 1 或 3”，$B =$“取得 2 或 6 或 8”，则 $A \cup B =$“取得 1 或 2 或 3 或 6 或 8”. $A \cup B$ 对应图 1.3 中的阴影部分.

类似的 $A_1, A_2, \cdots, A_n$ 的和集 $A_1 \cup A_2 \cup \cdots \cup A_n$(简记为 $\bigcup_{i=1}^{n} A_i$) 称为事件 $A_1, A_2, \cdots, A_n$ 的和. 事件 $\bigcup_{i=1}^{n} A_i$ 发生表示 $A_1, A_2, \cdots, A_n$ 中至少有一个发生，同样，可列个事件和 $\bigcup_{i=1}^{\infty} A_i$ 发生表示 $A_1, A_2, \cdots, A_i, \cdots$ 中至少有一个发生.

5）事件的交(积)

A 与 B 的交集 $A \cap B$ (或记为 AB) 称为**事件 A 与事件 B 的交**，因 $\omega \in A \cap B \Leftrightarrow$“$\omega \in A$ 且 $\omega \in B$”，所以事件 $A \cap B$ 发生 $\Leftrightarrow A$ 发生且 B 发生 $\Leftrightarrow A, B$ 同时发生，故事件 $A \cap B$ 发生表示 A, B 同时发生. 例如在取数试验中，令 $A =$“取得奇数”，$B =$“取得 1 或 2 或 3”，则 $A \cap B =$“取得 1 或 3”. $A \cap B$ 对应图 1.4 中的阴影部分.

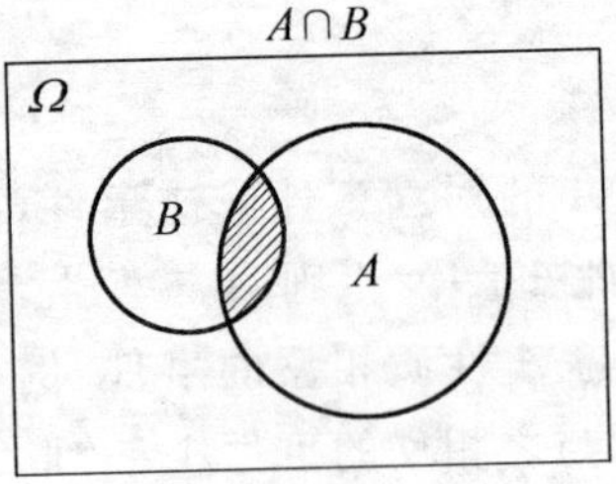

图 1.4

类似的 $A_1, A_2, \cdots, A_n$ 的交集 $A_1 \cap A_2 \cap \cdots \cap A_n$(简记为 $\bigcap_{i=1}^{n} A_i$ 或 $A_1A_2 \cdots A_n$) 称为事件 $A_1, A_2, \cdots, A_n$ 的交. $\bigcap_{i=1}^{n} A_i$ 发生表示 $A_1, A_2, \cdots, A_n$ 同时发生,同样,可列个事件交 $\bigcap_{i=1}^{\infty} A_i$ 发生表示 $A_1, A_2, \cdots, A_i, \cdots$ 同时发生.

6) 事件的差

A 与 B 的差集 $A - B$ 称为**事件 A 与事件 B 的差**,因 $\omega \in A - B \Leftrightarrow$"$\omega \in A$ 但 $\omega \overline{\in} B$",所以 $A - B$ 发生 $\Leftrightarrow A$ 发生但 B 不发生,故事件 $A - B$ 发生表示 A 发生但 B 不发生. 例如在取数试验中,$A =$"取得 1 或 3 或 5 或 8",$B =$"取得 2 或 3 或 5",则 $A - B =$"取得 1 或 8". 图 1.5 的阴影部分表示了 $A - B$.

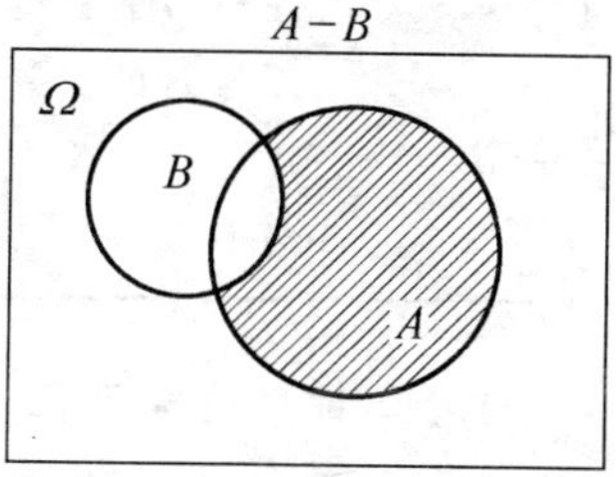

图 1.5

7) 事件的互不相容(互斥)

若 A 与 B 的交集是空集即 $AB = \varnothing$,称**事件 A 与事件 B 互不相容**.

因 $AB = \varnothing$,所以若 $\omega \in A$,则 $\omega \overline{\in} B$,反之若 $\omega \in B$ 则 $\omega \overline{\in} A$,这表示互不相容的两事件 A, B 不会同时发生. 例如在取数试验中,令 $A =$"取得偶数",$B =$"取得 1 或 3",则 A, B 互不相容. 易见 A 与它对立的事件 $\overline{A}$ 是互不相容的. 图 1.6 表示了 A 与 B 互不相容.

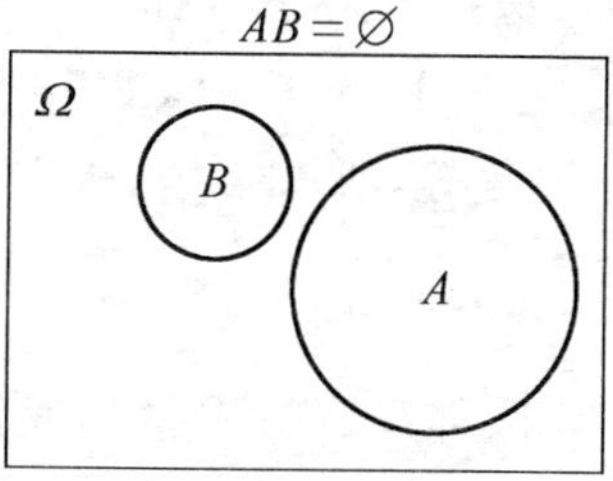

图 1.6

事件的关系与运算的两种解释可列表对照如下:

表 1.2

符　　号	集合论解释	概率论解释
$A \subset B$	A 是 B 的子集	事件 A 发生必导致事件 B 发生

（续表）

符　号	集合论解释	概率论解释
$A=B$	集合 A 与 B 相等	两事件 A 与 B 相等
$\overline{A}$	A 的补集	A 的对立事件
$A\cup B$	A 与 B 的和集	事件 A 与 B 中至少有一个发生
AB	A 与 B 的交集	事件 A 与 B 同时发生
$A-B$	A 与 B 的差集	事件 A 发生但事件 B 不发生
$AB=\varnothing$	A 与 B 没有公共点	事件 A 与 B 互不相容

例 1.5　对某目标进行 3 次射击，记 $A_i=$“第 i 次射击时射中目标”，$i=1,2,3$，试用 A_1, A_2, A_3 表示事件：

(1) $B=$“恰好有一次射中目标”；

(2) $C=$“最多有一次射中目标”.

解　(1)“恰好有一次射中目标”⇔“恰好第一次射中目标或恰好第二次射中目标或恰好第三次射中目标”. 而“恰好第一次射中目标”⇔“第一次射中目标，而第二、三次没有射中目标”⇔“A_1 发生，而 A_2, A_3 没有发生”⇔“$\omega\in A_1,\ \omega\overline{\in} A_2,\ \omega\overline{\in} A_3$”⇔“$\omega\in A_1,\ \omega\in\overline{A}_2,\ \omega\in\overline{A}_3$”⇔“$\omega\in A_1\overline{A}_2\overline{A}_3$”，等等，所以

$$B=A_1\overline{A}_2\overline{A}_3\cup\overline{A}_1A_2\overline{A}_3\cup\overline{A}_1\overline{A}_2A_3.$$

(2)“最多有一次射中目标”就是“3 次都没有射中目标或恰好有一次射中目标”，类似上述的分析可得

$$C=\overline{A}_1\overline{A}_2\overline{A}_3\cup B.$$

事件 C 还可以表示为“至少有两次没有射中目标”的事件. 即

$$C=\overline{A}_1\overline{A}_2\cup\overline{A}_2\overline{A}_3\cup\overline{A}_3\overline{A}_1.$$

或“至少有两次射中目标”的对立事件，即

$$C=\overline{A_1A_2\cup A_2A_3\cup A_3A_1}.$$

例 1.6 设袋中有红、白、黄各一球，有放回抽取三次，每次取一球(有放回的意思是取出球后仍把取出的球放回原袋中)，试说明下列各组事件是否相容？如不相容，还要说明是否对立？

(1) $A=$“三次抽取，颜色全不同”，$B=$“三次抽取，颜色不全同”；

(2) $A=$“三次抽取，颜色全同”，$B=$“三次抽取，颜色不全同”；

(3) $A=$“三次抽取，无红色球”，$B=$“三次抽取，无黄色球”；

(4) $A=$“三次抽取，无红色球也无黄色球”，$B=$“三次抽取，无白色球”.

解 (1) 因为三次抽取颜色不全同包括了颜色全不同的事件，所以 A 与 B 相容.

(2) 颜色全同的反面就是颜色不全同，所以 A, B 是对立的，自然 A 与 B 互不相容.

(3) 三次抽取无红色球包括了颜色全白的事件，而三次抽取无黄色球也包括了颜色全白的事件，所以 A 与 B 相容.

(4) 三次抽取无红色球且无黄色球的事件是一个三次抽取颜色全白事件，而三次抽取无白色球与三次抽取颜色全白的事件不能同时发生，所以 A 与 B 互不相容；但无白色球不等于不全白，故 A 与 B 不对立.

事件运算具有下面的基本性质：

否定律：$\overline{\overline{A}}=A$, $\overline{\Omega}=\varnothing$.

幂等律：$AA=A$, $A\cup A=A$.

交换律：$AB=BA$, $A\cup B=B\cup A$.

结合律：$A(BC)=(AB)C$, $A\cup(B\cup C)=(A\cup B)\cup C$.

分配律：$A(B\cup C)=AB\cup AC$,

$$A\cup BC=(A\cup B)\cdot(A\cup C).$$

德·摩根(De Morgan)公式(对偶公式)：

$$\overline{A \cup B} = \overline{A} \cap \overline{B}, \quad \overline{A \cap B} = \overline{A} \cup \overline{B}.$$

更一般地有

$$\overline{\bigcup_{i=1}^{n} A_i} = \bigcap_{i=1}^{n} \overline{A_i}, \quad \overline{\bigcap_{i=1}^{n} A_i} = \bigcup_{i=1}^{n} \overline{A_i},$$

对可列个事件上式也成立.

以上性质容易通过文氏图看出,也可运用事件的关系与运算的定义证明. 作为例子,我们证明 $\overline{A \cup B} = \overline{A} \cap \overline{B}$.

用概率论语言证明:若 $\overline{A \cup B}$ 发生,则 $A \cup B$ 不发生,即 A 不发生且 B 不发生,于是 $\overline{A}$ 发生且 $\overline{B}$ 发生,从而 $\overline{A} \cap \overline{B}$ 发生,综上所述,$\overline{A \cup B}$ 发生必导致 $\overline{A} \cap \overline{B}$ 发生,故 $\overline{A \cup B} \subset \overline{A} \cap \overline{B}$,反之,类似可证 $\overline{A} \cap \overline{B} \subset \overline{A \cup B}$,由此得 $\overline{A \cup B} = \overline{A} \cap \overline{B}$.

用集合论语言证明:若 $\omega \in \overline{A \cup B}$,则 $\omega \overline{\in} A \cup B$,于是 $\omega \overline{\in} A$ 且 $\omega \overline{\in} B \Rightarrow \omega \in \overline{A}$ 且 $\omega \in \overline{B} \Rightarrow \omega \in \overline{A} \cap \overline{B}$,故 $\overline{A \cup B} \subset \overline{A} \cap \overline{B}$. 类似可证 $\overline{A} \cap \overline{B} \subset \overline{A \cup B}$,由此得 $\overline{A \cup B} = \overline{A} \cap \overline{B}$.

4. 频率与概率

1) 频率与频率的稳定性

定义 1.1 对于事件 A,若在 n 次试验中,事件 A 发生的次数为 μ_n 次,则称

$$F_n(A) = \frac{\text{事件 } A \text{ 发生的次数 } \mu_n}{\text{试验总次数 } n}$$

为事件 A 在 n 次试验中发生的**频率**,μ_n 称为事件 A 在这 n 次试验中的**频数**.

容易理解,频率反映了事件 A 在一次试验中发生的可能性大小,频率大,事件 A 在一次试验中发生的可能性大,频率小,事件 A 在一次试验中发生的可能性小.

从频率的定义可见频率具有下列的性质:

(1) 非负性:$0 \leqslant F_n(A) \leqslant 1$;

(2) 规范性：$F_n(\Omega)=1$；

(3) 可加性：若 $AB=\varnothing$，则 $F_n(A\cup B)=F_n(A)+F_n(B)$. 一般地，对于任意有限多个两两互不相容的事件 $A_1, A_2, \cdots, A_m$，有

$$F_n\left(\bigcup_{i=1}^{m}A_i\right)=\sum_{i=1}^{m}F_n(A_i).$$

它称为有限可加性.

经验表明：尽管事件 A 在一次试验中发生与否是偶然的，但在大量的试验中，事件 A 发生的频率却随着试验次数的增大总在某一确定的数值附近摆动，这种规律性称为频率的稳定性.

例如，在抛掷一枚均匀硬币时，既可能发生正面向上，也可能发生反面向上，预先作出确定的判断是不可能的，但是由于硬币是均匀的，直观上看来发生正面与发生反面的机会应该相等，也即在大量的试验中，发生正面的频率应稳定在 0.5 左右，历史上曾有不少人做过试验，其结果见表 1.3：

表 1.3

试验者	试验次数 n	发生正面的次数 μ_n	频率 μ_n/n
德·摩根	2 048	1 039	0.507 3
布　丰	4 040	2 048	0.506 9
皮尔逊	12 000	6 019	0.501 6
皮尔逊	24 000	12 012	0.500 5

又如，一个孕妇生男还是生女是偶然的，但是就整个国家和大城市来说，从人口普查资料中可以看到，男孩出生数与全体出生数之比几乎是年年保持不变的，这反映男孩出生频率的稳定性，在古代中国，公元前 2238 年根据人口普查算出男孩出生的频率约等于 0.5，18 世纪，法国数学家拉普拉斯对伦敦、彼得堡、柏林和整个法国的广大人口统计资料进行了研究，得出了那些地区的男孩出生

的频率约等于$\frac{22}{43}$.

再如,曾有人统计过某个国家每年因没有写清地址或其他原因而无法投递的信件数,这从常识上看,似乎没有什么规律性,但是经过统计之后惊人地发现,一年中这类信件在全体信件中所占的比例许多年几乎保持不变.如表 1.4 所示.

表 1.4

年　份	信件总数 n	无法投递的信件数 μ_n	频率 μ_n/n
1906	983×10^6	54 861	56×10^{-6}
1907	$1\,076\times10^6$	53 500	50×10^{-6}
1908	$1\,214\times10^6$	59 627	49×10^{-6}
1909	$1\,357\times10^6$	62 088	46×10^{-6}
1910	$1\,507\times10^6$	76 614	51×10^{-6}

这类例子不胜枚举,这一切表明在大量试验中事件 A 具有频率的稳定性,也就是统计规律性.

2) 概率的概念

频率的稳定性说明事件在一次试验中发生的可能性大小是事件本身固有的,是不随人们意志而转移的一种客观属性,因而我们可以对这种可能性的大小进行度量,为此引进了概率的概念.

定义 1.2　对于事件 A,用一个数 $P(A)$来度量该事件发生的可能性大小,这个数 $P(A)$称为事件 A 的**概率**.

概率 $P(A)$是怎样规定的呢?我们首先介绍概率的统计定义,然后再介绍概率的古典定义及几何定义,最后引进概率的公理化定义.

3) 概率的统计定义

定义 1.3　在同样的条件下进行大量试验时,根据频率的稳定性,事件 A 的频率必然稳定在某一个确定数 p 的附近,则定义事件 A 的概率为

$$P(A) = p.$$

定义 1.3 称为事件概率的统计定义,由上式确定的概率称为**统计概率**,它只是定性的定义,数学上不严格,在第 5 章我们将作出解释.

定义 1.3 给出了确定事件概率的近似方法,即当试验次数 n 充分大时,可用 $\frac{\mu_n}{n}$ 作为该事件概率的近似值,在许多实际问题中,当事件的概率不易计算时,往往就是这样考虑的,这正是 1946 年由冯·诺依曼和乌拉姆所建立的蒙特卡罗方法的基本思想,然而我们不能由此理解为

$$P(A) = \lim_{n\to\infty} \frac{\mu_n}{n},$$

因为 μ_n 是一个随试验结果变化的量,即上式右边不能理解为普通数列的极限,本书第 5 章将进一步说明这个问题.

根据频率的性质,由定义 1.3,容易得到统计概率具有频率的性质,即

(1) 非负性: $0 \leqslant P(A) \leqslant 1$;

(2) 规范性: $P(\Omega) = 1$;

(3) 可加性:若 $AB = \varnothing$,则 $P(A \cup B) = P(A) + P(B)$.

一般地,对两两互不相容的事件 $A_1, A_2, \cdots, A_n$,成立有限可加性:

$$P\left(\bigcup_{i=1}^{n} A_i\right) = \sum_{i=1}^{n} P(A_i).$$

习 题 1.1

(A)

1. 某袋中装有编号为 1, 2, 3, 4 的签各一根,从中先后取出两根签,试写出该试验的样本空间,并写出事件 $A=$“取出的签中最大号码为 3”所含的

样本点.

2. 连续不断地投篮，直到投中为止，若记“投进”为1，“投不进”为0，试写出该试验的样本点和样本空间.

3. 在图书馆按书号任选一本书，设 A 表示“选的是数学书”，B 表示“选的是中文版的”，C 表示“选的是1999年出版的”，试问：

(1) $AB\overline{C}$表示什么事件？

(2) 在什么条件下 $ABC = A$？

(3) $\overline{C} \cup B$ 表示什么意思？

(4) 若 $\overline{A} = B$，是否意味着馆中所有数学书都不是中文版的？

4. 从自然数集中任取一数，记 $A =$“取出的数是5的倍数”，$B =$“取出的数是偶数”，试问事件 $A \cup B$，AB，$A - B$ 各表示什么意思？

5. 将红、白两个球任意放入甲、乙、丙三个盒中(每个盒可容纳两个球)；A_1，A_2，A_3 分别表示事件“红球在甲盒中”，“红球在乙盒中”，“红球在丙盒中”；用 B_1，B_2，B_3 分别表示事件“白球在甲盒中”，“白球在乙盒中”，“白球在丙盒中”，试用 A_1，A_2，A_3，B_1，B_2，B_3 表示下列事件：

(1)“红球白球都在丙盒中”；

(2)“白球在乙盒中，但红球不在乙盒中”；

(3)“红球不在甲盒或乙盒中”；

(4)“红球不在甲盒中，白球也不在甲盒中”.

6. 设 A，B，C 是三个事件，试用 A，B，C 表示下列事件：

(1) A，B，C 中恰有两个发生；

(2) A，B，C 中不多于两个发生.

7. 有一电路(图1.7)，用 A_i 表示事件“接点开关 i 闭合”，$i = 1, 2, 3, 4, 5$，试用 A_i，$i = 1, 2, \cdots, 5$ 表示事件 $B =$“LR 是通路”.

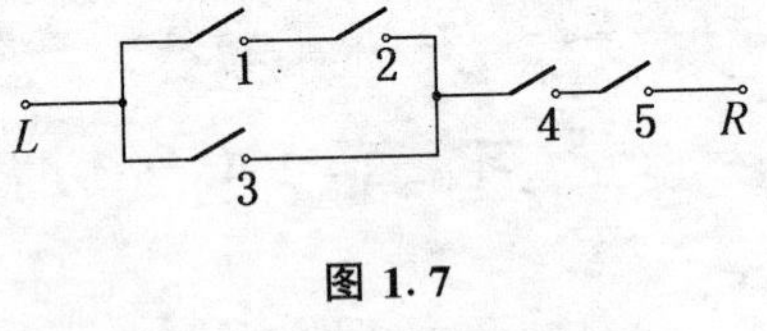

图 1.7

8. 指出下列各等式是否成立？并说明理由.

(1) $A \cup B = A \cup \overline{A}B$；

(2) $(A-B)\cup B=A$;

(3) $(AB)(A\overline{B})=\varnothing$;

(4) 若 $A\subset B$,那么 $A=AB$;

(5) 若 $AC=\varnothing$, $AB=\varnothing$,则 $BC=\varnothing$.

9. A, B, C 三事件互不相容与 $ABC=\varnothing$ 是不是一回事？为什么？

10. 若 B 分别与 $A_1, A_2, \cdots, A_n$ 互不相容,试证 B 与 $\bigcup_{i=1}^{n}A_i$ 也不相容.

(B)

1. 甲、乙两人轮流抛一硬币,甲先抛,然后乙抛,如此继续下去,规定首先抛出正面者获胜,试写出该试验的样本空间,并确定 $B=$"乙获胜"所包含的样本点.

2. 一个学生做了 n 道习题,以 A_i 表示他第 i 道题做对了这一事件 $(1\leqslant i\leqslant n)$,试用 A_i 表示下列事件:

(1) 没有一道习题做错;

(2) 至少有一道习题做错;

(3) 恰有一道习题做错;

(4) 至少有两道习题做对.

3. 试把 $A_1\cup A_2\cup\cdots\cup A_n$ 表示成 n 个两两互不相容事件之和.

§1.2 古典概型

统计概率只能给出事件概率的定性描述,数学上也不严格,自然人们不能满意,因此,寻找事件概率的定量描述就成为十分关心的问题,历史上曾首先对两类特殊试验(古典概型、几何概型)给出了事件概率的定量化定义,本节讨论古典概型,下节讨论几何概型.

1. 古典概型的概念

现在我们考虑一类特殊的试验,它具有下面两个特征:

(1) 每次试验的结果(即基本事件)只有有限多个:$\omega_1, \omega_2, \cdots, \omega_n$;

(2) 在每次试验中，各基本事件 $\omega_1, \omega_2, \cdots, \omega_n$ 发生的可能性都相同.

上述两个特征分别称为有限性和等可能性，具有这两个特征的试验称为**古典概型**(因为它最简单而又最早为人们认识)，约在 1812 年，拉普拉斯注意并研究了这类概型的概率计算.

如何判断一个试验是古典概型，只要检验是否符合上述两个特征：有限性与等可能性. 有限性的检验是显而易见的，等可能性常常根据问题的对称性、抽取方式的任意性等来识别，例如：任意投掷一枚均匀的硬币，根据硬币的均匀性，形状的对称性，加上抛掷的任意性，可以理解 $\omega_1 =$ "正面向上"、$\omega_2 =$ "反面向上" 具有相等的可能性. 又如有 50 张考签，分别编号为 1, 2, …, 50，一学生从考签筒中任意抽一张考签，由于抽取的任意性，可以认为抽得各号考签具有等可能性.

2. 概率的古典定义

定义 1.4 设古典概型的所有基本事件为：$\omega_1, \omega_2, \cdots, \omega_n$，事件 A 含有其中的 m 个基本事件，则定义事件 A 的概率为

$$P(A) = \frac{m}{n} = \frac{A\text{ 包含的基本事件数}}{\text{基本事件的总数}}.$$

定义 1.4 称为概率的古典定义，本质上它和定义 1.3 并不矛盾，由上式规定的概率称为**古典概率**，用于计算古典概型的事件概率.

例 1.7 任意掷两枚均匀的硬币，求 A 为"恰好发生一个正面向上"的概率.

解 试验的所有结果为：(正，正)，(正，反)，(反，正)，(反，反)，根据硬币的均匀性、对称性，抛的任意性，四种结果具有等可能性，这是一个古典概型，且 $n = 4$，因 $A = \{(\text{正,反}), (\text{反,正})\}$，所以，$m = 2$. 于是，$P(A) = \frac{2}{4} = 0.5$.

有人也许选取“没有正面向上”，“只有一个正面向上”，“恰有二个正面向上”作为所有结果，从而 $P(A)=\frac{1}{3}$，这样做是错误的，因为以上三个结果不具有等可能性.

本例的概率计算是采用一一列出基本事件的方法进行的，这种方法在稍为复杂的一些问题中是不可取的，有时甚至是不可能的，通常 $m,\ n$ 的计算要借助于排列、组合的知识.

例 1.8 从全副扑克牌(52 张)中任取三张，求三张为同色的概率.

解 记 $A=$“三张为同色”，把从 52 张牌中任取三张的各种可能取法作为基本事件组，这是古典概型，其基本事件总数是 C_{52}^{3}. 三张同色有四种可能：黑桃、红心、方块、梅花，而每一种花色又有 C_{13}^{3} 种取法，所以 A 包含的基本事件数为 $4\times C_{13}^{3}$，从而

$$P(A)=\frac{4\times C_{13}^{3}}{C_{52}^{3}}\approx 0.051\ 76.$$

可见，欲从一副扑克牌中任摸三张取得同色牌的可能性是相当小的.

例 1.9 把 10 本书任意地放在书架上，求其中指定的三本书放在一起的概率.

解 这是一个古典概型问题，记 $A=$“指定的三本书放在一起”，把 10 本书的每一种排列作为基本事件，其不同的排列数即基本事件总数为 10!，欲指定的三本书放在一起，可以把指定放在一起的三本书当作一本书看待，然后与其余的书一起参加排列，共有 8! 种，而三本书自身还有 3! 种排列，于是 A 包含的基本事件数是 $8!\times 3!$，所以

$$P(A)=\frac{8!\times 3!}{10!}\approx 0.066\ 7.$$

例 1.10 从 1, 2, …, 9 共 9 个数字中任取一个，取后放回，

先后取出 5 个数字，求下列各事件的概率：

(1) $A_1=$"最后取出的数字是奇数"；

(2) $A_2=$"5 个数字全不相同"；

(3) $A_3=$"1 恰好出现 2 次"；

(4) $A_4=$"1 至少出现 2 次".

解 将取出的数字按先后的顺序排成占有五个位置的一列，由于取后放回，因此，每个位置均有 9 种取法，五个位置的一列共有 9^5 种取法，故基本事件总数是 9^5.

(1) 最后一个数字是奇数有 5 种，而前 4 个数字是任意的，有 9^4 种，于是 A_1 包含 5×9^4 个基本事件，从而

$$P(A_1)=\frac{5\times 9^4}{9^5}\approx 0.556.$$

(2) 5 个数字全不相同的每一种取法相当于 9 个数字中任取 5 个的一个排列，从 9 个数字中任取 5 个有 C_9^5 种取法，而 5 个数字又有 5! 种排列，故 A_2 包含的基本事件数为 $C_9^5\times 5!$，从而

$$P(A_2)=\frac{C_9^5\times 5!}{9^5}\approx 0.256.$$

(3) 1 恰好出现 2 次，这 2 次可以是 5 次中的任意 2 次，有 C_5^2 种选择，其他 3 次中，每次只能取剩下的 8 个数中的任一个，3 次有 8^3 种取法，所以 A_3 包含的基本事件数是 $C_5^2\times 8^3$，从而

$$P(A_3)=\frac{C_5^2\times 8^3}{9^5}\approx 0.0867.$$

(4) 类似(3)的分析，1 恰好出现 k 次的所有取法为 $C_5^k\times 8^{5-k}$ 种$(k=2,3,4,5)$，故 A_4 包含的基本事件数为 $\sum\limits_{k=2}^{5}C_5^k\times 8^{5-k}=9^5-8^5-C_5^1\times 8^4$，因此

$$P(A_4)=\frac{9^5-8^5-C_5^1\times 8^4}{9^5}\approx 0.0983.$$

例 1.11 袋中有 a 根红签，b 根白签，它们除颜色不同外，其他方面没有差别，现有 $a+b$ 个人依次一根根把签抽出来，求第 k 个人抽到红签的概率 $(1 \leqslant k \leqslant a+b)$.

解法一 把 a 根红签和 b 根白签看作是不同的(例如设想把它们编号)，若把抽出的签依次排成占有 $(a+b)$ 个位置的一列，则可能的排列法有 $(a+b)!$ 种，故基本事件总数是 $(a+b)!$.

记 $A_k=$“第 k 个人抽到红签”，第 k 个人抽到红签相当于上述每一种排列中的第 k 个位置一定是红签，有 a 种排法；而在其他 $a+b-1$ 个位置上的签的排列数为 $(a+b-1)!$，所以 A_k 包含的基本事件数为 $a\times(a+b-1)!$，因此所求概率为

$$P(A_k)=\frac{a\times(a+b-1)!}{(a+b)!}=\frac{a}{a+b}.$$

这个结果与 k 无关，这表明每个人抽到红签的概率与抽的先后顺序无关，均等于 $\frac{a}{a+b}$，它告诉我们球类比赛中的抽签分组是公平的，如把签换成阄，那么抓阄游戏是公平的，这与我们平常的生活经验是一致的.

解法二 把 a 根红签，b 根白签看作是没有区别的，仍把抽出的签依次排成占有 $(a+b)$ 个位置的一列，因若把 a 根红签的位置固定下来则其他位置必然是放白签，而红签的位置可以有 C_{a+b}^{a} 种放法，故基本事件总数是 C_{a+b}^{a}.

事件 A_k 可看成在第 k 个位置上放红签，只有一种放法；在其他的 $a+b-1$ 个位置上任取 $a-1$ 个位置也放红签，有 C_{a+b-1}^{a-1} 种放法，所以 A_k 包含的基本事件是 C_{a+b-1}^{a-1}，因此所求概率为

$$P(A_k)=\frac{C_{a+b-1}^{a-1}}{C_{a+b}^{a}}=\frac{a}{a+b}.$$

上述两种解法答案相同，其不同点在于选取的等可能基本事件组不同，在前一种解法中把签看作是“有个性的”，而在后一种解法中

则对同色签不加区别,因此在第一种解法中要顾及各红签间与各白签间的顺序而用排列,第二种解法则不注意顺序而用组合,后者的每一个基本事件是前者相应的 $a!b!$ 个基本事件合并而成的.

这例子告诉我们,对于古典概型可用不同的等可能基本事件组来描述,要视我们从怎样的角度去考虑.

既然同一个古典概型可用不同的等可能基本事件来描述,因此,对同一事件的概率也常常有多种不同的解法,寻求问题的简便解法常常是感兴趣的.

例 1.12 有 n 个人,每个人都以同样的概率 $\frac{1}{N}$ $(n \leqslant N)$ 被分配在 N 间房的任一间中,试求下列事件的概率.

(1) $A =$ "某指定 n 间房中各有一人";

(2) $B =$ "恰有 n 间房中各有一人".

解 把第一个人分配到 N 间房中之一去,有 N 种可能;把第二个人分配到 N 间房中之一去,也有 N 种可能;…,所以把 n 个人分配到 N 间房中去就有 N^n 种分配法,即基本事件总数为 N^n.

(1) 某指定 n 间房中各有一人的一种分配法相当于 n 个人的一个排列,故 A 包含的基本事件数为 $n!$,于是

$$P(A) = \frac{n!}{N^n}.$$

(2) 恰有的 n 间可从 N 间房中任意选出,有 C_N^n 种选法,对每一种这样的选法,n 个人又有 $n!$种不同的分配法,所以 B 包含的基本事件数为 $C_N^n \cdot n!$,从而

$$P(B) = \frac{C_N^n \cdot n!}{N^n} = \frac{N \cdot (N-1) \cdot \cdots \cdot (N-n+1)}{N^n}.$$

这个例子通常称为分房问题,它是相当广泛的一类问题,例如下述历史上著名的生日问题就可归结为这个类型:某次集会有 n 个人 $(n \leqslant 365)$ 参加,假定每个人的生日是一年中的任何一天的

概率为$\frac{1}{365}$,问此 n 人的生日互不相同的概率为多大?对照本例,把生日看作房,并取 $N=365$,则易得事件 $C=$“n 人的牛日互不相同”的概率为

$$P(C)=\frac{365\times 364\times\cdots\times(365-n+1)}{365^n}.$$

对一不同的 n 可以算得 $P(C)$以及 C 的对立事件 $\overline{C}=$“n 个人中至少有两人同生日”的概率 $P(\overline{C})$ 如表 1.6:

表 1.6

n	10	20	22	23	30	40	50	55
$P(C)$	0.88	0.59	0.52	0.49	0.29	0.11	0.03	0.01
$P(\overline{C})=1-P(C)$	0.12	0.41	0.48	0.51	0.71	0.89	0.97	0.99

从表 1.6 可见 22 人左右可望有两人同生日的概率为 0.5,50 人左右几乎必有两人同生日,这是一件很有意思的事情.

3. 古典概率的简单性质

根据定义 1.4,容易验证古典概率具有下列的性质:

(1) 非负性:$0\leqslant P(A)\leqslant 1$;

(2) 规范性:$P(\Omega)=1$;

(3) 可加性:若 $AB=\varnothing$,则 $P(A\cup B)=P(A)+P(B)$.

一般地,对两两互不相容的事件 $A_1, A_2, \cdots, A_n$,成立有限可加性

$$P\left(\bigcup_{i=1}^{n}A_i\right)=\sum_{i=1}^{n}P(A_i).$$

因为 $A\overline{A}=\varnothing$, $A\cup\overline{A}=\Omega$, 由性质(2)、(3)易得

(4) $P(\overline{A})=1-P(A)$.

性质(4)在实用中是很有价值的，当 A, $\overline{A}$两事件中有一个概率容易计算时，利用此公式可方便地得到另一事件的概率，前面关于"n 个人中至少有两人同生日"的概率就是这样得来的，现在再看一个例子.

例 1.13 一双骰子掷 24 次，求至少得到一次双六的概率.

解 记 A = "至少得到一次双六"，那么$\overline{A}$ = "没有一次是双六"，问题求 $P(A)$，先算 $P(\overline{A})$.

一双骰子掷一次有 36 种结果，于是一双骰子掷 24 次就有 36^{24}种结果，故基本事件总数等于 36^{24}，每一次不出现双六的结果为 35 种，所以掷 24 次都不出现双六的所有结果有 35^{24}种，于是

$$P(\overline{A}) = \left(\frac{35}{36}\right)^{24} \approx 0.51,$$

所求概率 $P(A) = 1 - \left(\frac{35}{36}\right)^{24} \approx 0.49.$

通常，求"至少…"的事件概率，以先计算其对立事物的概率较方便.

习 题 1.2

(A)

1. 掷两枚均匀的骰子，试验的所有结果可表示为 ω_i = "点数之和是 i 点"，$i = 2, 3, \cdots, 12$，样本空间 $\Omega = \{\omega_2, \omega_3, \cdots, \omega_{12}\}$，试问 Ω 是古典概型的样本空间吗？

2. 对于古典概型，概率为零的事件是否一定是不可能事件？

3. 在一盒中装着标号从 1 至 5 的五只徽章，现从中依次一只一只地任意摸出三只徽章，求最后摸出的徽章是偶数号的概率.

4. a, b, c, d, e 五位学生在一张课桌上按任意次序就座，试求下列事件的概率：

(1) a 坐在边上；

(2) a 和 b 都坐在边上；

(3) a 和 b 都不坐在边上；

(4) a 或 b 坐在边上；

(5) a 正好在中间.

5. 某产品分为一等品、二等品、三等品 3 种，已知甲、乙两箱各装有 25 件该产品，其一等品、二等品、三等品之比分别为 3：7：15 和 10：6：9，如果某顾客从甲、乙两箱中各取一种产品，试求取得同级产品的概率.

6. 袋中有 4 只黑球，2 只白球，从中摸三次，每次摸一球，考虑两种情况，一种是每次摸出的球不放回袋中，这种情况叫做不放回抽样；另一种是每次摸出的球放回袋中，这种情况叫做放回抽样，试分别就上面二种情况求下列事件的概率：

(1) 仅第二次摸得黑球；

(2) 三次中有一次摸得黑球；

(3) 至少有一次摸得黑球.

7. 某城市的电话号码都是 7 位数码(每位数码可取 0 到 9 共 10 个数字)，如果从电话号码本中任取一个电话号码，求：

(1) 头两位是 88 的概率；

(2) 头两位都不超过 8 的概率；

(3) 7 位全不相同的概率.

8. 从一副扑克牌(52 张)中任意抽出五张牌，试求五张牌是 A，K，Q，J，10 的概率.

9. 某人有 5 把钥匙，其中两把是开门的，现任意取一把钥匙试着开门，不能开门扔掉，问第三次才能打开门的概率是多少？如果试过的钥匙不扔掉，这个概率又是多少？

10. 一个盒子里装有标号 1，2，…，10 的标签，今任意地选取两张标签，假若

(1) 标签的选取是不放回的；

(2) 标签的选取是放回的.

试分别就这两种情况求两张标签上的数字为相邻整数的概率.

(B)

1. 有 6 个人在一座 10 层大楼的底层进入电梯，设他们中的每一个人自第二层开始在每一层离开是等可能的，求 6 个人在不同层次离开的概率.

2. 掷 10 次均匀的硬币，求出现正面的次数多于反面次数的概率.

3. 柜子里有 10 双不同的鞋，现任意地取出 8 只，试求下列事件的概率：

(1) 取出的鞋都不成双；

(2) 取出的鞋恰好有两只是成双的；

(3) 取出的鞋至少有两只成双；

(4) 取出的鞋全部成双.

4. 同时掷五个骰子，求下列事件的概率：

(1) $A=$“点数各不相同”；

(2) $B=$“至少出现两个 6 点”；

(3) $C=$“恰有两个点数相同”；

(4) $D=$“某两个点数相同，另三个同是另一个点数”；

(5) $E=$“点数总和等于 10”.

§1.3 几 何 概 型

古典概型只能适用于计算有限等可能概型中的事件概率，假定保留古典概型中的等可能性条件，而试验的结果是无限多个，且可用一个有度量（长度、面积、体积等）的几何区域表示，譬如像例 1.4 的情形，那么，这类试验中的事件概率又如何计算呢？现在来讨论这个问题.

若一个试验具有下列两个特征：

(1) 每次试验的结果是无限多个，且全体结果可用一个有度量的几何区域表示；

(2) 每次试验的各种结果是等可能的.

这样的试验称为**几何概型**，譬如例 1.4 就是几何概型，那里“均匀”二字意指等可能性.

对于几何概型，事件的概率由下述定义所确定.

定义 1.5 设几何概型的样本空间可表示成有度量的区域，仍记为 Ω，事件 A 所对应的区域仍以 A 表示 $(A\subset\Omega)$，则定义事件 A 的概率为

$$P(A)=\frac{A\text{ 的度量}}{\Omega\text{ 的度量}}.$$

定义 1.5 称为概率的几何定义，本质上它和定义 1.3 并不矛盾，由它确定的概率称为**几何概率**.

对于一个具体问题能否应用上式计算事件的概率，关键在于将问题几何化，也即可根据问题的情况，选取合适的参数，建立适当的坐标系，在此基础上，将试验的每一结果一一对应于该坐标系中的一点，使得全体结果构成一个区域，且是可度量的.

从概率的几何定义可知，在几何概型中，"等可能"一词应理解为对应于每个试验结果的点落入某区域内的可能性大小仅与该区域的度量成正比，而与该区域的位置与形状无关.

例 1.14 公共汽车站每隔 5min(分钟)有一辆汽车通过，乘客到达汽车站的任一时刻是等可能，求乘客候车时间不超过 3min 的概率.

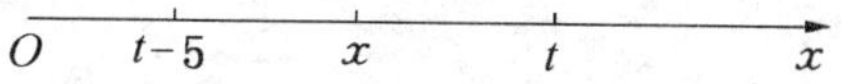

图 1.8

解 这是一个几何概型问题.

记 $A=$"候车时间不超过 3min"，

以 x 表示乘客来到车站的时刻，那么每一个试验结果可表示为 x，假定乘客到车站后来到的第一辆公共汽车的时刻为 t，据题意，乘客必然在 $(t-5,t]$ 内来到车站，故 $\Omega=\{x:t-5<x\leqslant t\}$，欲乘客候车时间不超过 3min，必须 $t-3\leqslant x\leqslant t$，所以 $A=\{x:t-3\leqslant x\leqslant t\}$，从而

$$P(A)=\frac{A\text{ 的度量}}{\Omega\text{ 的度量}}=\frac{3}{5}=0.6.$$

例 1.15 平面上画有距离约为 d 的一族平行线，向此平面任投一长为 $l\ (l<d)$ 的针，求针与平行线相交的概率.

解 这是历史上有名的布丰投针问题，记 $A=$"针与平行线相交"，因为 $l<d$，所以针至多与这些平行线中的一条相交，这样，问题只要考虑针与某一条平行线之间的情况(见图 1.9)，相对于

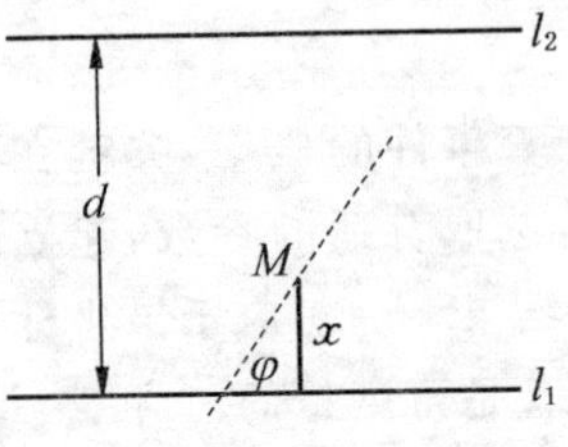

图 1.9

最靠近针的一条平行线 l_1 而言，针是否与 l_1 相交，可以用针的中点 M 到 l_1 的距离 x 和针与 l_1 的交角 φ 两变量来描述，于是，每一个试验结果可表示为：$(\varphi, x): 0 \leqslant \varphi \leqslant \pi,\ 0 \leqslant x \leqslant \frac{d}{2}$，所以可能的结果可表示成 $\Omega =$

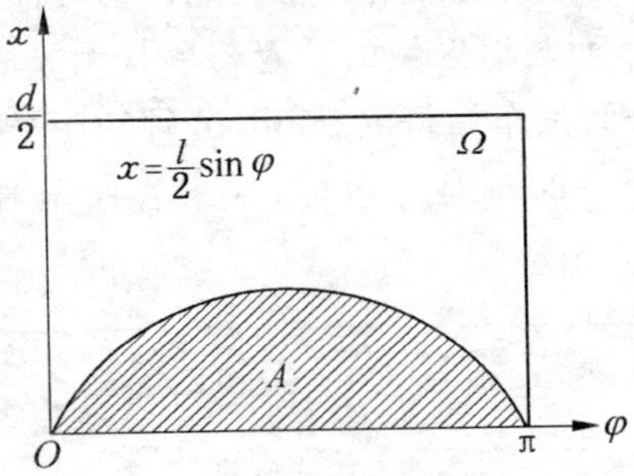

图 1.10

$\left\{(\varphi, x): 0 \leqslant \varphi \leqslant \pi,\ 0 \leqslant x \leqslant \frac{d}{2}\right\}$，欲针与 l_1 相交，必须满足条件 $x \leqslant \frac{l}{2}\sin\varphi$，所以

$$A = \left\{(\varphi, x): x \leqslant \frac{l}{2}\sin\varphi,\ 0 \leqslant \varphi \leqslant \pi,\ 0 \leqslant x \leqslant \frac{d}{2}\right\},$$

从而

$$P(A) = \frac{A\text{ 的面积}}{\Omega\text{ 的面积}} = \frac{\int_0^\pi \frac{l}{2}\sin\varphi\, d\varphi}{\frac{d}{2}\pi} = \frac{2l}{d\pi}.$$

由于最后答案与 π 有关，因此有不少人曾利用它来计算 π 的近似值，其方法是：投针 n 次，记录针与平行线相交的次数 μ_n，再以频率值 $\frac{\mu_n}{n}$ 作为概率 $\frac{2l}{d\pi}$ 的近似值，就有

$$\pi \approx \frac{2ln}{d\mu_n}.$$

这种用统计试验的结果确定问题解的方法就是§1.1节中提到过的蒙特卡罗方法.

例 1.16 在线段$[0, a]$上任意地投三个点,试求由点O至三点的三个线段能构成一个三角形的概率.

解 令$A=$“三线段能构成一个三角形”.

设三线段长各为x, y, z,则每一个试验结果可表示为:(x, y, z), $0 \leqslant x, y, z \leqslant a$;所有可能的结果$\Omega = \{(x, y, z): 0 \leqslant x, y, z \leqslant a\}$它可表示为边长是$a$的立方体,体积等于$a^3$,因为三条线段构成一个三角形的条件是:$x+y>z$, $x+z>y$, $y+z>x$;所以,$A=\{(x, y, z): x+y>z, x+z>y, y+z>x, 0 \leqslant x, y, z \leqslant a\}$,它表示一个以$O$, A, B, C, D为顶点的六面体,其体积等于$a^3 - 3 \cdot \frac{1}{3} \cdot \frac{a^2}{2} a = \frac{1}{2} a^3$,从而

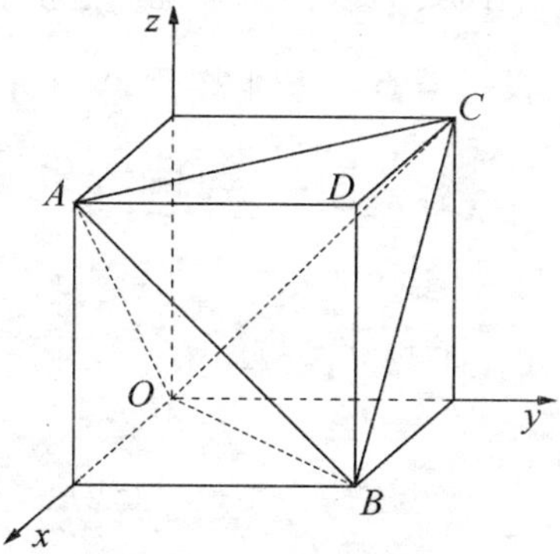

图 1.11

$$P(A) = \frac{A\text{的体积}}{\Omega\text{的体积}} = \frac{\frac{1}{2}a^3}{a^3} = 0.5.$$

容易明白,几何概率也具有统计概率、古典概率的性质:

(1) 非负性:$0 \leqslant P(A) \leqslant 1$;

(2) 规范性:$P(\Omega) = 1$;

(3) 可加性:若$AB = \varnothing$,则$P(A \cup B) = P(A) + P(B)$.

一般地,对两两互不相容的事件$A_1, A_2, \cdots, A_n$,成立有限可加性

$$P(\bigcup_{i=1}^{n} A_i) = \sum_{i=1}^{n} P(A_i).$$

此外几何概率还具有可列可加性(或称完全可加性),即若 A_1, A_2, …, A_i, …为一列两两不相容的事件,则

$$P(\bigcup_{i=1}^{\infty} A_i) = \sum_{i=1}^{\infty} P(A_i).$$

下面我们以例子来说明它的正确性:

设一质点任意地落于(0, 1]内,将(0, 1]分为 $A_1 = \left(\frac{1}{2}, 1\right]$, $A_2 = \left(\frac{1}{4}, \frac{1}{2}\right]$, …, $A_i = \left(\frac{1}{2^i}, \frac{1}{2^{i-1}}\right]$, …;并记 A_i =“点落入 A_i”, $i = 1, 2, \cdots$,易见 $A_1, A_2, \cdots, A_i, \cdots$ 两两不相容,全体结果 $\Omega = (0, 1]$,且 $\bigcup_{i=1}^{\infty} A_i = \Omega$, 有

$$P(\bigcup_{i=1}^{\infty} A_i) = P(\Omega) = 1,$$

$$\sum_{i=1}^{\infty} P(A_i) = \sum_{i=1}^{\infty} \left(\frac{1}{2^{i-1}} - \frac{1}{2^i}\right) = 1,$$

从而

$$P(\bigcup_{i=1}^{\infty} A_i) = \sum_{i=1}^{\infty} P(A_i).$$

习　题　1.3

(A)

1. 对于几何概型,概率为零的事件是否可能发生?

2. 将长为 l 的电话线 AB 任意割成两段,求两段中较短的线段小于 $\frac{l}{3}$ 的概率.

3. 把长度为 a 的线段在任意两点折断成为三线段,求它们可以构成一

个三角形的概率.

4. 向半径为 R 的圆内任意投掷一点,求此点落在确定的圆内接正方形内的概率.

5. 两名大学生约定在 7:00 到 8:00 之间在某地会面,先到者等半小时后离去,假定每个大学生可以在 7:00 到 8:00 之间的任意时刻到达,求他们相遇的概率.

6. 某码头只能容纳一只船,现预知某日将独立来到两只船,且在 24h(小时)内各时刻来到的可能性都相等,如果它们需要停靠的时间分别为 3h 及 4h,试求有一船要在江中等待的概率.

(B)

1. 在$\triangle ABC$ 中任取一点 P,证明$\triangle ABP$ 与$\triangle ABC$ 的面积之比大于 $\frac{n-1}{n}$ 的概率为$\frac{1}{n^2}$.

2. 在顶为$(0, 0)$, $(0, 1)$, $(1, 0)$, $(1, 1)$的正方形中任意投一点 M, (ξ, η)是它的坐标,求方程 $x^2 + \xi x + \eta = 0$ 有实根的概率.

3. 往每格边长为 4 的无限的方格纸上任意地掷一半径为$\frac{3}{2}$的硬币,求整个硬币落入一格子中的概率.

§1.4 概率的公理化

前面讨论的概率的古典定义和几何定义都带有局限性,因为它们都是以等可能性为基础的,而实际问题中遇到的情况还有许多是没有这种等可能性的,概率的统计定义虽然适合于一般的试验而且直观,但是在数学上不严格,因为那里的依据是"试验次数很大时,频率所呈现的稳定性"这一事实,然而,对于那里所提的"摆动"应如何理解却没有确切的规定,因此有必要引进事件概率的公理,使事件概率的定义具有普遍性、严密性,为以后有关的推理提供依据.

从前面介绍的概率的三种定义的情形来看,至少给我们有两点认识:

(1) 概率是定义在一些事件的集合类上的，因为必然事件 Ω 总是被定义了概率的，其值为 1，所以 Ω 是属于这个集合类的，另一方面，总希望通过简单事件的概率推算复合事件的概率，因此，如果事件 A 有概率，希望 $\overline{A}$ 也有概率；如果事件 A 与 B 有概率，希望 A 与 B 的和 $A\cup B$，差 $A-B$，交 AB 也有概率；如果可列个事件 $A_1, A_2, \cdots, A_i, \cdots$ 有概率，希望可列个事件的和 $\bigcup\limits_{i=1}^{\infty}A_i$、交 $\bigcap\limits_{i=1}^{\infty}A_i$ 也有概率. 因此，被定义了概率的一些事件的集合类理应要求在刚才提到的事件运算上是封闭的.

(2) 事件的概率具非负性、规范性、可加性，对于几何概率还有可列可加性.

以上认识为构造概率的公理化定义提供了依据.

1. 概率的公理化定义

定义 1.6 设 Ω 是一给定的样本空间，$\mathscr{F}$ 是由 Ω 的一些子集构成的集合类，如果 $\mathscr{F}$ 满足下列条件：

(1) $\Omega\in\mathscr{F}$；

(2) 若 $A\in\mathscr{F}$，有 $\overline{A}\in\mathscr{F}$；

(3) 若 $A_i\in\mathscr{F}$，$i=1, 2, \cdots$，有 $\bigcup\limits_{i=1}^{\infty}A_i\in\mathscr{F}$.

则称 $\mathscr{F}$ 为一**事件域**. $\mathscr{F}$ 中的元素称为**事件**，Ω 称为**必然事件**.

关于 $\mathscr{F}$ 成立如下的定理：

定理 1.1 设 $\mathscr{F}$ 为一事件域，则

(1) $\varnothing\in\mathscr{F}$；

(2) 若 $A, B\in\mathscr{F}$，有 $A\cup B, AB, A-B\in\mathscr{F}$；

(3) 若 $A_i\in\mathscr{F}$，$i=1, 2, \cdots$，有 $\bigcap\limits_{i=1}^{\infty}A_i\in\mathscr{F}$.

证明 (1)由定义 1.6 之(1)、(2)得 $\varnothing=\overline{\Omega}\in\mathscr{F}$. (2)因为 $A, B, \varnothing\in\mathscr{F}$，由定义 1.6 之(3)得 $A\cup B=A\cup B\cup\varnothing\cup\varnothing\cup\cdots\in\mathscr{F}$；由定义 1.6 之(2)得 $\overline{A}\in\mathscr{F}$，$\overline{B}\in\mathscr{F}$，$\overline{A}\cup\overline{B}\in\mathscr{F}$，

再根据§1.1中的对偶公式得 $AB=\overline{\overline{A}\cup\overline{B}}\in\mathscr{F}$；由 $A\in\mathscr{F}$，$\overline{B}\in\mathscr{F}$ 得 $A-B=A\overline{B}\in\mathscr{F}$. (3)因 $A_i\in\mathscr{F}$，$i=1, 2, \cdots$，由定义1.6之(2)得 $\overline{A_i}\in\mathscr{F}$，$i=1, 2, \cdots$；再由定义1.6之(3)、(2)与对偶公式得 $\bigcap\limits_{i=1}^{\infty}A_i=\overline{\bigcup\limits_{i=1}^{\infty}\overline{A_i}}\in\mathscr{F}$.

定理1.1告诉我们 $\mathscr{F}$ 满足本节一开始提出的关于事件运算的封闭性要求，特别 $\varnothing\in\mathscr{F}$，它称为**不可能事件**.

定义1.7 设 $\mathscr{F}$ 是一事件域，在 $\mathscr{F}$ 上定义实值集函数 P，对每一事件 $A\in\mathscr{F}$，函数值为 $P(A)$，如果它满足如下三个条件：

(1) 非负性：对每一 $A\in\mathscr{F}$，有 $P(A)\geqslant 0$；

(2) 规范性：$P(\Omega)=1$；

(3) 可列可加性：若 $A_i\in\mathscr{F}$，$i=1, 2, \cdots$，且 $A_iA_j=\varnothing\ (i\neq j)$，即两两互不相容，有

$$P\left(\bigcup_{i=1}^{\infty}A_i\right)=\sum_{i=1}^{\infty}P(A_i).$$

则称 P 为 $\mathscr{F}$ 上的**概率**，称 $P(A)$ 为事件 A 的概率.

定义1.7称为概率的公理化定义，通常，我们将 Ω，$\mathscr{F}$，P 联系在一起，称三元整体 $(\Omega, \mathscr{F}, P)$ 为**概率空间**，下面我们举两个例子来说明概率空间 $(\Omega, \mathscr{F}, P)$ 的具体含义.

例1.17 掷硬币试验：$\Omega=\{\omega_1=$“正面向上”，$\omega_2=$“反面向上”$\}$；$\mathscr{F}=\{(\omega_1), (\omega_2), \Omega, \varnothing\}$，$P=\{P(\omega_1)=P(\omega_2)=\frac{1}{2}$，$P(\Omega)=1, P(\varnothing)=0\}$，$(\Omega, \mathscr{F}, P)$ 就是掷硬币试验的概率空间.

例1.18 设盒中有3个电阻(R)，3个电容(C)，4个电感(L)，任取一个，看抽中什么元件：$\Omega=\{R, C, L\}$；$\mathscr{F}=\{(R), (C), (L), (R\cup C), (R\cup L), (C\cup L), \Omega, \varnothing\}$；$P=\{P(R)=P(C)=\frac{3}{10}$，$P(L)=\frac{4}{10}$，$P(R\cup C)=\frac{6}{10}$，$P(R\cup L)=\frac{7}{10}$，

$P(C\cup L)=\dfrac{7}{10}, P(\Omega)=1, P(\varnothing)=0\}$，$(\Omega, \mathscr{F}, P)$ 就是本例对应的概率空间.

一般说来，若样本空间 Ω 内的元素只有有限个，譬如 n 个，$\mathscr{F}$ 是由 Ω 的所有子集所组成的事件域，则 $\mathscr{F}$ 内的事件的总个数是 2^n.

在今后的讨论中，都假定概率空间$(\Omega, \mathscr{F}, P)$是事先给定的，所谈的事件都属于 $\mathscr{F}$.

2. 概率的性质

从概率的非负性、规范性和可列可加性出发，可以证明它的一些重要性质.

定理 1.2 不可能事件的概率为 0，即 $P(\varnothing)=0$.

证明 因为 $\Omega=\Omega\cup\varnothing\cup\varnothing\cup\cdots$，所以

$$P(\Omega)=P(\Omega)+P(\varnothing)+\cdots,$$

从而

$$P(\varnothing)=0.$$

定理 1.3 （有限可加性） 若 $A_iA_j=\varnothing$, $i\neq j$, 且 $i, j=1, 2, \cdots, n$，即 $A_1, A_2, \cdots, A_n$ 两两不相容，则

$$P\left(\bigcup_{i=1}^{n}A_i\right)=\sum_{i=1}^{n}P(A_i).$$

证明 因为 $\bigcup\limits_{i=1}^{n}A_i=A_1\cup A_2\cup\cdots\cup A_n\cup\varnothing\cup\varnothing\cup\cdots$，由可列可加性及 $P(\varnothing)=0$，即得

$$P\left(\bigcup_{i=1}^{n}A_i\right)=\sum_{i=1}^{n}P(A_i).$$

定理 1.4 对任一事件 A，有 $P(\overline{A})=1-P(A)$.

证明 因为 $A\cup\overline{A}=\Omega$, $A\overline{A}=\varnothing$，由 $P(\Omega)=1$ 及有限可加

性，即得 $1=P(\Omega)=P(A\cup\overline{A})=P(A)+P(\overline{A})$，从而

$$P(\overline{A})=1-P(A).$$

定理 1.5 （减法公式） 若 $B\subset A$，则

$$P(A-B)=P(A)-P(B).$$

证明 因为当 $B\subset A$ 时，有 $A=B\cup(A-B)$，且 $B\cap(A-B)=\varnothing$，由有限可加性得 $P(A)=P(B)+P(A-B)$，从而 $P(A-B)=P(A)-P(B)$.

推论 1.1 若 $B\subset A$，则 $P(B)\leqslant P(A)$.

推论 1.2 对任一事件 A，$P(A)\leqslant 1$.

证明 因为 $A\subset\Omega$，由推论 1.1 及 $P(\Omega)=1$ 即得.

定理 1.6 （一般加法公式） 对任二事件 A，B，有

$$P(A\cup B)=P(A)+P(B)-P(AB).$$

证明 因为 $A\cup B=A\cup(B-AB)$，$A\cap(B-AB)=\varnothing$，所以有 $P(A\cup B)=P(A)+P(B-AB)$；又因为 $AB\subset B$，由减法公式 $P(B-AB)=P(B)-P(AB)$，从而

$$P(A\cup B)=P(A)+P(B)-P(AB).$$

一般加法公式还可用归纳法推广到任意有限个事件，设 A_1，A_2，…，A_n 为 n 个事件，则有

$$P\left(\bigcup_{i=1}^{n}A_i\right)=\sum_{i=1}^{n}A_i-\sum_{1\leqslant i<j\leqslant n}P(A_iA_j)+\sum_{1\leqslant i<j<k\leqslant n}P(A_iA_jA_k)-\cdots+(-1)^{n-1}P(A_1A_2\cdots A_n).$$

根据定理 1.6，运用归纳法，易得：

推论 1.3 设 A_1，A_2，…，A_n 为 n 个事件，则有

$$P(\bigcup_{i=1}^{n}A_i)\leqslant P(A_1)+P(A_2)+\cdots+P(A_n).$$

以上概率的性质,有助于我们计算复合事件的概率.

例 1.19 从 1, 2, …, 100 中选取一数,取到不大于 50 的每个数的概率为 p;取到大于 50 的数的概率为 $3p$,求取到一个平方数的概率.

解 这是一个具有有限个试验结果的概率空间,但不是等可能的,因为取到不大于 50 与取到大于 50 的数的概率不一样,先求出 p,根据概率的规范性和有限可加性,我们有

$$50 \times p + 50 \times 3p = 1,$$

得 $p = \frac{1}{200}$,平方数是 1, 4, 9, 16, 25, 36, 49, 64, 81, 100,前 7 个小于 50,后 3 个大于 50,因此取到平方数的概率是

$$7 \times p + 3 \times 3p = \frac{16}{200} = 0.08.$$

例 1.20 设 $P(A) = 0.5$, $P(B) = 0.3$, $P(AB) = 0.2$,计算下列概率:(1) $P(\overline{A} \cup \overline{B})$; (2) $P(A\overline{B})$; (3) $P(A \cup \overline{B})$.

解 (1) 应用定理 1.4 及对偶公式,有

$$P(\overline{A} \cup \overline{B}) = 1 - P(\overline{\overline{A} \cup \overline{B}}) = 1 - P(AB)$$
$$= 0.8.$$

(2) 因为 $A\overline{B} = A - AB$,且 $AB \subset A$,应用减法公式有

$$P(A\overline{B}) = P(A - AB) = P(A) - P(AB)$$
$$= 0.3.$$

(3) 应用一般加法公式及定理 1.4,有

$$P(A \cup \overline{B}) = P(A) + P(\overline{B}) - P(A\overline{B})$$
$$= P(A) + [1 - P(B)] - P(A\overline{B})$$
$$= 0.9.$$

例 1.21 袋内装有九个数 1, 2, …, 9,从中任取一数,取后放回,先后取 6 次,试求所选的 6 个数之积能被 10 整除的概率.

解 6 个数之积能被 10 整除的充要条件是 6 个数中至少含有一个 5 与一个偶数,为此,我们令

$$A = \text{“所选 6 数中至少有一个 5”},$$

$$B = \text{“所选 6 数中至少有一个偶数”},$$

于是,$AB =$“所选 6 数能被 10 整除”,要计算 $P(AB)$. 有

$$\begin{aligned} P(AB) &= P(A) + P(B) - P(A \cup B) \\ &= [1 - P(\overline{A})] + [1 - P(\overline{B})] - [1 - P(\overline{A \cup B})] \\ &= 1 - P(\overline{A}) - P(\overline{B}) + P(\overline{A}\ \overline{B}), \end{aligned}$$

$\overline{A}$表示所选 6 数中不含有 5 的事件,由于每次所选的数不是 5 的有 8 种,所以 $\overline{A}$ 包含的基本事件为 8^6;易见基本事件总数是 9^6,从而 $P(\overline{A}) = \frac{8^6}{9^6}$. 类似地可得 $P(\overline{B}) = \frac{5^6}{9^6}$, $P(\overline{A}\ \overline{B}) = \frac{4^6}{9^6}$, 因此

$$P(AB) = 1 - \left(\frac{8}{9}\right)^6 - \left(\frac{5}{9}\right)^6 + \left(\frac{4}{9}\right)^6 \approx 0.485.$$

例 1.22 有 n 张信纸,分别标号为 1, 2, …, n;另有 n 个信封,也分别标以 1, 2, …, n 号. 今将 n 张信纸任意地装入 n 个信封内,试求至少有一张信纸装入同号码的信封的概率.

此例称为匹配问题,它是求“至少……”事件的概率,但不能像例 1.13 那样转换成求它的对立事件的概率,因为后者的计算仍然是复杂的. 本例易把所考虑的事件分解为若干个简单事件之和,然后运用一般加法公式.

解 令 $A_i =$“第 i 号信纸装入第 i 号信封”,则所求概率为 $P\left(\bigcup_{i=1}^{n} A_i\right)$, 易知有

$$P(A_i)=\frac{1}{n}, \qquad (i=1, 2, \cdots, n)$$

$$P(A_iA_j)=\frac{1}{n(n-1)}, \qquad (1\leqslant i<j\leqslant n)$$

$$P(A_iA_jA_k)=\frac{1}{n(n-1)(n-2)}, \qquad (1\leqslant i<j<k\leqslant n)$$

$$\cdots$$

$$P(A_1A_2\cdots A_n)=\frac{1}{n!}.$$

注意到 $\sum_{i=1}^{n}P(A_i)$ 中有 C_n^1 项，$\sum_{1\leqslant i<j\leqslant n}P(A_iA_j)$ 中有 C_n^2 项……应用一般加法公式,即可算得

$$P(\bigcup_{i=1}^{n}A_i)=1-\frac{1}{2!}+\frac{1}{3!}-\cdots+(-1)^{n-1}\frac{1}{n!},$$

它是一个与 n 有关的数,显然 $\lim_{n\to\infty}P\left(\bigcup_{i=1}^{n}A_i\right)=1-\frac{1}{\mathrm{e}}\approx 0.632$, 因此当 n 很大时,所求概率近似于 0.632.

习 题 1.4

(A)

1. 任意地投掷两枚硬币,试写出该试验相应的概率空间.

2. 设$(\Omega, \mathscr{F}, P)$为一概率空间,其中 Ω 由可数无限多个点组成,试说明所有的点不能是等可能的,各点发生的概率能不能都是正的?

3. 从 1, 2, …, 20 中取一数,设取到数 k 的概率与 k 成正比,求取到 4 的倍数的概率.

4. 设 $P(A)=0.5$, $P(B)=0.7$, $P(A\cup B)=0.9$, 试计算 $P(A-B)$, $P(\overline{AB})$, $P(A\cup \overline{A}B)$ 的值.

5. 设有事件 A, B, C,已知 $P(A)=P(B)=P(C)=\frac{1}{4}$, $P(AB)=$

$P(BC)=0$,且 $P(AC)=\dfrac{1}{8}$,求 A, B, C 中至少有一件发生的概率.

6. 设 $P(A)=P(B)=\dfrac{1}{2}$,证明 $P(AB)=P(\overline{A}\,\overline{B})$.

7. 向三个相邻的军火库投掷一枚炸弹,炸中第一、二、三军火库的概率分别是 0.2, 0.3, 0.1,只要炸中一个,另两个也要发生爆炸,求军火库发生爆炸的概率.

8. 一个袋中装有红、黄、黑、白四种颜色球各 3 个,从中任取 5 个球,求至少有一种颜色的球未取到的概率.

(B)

1. 某城市中共发行 a, b, c 三种报纸,该城市居民中订购这三种报纸的比例如下:

a: 45%;	a 与 b: 10%;
b: 35%;	a 与 c: 8%;
c: 30%;	c 与 b: 5%;
a 与 b 与 c: 3%.	

求下列百分比:

(1) 只订 a 报的;

(2) 只订一种报的;

(3) 恰好订两种报的;

(4) 至少订两种报的.

2. 从一副 52 张扑克牌中任取 13 张,求包含同一种花色的 A 和 K 的概率.

3. 设 $A_1, A_2, \cdots, A_i, \cdots$ 为一事件序列,证明

$$P\left(\bigcup_{i=1}^{\infty} A_i\right) \leqslant \sum_{i=1}^{\infty} P(A_i).$$

§1.5 条件概率

1. 条件概率的概念

在前面关于概率 $P(A)$ 的讨论中,都有用来描述试验的一组

固定条件,如掷一枚硬币,求“正面向上”的概率,这里掷一枚硬币是条件,在这个限制下,讨论“正面向上”的概率;又如在区域 Ω 内均匀投点,求落入 A $(A \subset \Omega)$ 内的概率,在区域 Ω 内均匀投点就是条件,在这一条件下讨论点落入 A 的概率,除此之外,别无其他的附加条件.

但在许多场合,不仅仅要计算 $P(A)$,常常还会遇到在“某一事件 B 已经发生”的条件下,求另一事件 A 发生的概率,这个概率称为**条件概率**,记为 $P(A|B)$,相对于条件概率 $P(A|B)$ 而言,把以前讲的概率 $P(A)$称为无条件概率.

由于增加了新的条件:“事件 B 已经发生”,所以 $P(A|B)$ 一般是与 $P(A)$ 不同的,下面要研究如何来确定条件概率,我们从简单的例子入手.

掷二骰子,记 $A=$“出现点数之和 $\leqslant 4$”,$B=$“出现成对的偶数点”,试求:

(1) 事件 A 的概率;

(2) 在事件 B 发生的条件下,事件 A 发生的概率.

显然 $P(A)=\dfrac{1}{6}$;事件 B 发生,表示可能出现的结果是(2, 2),(4, 4),(6, 6)三种,其中属于 A 的只有一种情况,即出现(2, 2),所以

$$P(A|B)=\frac{1}{3}.$$

$P(A|B) \neq P(A)$,这表明一般说来条件概率与无条件概率是不同的,上式也可以改写成

$$P(A|B)=\frac{1}{3}=\frac{\frac{1}{36}}{\frac{3}{36}}=\frac{P(AB)}{P(B)}.$$

由此看到,就本例的特殊情形,成立 $P(A|B)=\dfrac{P(AB)}{P(B)}$,容易验

证，对一般的古典概型和几何概型，只要 $P(B)>0$，这个等式总是成立的，这启发我们引入下面的条件概率定义.

定义 1.8 设 A, B 为两个事件，且 $P(B)>0$，则在事件 B 已发生的条件下，事件 A 发生的条件概率 $P(A|B)$ 定义为

$$P(A|B)=\frac{P(AB)}{P(B)}.$$

例 1.23 一只盒子有 3 只坏晶体管和 7 只好晶体管，在其中取两次，每次任意地取一只，取后不放回，发现第一只是好的，问另一只也是好的概率是多少？

解 设 $A=$“第一只是好的”，$B=$“第二只是好的”，根据题意求 $P(B|A)$，我们给出三种解法.

解法一 把一盒子中的 10 只晶体管看成是可区别的(设想将它们编上号码)，抽取两次的所有试验结果为 $10\times 9=90$ 个，而在 A 发生的条件下，即在第一只是好的限制下，原来的基本事件总数缩减为 $7\times 9=63$ 个，其中属于 B 的基本事件数为 $7\times 6=42$ 个，所以 $P(B|A)=\frac{42}{63}=\frac{2}{3}$.

解法二 在 A 已发生的条件下(即取出的第一只是好的)，盒子中剩下 9 只晶体管. 其中 6 只是好的，因此第二次再取出好的晶体管的概率为 $\frac{6}{9}$，即 $P(B|A)=\frac{6}{9}=\frac{2}{3}$.

解法三 由题意，易知 $P(A)=\frac{7}{10}$, $P(AB)=\frac{42}{90}$，所以

$$P(B|A)=\frac{P(AB)}{P(A)}=\frac{\frac{42}{90}}{\frac{7}{10}}=\frac{2}{3}.$$

比较上述三种不同的解法，以第二种方法为好. 实际上，对于古典概型、几何概型中条件概率的计算，常可根据问题的条件去考虑，不必拘谨于条件概率的定义.

例 1.24 甲、乙两市都位于长江下游，根据 100 多年来的气象记录知道一年中雨天的比例甲市占 20%，乙市占 14%，两地同时下雨占 12%，试求：(1)甲市下雨的条件下，乙市出现雨天的概率；(2)乙市出现雨天的条件下，甲市下雨的概率；(3)甲市或乙市下雨的概率.

解 记 $A=$"甲市出现雨天"，$B=$"乙市出现雨天"，有 $P(A)=0.20$，$P(B)=0.14$，$P(AB)=0.12$，于是：

(1) $P(B|A)=\dfrac{P(AB)}{P(A)}=\dfrac{0.12}{0.20}=0.6.$

(2) $P(A|B)=\dfrac{P(AB)}{P(B)}=\dfrac{0.12}{0.14}\approx 0.857.$

(3)
$$\begin{aligned}P(A\cup B)&=P(A)+P(B)-P(AB)\\&=0.20+0.14-0.12=0.22.\end{aligned}$$

本例有趣的是：从 $P(A|B)\approx 0.857$ 告知，在乙市下雨的条件下，甲市有 85.7%的可能要下雨，下雨的可能性很大，因此，如从乙市出差至甲市，又适逢乙市下雨，那么最好携带雨具.

根据定义 1.8，容易证明，条件概率作为事件 A 的实值函数 $P(A|B)$成立如下的定理：

定理 1.7 设 B 为一给定的事件，且 $P(B)>0$，则关于条件概率成立

(1) 非负性：对任意的事件 A，$P(A|B)\geqslant 0$；

(2) 规范性：$P(\Omega|B)=1$；

(3) 可列可加性：若 $A_1,A_2,\cdots,A_i,\cdots$是一列两两互不相容的事件，有

$$P\left(\bigcup_{i=1}^{\infty}A_i|B\right)=\sum_{i=1}^{\infty}P(A_i|B).$$

定理 1.7 告诉我们，条件概率也是一种概率，因此概率的其他性质对条件概率同样是成立的，这就是定理 1.8.

定理 1.8 若 $P(B)>0$，对于事件 B 发生下的条件概率成立

(1) $P(\varnothing|B)=0$；

(2) 若 $A_1, A_2, \cdots, A_n$ 两两互不相容，则

$$P\left(\bigcup_{i=1}^{n}A_i|B\right) = \sum_{i=1}^{n}P(A_i|B);$$

(3) 对任意事件 A，成立 $P(\overline{A}|B)=1-P(A|B)$；

(4) 若 $C\subset A$，则 $P(A-C|B)=P(A|B)-P(C|B)$；

(5) 对任意事件 A, C，成立

$$P(A\cup C|B)=P(A|B)+P(C|B)-P(AC|B).$$

一般地，对任意有限个事件 $A_1, A_2, \cdots, A_n$，成立

$$P\left(\bigcup_{i=1}^{n}A_i|B\right) = \sum_{i=1}^{n}P(A_i|B) - \sum_{1\leqslant i<j\leqslant n}P(A_iA_j|B) + \cdots + (-1)^{n-1}P(A_1A_2\cdots A_n|B).$$

下面介绍条件概率的三个重要公式——乘法公式、全概率公式和贝叶斯公式.

2. 乘法公式

若 $P(B)>0$，由条件概率定义，可得

$$P(AB)=P(A|B)P(B).$$

上式称为事件概率的**乘法公式**，它可推广到任意有限个事件的情况.

定理 1.9 设 $A_1, A_2, \cdots, A_n$ 为任意 n 个事件，满足 $P(A_1A_2\cdots A_{n-1})>0$，则

$$P(A_1A_2\cdots A_n)=P(A_1)P(A_2|A_1)P(A_3|A_1A_2)\cdot\cdots P(A_n|A_1A_2\cdots A_{n-1}).$$

证明 因为 $A_1A_2\cdots A_{n-1}\subset A_1A_2\cdots A_{n-2}\subset\cdots\subset A_1A_2\subset A_1$，根据§1.4 推论 1.1，得

$$P(A_1) \geqslant P(A_1A_2) \geqslant \cdots \geqslant P(A_1A_2\cdots A_{n-1}) > 0,$$

所以上等式右方的各条件概率有意义，于是由条件概率定义可得

$$P(A_1)P(A_2 \mid A_1)P(A_3 \mid A_1A_2)\cdots P(A_n \mid A_1A_2\cdots A_{n-1})$$

$$= P(A_1) \cdot \frac{P(A_1A_2)}{P(A_1)} \cdot \frac{P(A_1A_2A_3)}{P(A_1A_2)} \cdots \frac{P(A_1A_2\cdots A_n)}{P(A_1A_2\cdots A_{n-1})}$$

$$= P(A_1A_2\cdots A_n).$$

乘法公式将 n 个事件同时发生的概率分解为单个事件的条件概率的乘积，它在这类事件的概率计算中有其独到之处.

例 1.25 袋中装有 a 只红球、b 只黑球，每次任取一球，取后放回，并且再往袋中加进 c 只与取到的球同色的球，然后再取球，重复前面的做法，设取了三次，问三次取出的球的颜色依次是黑、红、黑的概率是多少？

解 记 A = "三次取出的球依次是黑球、红球、黑球"，A_i = "第 i 次取到红球"，$i = 1, 2, 3$，则 $\overline{A}_i$ 为第 i 次取到黑球，$A = \overline{A}_1 A_2 \overline{A}_3$，由于后面取出什么颜色的球与前面取出的球有关，用条件概率来计算比较方便，由乘法公式，

$$P(A) = P(\overline{A}_1 A_2 \overline{A}_3) = P(\overline{A}_1)P(A_2 \mid \overline{A}_1)P(\overline{A}_3 \mid \overline{A}_1 A_2).$$

容易算得 $P(\overline{A}_1) = \dfrac{b}{a+b}$，在第一次取出黑球的条件下，在第二次取球前袋中已增加了 c 只黑球，由此 $P(A_2 \mid \overline{A}_1) = \dfrac{a}{a+b+c}$，类似地有 $P(\overline{A}_3 \mid \overline{A}_1 A_2) = \dfrac{b+c}{a+b+2c}$.

从而

$$P(A) = \frac{b}{a+b} \times \frac{a}{a+b+c} \times \frac{b+c}{a+b+2c}$$

$$= \frac{ab(b+c)}{(a+b)(a+b+c)(a+b+2c)}.$$

本例的摸球模型为卜里耶(Polya)模型,最初它被用作描述传染病传播的数学模型,这个模型可以有各种变化,例如,取 $c=-1$ 就是每次取球后不放回的情形;取 $c=0$ 则是取球后就简单地放回的情形.

例 1.26 把字母 M, A, X, A, M 充分混合后重新排列,求正好得到顺序 MAXAM 的概率.

解 这是一个古典概型问题,如用乘法公式有其方便之处,

设 $A=$“字母排列的顺序是 MAXAM”,

$A_1=$“第一个字母是 M”,

$A_2=$“第二个字母是 A”,

$A_3=$“第三个字母是 X”,

$A_4=$“第四个字母是 A”,

$A_5=$“第五个字母是 M”,

则 $A=A_1A_2A_3A_4A_5$, 由乘法公式

$$\begin{aligned}P(A)&=P(A_1A_2A_3A_4A_5)\\&=P(A_1)P(A_2|A_1)P(A_3|A_1A_2)P(A_4|A_1A_2A_3)\\&\quad\cdot P(A_5|A_1A_2A_3A_4).\end{aligned}$$

而 $P(A_1)=\dfrac{2}{5}$, 在“第一个字母是 M”已发生的条件下,第二个字母还剩下四种选法,即还可选 A, X, A, M,其中属于 A_2 的选法有两种,所以 $P(A_2|A_1)=\dfrac{1}{2}$, 类似地有 $P(A_3|A_1A_2)=\dfrac{1}{3}$, $P(A_4|A_1A_2A_3)=\dfrac{1}{2}$, $P(A_5|A_1A_2A_3A_4)=1$, 从而

$$P(A)=\frac{2}{5}\cdot\frac{1}{2}\cdot\frac{1}{3}\cdot\frac{1}{2}\cdot 1\approx 0.0333.$$

3. 全概率公式

有一类事件,可以借助另外的事件组,分解为若干较简单的事

件，运用全概率公式把这些简单事件的概率叠加起来，就可以计算该事件的概率，为了介绍这个公式，需要引进下面的定义.

定义 1.9 设 $A_1, A_2, \cdots, A_n$ 为 n 个事件，若满足：

(1) 完全性：$A_1 \cup A_2 \cup \cdots \cup A_n = \Omega$；

(2) 互不相容性：$A_iA_j = \varnothing$，$i \neq j$，且 $i, j = 1, 2, \cdots n$；

(3) $P(A_i) > 0$，$i = 1, 2, \cdots, n$.

则称 $A_1, A_2, \cdots, A_n$ 为 Ω 的一个**完备事件组**.

定理 1.10 设 $A_1, A_2, \cdots, A_n$ 为一完备事件组，则对任一事件 B，成立

$$P(B) = \sum_{i=1}^{n} P(A_i)P(B|A_i).$$

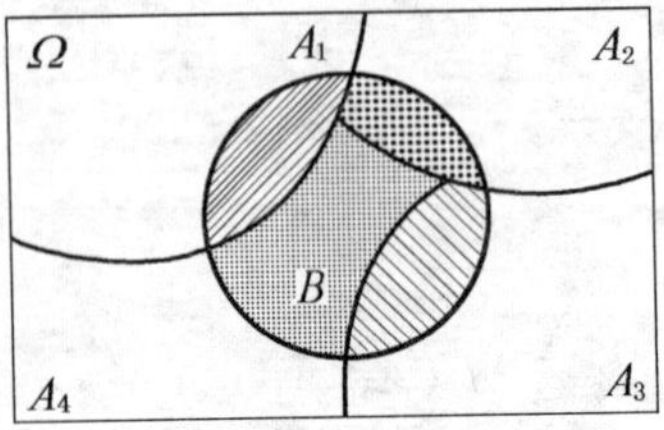

图 1.12

证明 显然 $B = B\Omega = B\left(\bigcup_{i=1}^{n} A_i\right) = \bigcup_{i=1}^{n}(BA_i)$（见图 1.12），因为 $A_iA_j = \varnothing$ $(i \neq j)$，所以 $(BA_i)(BA_j) = B(A_iA_j) = B\varnothing = \varnothing$ $(i \neq j)$，从而 $P(B) = P\left(\bigcup_{i=1}^{n}(BA_i)\right) = \sum_{i=1}^{n} P(BA_i)$，由于 $P(A_i) > 0$，应用乘法公式得.

$$P(B) = \sum_{i=1}^{n} P(A_i)P(B|A_i).$$

该公式称为**全概率公式**.

应用全概率公式计算某个事件概率的关键是寻找与该事件相关的完备事件组.

例 1.27 某工厂有甲、乙、丙三台机器生产同样的零件，它们的产量各占 25%、35%、40%，而在各自的产品中不合格率分别为 5%、4%、2%，试求在该厂生产的这些零件中任取一件是不合格品的概率.

解 由于取得的零件是来自甲、乙、丙三台机器中的某一台生产的，这启示我们必须分清情况，运用全概率公式来考虑.

记 B ＝“取得的零件是不合格品”，

A_1 ＝“取得的零件为甲台机器所生产”，

A_2 ＝“取得的零件为乙台机器所生产”，

A_3 ＝“取得的零件为丙台机器所生产”.

显然 A_1, A_2, A_3 构成完备事件组，根据题意，有

$$P(A_1) = 0.25,\ P(A_2) = 0.35,\ P(A_3) = 0.40,$$

$$P(B|A_1) = 0.05,\ P(B|A_2) = 0.04,\ P(B|A_3) = 0.02,$$

由全概率公式，得

$$\begin{aligned} P(B) &= \sum_{i=1}^{3} P(A_i)P(B|A_i) \\ &= 0.25 \times 0.05 + 0.35 \times 0.04 + 0.40 \times 0.02 \\ &= 0.034\,5. \end{aligned}$$

例 1.28 投硬币 n 次，第一次出现正面的概率为 $\frac{1}{4}$，从第二次起每次出现与前一次相同表面的概率为 $\frac{1}{3}$，求第 n 次时出现正面的概率.

解 设 A_i ＝“第 i 次出现正面”，$i = 1, 2, \cdots$，根据题意要计算 $P(A_n)$，它是一个与 n 有关的量，为了计算它，一种自然的想法是建立 $P(A_n)$ 与 $P(A_{n-1})$ 的关系，一般地建立 $P(A_i)$ 与 $P(A_{i-1})$ 间的逆归关系，图 1.13 有助于我们分析问题.

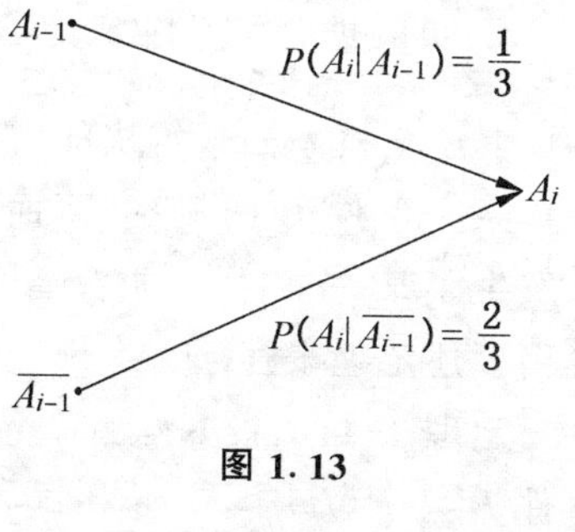

图 1.13

显然 A_{i-1}，$\overline{A}_{i-1}$ 为完备事件组，由全概率公式得

$$
\begin{aligned}
P(A_i) &= P(A_{i-1})P(A_i\,|\,A_{i-1}) + P(\overline{A}_{i-1})P(A_i\,|\,\overline{A}_{i-1}) \\
&= \frac{1}{3}P(A_{i-1}) + \frac{2}{3}[1 - P(A_{i-1})] \\
&= \frac{2}{3} - \frac{1}{3}P(A_{i-1}),\quad (i \geqslant 2).
\end{aligned}
$$

将上式改写为

$$
P(A_i) - \frac{1}{2} = \left(-\frac{1}{3}\right)\left[P(A_{i-1}) - \frac{1}{2}\right],\quad (i \geqslant 2).
$$

于是

$$
\prod_{i=2}^{n}\left[P(A_i) - \frac{1}{2}\right] = \prod_{i=2}^{n}\left(-\frac{1}{3}\right)\left[P(A_{i-1}) - \frac{1}{2}\right],
$$

$$
P(A_n) = \frac{1}{2} + \left(-\frac{1}{3}\right)^{n-1}\left[P(A_1) - \frac{1}{2}\right].
$$

根据题意，$P(A_1) = \frac{1}{4}$，从而

$$
P(A_n) = \frac{1}{2} + (-1)^n \cdot \frac{1}{4 \times 3^{n-1}}.
$$

4. 贝叶斯公式

上述全概率公式解决的问题是借助于一组完备事件组$\{A_i\}$来计算某一事件 B 的概率，下面要介绍的公式恰好与此相反，是已知发生了某一事件 B，求完备事件组中某个 A_j 发生的条件概率，可用下述定理表述.

定理 1.11 设 A_1，A_2，…，A_n 为一完备事件组，则对任意的事件 B 且 $P(B) > 0$，有

$$P(A_j|B)=\frac{P(A_j)P(B|A_j)}{\sum_{i=1}^{n}P(A_i)P(B|A_i)},\quad j=1,2,\cdots,n.$$

证明 由条件概率的定义及乘法公式有

$$P(A_j|B)=\frac{P(A_jB)}{P(B)}=\frac{P(A_j)P(B|A_j)}{P(B)},$$

对 $P(B)$运用全概率公式并代入上式，即得

$$P(A_j|B)=\frac{P(A_j)P(B|A_j)}{\sum_{i=1}^{n}P(A_i)P(B|A_i)}.$$

这个公式称为**贝叶斯**(Bayes)**公式**，公式的实际背景是：已知出现了试验"结果"B，要求推断那一种"原因"(A_j)产生"结果"B的可能性大，方法步骤是：首先计算每一个 $P(A_j)$，这些是在试验之前产生的，称为**先验概率**，它反映了各种"原因"发生的可能性大小，一般根据以往的经验总结和历史资料统计得到；然后计算 $P(B|A_j)$，它表示"原因"A_j 发生的条件下产生结果 B 的概率；从而，由贝叶斯公式反推出"结果"B 已经发生的条件下，"原因"A_j 发生的概率 $P(A_j|B)$，因为它是在试验后确定的，称为**后验概率**；比较各个 $P(A_j|B)$ 的大小，若 $P(A_k|B)$ 是诸 $P(A_j|B)$ 中最大的，这表明产生"结果"B 的最可能"原因"是 A_k.

例 1.29 三部自动的机器生产同样的汽车零件，其中机器甲生产的占 40%，机器乙生产的占 25%，机器丙生产的占 35%，平均说来，机器甲生产的零件有 10%不合格，对于机器乙和丙，相应的百分数分别是 5%和 1%，如果从总产品中任意地抽取一个零件，发现为不合格，试问：

(1) 它是由机器甲生产出来的概率是多少？

(2) 它是由哪一部机器生产出来的可能性最大？

解 比照例 1.27，那里计算"取得的零件是不合格品"的概

率,使用了全概率公式,而本例是在“取得的零件为不合格品”已经发生的条件下,计算该零件由机器甲、乙、丙生产的概率,即由“结果”推断“原因”发生的概率,考虑用贝叶斯公式,令

$B=$“取得的零件为不合格品”,

$A_1=$“取得的零件由机器甲生产的”,

$A_2=$“取得的零件由机器乙生产的”,

$A_3=$“取得的零件由机器丙生产的”,

则 $$P(A_1)=0.40,\ P(A_2)=0.25,\ P(A_3)=0.35,$$

$$P(B|A_1)=0.10,\ P(B|A_2)=0.05,\ P(B|A_3)=0.01.$$

(1) 根据题意指的是计算 $P(A_1|B)$,由贝叶斯公式,有

$$P(A_1|B)=\frac{P(A_1)P(B|A_1)}{P(A_1)P(B|A_1)+P(A_2)P(B|A_2)+P(A_3)P(B|A_3)}$$

$$=\frac{0.40\times0.10}{0.40\times0.10+0.25\times0.05+0.35\times0.01}$$

$$=\frac{0.04}{0.056}\approx0.714.$$

(2) 类似(1)的计算,可得

$$P(A_2|B)=\frac{0.25\times0.05}{0.056}\approx0.223,$$

$$P(A_3|B)=\frac{0.35\times0.01}{0.056}\approx0.063.$$

可见机器甲生产的可能性最大.

例 1.30 (肝癌诊断的甲胎球蛋白检验法)用甲胎球蛋白普查肝癌,令

$C=$“被检验者患肝癌”,

$A=$“甲胎球蛋白检验结果为阳性”,

则 $\overline{C}=$“被检验者未患肝癌”,

$\overline{A}=$“甲胎球蛋白检验结果为阴性”.

由过去的资料知

$$P(A|C)=0.95,\ P(\overline{A}|\overline{C})=0.90,$$

又已知某地居民的肝癌发病率为 $P(C)=0.0004$，普查中若有一人被检验诊断为阳性反应,求此人真正患有肝癌的概率 $P(C|A)$.

解 这是已知“结果”(阳性反应),推断“原因”(患肝癌)的问题,用贝叶斯公式,有

$$P(C|A)=\frac{P(C)P(A|C)}{P(C)P(A|C)+P(\overline{C})P(A|\overline{C})}$$

$$=\frac{0.0004\times 0.95}{0.0004\times 0.95+(1-0.0004)\times(1-0.90)}$$

$$\approx 0.00379.$$

由此可知,经甲胎球蛋白法检验为阳性的人,真正患有肝癌的可能性还是很小的,所以,检验为阳性的人也不必过于紧张.

习 题 1.5

(A)

1. 袋中有 10 个白的、5 个黄的、10 个黑的弹子,现从中任意地取出一个,已知它不是黑的,问它是黄弹子的概率是多少?

2. 考虑有两个孩子的家庭,假定每个孩子为男孩或女孩是等可能的,已知这一家有一个女孩,求这一家另一个孩子也是女孩的概率.

3. 掷两个均匀的骰子,如果已知它的点数不相同,问至少有一个是 6 点的条件概率是多少?

4. 当 $P(A)=a$, $P(B)=b$ 时, $(a, b>0)$, 试证:

$$P(A|B)\geqslant\frac{a+b-1}{b}.$$

5. 在 1, 2, …, 100 中任取一数,已知取出的数不大于 50,求

(1) 此数是 2 或 3 的倍数的概率；

(2) 此数既是 2 的倍数又是 3 的倍数的概率.

6. 甲、乙两地都有铁路线通往丙处，甲地一天内只发售 10 张车票，每天有 100 人到丙处；乙地一天内也只发售 10 张车票，每天有 50 个本地人到丙处，一天内在甲地买不到车票的人中有 1/5 的人到乙地去买车票，假定，到丙处的人在当地买到车票的可能性是相等的，试问：某天内，任一由甲地到丙处的人，在甲地买不到车票且到乙地也买不到车票的概率有多大？

7. 设有 5 个袋子，每个袋子中装有 2 个白球，3 个黑球，从第一袋中任意地取出 1 个球放入第二袋中，再从第二袋中取出 2 个球放入第三袋中，如此继续下去，最后从第 5 个袋中取出 5 个球，求每次取出的全为黑球的概率.

8. 某射击小组共有 20 名射手，其中一级射手 4 人，二级射手 8 人，三级射手 8 人；一、二、三级射手能通过选拔进入比赛的概率分别是 0.9，0.7，0.4，求任选一名射手能通过选拔进入比赛的概率.

9. 有 A，B 二人，按下列规则掷骰子，每一次如果出现 1 点，下一次还由同一人继续掷；如果出现其他点数，下一次由另一人掷，第一次是 A 掷，求第 n 次是 A 掷的概率.

10. 有三个形状相同的罐，在第一个罐中有 2 个白球和 1 个黑球；在第二个罐中有 3 个白球和 1 个黑球；在第三个罐中有 2 个白球和 2 个黑球. 某人任意地选取一罐，再从该罐中任取一球，试问这球是白球的概率有多大？

11. 在标准化考试中，一道考题同时列出四种选择答案，要求学生把其中唯一的正确答案选择出来，设某考生不知道正确答案的概率为 $\frac{1}{2}$，在不知道正确答案的条件下答对的概率为 $\frac{1}{4}$，考试后已知他答对了，求他知道正确答案的概率.

12. 在数字通讯中，信号是由数字 0 和 1 的长序列组成的，由于随机干扰，发送的信号 0 或 1 各有可能错误接收为 1 或 0，现假定发送信号为 0 或 1 的概率均为 $\frac{1}{2}$，又已知发送 0 时，接收为 0 和 1 的概率分别为 0.7 和 0.3，发送信号为 1 时，接收为 1 和 0 的概率分别为 0.9 和 0.1，求已知收到信号 0 时，发出的信号是 0(即没有错误接收)的概率.

13. 某旅客欲在乌鲁木齐托运一行李到北京，已知乌鲁木齐有甲、乙、丙三个客运站，每天平均的客运量之比是 3 : 2 : 5，且甲、乙、丙三站不能及时转运行李的概率分别为0.1，0.2，0.4，试问该旅客把行李交给哪一站托运为好？

14. 盒中放有12个乒乓球，其中有9个是新的，第一次比赛时从中任取3个来用，比赛后仍放回盒中，第二次比赛时再从盒中任取3个，(1)求第二次取出的球都是新球的概率；(2)已知第二次取出的球都是新球，求第一次取到都是新球的概率.

15. 有两个口袋，甲袋中盛有3个白球，2个黑球，乙袋中有1个白球，2个黑球，由甲袋中任取两球放入乙袋，再从乙袋取出两球，求下列事件的概率：

(1) 从乙袋中取得的二球是白球；

(2) 在甲袋中取得白色球的条件下，乙袋取得的二球是白球；

(3) 在乙袋中取得白色球的条件下，从甲袋取得的二球是白球.

(B)

1. 设 A, B, C 是三事件，且 $P(B)>0$, $P(C)>0$, $P(BC)=P(B)P(C)$，证明：

$$P(A|B)=P(A|BC)P(C)+P(A|B\overline{C})P(\overline{C}).$$

2. r 个人相互传球，从甲开始，每次传球时，传球者等可能地把球传给另外 $r-1$ 个人中的任何一个，试求第 n 次传球时，球仍由甲传出的概率.

3. 罐中装2个黑球，1个红球，随机地取一只，把原球放回，并加进与抽出球同色的球1只，再摸第二次，…，这样下去共摸了 n 次，试求在第 n 次摸得红球的条件下，第二次摸得红球的概率.

§1.6 事件的独立性及伯努利概型

在这一节，我们首先引进两个事件的独立性，在此基础上，再介绍多个事件的独立性以及独立试验的常见类型——伯努利概型，这类试验在实际问题中有着广泛的应用.

1. 两个事件的独立性

在§1.5我们看到条件概率 $P(A|B)$ 一般不等于 $P(A)$，但在

有些情况下 $P(A|B)=P(A)$，譬如下面的例子就是这种情况.

考察甲、乙两人各自掷硬币的试验，试验的所有结果为：(正、正)、(正、反)、(反、正)、(反、反)，括号中第一个分量表示甲掷硬币出现的结果，第二个分量表示乙掷硬币出现的结果，若记 $A=$"甲掷硬币得正面"，$B=$"乙掷硬币得正面"，那么 A 包含的结果是：(正、正)、(正、反)；B 包含的结果是：(正、正)、(反、正)；AB 包含的结果是：(正、正)，于是 $P(A)=\frac{2}{4}=\frac{1}{2}$，$P(A|B)=\frac{P(AB)}{P(B)}=\frac{\frac{1}{4}}{\frac{2}{4}}=\frac{1}{2}$，从而 $P(A|B)=P(A)$，从直观上来看，它反映了 B 发生与否对于 A 是否发生不产生任何影响，我们称这种特性为 A 对 B 独立. 由条件概率的定义知：若 A 对 B 独立，即 $P(A|B)=P(A)$，则 $P(AB)=P(A)P(B)$，且在 $P(B)\neq 0$ 的情形下，两者是等价的，而当 $P(B)=0$ 时，式 $P(AB)=P(A)P(B)$ 也有意义并且体现了 A 和 B 地位的对称性：A 对 B 独立，B 对 A 也独立. 由此引入如下定义：

定义 1.10 若两事件 A, B 满足

$$P(AB)=P(A)P(B),$$

则称 A 与 B **相互独立**.

在实际问题中，判断事件的独立性往往凭经验或借助直观的方法，而无需通过定义来验证，例如：甲、乙两人同时射击一目标，因为甲、乙两人的射击一般说来是互不影响的，所以"甲命中目标"与"乙命中目标"两事件应理解为相互独立，但对条件比较复杂的情形，判断事件的独立性要谨慎行事，如甲、乙是地球上两个不同地点，"甲地地震"与"乙地地震"就不能轻易判定为相互独立，因为它们可能存在某种内在联系，对这类问题的事件独立性，需要依靠统计资料进行分析，根据定义来判断.

关于两个事件的独立性，有下面的重要定理：

定理 1.12 若事件 A 与 B 相互独立，则 A 与 $\overline{B}$, $\overline{A}$ 与 B, $\overline{A}$ 与 $\overline{B}$ 也相互独立.

证明 因为 $A\overline{B}=A(\Omega-B)=A-AB$，由概率公式和独立性，有

$$\begin{aligned}P(A\overline{B}) &= P(A-AB)=P(A)-P(AB)\\ &= P(A)-P(A)P(B)=P(A)[1-P(B)]\\ &= P(A)P(\overline{B}).\end{aligned}$$

这表明 A 与 $\overline{B}$ 相互独立，利用 A, B 的对称性，可见 $\overline{A}$ 与 B 也相互独立，既然由 A 与 B 相互独立导出了 A 与 $\overline{B}$ 相互独立，同样由 $\overline{A}$ 与 B 相互独立也可导出 $\overline{A}$ 与 $\overline{B}$ 相互独立.

例 1.31 甲、乙两门高射炮同时向一敌机开炮，已知甲击中敌机的概率为 0.6，乙击中敌机的概率为 0.8，求敌机被击中的概率.

解 设 $A=$“甲击中敌机”，$B=$“乙击中敌机”，$C=$“敌机被击中”，根据题意，可以认为 A 与 B 相互独立，且 $C=A\cup B$，基于采用的概率公式不同，就产生下列几种解法：

解法一 将 $A\cup B$ 分解为三个两两不相容事件 AB, $A\overline{B}$, $\overline{A}B$ 之和，应用概率的有限可加性和定理 1.12，有

$$\begin{aligned}P(C) &= P(A\cup B)=P(AB\cup A\overline{B}\cup \overline{A}B)\\ &= P(AB)+P(A\overline{B})+P(\overline{A}B)\\ &= P(A)P(B)+P(A)P(\overline{B})+P(\overline{A})P(B)\\ &= 0.6\times 0.8+0.6\times(1-0.8)+(1-0.6)\times 0.8\\ &= 0.92.\end{aligned}$$

解法二 由概率的一般加法公式以及 A 与 B 的独立性

$$P(C) = P(A \cup B) = P(A) + P(B) - P(AB)$$
$$= P(A) + P(B) - P(A)P(B)$$
$$= 0.6 + 0.8 - 0.6 \times 0.8 = 0.92.$$

解法三 根据对偶公式和定理 1.12 得

$$P(C) = P(A \cup B) = 1 - P(\overline{A \cup B}) = 1 - P(\overline{A}\ \overline{B})$$
$$= 1 - P(\overline{A})P(\overline{B}) = 1 - (1 - 0.6)(1 - 0.8)$$
$$= 0.92.$$

比较上述三种解法,以解法三为简便,它的特点是通过对偶公式把求事件和的概率转化为求事件交的概率,这对独立事件和的概率计算特别有效.

例 1.32 设袋内有 2 个红球,1 个白球,现从袋内抽球两次,每次抽出一球,记 A = "第一次抽出红球",B = "第二次抽出红球",试问:(1)若抽球是有放回的,A 与 B 是否相互独立?是否相容?(2)若抽球是无放回的,A 与 B 是否相互独立?是否相容?如袋内红球改为 1 个,其余条件不变,那么(1)(2)的情形又是怎样?

解 我们将通过直观分析的方法回答这个问题,它们的数学验证留给读者自己完成.

(1) 对于有放回的情形,第一次抽球时袋内的情况与第二次抽球时袋内的情况完全相同,这表明事件 A 的发生与否与事件 B 是否发生互不影响,所以 A 与 B 相互独立,因为袋内有 2 个红球,A 与 B 可能同时发生,故 A 与 B 是相容的.

(2) 对于无放回的情形,第一次抽球后将要改变袋中球的组成成份,从而影响了第二次抽球,它说明 A 与 B 不是相互独立的,因为袋内有 2 个红球,即使是无放回抽样,A 与 B 依然可能同时发生,这意味 A 与 B 是相容的.

当袋内红球改为 1 个后,不难分析,对于(1),A 与 B 相互独立且相容,对(2),A 与 B 既不相互独立也不相容.

例 1.32 告诉我们,事件的独立性和不相容性是两个不同的概念,它们之间没有必然的联系.

关于事件的独立性可推广到多个事件的情况.

2. 多个事件的独立性

定义 1.11 设 $A_1, A_2, \cdots, A_n$ 为 n 个事件,如果对其中的任意 l 个事件 $A_{i_1}, A_{i_2}, \cdots, A_{i_l}(l = 2, 3, \cdots, n)$,有

$$P(A_{i_1}A_{i_2}\cdots A_{i_l}) = P(A_{i_1})P(A_{i_2})\cdots P(A_{i_l})$$

则称 $A_1, A_2, \cdots, A_n$ **相互独立**或称 $A_1, A_2, \cdots, A_n$ **总体独立**.

上式实际上包含了下面各等式:

$$P(A_1A_2) = P(A_1)P(A_2),$$

$$\cdots$$

$$P(A_{n-1}A_n) = P(A_{n-1})P(A_n);$$

$$P(A_1A_2A_3) = P(A_1)P(A_2)P(A_3),$$

$$\cdots$$

$$P(A_{n-2}A_{n-1}A_n) = P(A_{n-2})P(A_{n-1})P(A_n);$$

$$\cdots$$

$$P(A_1A_2\cdots A_n) = P(A_1)P(A_2)\cdots P(A_n).$$

它总共有 $C_n^2 + C_n^3 + \cdots + C_n^n = (1+1)^n - (C_n^0 + C_n^1) = 2^n - 1 - n$ 个等式.

由定义 1.11 可知,若 A, B, C 三事件相互独立,则成立以下一组等式:

$$P(AB) = P(A)P(B),$$

$$P(BC) = P(B)P(C),$$

$$P(AC)=P(A)P(C),$$

$$P(ABC)=P(A)P(B)P(C).$$

由定义 1.11 还可知,如果 $A_1, A_2, \cdots, A_n$ 相互独立,则其中任意 m 个 $(m<n)$ 事件也相互独立.

在多个事件相互独立的概念中,应特别注意,由两两相互独立性不能导出它们的总体独立,我们可以从下面的例子中看出.

例 1.33 一袋中有四个乒乓球,其中三个球分别涂有红、白、黑颜色,第四个球同时涂有红、白、黑三色,今从袋中任取一球,观察球的颜色,问:$A=$"取出涂有红色的球",$B=$"取出涂有白色的球",$C=$"取出涂有黑色的球"三个事件是否相互独立?

易知
$$P(A)=P(B)=P(C)=\frac{1}{2},$$

$$P(AB)=P(BC)=P(AC)=\frac{1}{4},$$

$$P(ABC)=\frac{1}{4},$$

可见 $P(AB)=P(A)P(B)$, $P(BC)=P(B)P(C)$, $P(AC)=P(A)P(C)$, 而 $P(ABC)\neq P(A)P(B)P(C)$, 这说明 A, B, C 两两独立,但是总体不独立.

有人猜想,只要总体独立的最后一个等式成立,是否就可以导出前面的等式呢?下面的例子表明最后一式不可能代替前面的诸等式.

例 1.34 盒中写有 8 张纸条,一张写 1,两张写 2,两张写 3,一张写 1, 2,一张写 1, 3,最后一张写 1, 2, 3,如图 1.14 所示,从中任取一张,记 $A=$"得 1", $B=$"得 2", $C=$"得 3", 显见

$$P(A)=P(B)=P(C)=\frac{4}{8}=\frac{1}{2},$$

$$P(ABC)=\frac{1}{8}=P(A)P(B)P(C),$$

然而

$$P(BC)=\frac{1}{8}\neq\frac{1}{4}=P(B)P(C).$$

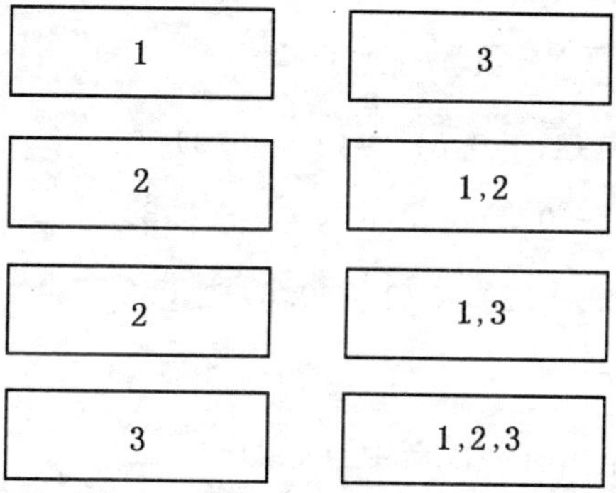

图 1.14

以上两个例子说明,在多个事件相互独立的定义中,所规定的一组等式缺一不可.

应用归纳法,容易把定理 1.12 推广到多个相互独立事件中去。

定理 1.13 若 $A_1, A_2, \cdots, A_n$ 相互独立,则 $\overline{A}_{i_1}, \overline{A}_{i_2}, \cdots, \overline{A}_{i_m}, A_{i_{m+1}}, \cdots, A_{i_n}$ 也相互独立,其中$(i_1, i_2, \cdots, i_n)$是$(1, 2, \cdots, n)$的任一排列,$1\leqslant m\leqslant n$.

事件独立性的概念,有助于事件概率的计算,这在例 1.31 中我们已经看到,下面再举几个例子来说明这个问题.

例 1.35 设对某目标进行三次相互独立的射击,各次的命中率分别是 0.2, 0.6, 0.3,试求:(1)在三次射击中恰有一次命中的概率;(2)在三次射击中至少有一次命中的概率.

解 设 $A_i=$"第 i 次射击命中目标", $i=1, 2, 3$, 根据题意 A_1, A_2, A_3 相互独立,且 $P(A_1)=0.2$, $P(A_2)=0.6$, $P(A_3)=0.3$, 应用概率公式及定理 1.13,我们有

(1) P("恰有一次命中目标")

$$
\begin{aligned}
&= P(A_1\overline{A}_2\,\overline{A}_3 \cup \overline{A}_1 A_2 \overline{A}_3 \cup \overline{A}_1\,\overline{A}_2\,A_3) \\
&= P(A_1\overline{A}_2\,\overline{A}_3) + P(\overline{A}_1A_2\overline{A}_3) + P(\overline{A}_1\,\overline{A}_2A_3) \\
&= P(A_1)P(\overline{A}_2)P(\overline{A}_3) + P(\overline{A}_1)P(A_2)P(\overline{A}_3) \\
&\quad + P(\overline{A}_1)P(\overline{A}_2)P(A_3) \\
&= 0.2 \times (1-0.6) \times (1-0.3) \\
&\quad + (1-0.2) \times 0.6 \times (1-0.3) \\
&\quad + (1-0.2) \times (1-0.6) \times 0.3 \\
&= 0.488.
\end{aligned}
$$

(2) P(“至少有一次命中目标”)

$$
\begin{aligned}
&= P(A_1 \cup A_2 \cup A_3) \\
&= 1 - P(\overline{A_1 \cup A_2 \cup A_3}) \\
&= 1 - P(\overline{A}_1\,\overline{A}_2\,\overline{A}_3) \\
&= 1 - P(\overline{A}_1)P(\overline{A}_2)P(\overline{A}_3) \\
&= 1 - (1-0.2)(1-0.6)(1-0.3) \\
&= 0.776.
\end{aligned}
$$

值得指出，像例 1.31 那样，本例(2)还有其他的解法，但都不如上述解法简便.

例 1.36 某电路系统是由 1 个灯泡、4 节电池、6 个开关串并联组成，如图 1.15 所示.

每个开关接通的概率为$\frac{1}{2}$，且各开关接通与否是互不影响的，求电路中灯泡不亮的概率(假定灯泡、电池都不发生故障).

解 令 A, B, C, D, E, F 分别表示开关 a, b, c, d, e, f 接通这些事件，我们先计算“灯亮”的概率，要使灯亮，必须部件 Ⅰ、

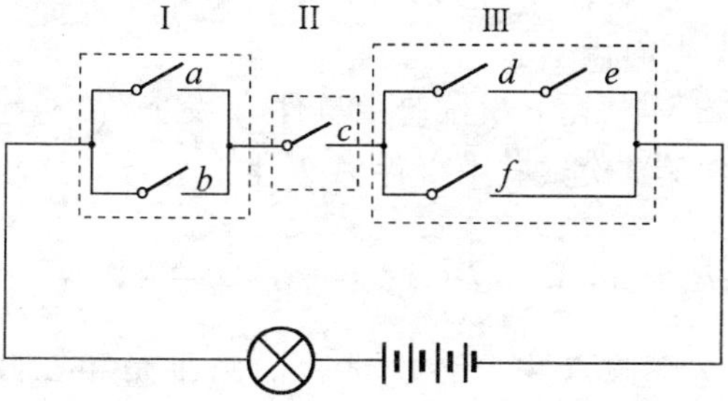

图 1.15

Ⅱ、Ⅲ同时接通，当 a, b 中有一个接通，部件Ⅰ就接通，所以“Ⅰ接通”$=A\cup B$，类似的分析可得，“Ⅱ 接通”$=C$，“Ⅲ 接通”$=DE\cup F$，从而，“灯亮”$=(A\cup B)C(DE\cup F)$.

根据题意，A, B, C, D, E, F 互不影响，通过直观分析，可见 $A\cup B, C, DE\cup F$ 也是互不影响. 因此，不仅 A, B, C, D, E, F 相互独立，而且 $A\cup B, C, DE\cup F$ 也相互独立(它的数学验证留给读者考虑)，所以

$$
\begin{aligned}
P(\text{“灯亮”}) &= P((A\cup B)C(DE\cup F)) \\
&= P(A\cup B)P(C)P(DE\cup F) \\
&= [1-P(\overline{A\cup B})]P(C)[P(DE)+P(F)-P(DEF)] \\
&= [1-P(\overline{A})P(\overline{B})]P(C)[P(D)P(E) \\
&\quad +P(F)-P(D)P(E)P(F)] \\
&= \left(1-\frac{1}{2}\cdot\frac{1}{2}\right)\cdot\frac{1}{2}\cdot\left(\frac{1}{2}\cdot\frac{1}{2}+\frac{1}{2}-\frac{1}{2}\cdot\frac{1}{2}\cdot\frac{1}{2}\right) \\
&\approx 0.234,
\end{aligned}
$$

$$P(\text{“灯不亮”}) = 1-P(\text{“灯亮”}) \approx 1-0.234 = 0.766.$$

本例还有另外的解法，读者不妨一试.

例 1.37 设在每次试验中，事件 A 发生的概率均为 $p(0<p$

<1，且 p 很小，称这事件为**小概率事件**），试求在 n 次独立试验中，事件 A 发生的概率.

解 设 $B_n=$"在 n 次试验中事件 A 发生"，

$A_i=$"在第 i 次试验中事件 A 发生"，$i=1, 2, \cdots, n$.

显见 $B_n=\bigcup\limits_{i=1}^{n} A_i$，$P(A_i)=p$，$i=1, 2, \cdots, n$.

n 次独立试验意味着各次试验的结果是相互独立的，于是 $A_1, A_2, \cdots, A_n$ 相互独立，从而

$$
\begin{aligned}
P(B_n) &= P\left(\bigcup_{i=1}^{n} A_i\right)=1-P\left(\overline{\bigcup_{i=1}^{n} A_i}\right) \\
&= 1-P(\overline{A}_1\,\overline{A}_2\cdots\overline{A}_n)=1-\prod_{i=1}^{n} P(\overline{A}_i) \\
&= 1-(1-p)^n,
\end{aligned}
$$

当 $n\to\infty$ 时，$P(B_n)\to 1$.

这说明小概率事件尽管在一次试验中不大可能发生，然而在大量试验中几乎必然发生，因此在日常生活中我们决不能轻视小概率事件.例如，若一发子弹命中目标的概率很小，但大量射击，击中目标的可能性就很大；一辆行驶在马路上的汽车出事故的可能性很小，然大量汽车行驶在马路上出事故的可能性就显著增加，如此等等.

3. 伯努利概型

在许多问题中，我们对试验感兴趣的是试验中某事件是否发生，例如，掷硬币试验中，关心的是出现正面还是出现反面；产品抽样检查中，注意抽取的产品是好品还是废品；射击试验中，命中还是不命中；比赛中，胜还是负，在这类问题中，试验的可能结果只有两个，或者事件 A 发生，或者事件 A 不发生即 $\overline{A}$ 发生，这种只有两个可能结果的试验称为**伯努利**(Bernoulli)**试验**.

现在考虑重复进行 n 次独立的伯努利试验，这里"重复"的意思是指各次试验的条件是相同的，它意味着各次试验中事件 A 发生的概率保持不变，设都是 p（从而 $\overline{A}$ 的概率也保持不变，设都是 q，$q=1-p$）；"独立"的意思是指各次试验的结果是相互独立的，这种试验所对应的数学模型称为**伯努利概型**，有时为了突出试验次数 n，也称为 **n 次伯努利概型**或 **n 重伯努利试验**.

关于伯努利概型，我们有如下的重要定理：

定理 1.14 对于伯努利概型，事件 A 在 n 次试验中发生 k 次的概率为

$$P_n(k)=C_n^k p^k q^{n-k} \quad (0\leqslant k\leqslant n).$$

证明 记 $B_k=$"n 次试验中事件 A 发生 k 次"，

$$A_i=\text{"第 } i \text{ 次试验中事件 } A \text{ 发生"},\ i=1,2,\cdots,n.$$

事件 B_k 应是 n 次试验中 k 次发生 A，其余 $n-k$ 次发生 $\overline{A}$ 的一切可能的事件和，即

$$B_k=A_1A_2\cdots A_k\overline{A}_{k+1}\cdots\overline{A}_n\cup\cdots\cup\overline{A}_1\,\overline{A}_2\cdots\overline{A}_{n-k}A_{n-k+1}\cdots A_n,$$

显见，和式中共有 C_n^k 项，且两两互不相容，由试验的独立性，各项中的诸事件是相互独立的，于是不难算得各项的概率均等于 p^kq^{n-k}，利用概率的有限可加性知 $P(B_k)=C_n^kp^kq^{n-k}$，即

$$P_n(k)=C_n^kp^kq^{n-k}.$$

例 1.38 在图书室中只存放技术书和数学书，任一读者借技术书的概率为 0.2，而借数学书的概率为 0.8，设每人只借一本书，有 5 名读者依次借书，求至多有 2 人借数学书的概率.

解 一个读者借一本书，有两种结果，或者借数学书（事件 A），或者借技术书（事件 $\overline{A}$），因此一个读者借一本书可看作一次伯努利试验，五名读者各借一本书可看作是 $n=5$ 的伯努利概型，问题归结为计算 5 次伯努利概型中事件 A 至多发生 2 次的概率，

其中 $P(A)=0.8, P(\overline{A})=0.2$，按定理1.14得所求概率为

$$\begin{aligned} P &= \sum_{k=0}^{2} P_5(k) \\ &= C_5^0(0.2)^5 + C_5^1(0.8)(0.2)^4 + C_5^2(0.8)^2(0.2)^3 \\ &\approx 0.0579. \end{aligned}$$

例 1.39 20mL(毫升)微生物溶液中含微生物的浓度是0.3只/mL，从中抽出1mL溶液，试求它含多于一只微生物的概率.

解 这是测定微生物溶液时常常遇到的一类问题，20mL溶液中共有微生物 $20\times 0.3=6$(只)，1只微生物或者落入抽出的1mL(事件 A)，或者不落入抽出的1mL(事件 $\overline{A}$)，问题可看作求6次伯努利概型中事件 A 至少发生2次的概率，显然 $P(A)=\frac{1}{20}, P(\overline{A})=\frac{19}{20}$，故所求概率为

$$\begin{aligned} P &= \sum_{k=2}^{6} P_6(k) = 1 - P_6(0) - P_6(1) \\ &= 1 - C_6^0\left(\frac{1}{20}\right)^0\left(\frac{19}{20}\right)^6 - C_6^1\left(\frac{1}{20}\right)\left(\frac{19}{20}\right)^5 \approx 0.0328. \end{aligned}$$

前已提到，把概率很小的事件称为小概率事件(一般情况，将概率在5%以下的事件称为小概率事件)，对于小概率事件，由于在一次试验中发生的可能性很小，因此，在一次试验中，实际上可以把它看成是不可能发生的，我们称它为**小概率事件实际不发生原理**，以后会看到这个原理在统计推断中具有重要的地位，这里仅举一例来说明它的应用.

例 1.40 某接待站在某一星期曾接待过12次来访，所有这12次接待都是在星期二或星期五进行的，问是否可以断定接待时间是有规定的.

解 假定接待时间没有规定，这表示接待站每星期从星期一

到星期日都接待来访者,在这条件下,我们来计算事件 $B=$"12 次接待都在星期二或星期五进行"的概率,假若将每次接待在星期二或星期五进行看作事件 A 发生,在其余时间进行看作 $\overline{A}$ 发生,则有 $P(A)=\dfrac{2}{7}$, $P(\overline{A})=\dfrac{5}{7}$,所求的概率为 12 次伯努利概型中事件 A 恰好发生 12 次的概率,于是

$$P(B)=C_{12}^{12}\left(\frac{2}{7}\right)^{12}\left(\frac{5}{7}\right)^{0}\approx 0.000\,000\,3.$$

这是一个很小的概率,在一次试验中 B 实际上是不可能发生的,然而事实是 12 次接待都在星期二或星期五进行,B 发生了,因此有理由怀疑假定的正确性,从而推断接待站不是每天都接待来访者,其接待时间是有规定的.

习 题 1.6

(A)

1. 若 $P(A)>0$, $P(B)>0$,试问 A, B 独立与 A, B 互不相容能否同时成立?

2. 若 A, B 独立,有 $P(AB)=P(A)P(B)$,试问:对于条件概率的情况,$P(AB|C)=P(A|C)P(B|C)$ 是否也成立?

3. 证明:若 $P(A|B)=P(A|\overline{B})$,则 A 与 B 相互独立.

4. 若事件 A, B, C 相互独立,试证:$A\cup B$ 与 C 也相互独立.

5. 设 A, B 相互独立,$P(A\cup B)=0.8$, $P(A)=0.4$,求 $P(B)$.

6. 一个工人看管三台车床,在一小时内车床不需要工人照管的概率:第一台等于 0.8,第二台等于 0.7,第三台等于 0.6,求在一小时内三台车床中最多有一台需要工人照管的概率.

7. 加工某一零件共需经过四道工序,设第一、二、三、四道工序的次品率分别是 3%, 4%, 5%, 2%,假定各道工序是互不影响的,求加工出来的零件的次品率.

8. 设某型号高射炮的每一门炮(发射一发)击中飞机的概率为 0.4,现若

干门炮同时发射(每炮射一发),问欲以95%的把握击中来犯的一架敌机,至少需配置几门高射炮?

9. 甲、乙、丙三人向同一飞机射击,设击中的概率分别是0.4,0.5,0.8,如果只有一个击中,则飞机被击落的概率是0.2,如果有二人击中,则飞机被击落的概率是0.6,如果三人都击中,则飞机一定被击落,求:

(1) 飞机被击落的概率;

(2) 已知飞机被击落,恰有二人击中飞机的概率.

10. 有6个元件,它们断电的概率第一个为0.6,第二个为0.2,其余四个都为0.3,求线路断电的概率,若

(1) 元件按图1.16联接:

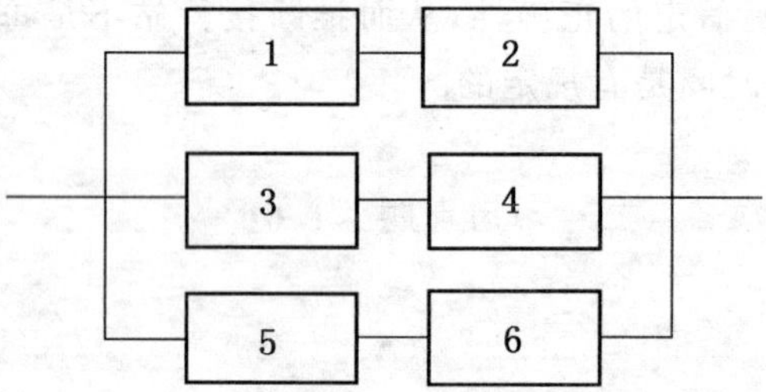

图 1.16

(2) 元件按图1.17联接:

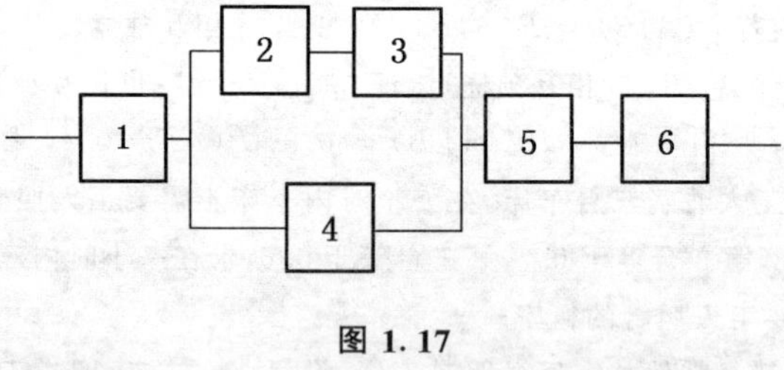

图 1.17

若已知线路断电,就(1)、(2)情形计算元件1断电的概率.

11. 某校有n个教室,为了开大会的需要,决定在各教室内均装二个喇叭,为此有人设计了三种安装系统(如图1.18,图1.19,图1.20所示).

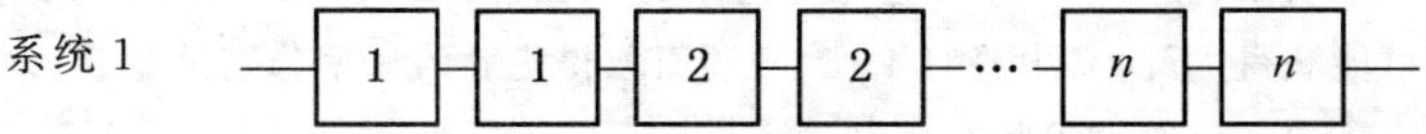

图 1.18

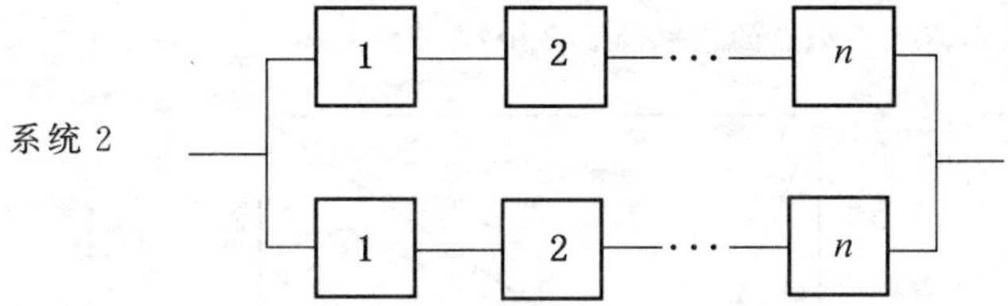

图 1.19

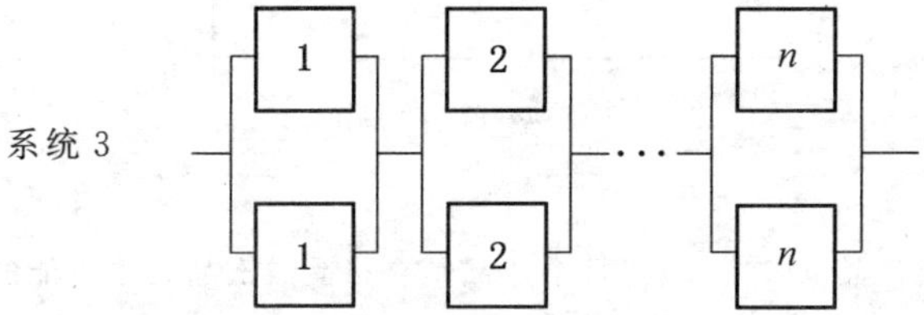

图 1.20

其中"i"代表教室的编号,两个"i"表示第 i 号教室装的两个喇叭,假定各喇叭正常工作的概率均为 $p(0<p<1)$,且各喇叭工作互不影响,试问三种安装系统中,选用何者为佳?

12. 某类电灯泡使用时数在 1 000h(小时)以上的概率为 0.2,求三个灯泡在使用 1 000h 以后最多只有一个坏的概率.

13. 对某种药物的疗效进行研究,假定这药物对某种疾病的治愈率为 0.7,现有 10 个患此病的病人中同时服用此药,求其中至少有 3 个病人治愈的概率.

14. 一个 50 页的书,共有 6 个错字,每个错字出现在那一页上的机会相等,求下列事件的概率.

(1) 在第 1 页到第 20 页中恰好出现 2 个错字;

(2) 在第 1 页到第 25 页中出现不少于 2 个和不多于 3 个错字.

15. 某中学生参加国际奥林匹克数学竞赛,初试、复试题总共 6 道,各题内容互不联系，假若该中学生答对每题的可能性均为 0.7，至少要答对其中 4 题才可能获得优胜，其中答对 4、5、6 题而取得优胜的概率分别是 0.5，0.8，1，试求该中学生取得优胜的概率.

16. 如图 1.21 将一个长方形分割成两个梯形和两个三角形，其边长和高如图 1.21 所示，任意地向长方形内投 10 个点，问两个三角形落入 4 个点且两个梯形落入 6 个点的概率等于多少？

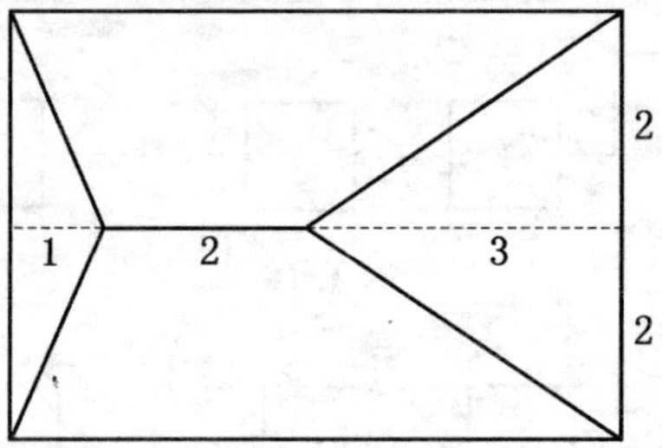

图 1.21

(B)

1. 一批产品共 5 个，假定每个产品是合格品或次品是等可能的，为检查该批产品的质量，从中任取 2 个，发现都是合格品，试求该批产品中恰有 3 个合格品的概率.

2. 某家庭有 4 个女孩，她们去洗碗，在打破的 4 个碗中有 3 个是最小的女孩打破的，因此人家说她笨拙，问她是否有理由申辩这完全是碰巧？

3. 甲、乙两人比赛射击，每射击一次胜者得 1 分，在一次射击中，甲胜的概率为 p，乙胜的概率为 $q(p+q=1)$，射击进行到有一人比对方多 2 分为止，多 2 分者获胜，求各人获胜的概率.

4. 假设某种昆虫产 k 个卵的概率为 $\frac{\lambda^k e^{-\lambda}}{k!}$，而一个卵孵化成昆虫的概率为 p，设各个卵是否孵化成昆虫是相互独立的，试求一只昆虫恰有 l 只后代的概率.

第 2 章　随机变量及其分布

§2.1　随机变量与分布函数

1. 随机变量的概念

在第一章中,我们讨论了事件与事件的概率,今后为进一步研究随机现象的统计规律性,需要将随机试验的结果数量化,为此,我们将引入概率论中一个重要的基本概念——随机变量,它的引进使概率论的研究前进了一大步.先看下面几个例子:

例 2.1　袋内装着 26 张卡片,在其上分别标以 $A, B, \cdots, Z$ 等 26 个英文字母,现任意地从袋内摸出一张卡片,观察卡片上标志的是什么字母.对于这个随机试验,它可能的试验结果(即样本点或基本事件)是:$\omega_1 =$ "得 A", $\omega_2 =$ "得 B",…, $\omega_{26} =$ "得 Z". 样本空间 $\Omega = \{\omega_1, \omega_2, \cdots, \omega_{26}\}$, 在 Ω 上定义一个单值实函数 $\xi(\omega)$:当 $\omega = \omega_i$ 时,$\xi(\omega) = i$, $i = 1, 2, 3, \cdots, 26$. 易见 $\xi(\omega)$ 不同于一般的实函数,它有二个明显的特点:(1)$\xi(\omega)$是试验结果的函数,它的取值是随着试验结果而变化;(2)由于试验结果的随机性和统计规律性,导致 $\xi(\omega)$的取值具有随机性和统计规律性.如 $P(\xi(\omega) = i) = P(\omega = \omega_i) = \dfrac{1}{26}$, $P(1 \leqslant \xi(\omega) < 4) = \sum\limits_{i=1}^{3} P[\xi(\omega) = i] = \dfrac{3}{26}$. 我们把这种定义在 Ω 上的单值实函数 $\xi(\omega)$ 称为随机

变量.

例 2.2 一射手向靶进行了一次射击，考察他命中靶的情况，可能结果为：$\omega_0=$"未命中"，$\omega_1=$"命中一环"，…，$\omega_{10}=$"命中10环"，样本空间 $\Omega=\{\omega_0, \omega_1, \cdots, \omega_{10}\}$. 在 Ω 上定义一个单值实函数 $\xi(\omega)$：当 $\omega=\omega_i$ 时，$\xi(\omega)=i$，$i=0, 1, 2, \cdots, 10$. $\xi(\omega)$表示了该射手在一次射击中命中的环数，它是试验结果的函数，它的取值是有概率的，因此 $\xi(\omega)$是随机变量.

例 2.3 掷二枚均匀的硬币，观察出现的面，可能的结果是 $\omega_0=$"反面，反面"，$\omega_1'=$"反面，正面"，$\omega_1''=$"正面，反面"，$\omega_2=$"正面，正面"，样本空间 $\Omega=\{\omega_0, \omega_1', \omega_1'', \omega_2\}$，在 Ω 上定义函数 $\eta(\omega)$ 如下：当 $\omega=\omega_0$ 时，$\eta(\omega)=0$；当 $\omega=\omega_1'$ 或 ω_1'' 时，$\eta(\omega)=1$；当 $\omega=\omega_2$ 时，$\eta(\omega)=2$. $\eta(\omega)$表示掷二枚硬币所出现的正面数，易知 $\eta(\omega)$为随机变量.

例 2.4 在单位圆内均匀投点，考察点的位置，可能的结果是 $\omega_{xy}=(x, y)$，$x^2+y^2<1$；样本空间 $\Omega=\{\omega_{xy}: x^2+y^2<1\}$. 当 $\omega=\omega_{xy}$ 时，令 $\xi(\omega)=x$，$\eta(\omega)=\sqrt{x^2+y^2}$ 显然，$\xi(\omega)$，$\eta(\omega)$都是随机变量. $\xi(\omega)$，$\eta(\omega)$的具体意义分别表示随机点 ω 的横坐标与随机点 ω 到圆心的距离.

在生活中，我们经常要遇到随机变量. 例如，统计某市各水果商店的销售量，任选一水果商店 ω，以 $\xi(\omega)$表示 ω 店的月销售量，那么 $\xi(\omega)$是一个随机变量；又如统计某校学生的身高、体重、胸围，任选一学生 ω，以 $\xi(\omega)$，$\eta(\omega)$，$\zeta(\omega)$分别表示 ω 学生的身高、体重、胸围，那么 $\xi(\omega)$，$\eta(\omega)$，$\zeta(\omega)$均是随机变量；再如每年的降雨量，每户的用电量，某户室内每天的温度，上午 8 时至 10 时电话交换台来到的呼唤次数，某工厂生产的灯泡寿命，射击的偏差等等均是随机变量.

从前面对随机变量的认识可见，所谓 $\xi(\omega)$是一个随机变量，第一，它是定义在 Ω 上的单值实函数；第二，$\xi(\omega)$的取值是有统计规律的，亦即 $\xi(\omega)$取某个值或取某些值是具有一定概率的，譬如

“$\xi(\omega) = a$”或“$a < \xi(\omega) \leqslant b$”要有一定的概率. 从概率论的公理化定义知道,只有对事件才定义概率,因此,要求“$\xi(\omega) = a$”或“$a < \xi(\omega) \leqslant b$”必须是事件;因为“$\xi(\omega) = a$”,“$a < \xi(\omega) \leqslant b$”分别等价于$\{\omega: \xi(\omega) = a\}$, $\{\omega: a < \xi(\omega) \leqslant b\}$,这就要求$\{\omega: \xi(\omega) = a\}$, $\{\omega: a < \xi(\omega) \leqslant b\}$都是事件,即$\{\omega: \xi(\omega) = a\} \in \mathscr{F}$, $\{\omega: a < \xi(\omega) \leqslant b\} \in \mathscr{F}$,为此,容易验证,只要对任意实数$x$, $\{\omega: \xi(\omega) < x\} \in \mathscr{F}$,即$\{\omega: \xi(\omega) < x\}$是事件就可以了.

因此,我们就比较自然地引入随机变量的如下定义:

定义 2.1 设$(\Omega, \mathscr{F}, P)$是一概率空间,$\xi(\omega)$是定义在Ω上的单值实函数,如果对任一实数x, $\{\omega: \xi(\omega) < x\}$是一事件,即$\{\omega: \xi(\omega) < x\} \in \mathscr{F}$,则称$\xi(\omega)$为**随机变量**.

今后均采用希腊字母及附下标的希腊字母$\xi(\omega)$, $\eta(\omega)$, $\zeta(\omega)\cdots$; $\xi_1(\omega)$, $\xi_2(\omega)$, $\cdots$ 作为随机变量,并略去自变量“ω”,简记为ξ, η, ζ, $\cdots$; ξ_1, $\xi_2\cdots$. 并把$\{\omega: \xi(\omega) < x\}$简写为$\{\xi < x\}$.

为了便于求出随机变量取值的概率,我们需引进分布函数的概念.

2. 随机变量的分布函数

1) 分布函数的定义

定义 2.2 设ξ为一个随机变量,于是对任意实数x, $\{\xi < x\} \in \mathscr{F}$, $P\{\xi < x\}$有意义,因此对任意实数x,可定义

$$F_\xi(x) = P(\xi < x), \quad -\infty < x < \infty.$$

它是x的函数,我们称$F_\xi(x)$为随机变量ξ的**分布函数**,如不引起混淆的话,$F_\xi(x)$可简写为$F(x)$.

例 2.5 掷一骰子,以ξ表示出现点数,显然,ξ可能的取值是1, 2, 3, 4, 5, 6;且$P(\xi = i) = \frac{1}{6}$, $1 \leqslant i \leqslant 6$;于是不难求得$\xi$的分布函数是

$$F(x)=P(\xi<x)=\begin{cases}0, & x\leqslant 1,\\ \frac{1}{6}, & 1<x\leqslant 2,\\ \frac{1}{3}, & 2<x\leqslant 3,\\ \frac{1}{2}, & 3<x\leqslant 4,\\ \frac{2}{3}, & 4<x\leqslant 5,\\ \frac{5}{6}, & 5<x\leqslant 6,\\ 1, & x>6.\end{cases}$$

$F(x)$图形如图 2.1 所示

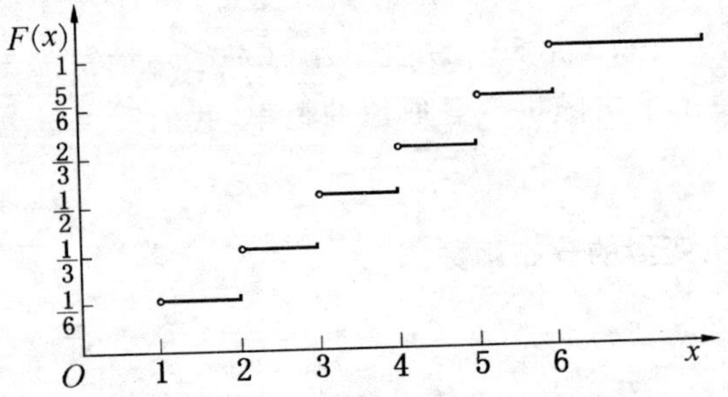

图 2.1

2）分布函数的性质

根据概率的性质，结合图 2.1，下面的定理是容易理解的.

定理 2.1 随机变量 ξ 的分布函数 $F(x)$ 具有下列的性质：

(1) 单调非降性：若 $x_1<x_2$，则 $F(x_1)\leqslant F(x_2)$；

(2) 左连续性：对任意实数 x_0，恒有 $F(x_0-0)=F(x_0)$；

(3) 记 $F(-\infty)=\lim\limits_{x\to-\infty}F(x)$，$F(+\infty)=\lim\limits_{x\to+\infty}F(x)$，则 $F(-\infty)=0$，$F(+\infty)=1$；

(4) $0\leqslant F(x)\leqslant 1$.

反过来，我们可以证明，任一满足以上几个性质的函数，一定是某一随机变量的分布函数. 由于分布函数的第四个性质可由前三个性质推得，因此在该结论的条件中，可以不要求函数具有第四个性质.

有了分布函数，关于随机变量取某些值的概率就能方便地算出，例如，我们有

(1) $P(a\leqslant\xi<b)=P(\xi<b)-P(\xi<a)=F(b)-F(a)$.

(2) 接上式令 b 从右的方向趋向于 a，容易明白

$$P(\xi=a)=F(a+0)-F(a).$$

(3) $P(\xi\leqslant a)=P(\xi<a)+P(\xi=a)=F(a+0)$.

(4) $P(\xi\geqslant a)=1-P(\xi<a)=1-F(a)$.

(5) $P(\xi>a)=1-P(\xi\leqslant a)=1-F(a+0)$.

例 2.6 设随机变量 ξ 的分布函数为

$$F(x)=\begin{cases}0, & x\leqslant 0,\\ \dfrac{x}{3}, & 0<x\leqslant 1,\\ \dfrac{3}{4}, & 1<x\leqslant 2,\\ 1, & x>2.\end{cases}$$

$F(x)$的图形如图 2.2 所示，试求 (1)$P(\xi=1)$，(2)$P(\xi<2)$，(3)$P\left(\xi>\dfrac{1}{2}\right)$，(4)$P(1<\xi\leqslant 4)$.

解 (1) $P(\xi=1)=F(1+0)-F(1)=\dfrac{5}{12}$.

(2) $P(\xi<2)=F(2)=\dfrac{3}{4}$.

(3) $P\left(\xi>\dfrac{1}{2}\right)=1-F\left(\dfrac{1}{2}+0\right)=1-\dfrac{1}{6}=\dfrac{5}{6}$.

(4) $P(1<\xi\leqslant 4)=P(\xi\leqslant 4)-P(\xi\leqslant 1)$

$$= F(4+0) - F(1+0) = 1 - \frac{3}{4} = \frac{1}{4}.$$

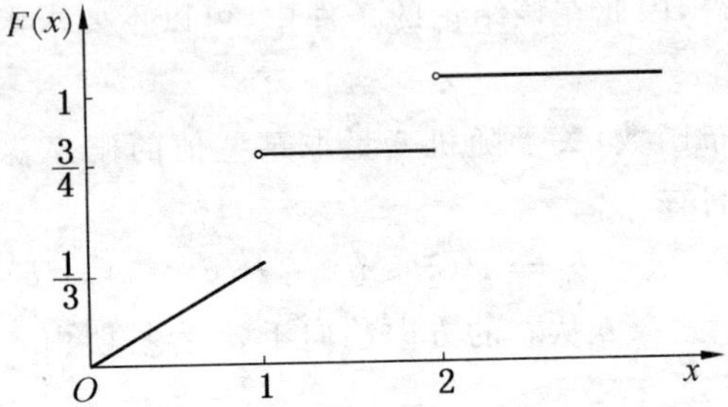

图 2.2

在实际问题中，经常遇到的随机变量一般有两种基本类型：离散型随机变量和连续型随机变量. 下面两节我们分别讨论这两种随机变量.

习题 2.1

(A)

1. 随机变量与普通变量有什么不同？并作出随机变量的直观解释.

2. 设 A 是一个事件，令

$$\chi_A(\omega) = \begin{cases} 1, & 当 \in A, \\ 0, & 当 \overline{\in} A. \end{cases}$$

试问 $\chi_A(\omega)$ 是否是一个随机变量？能否用它来刻划随机事件 A？

3. 分别用适当的随机变量表示下列事件：

(1) 掷一枚骰子，观察出现的点数，用随机变量表示事件"出现奇数点"、"出现的点数大于 4".

(2) 从一批灯泡中任意抽取一只，测试它的寿命，用随机变量表示事件"任取一只灯泡的寿命不超过 1 000h(小时)"、"任取一只灯泡的寿命在 500h 到 800h 之间".

4. 产品检验中一次取一个进行检验，第 i 次取到的是正品记作 $\xi_i = 1$，

取到的是次品记作 $\xi_i = 0\ (i = 1, 2, \cdots)$. 试指出下列关系式所表示的事件：

$$\{\xi_1 = 1, \xi_2 = 0\};$$

$$\{\xi_1 + \xi_2 + \xi_3 > 1\}.$$

5. 求下列随机变量的分布函数：

(1) ξ 只取一个值 a.

(2) 掷一枚均匀的硬币两次，ξ 表示出现的正面数.

6. 设随机变量 ξ 的分布函数为

$$F(x) = \begin{cases} 0, & x \leqslant 0, \\ Ax^2, & 0 < x < \dfrac{1}{4}, \\ 1, & \dfrac{1}{4} \leqslant x < \infty. \end{cases}$$

求：

(1) 常数 A.

(2) ξ 落在 $(-0.5, 0.1)$ 内的概率.

(B)

1. 假设 ξ 是一随机变量，试证：$\eta = a\xi + b\ (a \neq 0)$ 也是一个随机变量.

2. 函数 $F(x) = \dfrac{x^2}{1+x^2}$ 是否可以作为某一随机变量的分布函数，如果

(1) $-\infty < x < \infty$.

(2) $0 < x < \infty$, 在其他范围重新定义.

(3) $-\infty < x < 0$, 在其他范围重新定义.

3. 设 $F_i(x)$, $(i = 1, 2, \cdots, n)$ 是分布函数，$\alpha_i \geqslant 0$, $i = 1, 2, \cdots, n$, 且满足 $\sum\limits_{i=1}^{n} \alpha_i = 1$，令 $F(x) = \sum\limits_{i=1}^{n} \alpha_i F_i(x)$，试证：$F(x)$ 也是分布函数.

§2.2 离散型随机变量

1. 离散型随机变量的概念

定义 2.3 如果一个随机变量 ξ 只能取有限个或无限可列个

值时，则称随机变量 ξ 为**离散型随机变量**.

记离散型随机变量 ξ 的一切可能取值为 $x_1, x_2, \cdots, x_n, \cdots$，并且 ξ 取 x_i 的概率为 p_i，即 $P(\xi = x_i) = p_i, i = 1, 2, \cdots, n, \cdots$ 则称 $P(\xi = x_i) = p_i, i = 1, 2, \cdots, n, \cdots$ 为离散型随机变量 ξ 的**分布列**，显然它具有性质：

(1) 非负性　$p_i \geqslant 0, i = 1, 2, \cdots, n, \cdots$;

(2) 规范性　$\sum_{i=1}^{\infty} p_i = 1$.

当给定了 x_i 及 $p_i, i=1, 2, \cdots$，我们就能描述随机变量 ξ，因为我们已经知道它取什么值，以及以多大的概率取这些值，这正是我们描述随机变量所需要的. 分布列也可写成表格的形式：

ξ	x_1,	x_2,	$\cdots$	x_n	$\cdots$
$P(\xi=x_i)$	p_1,	p_2,	$\cdots$	p_n	$\cdots$

由 ξ 的分布列不难求得 ξ 的分布函数为

$$F(x) = P(\xi < x) = \sum_{x_i < x} P(\xi = x_i) = \sum_{x_i < x} p_i.$$

这是一个在 x_i 处有跃度为 p_i 的阶梯函数.

例 2.7　若 $P(\xi = i) = \frac{Ci}{N}, (i = 1, 2, \cdots, N,)$ 为一分布列，试定出常数 C.

解　由非负性知 $C \geqslant 0$，由规范性得 $\sum_{i=1}^{N} \frac{Ci}{N} = \frac{C(N+1)}{2} = 1$，所以 $C = \frac{2}{N+1}$.

例 2.8　从五个数 1，2，3，4，5 中任取三个数，设为 x_1, x_2, x_3，记 $\xi = \max(x_1, x_2, x_3)$，求 ξ 的分布列和分布函数，并计算 $P(\xi \leqslant 4)$.

解　(1) 欲求 ξ 的分布列，首先确定 ξ 的可能取值，然后再定

出取这些值的概率．易知 ξ 的可能取值是 3，4，5，且

$$P(\xi=3)=\frac{1}{C_5^3}=\frac{1}{10},$$

$$P(\xi=4)=\frac{C_3^2}{C_5^3}=\frac{3}{10},$$

$$P(\xi=5)=1-P(\xi=3)-P(\xi=4)=\frac{3}{5}.$$

所以的分布列是

ξ	3	4	5
$P(\xi=x_i)$	$\frac{1}{10}$	$\frac{3}{10}$	$\frac{3}{5}$

（2）分布函数为

$$F(x)=\begin{cases}0, & -\infty<x\leqslant 3,\\ \frac{1}{10}, & 3<x\leqslant 4,\\ \frac{2}{5}, & 4<x\leqslant 5,\\ 1, & 5<x<+\infty.\end{cases}$$

（3）$P(\xi\leqslant 4)=P(\xi=3)+P(\xi=4)=\frac{2}{5}$.

例 2.9 一射手对靶连续不断地进行射击，直到第一次命中为止，如每次射击命中的概率为 p，试求所需射击次数 ξ 的分布列．

解 首先确定 ξ 的可能取值，然后再定出取这些值的概率，易知 ξ 的可能取值是 1，2，…，n，…，现计算事件 $\{\xi=i\}$ 的概率，事件 $\{\xi=i\}$ 表示前 $i-1$ 次射击均未命中而第 i 次射击首次命中的事件，所以

$$P(\xi = i) = pq^{i-1}, \quad i = 1, 2, \cdots, n, \cdots$$

其中 $q = 1 - p$，故 ξ 的分布列是

ξ	1	2	$\cdots$	n	$\cdots$
$P(\xi = x_i)$	p	pq	$\cdots$	pq^{n-1}	$\cdots$

本题中如记 ξ_r 为 r 次命中时所需的射击次数，请读者考虑 ξ_r 的分布列应是什么？

2. 若干常见的离散型分布

1）二点分布

设在一次试验中事件 A 发生的概率为 p，以 ξ 表示一次试验中事件 A 发生的次数，显然 ξ 的分布列是

ξ	0	1
$P(\xi = x_i)$	q	p

其中 $0 < p < 1$, $q = 1 - p$.

这种分布称为**二点分布**，记为 $b(1, p)$，其中 p 是参数，并称 ξ 服从参数为 p 的二点分布，记作 $\xi \sim b(1, p)$. 二点分布也称为伯努利分布，它是常见的一种概率分布.

例 2.10 袋内有 5 个白球，6 个红球，从中摸出二球，记

$$\xi = \begin{cases} 0, & \text{二球全红}, \\ 1, & \text{二球非全红}. \end{cases}$$

显然 ξ 服从二点分布，其分布列是

ξ	0	1
$P(\xi = x_i)$	$\dfrac{3}{11}$	$\dfrac{8}{11}$

2）二项分布

进行 n 次独立重复的伯努利试验，每次试验事件 A 发生的概率为 p，若以 ξ 表示 n 次伯努利概型中事件 A 发生的次数，那末容易求得 ξ 的分布列是

$$P(\xi = i) = C_n^i p^i q^{n-i}, \quad i = 0, 1, \cdots, n,$$

其中 $0 < p < 1$, $q = 1 - p$.

这种分布称为**二项分布**（因由二项式 $(p+q)^n$ 展开的各项组成），记为 $b(n, p)$，其中 n, p 为参数，并称 ξ 服从参数为 n, p 的二项分布，记作 $\xi \sim b(n, p)$. 当 $n = 1$ 时，二项分布就是二点分布.

通常，二项分布的第 i 项，记为 $b(i; n, p)$，即 $b(i; n, p) = C_n^i p^i q^{n-i}$.

从上可见，n 次伯努利概型中，事件 A 发生的次数是一个服从二项分布的随机变量.

例 2.11 一批晶体管中有 10% 是次品，现从中抽取 10 个，试求内含的次品数的分布列，并计算其中至少有 2 件次品的概率.

解 抽出的一个产品或者是次品（事件 A 发生），或者是正品，只有两种可能，所以抽出一个产品可看作是一次伯努利试验，抽取 10 个产品可看作 10 次伯努利概型，这样，10 件产品中的次品数就相当于 10 次伯努利概型中事件 A 发生的次数，所以如记 ξ 为 10 件产品中的次品数，则 $\xi \sim b(10, 0.1)$. 其分布列为

$$P(\xi = i) = C_{10}^i (0.1)^i \times (0.9)^{10-i}, \quad i = 0, 1, \cdots, 10.$$

所求的概率为

$$\begin{aligned} P(\xi \geqslant 2) &= 1 - P(\xi < 2) \\ &= 1 - (0.9)^{10} - C_{10}^1 (0.1)(0.9)^9 \\ &\approx 0.264. \end{aligned}$$

例 2.12 （血清效应试验）设在鸡群中感染某种疾病的概率是 20%，新发现了一种血清，可能对预防此病有效，为此对 25 只健康的鸡注射了这种血清，若注射后发现只有 1 只动物受感染，试问这种血清是否有作用？

解 25 只鸡中感染某种疾病的鸡数 ξ 是一个服从二项分布的随机变量. 假设无作用，这表示每只鸡的感染率还是 20%，25 只鸡中至多只有 1 只受感染的概率为 $b(0;\ 25,\ 0.2)+b(1;25,\ 0.2)=0.0038+0.0236<5\%$. 这是一个小概率，所以若血清无作用，则 25 只鸡中至多只有 1 只受感染的事件是一个小概率事件，它在一次试验中不能发生，然而现在恰发生了，这表明血清是有作用的.

在实际问题中，我们经常要计算 n 次伯努利概型中恰有 k 次成功的概率 $C_n^k p^k q^{n-k}$，至少有 k 次成功的概率 $\sum_{i=k}^{n} C_n^i p^i q^{n-i}$ 等，当 n 很大时，它们的计算十分复杂. 例如，某工厂产品的次品率是 0.005，求在任意的 1 000 件产品中：(1)有 10 件次品的概率；(2)次品不多于 10 件的概率. 容易求得它们的概率分别是 $C_{1\,000}^{10}(0.005)^{10}(0.995)^{990}$，$\sum_{i=0}^{10} C_{1\,000}^{i}(0.005)^i(0.995)^{1\,000-i}$，但要计算出确切数字很不容易，因此我们希望能找到计算二项分布的近似公式. 1837 年法国数学家泊松(Poisson)对此进行了研究，得到了**二项分布的逼近公式**，这就是下面所述的泊松定理.

定理 2.2 （泊松定理） 在 n 次伯努利概型中，以 p_n 表示每次试验事件 A 发生的概率，它与试验总次数 n 有关，若 $\lim\limits_{n\to\infty} np_n=\lambda$(常数)，则对任意确定的非负整数 k，有

$$\lim_{n\to\infty} b(k;\ n,\ p_n)=\frac{\lambda^k}{k!}e^{-\lambda},\quad k=0,\ 1,\ 2,\ \cdots$$

证明 记 $\lambda_n=np_n$，有 $p_n=\dfrac{\lambda_n}{n}$，$\lim\limits_{n\to\infty}\lambda_n=\lambda$.

$$
\begin{aligned}
b(k;n,p_n) &= C_n^k p_n^k (1-p_n)^{n-k} \\
&= \frac{n(n-1)\cdots(n-k+1)}{k!}\left(\frac{\lambda_n}{n}\right)^k\left(1-\frac{\lambda_n}{n}\right)^{n-k} \\
&= \frac{\lambda_n^k}{k!}1\cdot\left(1-\frac{1}{n}\right)\cdots\left(1-\frac{k-1}{n}\right)\left(1-\frac{\lambda_n}{n}\right)^{n-k}.
\end{aligned}
$$

对确定的 k，当 $n\to\infty$ 时，有

$$
\lambda_n^k\to\lambda^k,\ \left(1-\frac{1}{n}\right)\cdots\left(1-\frac{k-1}{n}\right)\to 1,\ \left(1-\frac{\lambda_n}{n}\right)^{n-k}\to e^{-\lambda},
$$

所以

$$
b(k;n,p_n)\to\frac{\lambda^k}{k!}e^{-\lambda},\quad (n\to\infty).
$$

在实际应用中若 n 很大(一般 $n\geqslant 10$)，p 充分小(一般 $p\leqslant 0.1$)，使 np 大小适中，此时可取 $\lambda=np$，有

$$
b(k;n,p)\approx\frac{\lambda^k}{k!}e^{-\lambda},
$$

其中 $\frac{\lambda^k}{k!}e^{-\lambda}$ 的计算可通过泊松分布表得到(参见附表 1).

回到前面提出的次品问题，取 $\lambda=np=1\,000\times 0.005=5$，有

$$
C_{1\,000}^{10}(0.005)^{10}(0.995)^{990}\approx\frac{5^{10}}{10!}e^{-5}=0.018\,133.
$$

$$
\sum_{i=0}^{10}C_{1\,000}^{i}(0.005)^{i}(0.995)^{1\,000-i}\approx\sum_{i=0}^{10}\frac{5^i}{i!}e^{-5}=0.986\,305.
$$

当 p 接近于 1 时，$q=1-p$ 就很小，如 n，q 大小适中，可取 $b(k;n,p)=b(n-k;n,q)\approx\frac{\lambda^{n-k}}{(n-k)!}e^{-\lambda}$，其中 $\lambda=nq$；当 p 既不很小也不接近 1 时，二项分布的计算可采用正态分布近似，我

们将在第五章中介绍. 表 2.1 说明二项分布的泊松近似的程度甚好。

表 2.1

k	按 $b(k;n,p)=C_n^k p^k(1-p)^{n-k}$ 计算				按 $\frac{\lambda^k}{k!}e^{-\lambda}$ 计算
	$n=10$ $p=0.1$	$n=20$ $p=0.05$	$n=40$ $p=0.025$	$n=100$ $p=0.01$	$\lambda=np=1$
0	0.349	0.358	0.363	0.366	0.368
1	0.385	0.377	0.372	0.370	0.368
2	0.194	0.189	0.186	0.185	0.184
3	0.057	0.060	0.060	0.061	0.061
4	0.011	0.013	0.014	0.015	0.015
>4	0.004	0.003	0.005	0.003	0.004

例 2.13 在保险公司里有 2 500 个同一年龄和同社会阶层的人参加了人寿保险,在一年里每个人死亡的概率为 0.002,每个参加保险的人在这一年的 1 月 1 日付 12 元保险费,而在死亡时家属可向公司领 2 000 元,问:(1)"保险公司亏本"的概率是多少?(2)"保险公司获利不少于 10 000 元、20 000 元"的概率分别是多少?

解 (1) 根据题中条件,显然应该理解以"年"为单位来考虑,那么,保险公司亏本这一事件应该怎样来表示呢?我们可以这样理解,在一年的 1 月 1 日,保险公司收入为:

$$2\,500\times 12=30\,000(\text{元}).$$

若一年中死亡 x 人,则保险公司在这一年应付出 $2\,000x$(元),如果

$$2\,000x>30\,000,\quad 即\ x>15(\text{人}),$$

则保险公司便亏本(此处不计 30 000 元所得的利息),于是"保险

公司亏本”的事件等价于“一年中多于 15 人死亡”的概率，注意到 2 500 人中死亡数服从二项分布 $b(2\,500,\ 0.002)$，再应用泊松近似即得

$$P(\text{“保险公司亏本”}) = P(\text{“多于 15 人死亡”})$$

$$= \sum_{k=16}^{2\,500} C_{2\,500}^{k}(0.002)^{k}(0.998)^{2\,500-k}$$

$$= 1 - \sum_{k=0}^{15} C_{2\,500}^{k}(0.002)^{k}(0.998)^{2\,500-k}$$

$$\approx 1 - \sum_{k=0}^{15} \frac{e^{-5}5^{k}}{k!} = 0.000\,069.$$

由此可见在一年里，保险公司亏本的概率是非常小的.

(2)“保险公司获利不少于 10 000 元”意味着

$$30\,000 - 2\,000x \geqslant 10\,000, \quad \text{即 } x \leqslant 10,$$

故 $P(\text{“获利不少于 10 000 元”}) = P(\text{“死亡人数} \leqslant 10\text{”})$

$$= \sum_{k=0}^{10} C_{2\,500}^{k}(0.002)^{k}(0.998)^{2\,500-k}$$

$$\approx \sum_{k=0}^{10} \frac{e^{-5}5^{k}}{k!} = 0.986\,305.$$

类似地可得

$P(\text{“获利不少于 20 000 元”}) = P(\text{“死亡人数} \leqslant 5\text{”})$

$$= \sum_{k=0}^{5} C_{2\,500}^{k}(0.002)^{k}(0.998)^{2\,500-k}$$

$$\approx \sum_{k=0}^{5} \frac{e^{-5}5^{k}}{k!} = 0.615\,961.$$

上面的所有结果都说明了“保险公司为什么那样乐于开展保险业

务”的道理.

不过关键之处还在于对死亡概率的估计必须是正确的，如果所估计的死亡概率比实际的要低，甚至低得多，那么情况将会有不同.

例 2.14 设有同类型仪器 300 台，各仪器的工作相互独立，且发生故障的概率均为 0.01，通常一台仪器的故障可由一个人来排除. 问(1)至少配备多少维修工人，才能保证当仪器发生故障又不能及时排除的概率小于 0.01？(2)若一个人包干 20 台仪器，求仪器发生故障又不能及时排除的概率. (3)若由 3 人共同负责维修 80 台仪器呢？

解 设 300 台仪器在同一时刻发生故障的仪器台数为 ξ，则 $\xi \sim b(300, 0.01)$.

(1) 若至少要配备 x 个工人，则按题意要求 x，使 $P(\xi > x) \leqslant 0.01$. 采用泊松近似，由

$$
\begin{aligned}
P(\xi > x) &= 1 - P(\xi \leqslant x) \\
&= 1 - \sum_{k=0}^{x} C_{300}^{k}(0.01)^{k}(0.99)^{300-k} \\
&\approx 1 - \sum_{k=0}^{x} \frac{3^{k}e^{-3}}{k!} \leqslant 0.01,
\end{aligned}
$$

查表可得 $x = 8$.

(2) 记 η 为 20 台仪器在同一时刻发生故障的仪器台数，则 $\eta \sim b(20, 0.01)$，问题是计算 $P(\eta \geqslant 2)$，有

$$
\begin{aligned}
P(\eta \geqslant 2) &= 1 - P(\eta < 2) \\
&= 1 - \sum_{k=0}^{1} C_{20}^{k}(0.01)^{k}(0.99)^{20-k} \\
&\approx 1 - e^{-0.2} - 0.2 \times e^{-0.2} = 0.017\,523.
\end{aligned}
$$

(3) 记 ζ 为 80 台仪器在同一时刻发生故障的仪器台数，则

$\zeta \sim b(80, 0.01)$,问题是计算 $P(\zeta \geqslant 4)$,有

$$P(\zeta \geqslant 4) \approx 1 - \sum_{k=0}^{3} \frac{(0.8)^k e^{-0.8}}{k!} = 0.009\,08.$$

(2)、(3)的结果表明,在(3)中虽然任务重了,即(2)中一人只包干 20 台的维修任务,而(3)中每人平均维修 27 台,但工作的质量不仅没有降低,相反还提高了,因此,共同负责的方式比个人包干为好.

由二项分布的泊松逼近很自然地引入下面的泊松分布.

3) 泊松分布

若随机变量 ξ 的分布列是

$$P(\xi = i) = \frac{\lambda^i}{i!} e^{-\lambda}, \quad i = 0, 1, 2, \cdots,$$

其中 $\lambda > 0$,则称这种分布为**泊松分布**,记为 $P(\lambda)$,其中 λ 是参数,并称 ξ 服从参数为 λ 的泊松分布,记作 $\xi \sim P(\lambda)$.

由泊松定理可知在大量试验中,小概率事件 A 发生的次数可近似地看作服从泊松分布,下面列出的是通常认为服从泊松分布的随机变量的几个例子.

(1) 一批产品中的次品数;

(2) 一本书中某一页(或某几页)上印刷错误的个数;

(3) 某地区居民中活到百岁的人数;

(4) 某商店一天内销售的某特殊商品的件数;

(5) 某汽车站在 10 时至 11 时内等候汽车的人数;

(6) 在确定的时间内,从某放射性物质中发射出的 α 粒子的数目.

4) 超几何分布

一批产品共 N 件,其中有 M 件次品,从中任取 n 件,以 ξ 表示取出的 n 件中的次品数,那么容易求得它的分布列是

$$P(\xi = i) = \frac{C_M^i C_{N-M}^{n-i}}{C_N^n}, \quad i = 0, 1, \cdots, \min(M, n)$$

这种分布称为**超几何分布**,并称 ξ 服从超几何分布.

在产品检验中,超几何分布描述的是不放回抽样情况;如果在 N 件产品中有放回的抽取 n 件,那么其中的次品数服从二项分布,所以在产品检验中二项分布描述的是有放回抽样情况.容易理解,当 N(产品总数)充分大时,不放回抽样与有放回抽样是差不多的,亦即超几何分布将近似于二项分布.事实上,当 $\lim\limits_{N\to\infty}\frac{M}{N} = p$ 时,我们可证 $\lim\limits_{N\to\infty}\frac{C_M^i C_{N-M}^{n-i}}{C_N^n} = C_n^i p^i(1-p)^{n-i}$,这将作为一个练习留给读者完成.

5) 几何分布

若随机变量 ξ 的分布列是

$$P(\xi = i) = pq^{i-1}, \quad i = 1, 2, \cdots, n, \cdots$$

其中 $0 < p < 1$, $q = 1 - p$,则称这种分布为**几何分布**,并称 ξ 服从几何分布,例 2.9 就是服从几何分布的一个例子.

习题 2.2

(A)

1. 试判断下列各题给出的是否是某随机变量的分布列:

(1)

ξ	1	2	3
$P(\xi = x_i)$	0.3	0.4	0.5

(2)

ξ	-1	1
$P(\xi = x_i)$	0.4	0.6

(3) $P(\xi = k) = \frac{1}{2^k}$, $k = 1, 2, \cdots$.

(4) $P(\xi=k)=\frac{1}{2}\left(\frac{1}{3}\right)^{k}, \quad k=0, 1, 2, \cdots$.

2. 确定常数 c,使所给函数成为某随机变量的分布列,并求 $P(\xi \geqslant 3)$.

(1) $P(\xi=k)=c \cdot \frac{\lambda^{k}}{k!}, \quad k=1, 2, \cdots \ (\lambda>0)$;

(2) $P(\xi=k)=c \cdot 3^{k}, \quad k=0, 1, 2, \cdots, n$;

3. 有一堆产品共 $m+n$ 件,其中 m 件次品,n 件正品,今作不放回抽查,令 ξ 表示初次抽到次品时,已经抽查过的正品数,试求 ξ 的分布列.

4. 从五个数 1, 2, 3, 4, 5 中任取三个数 x_1, x_2, x_3,试求

(1) $\eta=\min\{x_1, x_2, x_3\}$ 的分布列,及 $P(\eta>4)$;

(2) $\zeta=x_1+x_2+x_3$ 的分布列.

5. 甲、乙两人轮流射击,直到某人击中目标为止,已知甲射中目标的概率为 0.4,乙射中目标的概率为 0.6,求甲、乙两人各自的射击次数的分布列.

6. 若随机变量 ξ 的分布函数为

$$F(x)=\begin{cases}0, & x \leqslant 0, \\ \frac{1}{2}, & 0<x \leqslant 1, \\ \frac{3}{5}, & 1<x \leqslant 2, \\ \frac{4}{5}, & 2<x \leqslant 3, \\ \frac{9}{10}, & 3<x \leqslant 3.5, \\ 1, & x>3.5.\end{cases}$$

试求出 ξ 的分布列.

7. 某车间有 12 台车床独立工作,每台车床开车时间占总工作时间的 $\frac{2}{3}$,又开车时每台车床需用电力 1 单位,问:

(1) 若供给车间 9 单位电力,则因电力不足而耽误生产的概率等于多少?

(2) 供给车间至少多少单位电力,才能使因电力不足而耽误生产的概率小于 1%?

8. 设敌机俯冲时被 1 支步枪击中要害部位的概率为 0.005,试计算 1 000 支步枪同时开火时:

(1) 敌机要害部位被击中的概率；

(2) 敌机要害部位恰被击中 1 弹的概率.

9. 设 ξ 服从泊松分布，已知 $P(\xi = 1) = 2P(\xi = 2)$，试求 $P(\xi = 3)$.

10. 某商店出售某种商品，根据历史记录分析，每月销售量服从参数为 7 的泊松分布，问在月初进货时要库存多少件此种商品，才能以 0.999 的概率保证当月不脱销？

(B)

1. 有三个盒子，第一个盒子装有 4 个红球，1 个黑球；第二个盒子装有 3 个红球，2 个黑球；第三个盒子装有 2 个红球，3 个黑球. 如果任取一盒，从中任取 3 个球，以 ξ 表示所取的红球个数，试求 ξ 的分布列及 $P(\xi \geqslant 2)$.

2. 若 $\xi \sim b(n, p)$，试证：ξ 的分布列在 $m = [(n+1)p]$ 处取得最大值（称 m 为最可能出现的次数）.

3. 若 $\xi \sim P(\lambda)$，问 i 取何值时，$P(\xi = i)$ 最大？

§2.3 连续型随机变量

1. 连续型随机变量的概念

定义 2.4 若随机变量 ξ 的分布函数 $F(x)$ 可表示成一个非负可积函数 $f(x)$ 的积分

$$F(x) = \int_{-\infty}^{x} f(t)\mathrm{d}t, \quad -\infty < x < +\infty,$$

则称 ξ 为**连续型随机变量**，$f(x)$ 称为 ξ 的**概率密度函数**，简称为**密度函数**.

从定义容易得到如下的结论：

1. 密度函数 $f(x)$ 具有性质：

(1) 非负性：$f(x) \geqslant 0, -\infty < x < \infty$；

(2) 规范性：$\int_{-\infty}^{\infty} f(x)\mathrm{d}t = 1$.

2. ξ 落在 $[a, b)$ 内的概率为

$$P(a \leqslant \xi < b) = \int_a^b f(x)\mathrm{d}x.$$

3. 分布函数 $F(x)$是$(-\infty, +\infty)$上的连续函数.

4. 若 $F(x)$连续,且除去有限个点外,导函数 $F'(x)$存在且连续,则成立

$$F(x) = \int_{-\infty}^{x} F'(t)\mathrm{d}t, \quad -\infty < x < \infty.$$

5. 连续型随机变量 ξ 取任一值的概率为"0",即 $P(\xi = a) = 0$,事实上,因为 $F(x)$是连续函数,所以 $P(\xi = a) = F(a + 0) - F(a) = 0$.

最后一个结论表明连续型随机变量不能像离散型随机变量那样,用列举它取到的所有可能值的概率来描述它的统计规律,而必需用它在各个区间取值的概率来描述.由于知道了连续型随机变量的密度函数 $f(x)$,也就知道了它在各个区间取值的概率,所以密度函数 $f(x)$在连续型随机变量中所起的作用就相当于分布列在离散型随机变量中所起的作用,分布列代表了离散型随机变量的概率分布,而密度函数代表了连续型随机变量的概率分布.

此外,从 $P(\xi = a) = 0$ 可知在计算连续型随机变量落在某一区间内的概率时,可以不必区分该区间是开区间还是闭区间还是半开区间.

由于除有限个点外两个相同的被积函数在同一区间上的积分相等,所以除有限个点外两个相同的密度函数应看作是同一个密度函数,因为它们描述的统计规律是相同的.这样,根据如在有限个不存在导数的点上,令 $F(x)$导数为 0,则可取 $F(x)$的导数 $F'(x)$作为 ξ 的密度函数,即可取 $f(x) = F'(x)$.它提供了求连续型随机变量密度函数的一种方法.

例 2.15 设随机变量 ξ 具有密度函数

$$f(x) = \frac{c}{1 + x^2}, \quad -\infty < x < \infty,$$

试确定(1)常数 c；(2)ξ 的分布函数 $F(x)$；(3)$P(\xi > 1)$.

解：(1) 由 $\int_{-\infty}^{\infty} f(x)\mathrm{d}x = 1$，得

$$\int_{-\infty}^{\infty} \frac{c}{1+x^2}\mathrm{d}x = \pi c = 1,$$

所以，$c = \dfrac{1}{\pi}$.

(2)
$$F(x) = \int_{-\infty}^{x} f(t)\mathrm{d}t = \int_{-\infty}^{x} \frac{\mathrm{d}t}{\pi(1+t^2)} = \left[\frac{1}{\pi}\arctan t\right]_{-\infty}^{x} = \frac{1}{\pi}\arctan x + \frac{1}{2}.$$

(3)
$$P(\xi > 1) = \int_{1}^{\infty} \frac{\mathrm{d}t}{\pi(1+t^2)} = \left[\frac{1}{\pi}\arctan t\right]_{1}^{\infty} = \frac{1}{\pi}\left(\frac{\pi}{2} - \frac{\pi}{4}\right) = \frac{1}{4}.$$

例 2.16 以 ξ 表示圆 $X^2 + Y^2 = R^2$ 上一点$(-R, 0)$到任意点的弦长，求 ξ 的密度函数.

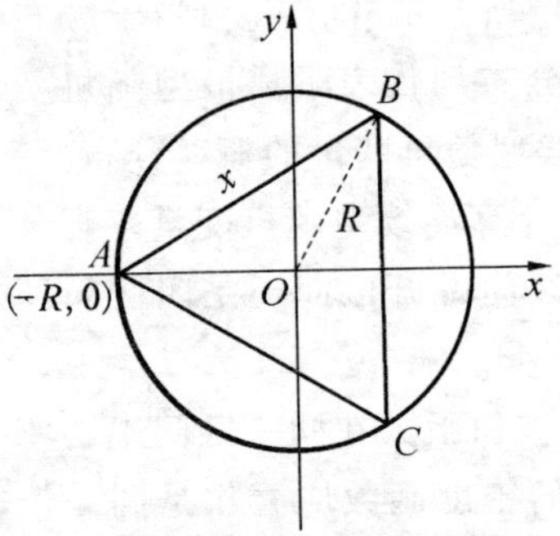

图 2.3

解 我们先计算 ξ 的分布函数，由于 ξ 的可能取值在$[0, 2R]$内，因此，易见当 $x \leqslant 0$ 时，$P(\xi < x) = 0$；当 $x > 2R$ 时，$P(\xi < x) = 1$；而当 $0 < x \leqslant 2R$ 时

$$P(\xi < x) = \frac{\overset{\frown}{AB}\text{ 的弧长}}{\text{半圆周长}} = \frac{2\arcsin\dfrac{x}{2R}}{\pi},$$

所以

$$F(x) = P(\xi < x) = \begin{cases} 0, & x \leqslant 0, \\ \dfrac{2\arcsin\dfrac{x}{2R}}{\pi}, & 0 < x < 2R, \\ 1, & x \geqslant 2R. \end{cases}$$

故

$$f(x)=F'(x)=\begin{cases}\dfrac{2}{\pi\sqrt{4R^2-x^2}}, & 0<x<2R,\\ 0\quad, & \text{其他}.\end{cases}$$

在上面求导中，$F(x)$在 $x=0$，$2R$ 处的导数是不存在的，但正如前面所指出的，个别点的值不影响 $f(x)$作为同一个密度函数，所以可令在 $x=0$，$2R$ 处的 $F(x)$的导数为 0.

2. 若干常见的连续型分布

1）均匀分布

设想在区间$[a, b]$内均匀投点，即所投点落在$[a, b]$中的任一位置是等可能的，以 ξ 表示落点的坐标，那么，根据几何概率，我们有

$$F(x)=P(\xi<x)=\begin{cases}0, & x\leqslant a,\\ \dfrac{x-a}{b-a}, & a<x<b,\\ 1, & x\geqslant b.\end{cases}$$

于是

$$f(x)=F'(x)=\begin{cases}\dfrac{1}{b-a}, & a<x<b,\\ 0, & \text{其他}.\end{cases}$$

它们的图形分别见图 2.4 和图 2.5.

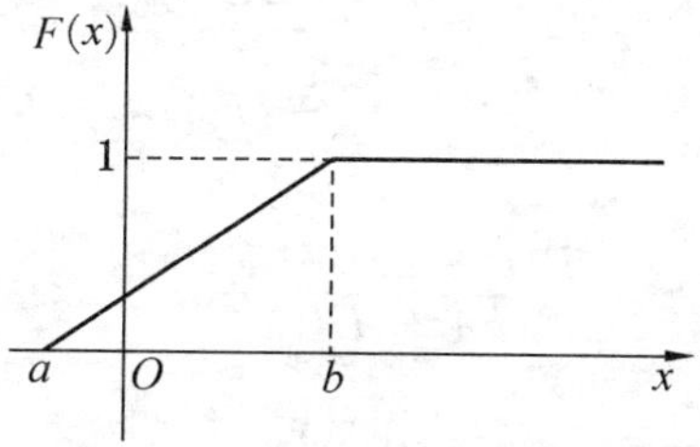

图 2.4

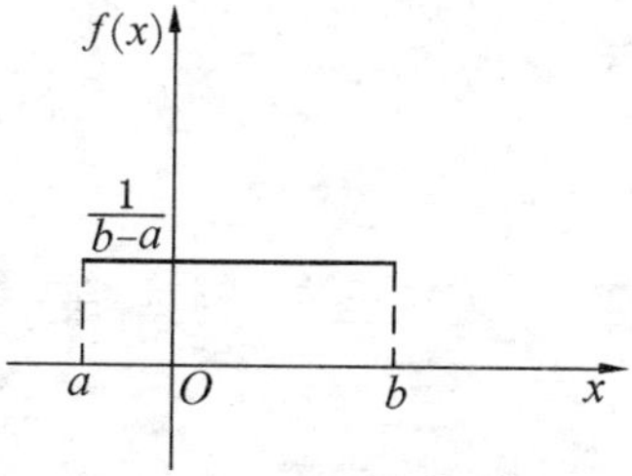

图 2.5

这种密度函数称为$[a, b]$上的**均匀分布**，记为$U[a, b]$，并称ξ服从$[a, b]$上的均匀分布，记作$\xi \sim U[a, b]$.

若ξ服从$[0, 1]$上的均匀分布，我们特别称随机变量ξ为随机数，它在蒙特卡罗方法中起着重要的作用.

例 2.17 秒表刻度的分划值是 0.2 秒，如果计时的精度取到临近的刻度整数，求使用该秒表时的误差的绝对值大于 0.05 的概率.

解 设ξ为使用该秒表时的误差，则ξ在$[-0.1, 0.1]$上服从均匀分布，其密度函数为

$$f(x)=\begin{cases}\dfrac{1}{0.2}, & -0.1<x<0.1,\\ 0, & \text{其他}.\end{cases}$$

误差的绝对值大于 0.05 秒的概率为

$$P\{|\xi|>0.05\}=\int_{-0.1}^{-0.05}\frac{\mathrm{d}t}{0.2}+\int_{0.05}^{0.1}\frac{\mathrm{d}t}{0.2}=\frac{1}{2}.$$

2）指数分布

我们先看一个例子，然后再引进指数分布. 若已使用了t小时的晶体管在以后的Δt小时内损坏的概率为$\lambda\Delta t+o(\Delta t)$，其中$\lambda$是不依赖于$t$的正数，求晶体管在$x$小时内损坏的概率.

设ξ为晶体管的寿命，按题意要求$P(\xi<x)$，记$F(x)=P(\xi<x)$，已知

$$P(t\leqslant\xi<t+\Delta t\mid\xi\geqslant t)=\lambda\Delta t+o(\Delta t),$$

即

$$\begin{aligned}\frac{P(t\leqslant\xi<t+\Delta t,\ \xi\geqslant t)}{P(\xi\geqslant t)}&=\frac{F(t+\Delta t)-F(t)}{1-F(t)}\\&=\lambda\Delta t+o(\Delta t),\end{aligned}$$

于是

$$\frac{F(t+\Delta t)-F(t)}{\Delta t}=[1-F(t)]\left[\lambda+\frac{o(\Delta t)}{\Delta t}\right],$$

令 $\Delta t \to 0$，得

$$F'(t)=\lambda[1-F(t)],$$

解之

$$F(t)=1-C\mathrm{e}^{-\lambda t},$$

因 $F(0)=0$，定出常数 $C=1$，从而有

$$F(t)=1-\mathrm{e}^{-\lambda t} \quad (t\geqslant 0).$$

所求概率 $P(\zeta<x)=F(x)=1-\mathrm{e}^{-\lambda x} \quad (x>0)$，另一方面 $x\leqslant 0$ 时，$P(\xi<x)=0$，于是 ξ 的密度函数是

$$f(x)=F'(x)=\begin{cases}0, & -\infty<x\leqslant 0,\\ \lambda\mathrm{e}^{-\lambda x}, & 0<x<\infty.\end{cases}$$

这种密度函数称为**指数分布**，记为 $E(\lambda)$，其中 λ 为参数 $(\lambda>0)$，并称 ξ 服从参数为 λ 的指数分布，记作 $\xi\sim E(\lambda)$. 生活中，到某个特定事件发生所需的等待时间往往服从指数分布. 例如许多电子元件的使用寿命，电话的通话时间等都可以认为服从指数分布.

3) 正态分布

若随机变量 ξ 的密度函数为

$$f(x)=\frac{1}{\sqrt{2\pi}\sigma}\mathrm{e}^{-\frac{(x-a)^2}{2\sigma^2}}, \quad -\infty<x<\infty,$$

其中 a, σ 为常数，$\sigma>0$，相应的分布函数为

$$F(x)=\frac{1}{\sqrt{2\pi}\sigma}\int_{-\infty}^{x}\mathrm{e}^{-\frac{(t-a)^2}{2\sigma^2}}\mathrm{d}t, \quad -\infty<x<\infty,$$

则称这种密度函数为**正态分布**，记为 $N(a, \sigma^2)$，其中 a, σ^2 为参数，并称 ξ 服从参数为 a, σ^2 的正态分布，记作 $\xi\sim N(a, \sigma^2)$.

特别当 $a=0$, $\sigma=1$ 时,此时的正态分布称为**标准正态分布**,记为 $N(0, 1)$,标准正态分布的密度函数和分布函数分别记作 $\varphi(x)$ 及 $\Phi(x)$, 我们有

$$\varphi(x)=\frac{1}{\sqrt{2\pi}}\mathrm{e}^{-\frac{x^2}{2}},\quad -\infty<x<\infty,$$

$$\Phi(x)=\frac{1}{\sqrt{2\pi}}\int_{-\infty}^{x}\mathrm{e}^{-\frac{t^2}{2}}\mathrm{d}t,\quad -\infty<x<\infty.$$

现在,我们指出 $f(x)$ 确实是一个密度函数,为此要验证它满足非负性和规范性的要求. 非负性是显然的,至于规范性,只要证明 $\int_{-\infty}^{\infty}\frac{1}{\sqrt{2\pi}\sigma}\mathrm{e}^{-\frac{(x-a)^2}{2\sigma^2}}\mathrm{d}x=1$ 就可,作变换 $\frac{x-a}{\sigma}=y$, 有

$$\int_{-\infty}^{\infty}\frac{1}{\sqrt{2\pi}\sigma}\mathrm{e}^{-\frac{(x-a)^2}{2\sigma^2}}\mathrm{d}x=\int_{-\infty}^{\infty}\frac{1}{\sqrt{2\pi}}\mathrm{e}^{-\frac{y^2}{2}}\mathrm{d}y,$$

而

$$\left(\int_{-\infty}^{\infty}\frac{1}{\sqrt{2\pi}}\mathrm{e}^{-\frac{x^2}{2}}\mathrm{d}x\right)\left(\int_{-\infty}^{\infty}\frac{1}{\sqrt{2\pi}}\mathrm{e}^{-\frac{y^2}{2}}\mathrm{d}y\right)=\frac{1}{2\pi}\int_{-\infty}^{\infty}\int_{-\infty}^{\infty}\mathrm{e}^{-\frac{x^2+y^2}{2}}\mathrm{d}x\mathrm{d}y,$$

变换为极坐标: $x=r\cos\theta$, $y=r\sin\theta$, 得

$$\frac{1}{2\pi}\int_{-\infty}^{\infty}\int_{-\infty}^{\infty}\mathrm{e}^{-\frac{x^2+y^2}{2}}\mathrm{d}x\mathrm{d}y=\frac{1}{2\pi}\int_{0}^{\infty}\int_{0}^{2\pi}r\mathrm{e}^{-\frac{r^2}{2}}\mathrm{d}\theta\mathrm{d}r=\int_{0}^{\infty}r\mathrm{e}^{-\frac{r^2}{2}}\mathrm{d}r=1,$$

于是

$$\left(\int_{-\infty}^{\infty}\frac{1}{\sqrt{2\pi}}\mathrm{e}^{-\frac{y^2}{2}}\mathrm{d}y\right)^2=\left(\int_{-\infty}^{\infty}\frac{1}{\sqrt{2\pi}}\mathrm{e}^{-\frac{x^2}{2}}\mathrm{d}x\right)\left(\int_{-\infty}^{\infty}\frac{1}{\sqrt{2\pi}}\mathrm{e}^{-\frac{y^2}{2}}\mathrm{d}y\right)=1,$$

注意到积分值的非负性,所以

$$\int_{-\infty}^{\infty}\frac{1}{\sqrt{2\pi}\sigma}\mathrm{e}^{-\frac{(x-a)^2}{2\sigma^2}}\mathrm{d}x=\int_{-\infty}^{\infty}\frac{1}{\sqrt{2\pi}}\mathrm{e}^{-\frac{y^2}{2}}\mathrm{d}y=1.$$

正态分布最初由高斯(Gauss)在研究误差理论时发现的,所

以正态分布又称**高斯分布**或**误差分布**,在自然现象和社会现象中,大量的随机变量都服从或近似服从正态分布,如测量误差,炮弹落点距目标的偏差,一个地区男性成人的身高及体重,海洋波浪的高度,工业产品的尺寸(直径、长度、宽度等),某地区的每日用水量及用电量等等,都可看作服从或近似服从正态分布.一般说来,若某一随机变量是受多种相互独立的随机因素的影响,而每一种随机因素所起的作用又是极其微小的,那么该随机变量就近似服从正态分布,它的理论根据将在第五章讲到.正是因为生活中大量的随机变量服从或近似服从正态分布,所以正态分布在理论与实践中都占有重要的地位.

对于正态分布,我们有如下的一些性质:

(1) 若 ξ 服从 $N(a,\ \sigma^2)$分布,则 $\eta=\dfrac{\xi-a}{\sigma}$ 服从 $N(0,\ 1)$ 分布.

(2) 正态分布 $N(a,\ \sigma^2)$的密度函数 $f(x)=\dfrac{1}{\sqrt{2\pi}\sigma}e^{-\frac{(x-a)^2}{2\sigma^2}}$ 所表示的曲线称为正态曲线,它具有:

① 正态曲线关于直线 $x=a$ 对称,

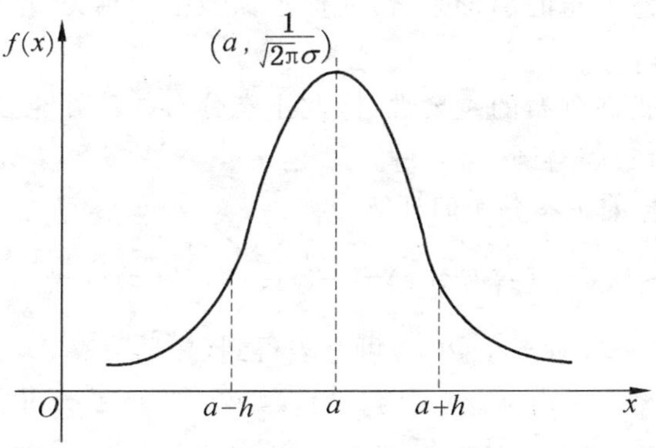

图 2.6

这表明 $P(\xi<a-h)=P(\xi>a+h)$, $P(a-h<\xi<a)=$

$P(a < \xi < a + h)$.

② $x = a$ 时，$f(x)$取到最大值，其值为 $f(a) = \dfrac{1}{\sqrt{2\pi}\sigma}$.

③ x 离 a 愈远，$f(x)$的值越小，且 $x \to \pm\infty$ 时，$f(x) \to 0$.

④ 对确定的 a，σ 越小，$f(a)$越大，图形愈瘦，分布越集中在 $x = a$ 附近；σ 越大，$f(a)$越小，图形愈胖，分布就愈平坦，如图 2.7 所示.

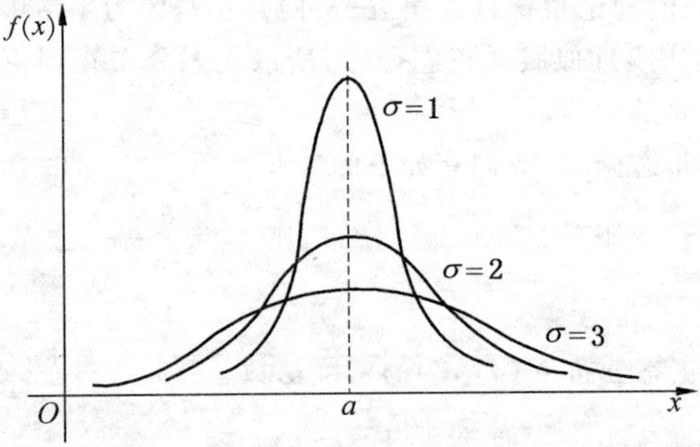

图 2.7

从正态分布的图形来看，人们形象地把它称为"中间大，两头小"的分布.

由于正态分布的重要性，因此正态分布的计算也显得比较重要，通常可查表得到.

(1) 标准正态分布的计算

若 $\xi \sim N(0, 1)$，有 $\varphi(x) = \dfrac{1}{\sqrt{2\pi}} e^{-\frac{x^2}{2}}$，$\Phi(x) = \dfrac{1}{\sqrt{2\pi}} \int_{-\infty}^{x} e^{-\frac{t^2}{2}} dt$.

当 $x > 0$，$\varphi(x)$，$\Phi(x)$ 可查表得到(参见附表 2).

当 $x < 0$，由 $\varphi(x) = \varphi(-x)$，$\Phi(x) = 1 - \Phi(-x)$，查 $\varphi(-x)$，$\Phi(-x)$，从而得 $\varphi(x)$，$\Phi(x)$.

ξ 落在(x_1, x_2)内的概率是 $P(x_1 < \xi < x_2) = \Phi(x_2) - \Phi(x_1)$.

(2) 非标准正态分布的计算

若 $\xi \sim N(a, \sigma^2)$，有 $f(x)=\dfrac{1}{\sqrt{2\pi}\sigma}\mathrm{e}^{-\frac{(x-a)^2}{2\sigma^2}}=\dfrac{1}{\sigma}\varphi\left(\dfrac{x-a}{\sigma}\right)$，

$$F(x)=\frac{1}{\sqrt{2\pi}\sigma}\int_{-\infty}^{x}\mathrm{e}^{-\frac{(t-a)^2}{2\sigma^2}}\mathrm{d}t$$

$$=\frac{1}{\sqrt{2\pi}}\int_{-\infty}^{\frac{x-a}{\sigma}}\mathrm{e}^{-\frac{y^2}{2}}\mathrm{d}y=\Phi\left(\frac{x-a}{\sigma}\right).$$

因此 $f(x)$，$F(x)$也可查 $\varphi\left(\dfrac{x-a}{\sigma}\right)$，$\Phi\left(\dfrac{x-a}{\sigma}\right)$ 得到.

注意到若 $\xi \sim N(a, \sigma^2)$，则 $\eta=\dfrac{\xi-a}{\sigma}\sim N(0, 1)$，由此可以查表得 ξ 落在(x_1, x_2)内的概率为

$$P(x_1<\xi<x_2)=P\left(\frac{x_1-a}{\sigma}<\frac{\xi-a}{\sigma}<\frac{x_2-a}{\sigma}\right)$$

$$=\Phi\left(\frac{x_2-a}{\sigma}\right)-\Phi\left(\frac{x_1-a}{\sigma}\right).$$

例 2.18 若 $\xi\sim N(3, 3^2)$，求(1)$P\{2<\xi<5\}$；(2)$P\{\xi>0\}$；(3)$P\{|\xi-3|>6\}$.

解 (1) $P\{2<\xi<5\}=P\left\{\dfrac{2-3}{3}<\dfrac{\xi-3}{3}<\dfrac{5-3}{3}\right\}$

$$=\Phi\left(\frac{2}{3}\right)-\Phi\left(-\frac{1}{3}\right)$$

$$=\Phi\left(\frac{2}{3}\right)-\left[1-\Phi\left(\frac{1}{3}\right)\right]$$

$$\approx 0.3779.$$

(2) $P\{\xi>0\}=1-P\{\xi<0\}=1-P\left\{\dfrac{\xi-3}{3}<-1\right\}$

$$=1-\Phi(-1)=\Phi(1)\approx 0.8413.$$

(3) $P\{|\xi-3|>6\}=P\{\xi>9\}+P\{\xi<-3\}$

$$
\begin{aligned}
&=1-P\{\xi<9\}+P\{\xi<-3\} \\
&=1-P\left\{\frac{\xi-3}{3}<\frac{9-3}{3}\right\} \\
&\quad+P\left\{\frac{\xi-3}{3}<\frac{-3-3}{3}\right\} \\
&=1-\Phi(2)+\Phi(-2) \\
&=2[1-\Phi(2)] \approx 0.0455 .
\end{aligned}
$$

例 2.19 进行一次考试,如果所有考生的分数可近似地表示为正态分布,则通常认为这次考试是可取的,教师经常用考试的分数去估计正态参数 a 与 σ^2,然后把分数超过 $a+\sigma$ 的评为 A 等,分数在 a 到 $a+\sigma$ 之间的评为 B 等,分数在 $a-\sigma$ 到 a 之间的评为 C 等,分数在 $a-2\sigma$ 到 $a-\sigma$ 之间的评为 D 等,而把取得分数低于 $a-2\sigma$ 的考生评为 F 等,由于

$$
P\{\xi>a+\sigma\}=P\left\{\frac{\xi-a}{\sigma}>1\right\}=1-\Phi(1) \approx 0.1587,
$$

$$
\begin{aligned}
P\{a<\xi<a+\sigma\}&=P\left\{0<\frac{\xi-a}{\sigma}<1\right\}=\Phi(1)-\Phi(0) \\
&=0.3413,
\end{aligned}
$$

$$
\begin{aligned}
P\{a-\sigma<\xi<a\}&=P\left\{-1<\frac{\xi-a}{\sigma}<0\right\} \\
&=\Phi(0)-\Phi(-1) \\
&=\Phi(0)+\Phi(1)-1 \approx 0.3413,
\end{aligned}
$$

$$
\begin{aligned}
P\{a-2\sigma<\xi<a-\sigma\}&=P\left\{-2<\frac{\xi-a}{\sigma}<-1\right\} \\
&=\Phi(-1)-\Phi(-2)
\end{aligned}
$$

$$= \Phi(2) - \Phi(1) \approx 0.1359,$$

$$P\{\xi < a - 2\sigma\} = P\left\{\frac{\xi - a}{\sigma} < -2\right\} = \Phi(-2)$$

$$= 1 - \Phi(2) \approx 0.0228,$$

所以，近似地说，在这考试中能获得 A 等的占 16%，B 等占 34%，C 等占 34%，D 等占 14%，成绩很差的占 2%.

此外由于 $P\{a - 3\sigma < \xi < a + 3\sigma\} = P\left(-3 < \frac{\xi - a}{\sigma} < 3\right) = \Phi(3) - \Phi(-3) \approx 0.9973$，可以认为考生的成绩几乎都在 $a - 3\sigma$ 到 $a + 3\sigma$ 之间.

例 2.20 测量某一目标的距离时发生的随机误差 ξ(m)，具有密度函数

$$f(x) = \frac{1}{40\sqrt{2\pi}} e^{-\frac{(x-20)^2}{3200}}, \quad -\infty < x < \infty,$$

求在三次测量中至少有一次误差的绝对值不超过 30m 的概率.

解 据题意已知 $\xi \sim N(20, 40^2)$，设 A_i 表示第 i 次测量中误差绝对值不超过 30m 的事件 $(i = 1, 2, 3)$，则

$$P(A_i) = P\{|\xi| \leqslant 30\} = P\{-30 \leqslant \xi \leqslant 30\}$$

$$= \Phi(0.25) - \Phi(-1.25) \approx 0.4931 \quad (i = 1, 2, 3).$$

三次测量中至少有一次误差的绝对值不超过 30m，它的对立事件是三次测量的误差绝对值都超过 30m，其概率为

$$P(\overline{A}_1 \overline{A}_2 \overline{A}_3) = P(\overline{A}_1)P(\overline{A}_2)P(\overline{A}_3)$$

$$\approx (1 - 0.4931)^3 \approx 0.1303,$$

故所求概率为：

$$1 - P(\overline{A}_1 \overline{A}_2 \overline{A}_3) \approx 0.8697.$$

习 题 2.3

(A)

1. 概率为 0 的事件一定是不可能事件吗？概率为 1 的事件一定是必然事件吗？

2. 下列各小题中的函数 $f(x)$ 均是随机变量 ξ 的密度函数，试求其中的系数 k 及 ξ 出现在指定区间的概率和它所对应的分布函数.

(1) $f(x)=k\mathrm{e}^{-\lambda|x|}\quad(\lambda>0,\ -\infty<x<+\infty)$，指定区间 $(-1,1)$.

(2) $f(x)=\begin{cases}k\cos x, & |x|<\dfrac{\pi}{2},\\ 0, & \text{其他}.\end{cases}$ 指定区间 $\left(-\dfrac{\pi}{4},\dfrac{\pi}{4}\right)$.

(3) $f(x)=\begin{cases}kx^2, & 1\leqslant x\leqslant 2,\\ kx, & 2<x<3,\\ 0, & \text{其他}.\end{cases}$ 指定区间 $(1.5, 2.5)$.

3. 随机变量 ξ 的分布函数为

$$F(x)=\begin{cases}1, & x\geqslant a,\\ A+B\arcsin\dfrac{x}{a}, & -a<x<a,\\ 0, & x\leqslant -a.\end{cases}$$

试求：(1) A，B 取何值时，分布函数是连续的；

(2) $P\left(-\dfrac{a}{2}<\xi<\dfrac{a}{2}\right)$；

(3) ξ 的密度函数.

4. 设

$$f(x)=\begin{cases}4x^3, & 0<x<1,\\ 0, & \text{其他}.\end{cases}$$

(1) 求数 a，使 $P(\xi>a)=P(\xi<a)$；

(2) 求数 b，使 $P(\xi>b)=0.05$.

5. 某公共汽车站从早晨 6 : 00 起每 15min(分钟)来一班车，假设某乘客到达此站的时间是 7 : 00 到 7 : 30 之间的任意时刻，试求等候汽车到的时间：

(1) 不足 5min 的概率；

(2) 超过 10min 的概率.

6. 设 ξ 服从 $(0, 6)$ 上的均匀分布，求方程 $4x^2+4\xi x+\xi+2=0$ 有实根的概率.

7. 电视机使用的年数服从参数 $\lambda=\dfrac{1}{8}$ 的指数分布，如果某人买了一台电视机，问它能使用 8 年以上的概率是多少？

8. 若已知 $\xi\sim N(0, 1)$，试求

(1) $P(0.05<\xi<2.35)$；

(2) $P(-1.85<\xi<0.01)$；

(3) $P(-2.80<\xi<-1.20)$.

9. 若 $\xi\sim N(96, 9)$，

(1) 求 $P(89.1<\xi<105.6)$；

(2) 求常数 a，使 $P(\xi<a)=0.90$；

(3) 求常数 α，使 $P(|\xi-\alpha|>\alpha)=0.01$.

10. 对于 $\xi\sim N(a, \sigma^2)$，若 ξ 的某一实测值 x_0，满足 $|x_0-a|>3\sigma$，一般应舍弃该实测值 x_0，为什么？

(B)

1. 设有$\triangle ABC$，AB 边上的高为 h，今在$\triangle ABC$ 中任取一点 P，记 ξ 为 P 到 AB 边的距离，求 ξ 的密度函数.

2. 设随机变量 ξ 具有对称的密度函数，即 $f(-x)=f(x)$，证明对任意 $a>0$，有 $F(-a)=\dfrac{1}{2}-\int_0^a f(x)\mathrm{d}x$.

3. 试说明下面定义的函数 $F(x)$ 是一个分布函数，但它既不是离散型分布函数，也不是连续型分布函数.

$$F(x)=\begin{cases}\dfrac{1}{\sqrt{2\pi}}\displaystyle\int_{-\infty}^{x}\mathrm{e}^{-\frac{t^2}{2}}\mathrm{d}t, & x\leqslant 0,\\ \dfrac{1}{2}, & 0<x\leqslant 1,\\ 1, & x>1.\end{cases}$$

§ 2.4　随机变量函数的分布

设 ξ 是一个随机变量，$\varphi(x)$ 是一个函数，所谓随机变量 ξ 的函数 $\varphi(\xi)$ 是这样的一个随机变量 η，当 ξ 取值 x 时，η 的取值为 $y = \varphi(x)$，记作 $\eta = \varphi(\xi)$.

例如：设 ξ 是分子运动的速度，而 η 是分子运动的动能，则 η 是 ξ 的函数：$\eta = \frac{1}{2}m\xi^2$（m 为分子的质量）. 我们的任务是，由已知的 ξ 的分布来寻找 η 的分布.

1. 离散型随机变量函数的分布

设离散型随机变量 ξ 的分布列是

ξ	x_1	x_2	$\cdots$	x_n	$\cdots$
$P(\xi = x_i)$	p_1	p_2	$\cdots$	p_n	$\cdots$

则函数 $\eta = \varphi(\xi)$ 也是离散型随机变量，取值为 $y_i = \varphi(x_i)$，$i = 1, 2, \cdots, n, \cdots$.

1. 当 $y_i = \varphi(x_i)$ 均不相等时，显然有 $P(\eta = y_i) = P(\xi = x_i) = p_i$，此时 η 的分布列是 $P(\eta = y_i) = p_i$，$i = 1, 2, \cdots, n, \cdots$.

2. 当 $y_i = \varphi(x_i)$，$i = 1, 2, \cdots, n, \cdots$，不是互不相等时，则应分别把那些相等的值合并，并根据概率加法公式把相应的 p_i 相加，就得到 η 的分布列，譬如有 $\varphi(x_{i1}) = \varphi(x_{i2}) = \cdots = \varphi(x_{im}) = y$，则 $P(\eta = y) = P(\varphi(\xi) = y) = \sum_{j=1}^{m} P(\xi = x_{ij}) = \sum_{j=1}^{m} p_{ij}$.

例 2.21　设 ξ 的分布列是

ξ	-2	-1	0	1	2
$P(\xi = x_i)$	$\frac{1}{5}$	$\frac{1}{6}$	$\frac{1}{5}$	$\frac{1}{15}$	$\frac{11}{30}$

求 $\eta = \xi^2 + 1$ 的分布列.

解 容易算得 η 的分布列是

η	1	2	5
$P(\xi = y_i)$	$\frac{1}{5}$	$\frac{7}{30}$	$\frac{17}{30}$

例 2.22 记 ξ 的分布列是

ξ	1	2	…	n	…
$P(\xi = x_i)$	$\frac{1}{2}$	$\frac{1}{2^2}$	…	$\frac{1}{2^n}$	…

求 $\eta = \sin\left(\frac{\pi}{2}\xi\right)$ 的分布列.

解 容易明白 η 的可能取值-1, 0, 1;且

$$P(\eta = -1) = \sum_{k=0}^{\infty} P(\xi = 4k+3) = \sum_{k=0}^{\infty} \frac{1}{2^{4k+3}} = \frac{2}{15},$$

$$P(\eta = 0) = \sum_{k=1}^{\infty} P(\xi = 2k) = \sum_{k=1}^{\infty} \frac{1}{2^{2k}} = \frac{1}{3},$$

$$P(\eta = 1) = 1 - P(\eta = -1) - P(\eta = 0) = \frac{8}{15}.$$

所以 η 的分布列是

η	-1	0	1
$P(\xi = y_i)$	$\frac{2}{15}$	$\frac{1}{3}$	$\frac{8}{15}$

2. 连续型随机变量函数的分布

设 ξ 是连续型随机变量,其密度函数是 $f(x)$, 如果 ξ 的函数

$\eta=\varphi(\xi)$ 仍然是连续型随机变量，现在来讨论如何由 $f(x)$ 来确定 η 的密度函数，一般有两种方法：

1）用换元法求随机变量函数的分布

定理 2.3 若 $\eta=\varphi(\xi)$ 对应的函数 $y=\varphi(x)$ 是严格单调可微函数，则 η 的密度函数 $g(y)$ 为

$$g(y)=\begin{cases} f(\varphi^{-1}(y))\left|\dfrac{\mathrm{d}\varphi^{-1}(y)}{\mathrm{d}y}\right|, & \alpha<y<\beta, \\ 0, & \text{其他}. \end{cases}$$

其中 $x=\varphi^{-1}(y)$ 是 $y=\varphi(x)$ 的反函数，$\alpha=\min\{\varphi(-\infty),\varphi(+\infty)\}$，$\beta=\max\{\varphi(-\infty),\varphi(+\infty)\}$.

证明 分两种情况讨论：

(1) $y=\varphi(x)$ 在 $(-\infty,+\infty)$ 内是严格单调上升可微函数. 如图 2.8，此时当 x 取值于 $(-\infty,+\infty)$ 时，y 取值于 $(\varphi(-\infty),\varphi(+\infty))$；且反函数 $x=\varphi^{-1}(y)$ 亦是严格单调上升可微函数，$\dfrac{\mathrm{d}\varphi^{-1}(y)}{\mathrm{d}y}\geqslant 0$. 为了求 $\eta=\varphi(\xi)$ 的密度函数，先计算 $\eta=\varphi(\xi)$ 的分布函数，有 $F_\eta(y)=P(\eta<y)$. 当 $y\leqslant\varphi(-\infty)$ 时，$\{\eta<y\}$ 是一个不可能事件，$F_\eta(y)=0$；当 $y\geqslant\varphi(+\infty)$ 时，$\{\eta<y\}$ 是一个必然事件，$F_\eta(y)=1$；当 $\varphi(-\infty)<y<\varphi(+\infty)$ 时，$F_\eta(y)=P(\eta$

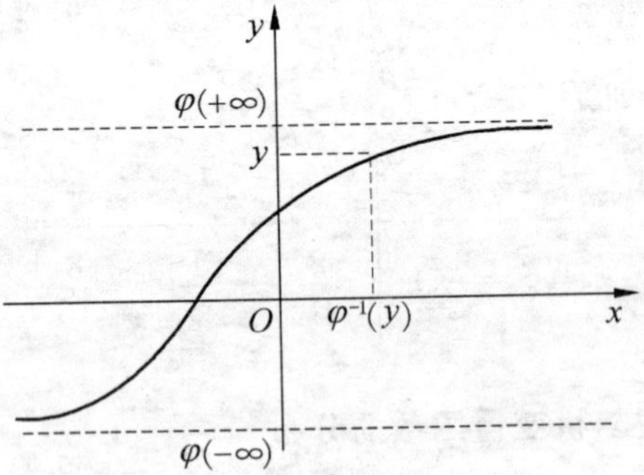

图 2.8

$< y) = P\{\varphi(\xi) < y\} = \int_{\{x:\varphi(x)<y\}} f(x)\mathrm{d}x = \int_{-\infty}^{\varphi^{-1}(y)} f(x)\mathrm{d}x$,

由此

$$g(y) = F'_{\eta}(y)$$

$$= \begin{cases} f\{\varphi^{-1}(y)\} \dfrac{\mathrm{d}\varphi^{-1}(y)}{\mathrm{d}y}, & \varphi(-\infty) < y < \varphi(+\infty), \\ 0, & \text{其他}. \end{cases}$$

(2) $y = \varphi(x)$ 在$(-\infty, +\infty)$内是严格单调下降可微函数，此时当 x 取值于$(-\infty, +\infty)$时，y 取值于$(\varphi(+\infty), \varphi(-\infty))$；且反函数 $x = \varphi^{-1}(y)$ 亦是严格单调下降可微函数，$\dfrac{\mathrm{d}\varphi^{-1}(y)}{\mathrm{d}y} \leqslant 0$. 类似(1)的讨论可得

$$g(y) = \begin{cases} f(\varphi^{-1}(y))\left[-\dfrac{\mathrm{d}\varphi^{-1}(y)}{\mathrm{d}y}\right], & \varphi(+\infty) < y < \varphi(-\infty), \\ 0, & \text{其他}. \end{cases}$$

综合(1)，(2)就证明了定理 2.3.

2) 用定义求随机变量函数的分布

若 $\eta = \varphi(\xi)$ 对应的函数 $y = \varphi(x)$ 不是严格单调可微函数(见图 2.9)，那么，η 的密度函数可通过对它的分布函数求导获得，假定 x 取值于$(-\infty, +\infty)$时，y 取值于(α, β)，当 $y \leqslant \alpha$ 时，$\{\eta < y\}$ 是不可能事件，$F_{\eta}(y) = 0$；当 $y \geqslant \beta$ 时，$\{\eta < y\}$ 是一个必然事件，则 $F_{\eta}(y) = 1$；当 $\alpha < y < \beta$ 时，$F_{\eta}(y) = P(\eta < y) = P(\varphi(\xi) < y) = \int_{\{x:\varphi(x)<y\}} f(x)\mathrm{d}x = \sum_i \int_{\Delta i(y)} f(x)\mathrm{d}x$；由此

$$g(y) = F'_{\eta}(y) = \begin{cases} \dfrac{\mathrm{d}}{\mathrm{d}y}\left(\sum_i \int_{\Delta i(y)} f(x)\mathrm{d}x \right), & \alpha < y < \beta, \\ 0, & \text{其他}. \end{cases}$$

通过以上讨论可知，用定义求 $\eta = \varphi(\xi)$ 的密度函数的基本方

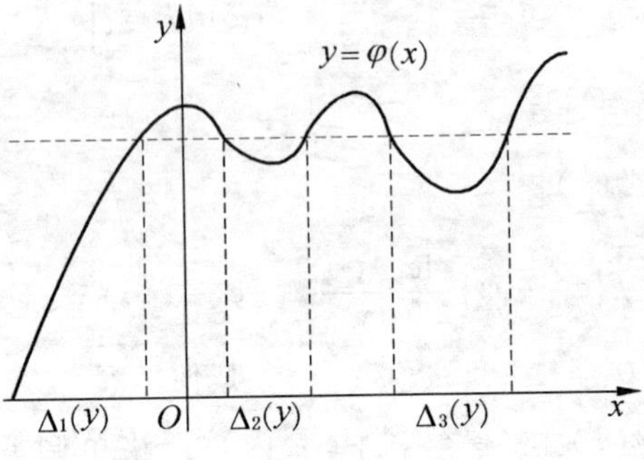

图 2.9

法是：

第一步：由 $y=\varphi(x)$ 定出当 x 取值于$(-\infty, +\infty)$时(或 x 取值于(a, b)，如均匀分布的情况)，y 取值的范围，设 y 取值于(α, β)，此即 η 可能取值的范围.

第二步：定出 η 的分布函数 $F_\eta(y)$：当 $y\leqslant\alpha$ 时，$F_\eta(y)=0$；当 $y\geqslant\beta$ 时，$F_\eta(y)=1$；当 $\alpha<y<\beta$ 时，$F_\eta(y)=P(\varphi(\xi)<y)$
$=\int_{\{x;\varphi(x)<y\}}f(x)\mathrm{d}x$.

第三步：对分布函数求导数，有

$$g(y)=\begin{cases}F'_\eta(y), & \alpha<y<\beta,\\ 0, & \text{其他}.\end{cases}$$

例 2.23 设随机变量 ξ 的密度函数为 $f(x)$，求 $\eta=k\xi+b$ 的密度函数 $(k\neq 0)$.

解 $y=kx+b$，是$(-\infty, +\infty)$上的严格单调可微函数，用换元法求密度函数. 当 x 取值$(-\infty, +\infty)$时，y 取值于$(-\infty, +\infty)$；$y=kx+b$ 的反函数为 $x=\dfrac{y-b}{k}$，于是 η 的密度函数 $g(y)$ 为

$$g(y)=f(x)\left|\frac{\mathrm{d}x}{\mathrm{d}y}\right|=f\left(\frac{y-b}{k}\right)\frac{1}{|k|},\quad -\infty<y<+\infty.$$

由此易知，当 $\xi \sim N(a, \sigma^2)$ 时，则 $\eta = k\xi + b \sim N(b + ak, (k\sigma)^2)$，这说明正态随机变量的线性和仍然是正态随机变量.

例 2.24 设 ξ 的密度函数 $f(x) = \dfrac{1}{\pi(1 + x^2)}$，$-\infty < x < +\infty$；求 $\eta = 1 - e^{\xi}$ 的密度函数.

解 $y = 1 - e^x$ 是 $(-\infty, +\infty)$ 上的严格单调下降可微函数，用换元法求密度函数. 当 x 取值于 $(-\infty, +\infty)$ 时，y 取值于 $(-\infty, 1)$；其反函数 $x = \ln(1 - y)$，所以 η 的密度函数是

$$g(y) = f(x)\left|\frac{dx}{dy}\right| = \frac{1}{\pi[1 + \ln^2(1 - y)](1 - y)},$$

$$-\infty < y < 1.$$

例 2.25 设 $\xi \sim U(0, 1)$，求 $\eta = \sqrt{\xi}$ 的密度函数.

解 根据题设，ξ 的密度函数为

$$f(x) = \begin{cases} 1, & 0 < x < 1, \\ 0, & \text{其他}. \end{cases}$$

有 $y = \sqrt{x}$，它是 $(0, 1)$ 上严格单调上升可微函数，当 x 取值于 $(0, 1)$ 时，y 取值于 $(0, 1)$；其反函数 $x = y^2$，所以 η 的密度函数是

$$g(y) = f(x)\left|\frac{dx}{dy}\right| = 2y, \quad 0 < y < 1.$$

例 2.26 设 $\xi \sim N(0, 1)$，求 $\eta = \xi^2$ 的密度函数.

解 $y = x^2$ 在 $(-\infty, +\infty)$ 内不是单调函数，用定义法求密度函数. 当 x 取值于 $(-\infty, +\infty)$ 时，y 取值于 $[0, +\infty)$；我们有：当 $y \leqslant 0$，$F_\eta(y) = P(\eta < y) = P(\xi^2 < y) = 0$，当 $0 < y < +\infty$，

$$F_\eta(y) = P(\eta < y) = P(\xi^2 < y) = P(-\sqrt{y} < \xi < \sqrt{y})$$

$$= \frac{1}{\sqrt{2\pi}}\int_{-\sqrt{y}}^{\sqrt{y}} e^{-\frac{x^2}{2}} dx.$$

所以

$$g(y)=F'_{\eta}(y)=\begin{cases}0, & y\leqslant 0,\\ \dfrac{1}{\sqrt{2\pi}}y^{-\frac{1}{2}}\mathrm{e}^{-\frac{y}{2}}, & y>0.\end{cases}$$

它称为自由度为 1 的 χ^2 分布，记作 $\chi^2(1)$（参见 §7.2）. 可见若 $\xi\sim N(0,1)$，则 $\eta=\xi^2\sim\chi^2(1)$.

例 2.27 设 ξ 服从 $[0, 2\pi]$ 上的均匀分布，求 $\eta=\cos\xi$ 的密度函数.

解 $y=\cos x$ 在 $[0, 2\pi]$ 内不是单调函数，用定义法求密度函数. 当 x 取值于 $(0, 2\pi)$ 时，y 取值于 $(-1, 1)$，对 $-1<y<1$ 的 y，有

$$\begin{aligned}F_{\eta}(y)&=P(\eta<y)=P(\cos\xi<y)\\&=P(\arccos y<\xi<2\pi-\arccos y)\\&=\int_{\arccos y}^{2\pi-\arccos y}\frac{1}{2\pi}\mathrm{d}x=1-\frac{1}{\pi}\arccos y.\end{aligned}$$

所以

$$g(y)=F'_{\eta}(y)=\begin{cases}\dfrac{1}{\pi\sqrt{1-y^2}}, & -1<y<1,\\ 0, & \text{其他}.\end{cases}$$

习 题 2.4

(A)

1. 已知随机变量 ξ 的分布列为

ξ	-2	-1	0	1	3
$P(\xi=x_i)$	$\frac{1}{5}$	$\frac{1}{6}$	$\frac{1}{5}$	$\frac{1}{15}$	$\frac{11}{30}$

求：(1) $\eta=\frac{1}{2}\xi+1$；(2) $\eta=\cos\xi$ 的分布列.

2. 若随机变量 ξ 的分布列为

$$P(\xi = k) = C_n^k p^k (1-p)^{n-k}, \quad k = 0, 1, 2, \cdots, n, 0 < p < 1.$$

试求下列各随机变量的分布列.

(1) $\eta = a\xi + b$; (2) $\eta = \xi^2$; (3) $\eta = \sqrt{\xi}$.

3. 设 ξ 的分布函数为 $F(x)$, 求 $\eta = \sqrt{|\xi|}$ 的分布函数.

4. 设 $\xi \sim U[0, 1]$, 试求 $\eta = \dfrac{\xi}{1+\xi}$ 的密度函数.

5. 设 $\xi \sim N(0, 1)$, 试求下列随机变量的密度函数.

(1) $\eta_1 = e^{\xi}$;

(2) $\eta_2 = 2\xi^2 - 1$.

6. 设 $\ln\xi \sim N(1, 2^2)$, 求 $P(0.5 < \xi < 2)$.

7. 设 ξ 的密度函数为

$$f(x) = \begin{cases} \dfrac{2x}{\pi^2}, & 0 < x < \pi, \\ 0, & \text{其他}. \end{cases}$$

求 $\eta = \sin\xi$ 的密度函数.

8. 对球直径作近似测量,设其值均匀分布于 $[a, b]$, 求球体积的密度函数.

9. 设星球 A 至最近星球 B 的距离 ξ 的密度函数为 $f(x) = 4\pi x^2 e^{-\frac{4}{3}\pi x^3}$, $x \geqslant 0$. 试求 B 对 A 的引力: $\eta = k/\xi^2$ ($k > 0$ 为常数)的密度函数.

(B)

1. 设 $\xi \sim N(0, 1)$, 试求 $\eta = \cos\xi$ 的密度函数.

2. 设 $\xi \sim U[0, 1]$, 试求 $\eta = \xi^{\ln\xi}$ 的密度函数.

3. 设 ξ 具有连续分布函数 $F(x)$, 试证 $\eta = F(\xi) \sim U[0, 1]$.

第 3 章　多维随机变量及其分布

§3.1　二维随机变量

在上一章中,我们只限于讨论单个随机变量的情况,但在实际问题中对于某些随机试验的结果需要同时用两个或两个以上的随机变量来描述.例如,为了研究某一地区学龄前儿童的发育情况,对这一地区的儿童进行抽查,对于每个儿童都能观察到他的身长 h,体重 w,胸围 l, ……在这里,样本空间 $\Omega=\{\omega\}=\{$某地区学龄前儿童$\}$,而 h, w, l 等都是定义在 Ω 上的随机变量,对每一个儿童 ω,检查结果就对应一个向量$(h(\omega),\ w(\omega),\ l(\omega),\ \cdots)$,该向量随着 ω 而变化,称为多维随机变量或随机向量.本节首先介绍二维随机变量.

1. 二维随机变量的定义及其分布函数

定义 3.1　设 ξ, η 是定义在同一概率空间$(\Omega,\ \mathscr{F},\ P)$上的两个随机变量,则称向量$(\xi,\ \eta)$为**二维随机变量**.

对于二维随机变量$(\xi,\ \eta)$,不仅要研究每个分量的性质,而且要研究分量之间的联系,因此需要将$(\xi,\ \eta)$作为一个整体来研究,这就要求知道"随机点$(\xi,\ \eta)$落在某一区域内"这种事件的概率,为此要引入二维随机变量分布函数的定义.

定义 3.2　对任意实数 x, y,记 $\{\xi<x,\ \eta<y\}=\{\omega:\ \xi(\omega)<x\}\cap\{\omega:\ \eta(\omega)<y\}$,显然 $\{\xi<x,\ \eta<y\}\in\mathscr{F}$, $P(\xi<x,$

$\eta < y$) 有意义. 因此,对任意实数 x, y,可定义

$$F(x, y) = P(\xi < x, \eta < y), \quad -\infty < x, y < +\infty.$$

它是 x, y 的二元函数,称为(ξ, η)的**分布函数**,或称 ξ 与 η 的**联合分布函数**,容易明白分布函数 $F(x, y)$表示随机点(ξ, η)落在无限的矩形区域:"$-\infty < \xi < x, -\infty < \eta < y$"内的概率,见图 3.1.

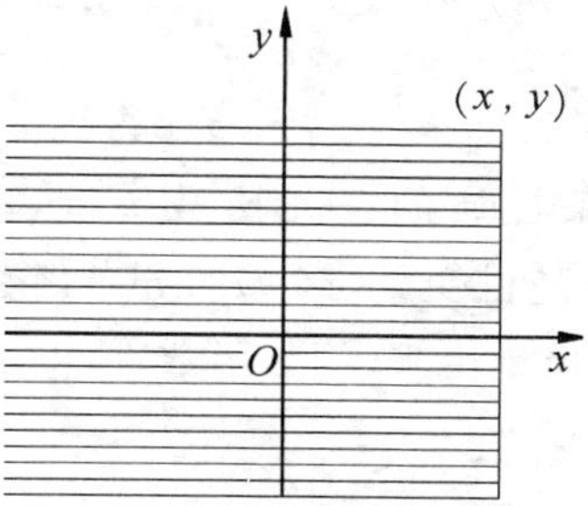

图 3.1

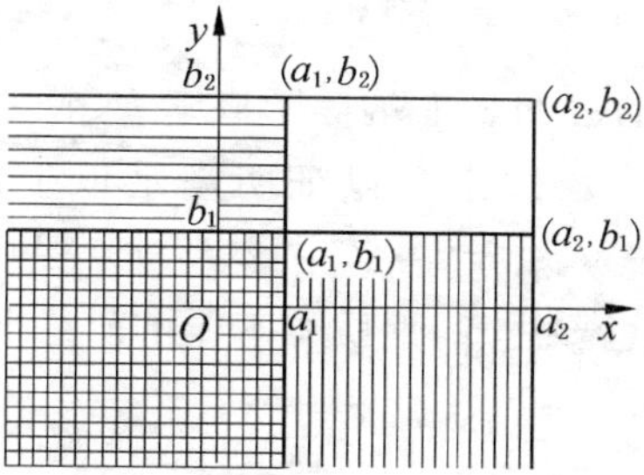

图 3.2

借助于图 3.2 容易看出随机点(ξ, η)落在矩形域:"$a_1 \leqslant \xi < a_2$, $b_1 \leqslant \eta < b_2$"的概率为 $P(a_1 \leqslant \xi < a_2, b_1 \leqslant \eta < b_2) = F(a_2, b_2) - F(a_1, b_2) - F(a_2, b_1) + F(a_1, b_1)$.

二维随机变量的分布函数 $F(x, y)$具有如下的性质:

(1) $F(x, y)$是变量 x(或变量 y)的单调不减函数,即对任意固定的 y,当 $x_2 > x_1$ 时,$F(x_2, y) \geqslant F(x_1, y)$;对任意固定的 x,当 $y_2 > y_1$ 时,$F(x, y_2) \geqslant F(x, y_1)$.

(2) $0 \leqslant F(x, y) \leqslant 1$,且对任意固定的 y, $F(-\infty, y) = 0$;对任意固定的 x, $F(x, -\infty) = 0$; $F(+\infty, +\infty) = 1$; $F(-\infty, -\infty) = 0$. 这一性质从直观上看来是比较明显的,例如在图 3.1 中将无穷矩形的右面边界向左无限移动即 $x \to -\infty$,则随机点(ξ, η)落在这个矩形内的概率趋于 0,即 $F(-\infty, y) = 0$;又如当 $x \to +\infty$, $y \to +\infty$时,图中无穷矩形扩展到全平面,随机

点(ξ, η)落在其中的概率为1，即$F(+\infty, +\infty)=1$.

(3) $F(x, y)$关于x(或关于y)左连续，即

$$F(x_0-0, y)=F(x_0, y);\ F(x, y_0-0)=F(x, y_0).$$

该性质与一维情形类似.

(4) 对任意的$a_1<a_2$, $b_1<b_2$，恒有

$$F(a_2, b_2)-F(a_2, b_1)-F(a_1, b_2)+F(a_1, b_1)\geqslant 0.$$

这性质可由左端等于概率$P(a_1\leqslant \xi<a_2, b_1\leqslant \eta<b_2)$得到.

反过来可以证明满足以上四条性质的二元函数$F(x, y)$ $(-\infty<x, y<+\infty)$，亦必是二维随机变量(ξ, η)的分布函数. 这里要注意，性质4不能由前三个性质推出来，例如函数

$$F(x, y)=\begin{cases}1, & x+y>0,\\ 0, & x+y\leqslant 0.\end{cases}$$

显然$F(x, y)$满足性质1～3，但不满足性质4，如取$a_1=0$, $a_2=1$, $b_1=0$, $b_2=1$，就有$F(1, 1)-F(1, 0)-F(0, 1)+F(0, 0)=-1<0$.

2. 二维离散型随机变量

定义 3.3 若二维随机变量(ξ, η)可能取的值是有限对或可列无限多对，则称(ξ, η)为**二维离散型随机变量**.

设(ξ, η)的一切可能取值为(x_i, y_j), $i, j=1, 2, \cdots$，则(ξ, η)取各对可能值的概率

$$P(\xi=x_i, \eta=y_j)=p_{ij},\quad i, j=1, 2, \cdots, n, \cdots$$

称为(ξ, η)的**分布列**，或称为ξ与η的**联合分布列**. (ξ, η)的分布列也可用表格表示如下：

表 3.1

$\xi \backslash \eta$	y_1	y_2	$\cdots$	y_j	$\cdots$
x_1	p_{11}	p_{12}	$\cdots$	p_{1j}	$\cdots$
x_2	p_{21}	p_{22}	$\cdots$	p_{2j}	$\cdots$
$\vdots$	$\vdots$	$\vdots$		$\vdots$	
x_i	p_{i1}	p_{i2}	$\cdots$	p_{ij}	$\cdots$
$\vdots$	$\vdots$	$\vdots$		$\vdots$	

对于一个二维离散型随机变量，知道了分布列便可以得出它的分布函数，以及(ξ, η)落在任何区域内的概率，所以，我们将通过分布列来掌握二维离散型随机变量的分布规律.

易见，二维离散型随机变量(ξ, η)的分布列$\{p_{ij}: i, j=1, 2, \cdots\}$满足

(1) $$p_{ij} \geqslant 0;$$

(2) $$\sum_{i, j} p_{ij}=1.$$

其分布函数

$$F(x, y)=P(\xi<x, \eta<y)=\sum_{\substack{x_i<x \\ y_j<y}} p_{ij},$$

这里和式 $\sum\limits_{\substack{x_i<x \\ y_j<y}} p_{ij}$ 是对一切满足 $x_i<x$, $y_j<y$ 的 i, j 求和.

例 3.1 一整数ξ在 1, 2, 3 三个整数中任取一个值，另一个整数η在 1 至ξ的整数中任取一值，求(ξ, η)的分布列.

解 欲求(ξ, η)的分布列，先定出(ξ, η)的可能值，然后再计算取这些值的概率. (ξ, η)的可能取值为(i, j), $i=1, 2, 3$; $j=1, \cdots, i$. 由概率乘法公式，可得(ξ, η)的分布列：

$$P(\xi=1,\ \eta=1)=P(\xi=1)P(\eta=1|\xi=1)=\frac{1}{3},$$

$$P(\xi=2,\ \eta=1)=P(\xi=2)P(\eta=1|\xi=2)=\frac{1}{6},$$

$$P(\xi=2,\ \eta=2)=\frac{1}{6},$$

$$\begin{aligned}P(\xi=3,\ \eta=1)&=P(\xi=3,\ \eta=2)\\&=P(\xi=3,\ \eta=3)=\frac{1}{9}.\end{aligned}$$

写成表格的形式有

表 3.2

$\xi \backslash \eta$	1	2	3
1	$\frac{1}{3}$	0	0
2	$\frac{1}{6}$	$\frac{1}{6}$	0
3	$\frac{1}{9}$	$\frac{1}{9}$	$\frac{1}{9}$

例 3.2 设独立地进行了 n 次试验，在每次试验中，有三个互不相容的事件 A_1，A_2，A_3 之一出现，并且 $P(A_i)=p_i>0$，$i=1$，2，3，$\left(\sum_{i=1}^{3}p_i=1\right)$ 在每次试验中不变，令 ξ 是在 n 次独立试验中 A_1 出现的次数，η 是在 n 次独立试验中 A_2 出现的次数，则 $(\xi,\ \eta)$ 是二维离散型随机变量，它的分布列是

$$P(\xi=i,\ \eta=j)=\frac{n!}{i!\,j!\,(n-i-j)!}p_1^i p_2^j p_3^{n-(i+j)};$$

$$i,\ j=0,\ 1,\ \cdots n;\ i+j\leqslant n$$

这种分布列称为参数为$(n; p_1, p_2)$的**三项分布**.

作为三项分布的一个应用,我们假定将一个均匀骰子投6次,则1出现2次,4出现1次,其余出现3次的概率为

$$\frac{6!}{2!1!3!}\left(\frac{1}{6}\right)^2\times\left(\frac{1}{6}\right)^1\times\left(\frac{4}{6}\right)^3\approx 0.0823.$$

3. 二维连续型随机变量

定义 3.4 对于二维随机变量(ξ, η)的分布函数$F(x, y)$,若存在非负可积函数$f(x, y)$,使对于任意实数x, y,有

$$F(x, y)=\int_{-\infty}^{x}\int_{-\infty}^{y} f(u, v)\mathrm{d}u\mathrm{d}v,$$

则称(ξ, η)是**二维连续型随机变量**. $f(x, y)$称为(ξ, η)的**密度函数**,或称为ξ与η的**联合密度函数**.

根据定义,易见

1. $f(x, y)$具有如下的性质:

(1) $f(x, y)\geqslant 0, -\infty < x, y < +\infty$;

(2) $\int_{-\infty}^{+\infty}\int_{-\infty}^{+\infty} f(x, y)\mathrm{d}x\mathrm{d}y=1$.

2. 对于平面上任一可求积区域G,成立

$$P((\xi, \eta)\in G)=\iint_G f(x, y)\mathrm{d}x\mathrm{d}y.$$

3. 若已知(ξ, η)的分布函数$F(x, y)$连续,且除面积为零的区域外$\frac{\partial^2}{\partial x\partial y}F(x, y)$存在连续,则对一切$x, y$成立

$$F(x, y)=\int_{-\infty}^{x}\int_{-\infty}^{y}\frac{\partial^2}{\partial u\partial v}F(u, v)\mathrm{d}u\mathrm{d}v.$$

正如一维的情况,除在面积为零的区域不同外两个相同的二元密度函数可看作同一个密度函数,因此,如在面积为零的区域和不存

在偏导数的点上，令 $F(x, y)$ 的偏导数为 0，则可取 $F(x, y)$ 的偏导数作为 (ξ, η) 的密度函数，即可取

$$f(x, y)=\frac{\partial^2}{\partial x \partial y} F(x, y).$$

性质 2 表明，通过联合密度函数可以获得随机点 (ξ, η) 落入任一可求积区域 G 内的概率，所以，我们将通过联合密度函数来掌握二维连续型随机变量的分布规律；性质 3 又告诉我们，可通过对分布函数 $F(x, y)$ 求偏导数得到联合密度函数.

例 3.3 （二维均匀分布） 设 G 是平面上有界可求积区域，其面积为 $|G|$，若二维随机变量 (ξ, η) 具有密度函数

$$f(x, y)=\begin{cases}\dfrac{1}{|G|}, & (x, y) \in G, \\ 0, & \text{其他}.\end{cases}$$

则称这种密度函数为区域 G 上的**均匀分布**，并称 (ξ, η) 服从 G 上的均匀分布.

例 3.4 （二维正态分布） 若二维随机变量 (ξ, η) 的密度函数为

$$f(x, y)=\frac{1}{2 \pi \sigma_1 \sigma_2 \sqrt{1-r^2}} \mathrm{e}^{-\frac{1}{2(1-r^2)}\left[\frac{(x-a)^2}{\sigma_1^2}-\frac{2 r(x-a)(y-b)}{\sigma_1 \sigma_2}+\frac{(y-b)^2}{\sigma_2^2}\right]},$$

式中 $a, b, \sigma_1, \sigma_2, r$ 均为常数，$\sigma_1>0, \sigma_2>0, |r|<1$，则称这种密度函数为**二维正态分布**，记为 $N(a, \sigma_1^2; b, \sigma_2^2; r)$，其中 $a, b, \sigma_1^2, \sigma_2^2, r$ 为参数，并称 (ξ, η) 服从参数为 $a, b, \sigma_1^2, \sigma_2^2, r$ 的二维正态分布，记作 $(\xi, \eta) \sim N(a, \sigma_1^2; b, \sigma_2^2; r)$.

图 3.3 是正态密度函数 $f(x, y)$ 的大概图形.

从 $f(x, y)$ 的表达式结合图形，容易看出 $f(x, y)$ 在 $x=a, y=b$ 取极大值，其值为

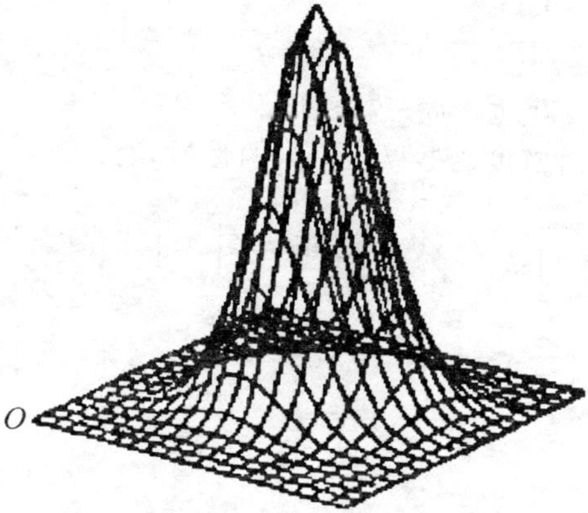

图 3.3

$$f(a,\ b)=\frac{1}{2\pi\sigma_1\sigma_2\sqrt{1-r^2}}.$$

当 $x\to\pm\infty$ 或 $y\to\pm\infty$ 时，$f(x,\ y)\to 0$，$f(x,\ y)$ 曲面很象一个扣在 xOy 平面上的边缘无限伸展的铜钹，对任意常数 c，知

$$\frac{(x-a)^2}{\sigma_1^2}-2r\,\frac{(x-a)(y-b)}{\sigma_1\sigma_2}+\frac{(y-b)^2}{\sigma_2^2}=c^2$$

是一个椭园，注意在这个椭园上 $f(x,\ y)$ 取定值，其值为 $f=\frac{1}{2\pi\sigma_1\sigma_2\sqrt{1-r^2}}\mathrm{e}^{-\frac{c^2}{2(1-r^2)}}$，由此该椭圆叫做“等概率椭圆”，在 $f(x,\ y)$ 的图上，上述椭圆是等高线.

生活中有不少二维随机变量是服从二维正态分布的，例如射击时炮弹的弹着点在平面上的散布或枪弹的弹着点在靶面上的散布都是二维正态分布，又如某种生物的体长和体重一般也服从二维正态分布.

例 3.5 设 $(\xi,\ \eta)$ 的密度函数是

$$f(x,\ y)=\begin{cases}Ce^{-(x+y)}, & 0<x,\ y<+\infty,\\ 0, & \text{其他}.\end{cases}$$

求(1)常数 C，(2) $P(0\leqslant\xi\leqslant 1,\ 0\leqslant\eta\leqslant 1)$.

解 (1) 由密度函数 $f(x,\ y)$的性质，有

$$1=\int_{-\infty}^{+\infty}\int_{-\infty}^{+\infty}f(x,\ y)\mathrm{d}x\mathrm{d}y=\int_{0}^{+\infty}\int_{0}^{+\infty}Ce^{-(x+y)}\mathrm{d}x\mathrm{d}y$$

$$=C\int_{0}^{+\infty}e^{-x}\mathrm{d}x\int_{0}^{+\infty}e^{-y}\mathrm{d}y=C,$$

于是 $C=1$.

$$(2)\ P(0\leqslant\xi\leqslant 1,\ 0\leqslant\eta\leqslant 1)=\int_{0}^{1}\int_{0}^{1}e^{-(x+y)}\mathrm{d}x\mathrm{d}y$$

$$=\left(1-\frac{1}{e}\right)^{2}\approx 0.400.$$

例 3.6 设$(\xi,\ \eta)\sim N(0,\ \sigma^2;\ 0,\ \sigma^2;\ 0)$，求 $P(\xi<\eta)$.

解 易知，$f(x,\ y)=\dfrac{1}{2\pi\sigma^2}e^{-\frac{x^2+y^2}{2\sigma^2}}$，所以

$$P(\xi<\eta)=\iint\limits_{x<y}\frac{1}{2\pi\sigma^2}e^{-\frac{x^2+y^2}{2\sigma^2}}\mathrm{d}x\mathrm{d}y.$$

作极坐标变换：$x=\rho\cos\theta,\ y=\rho\sin\theta$.

$$\text{原式}=\int_{\frac{\pi}{4}}^{\frac{5}{4}\pi}\mathrm{d}\theta\int_{0}^{\infty}\frac{1}{2\pi\sigma^2}e^{-\frac{\rho^2}{2\sigma^2}}\rho\mathrm{d}\rho=\frac{1}{2}.$$

4. *n* 维随机变量

设 $\xi_1,\ \xi_2,\ \cdots,\ \xi_n$ 是定义在同一概率空间$(\Omega,\ \mathscr{F},\ P)$上的 n 个随机变量，则称$(\xi_1,\ \xi_2,\ \cdots,\ \xi_n)$是 n 维随机变量.

n 维随机变量$(\xi_1,\ \xi_2,\ \cdots,\ \xi_n)$的分布函数为

$$F(x_1,\ x_2,\ \cdots,\ x_n)=P(\xi_1<x_1,\ \xi_2<x_2,\ \cdots,\ \xi_n<x_n),$$

它也称为 $\xi_1, \xi_2, \cdots, \xi_n$ 的**联合分布函数**.

如果存在非负可积函数 $f(x_1, x_2, \cdots, x_n)$,

使得

$$F(x_1, x_2, \cdots, x_n)$$

$$= \int_{-\infty}^{x_1}\int_{-\infty}^{x_2}\cdots\int_{-\infty}^{x_n} f(u_1, u_2, \cdots, u_n)\mathrm{d}u_1\mathrm{d}u_2\cdots\mathrm{d}u_n,$$

则称$(\xi_1, \xi_2, \cdots, \xi_n)$是 n **维连续型随机变量**,$f(x_1, x_2, \cdots, x_n)$称为$(\xi_1, \xi_2, \cdots, \xi_n)$的**密度函数**,或称为 $\xi_1, \xi_2, \cdots, \xi_n$ 的**联合密度函数**.

习题 3.1

(A)

1. 设(ξ, η)是二维连续型随机变量,试问(ξ, η)落在直线 $y = ax + b$ 上的概率等于多少？为什么？

2. 仿二维离散型随机变量的情况,写出 n 维离散型随机变量及其分布列的定义.

3. 从一副 52 张扑克牌中任摸 10 次,每次摸一张,摸后放回,求摸得 3 张“A”、2 张“K”、5 张其他牌的概率？

4. 已知 ξ 与 η 的联合分布函数为 $F(x, y)$,试用 $F(x, y)$表示概率 $P(\xi \geqslant 2, \eta \geqslant 1)$.

5. 一袋中装有 4 只黑球,2 只白球,在其中任意地取两次,每次取一只,考虑两种试验:(1)有放回抽样;(2)无放回抽样.如果我们定义

$$\xi = \begin{cases} 0, & \text{若第一次取出的是黑球,} \\ 1, & \text{若第一次取出的是白球.} \end{cases}$$

$$\eta = \begin{cases} 0, & \text{若第二次取出的是黑球,} \\ 1, & \text{若第二次取出的是白球.} \end{cases}$$

试分别就(1)、(2)两种情况,写出 ξ 与 η 的联合分布列.

6. 设(ξ, η)的密度函数为

$$f(x, y)=\begin{cases}Cxy, & 0<x<1, 0<y<1, \\ 0, & \text{其他}.\end{cases}$$

试求:(1)常数C;(2) $P\left(0<\xi\leqslant\frac{1}{2}, -2<\eta\leqslant 3\right)$;(3) $P(\xi=\eta)$;(4) $P(\xi<\eta)$.

7. 已知(ξ, η)的分布函数为

$$F(x, y)=\begin{cases}C(1-\mathrm{e}^{-2x})(1-\mathrm{e}^{-y}), & x, y>0, \\ 0, & \text{其他}.\end{cases}$$

试求:(1)常数C;(2) (ξ, η)的密度函数;(3) $P(\xi+\eta<1)$.

8. 设(ξ, η)在以$(0, 0)$,$(0, 4)$,$(3, 4)$,$(6, 0)$为顶点的梯形G内服从均匀分布,试求:

(1) (ξ, η)的密度函数;

(2) (ξ, η)落在区域$D=\{(x, y): 0<x<5, 0<y<x\}$内的概率.

9. 对于下列三组参数,分别写出二维正态随机变量的联合密度函数.

表 3.3

组别 \ 参数	a	σ_1	b	σ_2	r
(1)	3	1	0	1	$\frac{1}{2}$
(2)	1	$\frac{1}{2}$	-1	$\frac{1}{2}$	$-\frac{1}{2}$
(3)	-1	1	-2	$\frac{1}{2}$	0

(B)

1. 将一枚硬币连掷4次,以ξ表示4次中出现正面的次数,以η表示4次中出现正面次数与出现背面次数之差的绝对值,试写出ξ与η的联合分布列.

2. 设(ξ, η)的密度函数为

$$f(x, y)=\begin{cases}3x, & 0<x<1, 0<y<x, \\ 0, & \text{其他}.\end{cases}$$

试求 ξ 与 η 中至少有一个小于 $\frac{1}{3}$ 的概率.

3. 若 $f(x, y)=k\mathrm{e}^{-(ax^2+2bxy+cy^2)}$ 为联合密度函数,试问 a, b, c, k 满足何种关系?

§3.2 边际分布与条件分布

1. 边际分布函数

二维随机变量(ξ, η)作为一个整体,它具有概率分布(联合分布函数或联合分布列或联合密度函数),而它的每一个分量 ξ, η 也是随机变量,因此 ξ, η 自身也具有概率分布(分布函数或分布列或密度函数),它们分别称为(ξ, η)的关于 ξ 和关于 η 的**边际分布**.

由于事件 $\{\xi<x\}$ 就是 $\{\xi<x, \eta<+\infty\}$, 事件 $\{\eta<y\}$ 就是 $\{\xi<+\infty, \eta<y\}$, 因此可以由(ξ, η)的概率分布求得关于 ξ 和 η 的边际分布,设(ξ, η)的分布函数为 $F(x, y)$,关于 ξ 和 η 的**边际分布函数**分别为 $F_\xi(x)$和 $F_\eta(y)$,则

$$F_\xi(x)=P(\xi<x)=P(\xi<x, \eta<+\infty)=F(x, +\infty),$$

$$F_\eta(y)=P(\eta<y)=P(\xi<+\infty, \eta<y)=F(+\infty, y),$$

即
$$F_\xi(x)=F(x, +\infty), F_\eta(y)=F(+\infty, y).$$

2. 二维离散型随机变量的边际分布

设(ξ, η)是二维离散型随机变量,其分布列为

$$P(\xi=x_i, \eta=y_j)=p_{ij}, \qquad i, j=1, 2, \cdots,$$

则关于 ξ 的**边际分布列**是

$$P(\xi = x_i) = \sum_j P(\xi = x_i, \eta = y_j) = \sum_j p_{ij}.$$

常记为 $p_{i\cdot}$，即

$$p_{i\cdot} = \sum_j p_{ij}.$$

类似地，关于 η 的**边际分布列**是

$$P(\eta = y_j) = \sum_i P(\xi = x_i, \eta = y_j) = \sum_i p_{ij},$$

常记为 $p_{\cdot j}$，即

$$p_{\cdot j} = \sum_i p_{ij}.$$

关于 ξ 的与关于 η 的边际分布列也可用表格表示如下：

表 3.4

η / ξ	y_1	y_2	…	y_m	…	$P(\xi = x_i)$
x_1	p_{11}	p_{12}	…	p_{1m}	…	$p_{1\cdot}$
x_2	p_{21}	p_{22}	…	p_{2m}	…	$p_{2\cdot}$
⋮	…	…	…	…	…	⋮
x_n	p_{n1}	p_{n2}	…	p_{nm}	…	$p_{n\cdot}$
⋮	…	…	…		…	⋮
$P(\eta = y_j)$	$p_{\cdot 1}$	$p_{\cdot 2}$	…	$p_{\cdot m}$	…	

例 3.7 袋中装有 2 只白球及 3 只黑球，现进行有放回的摸球，定义下列随机变量

$$\xi = \begin{cases} 1, & \text{第一次摸出白球}, \\ 0, & \text{第一次摸出黑球}. \end{cases}$$

$$\eta=\begin{cases}1, & \text{第二次摸出白球},\\ 0, & \text{第二次摸出黑球}.\end{cases}$$

求(ξ, η)的分布列和边际分布列.

例 3.8 上例中若采用不放回摸球,则(ξ, η)的分布列和边际分布列又应是什么?

解 通过简单的计算,例 3.7,例 3.8 中的分布列和边际分布列分别由表 3.4,表 3.5 给出.

表 3.4 有放回摸球的概率分布

ξ \ η	0	1	$P(\xi=x_i)$
0	$\frac{9}{25}$	$\frac{6}{25}$	$\frac{3}{5}$
1	$\frac{6}{25}$	$\frac{4}{25}$	$\frac{2}{5}$
$P(\eta=y_j)$	$\frac{3}{5}$	$\frac{2}{5}$	

表 3.5 无放回摸球的概率分布

ξ \ η	0	1	$P(\xi=x_i)$
0	$\frac{3}{10}$	$\frac{3}{10}$	$\frac{3}{5}$
1	$\frac{3}{10}$	$\frac{1}{10}$	$\frac{2}{5}$
$P(\eta=y_j)$	$\frac{3}{5}$	$\frac{2}{5}$	

从表 3.4,表 3.5 可见,两例中,(ξ, η)的分布列不同,但边际分布列相同;这表明 ξ, η 的联合分布列不能由边际分布列唯一确定,也即二维随机变量的性质并不能由它两个分量的个别性质来确定,还必须考虑它们之间的联系.

3. 二维连续型随机变量的边际分布

设(ξ, η)是二维连续型随机变量,其密度函数为 $f(x, y)$,则有

$$F_{\xi}(x)=F(x,+\infty)=\int_{-\infty}^{x}\left[\int_{-\infty}^{+\infty} f(u, v)\mathrm{d}v\right]\mathrm{d}u$$

令

$$f_{\xi}(x)=\int_{-\infty}^{+\infty} f(x, y)\mathrm{d}y,$$

显然 $f_{\xi}(x)$是非负可积的，因而 ξ 是连续型随机变量，其密度函数 $f_{\xi}(x)$即为关于 ξ 的**边际密度函数**.

类似地 $F_{\eta}(y) = F(+\infty, y) = \int_{-\infty}^{y}\left[\int_{-\infty}^{\infty} f(u, v)\mathrm{d}u\right]\mathrm{d}v$,

令
$$f_{\eta}(y) = \int_{-\infty}^{\infty} f(x, y)\mathrm{d}x,$$

则 $f_{\eta}(y)$是关于 η 的**边际密度函数**.

例 3.9 在圆 $x^2 + y^2 \leqslant R^2$ 内均匀投点(ξ, η)，求关于 ξ 和关于 η 的边际密度函数.

解 根据题意，易知(ξ, η)的密度函数是

$$f(x, y) = \begin{cases} \dfrac{1}{\pi R^2}, & \text{当 } x^2 + y^2 \leqslant R^2, \\ 0, & \text{当 } x^2 + y^2 > R^2. \end{cases}$$

有

$$\text{当 } |x| \leqslant R \text{ 时}, f_{\xi}(x) = \int_{-\infty}^{+\infty} f(x, y)\mathrm{d}y = \int_{-\sqrt{R^2-x^2}}^{\sqrt{R^2-x^2}} \frac{1}{\pi R^2}\mathrm{d}y$$
$$= \frac{2\sqrt{R^2 - x^2}}{\pi R^2},$$

当 $|x| > R$ 时，$f_{\xi}(x) = 0$.

所以

$$f_{\xi}(x) = \begin{cases} \dfrac{2\sqrt{R^2 - x^2}}{\pi R^2}, & \text{当 } |x| \leqslant R, \\ 0, & \text{其他}. \end{cases}$$

类似地有

$$f_{\eta}(y) = \begin{cases} \dfrac{2\sqrt{R^2 - y^2}}{\pi R^2}, & \text{当 } |y| \leqslant R, \\ 0, & \text{其他}. \end{cases}$$

这个结果告诉我们，虽然(ξ, η)在圆内是服从均匀分布的，但是它

的两个分量都不服从均匀分布.

例 3.10 设$(\xi, \eta)\sim N(a, \sigma_1^2; b, \sigma_2^2; r)$,求关于 ξ 和关于 η 的边际密度函数.

解 我们有

$$f_\xi(x)=\int_{-\infty}^{+\infty}f(x, y)\mathrm{d}y$$

$$=\int_{-\infty}^{+\infty}\frac{1}{2\pi\sigma_1\sigma_2\sqrt{1-r^2}}\exp\left\{-\frac{1}{2(1-r^2)}\left[\frac{(x-a)^2}{\sigma_1^2}-\frac{2r(x-a)(y-b)}{\sigma_1\sigma_2}+\frac{(y-b)^2}{\sigma_2^2}\right]\right\}\mathrm{d}y,$$

令 $\dfrac{x-a}{\sigma_1}=u$, $\dfrac{y-b}{\sigma_2}=v$, 则

$$f_\xi(x)=\frac{1}{2\pi\sigma_1\sqrt{1-r^2}}\int_{-\infty}^{+\infty}\exp\left\{-\frac{1}{2(1-r^2)}[u^2-2ruv+v^2]\right\}\mathrm{d}v$$

$$=\frac{1}{\sqrt{2\pi}\sigma_1}\mathrm{e}^{-\frac{u^2}{2}}\int_{-\infty}^{+\infty}\frac{1}{\sqrt{2\pi(1-r^2)}}\times\exp\left\{-\frac{r^2u^2-2ruv+v^2}{2(1-r^2)}\right\}\mathrm{d}v$$

$$=\frac{\mathrm{e}^{-\frac{u^2}{2}}}{\sqrt{2\pi}\sigma_1}\int_{-\infty}^{+\infty}\frac{1}{\sqrt{2\pi(1-r^2)}}\exp\left(-\frac{(v-ru)^2}{2(\sqrt{1-r^2})^2}\right)\mathrm{d}v$$

$$=\frac{\mathrm{e}^{-\frac{u^2}{2}}}{\sqrt{2\pi}\sigma_1}=\frac{1}{\sqrt{2\pi}\sigma_1}\mathrm{e}^{-\frac{(x-a)^2}{2\sigma_1^2}}.$$

同理,有 $$f_\eta(y)=\frac{1}{\sqrt{2\pi}\sigma_2}\mathrm{e}^{-\frac{(y-b)^2}{2\sigma_2^2}}.$$

本例告诉我们:

1. 二维正态分布的边际分布仍然是正态分布,二维正态随机变量的每个分量仍然是正态随机变量.

2. 对确定的 $a, b, \sigma_1^2, \sigma_2^2$,不论 $r(|r|<1)$ 为何值,其边际分布都是相同的,这又一次说明,单由 ξ, η 的边际分布并不一定能确定出它们的联合分布.

还要注意,若仅知 $f_\xi(x), f_\eta(y)$ 是正态分布,则其联合分布未必是正态分布,如取

$$f(x, y)=\frac{1}{2\pi}\mathrm{e}^{-\frac{x^2+y^2}{2}}(1+\sin x\sin y), \quad -\infty<x, y<+\infty.$$

4. 条件分布

条件概率的定义很自然地引出条件概率分布的概念.

1) 离散型随机变量的条件分布

设二维离散型随机变量 (ξ, η) 的分布列为 $P(\xi=x_i, \eta=y_i)=p_{ij}, i, j=1, 2, \cdots$,关于 ξ 和 η 的边际分布列分别为

$$P(\xi=x_i)=\sum_{j=1}^{\infty}p_{ij}=p_{i\cdot}, \quad i, j=1, 2, \cdots,$$

$$P(\eta=y_j)=\sum_{i=1}^{\infty}p_{ij}=p_{\cdot j}, \quad i, j=1, 2, \cdots,$$

下面研究事件 $\{\eta=y_j\}$ 已发生的条件下,事件 $\{\xi=x_i\}$ 发生的条件概率.由条件概率定义,当 $P(\eta=y_j)>0$ (固定 j)时,有

$$P(\xi=x_i|\eta=y_j)=\frac{P(\xi=x_i, \eta=y_j)}{P(\eta=y_j)}=\frac{p_{ij}}{p_{\cdot j}}, \quad i=1, 2, \cdots$$

且具有性质

(1) $P(\xi=x_i|\eta=y_j)\geqslant 0$,

(2) $\sum_{i=1}^{\infty}P(\xi=x_i|\eta=y_j)=\sum_{i=1}^{\infty}\frac{p_{ij}}{p_{\cdot j}}=1.$

为此,对固定的 j,若 $p_{\cdot j}>0$,则称

$$P(\xi=x_i|\eta=y_j)=\frac{p_{ij}}{p_{\cdot j}}, \quad i=1, 2, \cdots$$

为在 $\eta = y_j$ 的条件下随机变量 ξ 的**条件分布列**.

类似地,对固定的 i,若 $p_{i\cdot} > 0$, 则称

$$P(\eta = y_j | \xi = x_i) = \frac{p_{ij}}{p_{i\cdot}}, \quad i = 1, 2, \cdots$$

为在 $\xi = x_i$ 的条件下随机变量 η 的**条件分布列**.

2) 连续型随机变量的条件分布

设(ξ, η)为二维连续型随机变量,其密度函数和边际密度函数分别为 $f(x, y)$, $f_\xi(x)$, $f_\eta(y)$. 由于对任意 x, y,有 $P(\xi = x) = P(\eta = y) = 0$, 因而无法直接用条件概率定义引入"条件密度函数",现在考虑事件 $\{y \leqslant \eta < y + \Delta y\}$ 发生条件下,事件 $\{x \leqslant \xi < x + \Delta x\}$ 发生的概率,假设 $f(x, y)$连续且 $f_\eta(y)>0$,由中值定理,有

$$\begin{aligned}
&P(x \leqslant \xi < x + \Delta x | y \leqslant \eta < y + \Delta y) \\
&= \frac{P(x \leqslant \xi < x + \Delta x, y \leqslant \eta < y + \Delta y)}{P(y \leqslant \eta < y + \Delta y)} \\
&= \frac{\int_x^{x+\Delta x} \int_y^{y+\Delta y} f(u, v) \mathrm{d}u \mathrm{d}v}{\int_y^{y+\Delta y} f_\eta(v) \mathrm{d}v} \\
&= \frac{\int_x^{x+\Delta x} f(u, y + \theta_1 \Delta y) \mathrm{d}u}{f_\eta(y + \theta_2 \Delta y)}, \qquad (|\theta_1| < 1, |\theta_2| < 1).
\end{aligned}$$

令 $\Delta y \to 0$,则有

$$P(x \leqslant \xi < x + \Delta x | \eta = y) = \frac{\int_x^{x+\Delta x} f(u, y) \mathrm{d}u}{f_\eta(y)},$$

于是

$$\lim_{\Delta x \to 0} \frac{P(x \leqslant \xi < x + \Delta x | \eta = y)}{\Delta x} = \lim_{\Delta x \to 0} \frac{\int_x^{x+\Delta x} f(u, y) \mathrm{d}u}{\Delta x f_\eta(y)}$$

$$= \lim_{\Delta x \to 0} \frac{f(x+\theta_3 \Delta x,\ y)\Delta x}{\Delta x f_\eta(y)} = \frac{f(x,\ y)}{f_\eta(y)}, \quad (|\theta_3| < 1)$$

记
$$f_{\xi|\eta}(x|y) = \frac{f(x,\ y)}{f_\eta(y)}.$$

容易验证它具有性质：

(1) $f_{\xi|\eta}(x|y) \geqslant 0$,

(2) $\int_{-\infty}^{\infty} f_{\xi|\eta}(x|y)\mathrm{d}x = 1$.

为此，对固定的 y，若 $f_\eta(y) > 0$，则称 $f_{\xi|\eta}(x|y) = \dfrac{f(x,\ y)}{f_\eta(y)}$ 为在 $\eta = y$ 的条件下 ξ 的**条件密度函数**.

类似地，对固定的 x，若 $f_\xi(x) > 0$，则称 $f_{\eta|\xi}(y|x) = \dfrac{f(x,\ y)}{f_\xi(x)}$ 为在 $\xi = x$ 的条件下 η 的**条件密度函数**.

称 $F_{\xi|\eta}(x|y) = \int_{-\infty}^{x} f_{\xi|\eta}(x|y)\mathrm{d}x = \int_{-\infty}^{x} \dfrac{f(u,\ y)}{f_\eta(y)}\mathrm{d}u$ 为在 $\eta = y$ 的条件下 ξ 的**条件分布函数**，称 $F_{\eta|\xi}(y|x) = \int_{-\infty}^{y} \dfrac{f(x,\ v)}{f_\xi(x)}\mathrm{d}v$ 为在 $\xi = x$ 的条件下 η 的**条件分布函数**.

由上可知，关于二维连续型随机变量 $(\xi,\ \eta)$ 的密度函数、边际密度函数与条件密度函数之间成立 $f(x,\ y) = f_\eta(y) f_{\xi|\eta}(x|y)$ 或 $f(x,\ y) = f_\xi(x) f_{\eta|\xi}(y|x)$.

例 3.11 设 $(\xi,\ \eta) \sim N(a,\ \sigma_1^2;\ b,\ \sigma_2^2;\ r)$，求 $f_{\xi|\eta}(x|y)$.

解 我们有

$$f(x,\ y) = \frac{1}{2\pi\sigma_1\sigma_2\sqrt{1-r^2}} \exp\left\{-\frac{1}{2(1-r^2)}\left[\frac{(x-a)^2}{\sigma_1^2} - \frac{2r(x-a)(y-b)}{\sigma_1\sigma_2} + \frac{(y-b)^2}{\sigma_2^2}\right]\right\}.$$

$$f_\eta(y) = \frac{1}{\sqrt{2\pi}\sigma_2} \mathrm{e}^{-\frac{(y-b)^2}{2\sigma_2^2}}.$$

于是

$$
\begin{aligned}
f_{\xi|\eta}(x|y) &= \frac{f(x,y)}{f_\eta(y)} \\
&= \frac{1}{\sigma_1\sqrt{2\pi}\sqrt{1-r^2}}\exp\left\{-\frac{1}{2(1-r^2)}\left[\frac{(x-a)^2}{\sigma_1^2}\right.\right. \\
&\quad \left.\left.-\frac{2r(x-a)(y-b)}{\sigma_1\sigma_2}+\frac{(y-b)^2}{\sigma_2^2}\right]+\frac{(y-b)^2}{2\sigma_2^2}\right\} \\
&= \frac{1}{\sigma_1\sqrt{2\pi}\sqrt{1-r^2}}\exp\left\{-\frac{1}{2(1-r^2)}\left[\frac{(x-a)^2}{\sigma_1^2}\right.\right. \\
&\quad \left.\left.-\frac{2r(x-a)(y-b)}{\sigma_1\sigma_2}+\frac{r^2(y-b)^2}{\sigma_2^2}\right]\right\} \\
&= \frac{1}{\sqrt{2\pi}(\sigma_1\sqrt{1-r^2})}\exp\left\{-\frac{1}{2(\sigma_1\sqrt{1-r^2})^2}\right. \\
&\quad \left.\cdot\left[x-\left(a+\frac{\sigma_1}{\sigma_2}r(y-b)\right)\right]^2\right\}.
\end{aligned}
$$

所以，在 $\eta=y$ 的条件下 ξ 的条件密度函数 $f_{\xi|\eta}(x|y)$ 为 $N\left(a+\frac{\sigma_1}{\sigma_2}r(y-b),\ \sigma_1^2(1-r^2)\right)$，它仍是正态分布；同样可以求出 $f_{\eta|\xi}(y|x)$ 为 $N\left(b+\frac{\sigma_2}{\sigma_1}r(x-a),\ \sigma_2^2(1-r^2)\right)$. 可见，二维正态分布的条件分布仍是正态分布.

习题 3.2

(A)

1. 若(ξ,η)是二维正态随机变量，问 $a\xi+b$ $(a\neq 0)$ 是否也是正态随机变量？

2. 如果(ξ,η)的分布列为

$$P_{ij}=\begin{cases}\frac{1}{30}(i+j), & 若 i=0,1,2;\ j=0,1,2,3,\\ 0, & 其他.\end{cases}$$

试求关于 ξ 和关于 η 的边际分布列.

3. 设 ξ 和 η 的联合密度函数为

$$f(x,y)=\begin{cases}8xy, & 0\leqslant x\leqslant y,\ 0\leqslant y\leqslant 1,\\ 0, & 其他.\end{cases}$$

试求关于 ξ 和关于 η 的边际密度函数.

4. 设 G 是这样一个区域:由以 $(0,0)$, $(1,1)$, $\left(0,\frac{1}{2}\right)$, $\left(\frac{1}{2},1\right)$ 为顶点的四边形与以 $\left(\frac{1}{2},0\right)$, $(1,0)$, $\left(1,\frac{1}{2}\right)$ 为顶点的三角形合成,(ξ,η) 均匀分布在 G 上,试证关于 ξ 和关于 η 的边际分布仍是均匀分布.

5. 假定 (ξ,η) 服从三项分布, $P(\xi=i,\eta=j)=\frac{n!}{i!j!(n-i-j)!}\cdot p_1^i p_2^j p_3^{n-(i-j)}$ $(i,j=0,1,2,\cdots,n;\ i+j\leqslant n;\ p_1,p_2,p_3>0;\ p_1+p_2+p_3=1)$, 试求在 $\eta=j$ 的条件下 ξ 的条件分布列.

6. 设 (ξ,η) 的密度函数为

$$f(x,y)=\begin{cases}Cy(1-x-y), & x>0,\ y>0,\ x+y<1,\\ 0, & 其他.\end{cases}$$

试求(1)常数 C; (2)条件密度函数 $f_{\xi|\eta}(x|y)$.

§3.3 随机变量的独立性

在第一章中,我们讨论了事件的独立性,现在从事件的独立性出发引进随机变量的独立性概念,这个概念在概率论和数理统计的研究中是十分重要的.

定义 3.5 设 ξ, η 为两个随机变量,如果对于任意的实数 x, y,事件 $\{\xi<x\}$ 与 $\{\eta<y\}$ 相互独立,即 $P(\xi<x,\eta<y)=P(\xi<x)\cdot P(\eta<y)$ 则称 ξ 与 η **相互独立**.

若 $F(x,y)$ 为 ξ 与 η 的联合分布函数, $F_\xi(x)$, $F_\eta(y)$ 分别是 ξ

与 η 的边际分布函数,则上面的条件等价于

$$F(x, y) = F_\xi(x) \cdot F_\eta(y).$$

对于离散型随机变量和连续型随机变量,分别有下列的两个定理.

定理 3.1 设 ξ 和 η 都是离散型随机变量,ξ 的可能取值为 $x_1, x_2, \cdots, x_i, \cdots$; η 的可能取值为 $y_1, y_2, \cdots, y_j, \cdots$,则 ξ 与 η 相互独立的充要条件是:对一切 x_i, y_j,成立 $P(\xi = x_i, \eta = y_j) = P(\xi = x_i) \cdot P(\eta = y_j)$, 即

$$p_{ij} = p_{i\cdot} \cdot p_{\cdot j}.$$

证明 充分性,若对一切 x_i, y_j 成立上式,则对任意的 x 和 y,有

$$\begin{aligned} P(\xi < x, \eta < y) &= \sum_{\substack{x_i < x \\ y_j < y}} P(\xi = x_i, \eta = y_j) \\ &= \sum_{\substack{x_i < x \\ y_j < y}} P(\xi = x_i) \cdot P(\eta = y_j) \\ &= \Big[\sum_{x_i < x} P(\xi = x_i)\Big] \cdot \Big[\sum_{y_j < y} P(\eta = y_j)\Big] \\ &= P(\xi < x) \cdot P(\eta < y). \end{aligned}$$

由随机变量独立性的定义知 ξ 与 η 相互独立.

定理必要性的证明比较复杂,这里从略,如果从独立性的直观意义(两个随机变量各取什么值是相互独立的)来看,这一点也是很清楚的.

定理 3.2 设 ξ 和 η 都是连续型随机变量,若其联合密度函数和边际密度函数 $f_\xi(x)$, $f_\eta(y)$都是除面积为零的区域外的连续函数,则 ξ 与 η 相互独立的充要条件是:除面积为零的区域外,恒有 $f(x, y) = f_\xi(x) \cdot f_\eta(y)$.

定理 3.2 的证明是容易的，需要指出的是，当 $f(x, y)$，$f_\xi(x)$，$f_\eta(y)$都是连续函数时，则 ξ，η 相互独立的充要条件是：对一切 x，y，恒有 $f(x, y) = f_\xi(x) \cdot f_\eta(y)$.

上面两个定理告诉我们，当 ξ，η 相互独立时，由 ξ 与 η 的边际分布可以定出(ξ, η)的联合分布.

根据定理 3.1、定理 3.2，易见，例 3.7 中的 ξ 与 η 是相互独立的，而例 3.8 和例 3.9 中的 ξ，η 不相互独立.

例 3.12 设 ξ 和 η 是相互独立同分布的随机变量，且已知

$$P(\xi = 1) = p, \quad P(\xi = 0) = 1 - p, \quad 0 < p < 1.$$

又设

$$\zeta = \begin{cases} 0, & \xi + \eta \text{ 为偶数}, \\ 1, & \xi + \eta \text{ 为奇数}. \end{cases}$$

问 p 为何值时，才能使 ξ 和 ζ 相互独立？

解 容易算得 ξ 与 ζ 的联合分布列和边际分布列是

表 3.6

ξ \ ζ	0	1	$P(\xi = x_i)$
0	$(1-p)^2$	$p(1-p)$	$1-p$
1	p^2	$p(1-p)$	p
$P(\zeta = y_j)$	$2p^2 - 2p + 1$	$2p(1-p)$	

欲 ξ 和 ζ 相互独立，必须同时成立

$$(1-p)^2 = (1-p) \cdot (2p^2 - 2p + 1),$$

$$p(1-p) = (1-p) \cdot 2p(1-p),$$

$$p^2 = p \cdot (2p^2 - 2p + 1),$$

$$p(1-p) = p \cdot 2p(1-p).$$

解之得 $p = \frac{1}{2}$，这表示 $p = \frac{1}{2}$ 时，ξ，ζ 相互独立.

例 3.13 设随机变量 ξ 与 η 相互独立，且 $\xi \sim U[0, 2]$，$\eta \sim N(a, \sigma^2)$，求 ξ 与 η 的联合密度函数 $f(x, y)$.

解 据题意，有 $f_\xi(x) = \dfrac{1}{2}$，$0 < x < 2$.

$$f_\eta(y) = \frac{1}{\sqrt{2\pi}\sigma} e^{-\frac{(y-a)^2}{2\sigma^2}}, \quad -\infty < y < +\infty,$$

由于 ξ 与 η 相互独立，所以

$$\begin{aligned} f(x, y) &= f_\xi(x) f_\eta(y) \\ &= \begin{cases} \dfrac{1}{2\sqrt{2\pi}\sigma} e^{-\frac{(x-a)^2}{2\sigma^2}}, & 0 < x < 2, -\infty < y < +\infty. \\ 0, & \text{其他}. \end{cases} \end{aligned}$$

例 3.14 设 $(\xi, \eta) \sim N(a, \sigma_1^2; b, \sigma_2^2; r)$，则 ξ，η 相互独立的充要条件是 $r = 0$.

证明 (1) 充分性，当 $r = 0$ 时，此时

$$f(x, y) = \frac{1}{2\pi\sigma_1\sigma_2} e^{-\frac{(x-a)^2}{2\sigma_1^2}} \cdot e^{-\frac{(y-b)^2}{2\sigma_2^2}} = f_\xi(x) f_\eta(y),$$

所以 ξ，η 相互独立.

(2) 必要性，因 ξ，η 相互独立，且 $f(x, y)$，$f_\xi(x)$，$f_\eta(y)$ 都是连续函数，所以对一切 x，y 恒有

$$f(x, y) = f_\xi(x) f_\eta(y),$$

特别取 $x = a$，$y = b$ 有

$$f(a, b) = f_\xi(a) f_\eta(b),$$

即
$$\frac{1}{2\pi\sigma_1\sigma_2\sqrt{1-r^2}} = \frac{1}{\sqrt{2\pi}\sigma_1} \cdot \frac{1}{\sqrt{2\pi}\sigma_2},$$

从而
$$r = 0.$$

边际分布及相互独立性的概念可以推广到 n 维随机变量的情

况，下面来叙述这些概念.

设 n 维随机变量 $(\xi_1, \xi_2, \cdots, \xi_n)$ 的分布函数为 $F(x_1, x_2, \cdots, x_n)$，则关于 ξ_i 的**边际分布函数**为

$$\begin{aligned} F_{\xi_i}(x_i) &= P(\xi_i < x_i) \\ &= F(+\infty, \cdots, +\infty, x_i, +\infty, \cdots, +\infty). \end{aligned}$$

如果对任意的 $x_1, x_2, \cdots, x_n$，都有

$$F(x_1, x_2, \cdots, x_n) = F_{\xi_1}(x_1)F_{\xi_2}(x_2)\cdots F_{\xi_n}(x_n),$$

即事件 $\{\xi_1 < x_1\}, \{\xi_2 < x_2\}, \cdots, \{\xi_n < x_n\}$ 相互独立，则称随机变量 $\xi_1, \xi_2, \cdots, \xi_n$ **相互独立**.

对 n 维连续型随机变量，若其联合密度函数为 $f(x_1, x_2, \cdots, x_n)$，则关于 ξ_i 的**边际密度函数**为

$$f_{\xi i}(x_i) = \int_{-\infty}^{+\infty}\cdots\int_{-\infty}^{+\infty} f(x_1, \cdots, x_{i-1}, x_i, x_{i+1}, \cdots, x_n)\mathrm{d}x_1\cdots\mathrm{d}x_{i-1}\mathrm{d}x_{i+1}\cdots\mathrm{d}x_n.$$

当 $f(x_1, x_2, \cdots, x_n)$, $f_{\xi_1}(x_1)$, $f_{\xi_2}(x_2)$, $\cdots$, $f_{\xi_n}(x_n)$ 都是连续函数时，可以证明 $\xi_1, \xi_2, \cdots, \xi_n$ 相互独立的充要条件是：

$$f(x_1, x_2, \cdots, x_n) = f_{\xi_1}(x_1)f_{\xi_2}(x_2)\cdots f_{\xi_n}(x_n).$$

在今后研究有关独立性的问题中，下述两个定理是重要的.

定理 3.3 设 $\xi_1, \xi_2, \cdots, \xi_n; \eta_1, \eta_2, \cdots, \eta_m$ 相互独立，$g(x_1, x_2, \cdots, x_n)$, $h(y_1, y_2, \cdots, y_m)$ 是两个连续函数，则 $\zeta_1 = g(\xi_1, \xi_2, \cdots, \xi_n)$, $\zeta_2 = h(\eta_1, \eta_2, \cdots, \eta_m)$ 必是随机变量，并且 ζ_1, ζ_2 相互独立.

例如，若 ξ, η 相互独立，则 ξ^3 与 $\cos\eta$ 也相互独立；若 $\xi_1, \xi_2, \cdots, \xi_n, \xi_{n+1}, \cdots, \xi_{n+m}$ 相互独立，则 $\xi_1 + \xi_2 + \cdots + \xi_n$ 与 $\xi_{n+1} + \xi_{n+2} + \cdots + \xi_{n+m}$ 也相互独立.

定理 3.4 设 $f(x)$ 是连续函数，若 $\xi_1, \xi_2, \cdots, \xi_n$ 相互独立，则 $f(\xi_1), f(\xi_2), \cdots, f(\xi_n)$ 也相互独立.

习 题 3.3

(A)

1. 如果 (ξ, η) 的分布列为

ξ \ η	1	2	3
1	$\frac{1}{6}$	$\frac{1}{9}$	$\frac{1}{18}$
2	$\frac{1}{3}$	α	β

试问 α, β 为何值时，ξ 与 η 相互独立？

2. 已知 (ξ, η) 的密度函数为

$$f(x, y) = \begin{cases} \frac{1}{4}(1 - x^3 y - x y^3), & |x| < 1, |y| < 1, \\ 0, & 其他. \end{cases}$$

试问 ξ 与 η 是否独立？

3. 设 $\xi \sim U[0, 1]$，η 服从参数为 4 的指数分布，且 ξ 与 η 相互独立，试求 $P(\xi \leqslant \eta)$.

4. 已知 (ξ, η, ζ) 的密度函数为

$$f(x, y, z) = \begin{cases} \mathrm{e}^{-(x+y+z)}, & x > 0, y > 0, z > 0, \\ 0, & 其他. \end{cases}$$

分别求出 ξ, η, ζ 的边际密度函数；ξ, η, ζ 相互独立吗？

5. 设 $\xi_1, \xi_2, \cdots, \xi_n$ 独立同分布，都服从 $N(a, \sigma^2)$，求 $(\xi_1, \xi_2, \cdots, \xi_n)$ 的密度函数.

6. 设 ξ_1, ξ_2, ξ_3 相互独立，试证它们之间两两独立.

(B)

1. 证明：若随机变量 ξ 只取一个值 a，则 ξ 与任意的随机变量 η 相互独立.

2. 设二维随机变量(ξ, η)的密度函数为

$$f(x, y)=\begin{cases}\dfrac{1+xy}{4}, & |x|\leqslant 1, |y|\leqslant 1,\\ 0, & \text{其他}.\end{cases}$$

试证ξ与η不相互独立,但ξ^2与η^2相互独立.

3. 设(ξ, η, ζ)的密度函数为

$$f(x, y, z)=\begin{cases}\dfrac{1}{8\pi^3}(1-\sin x\sin y\sin z), & 0\leqslant x, y, z\leqslant 2\pi,\\ 0, & \text{其他}.\end{cases}$$

试证明ξ, η, ζ两两独立,但不相互独立.

§3.4 两个随机变量函数的分布

在第二章中,我们讨论了一个随机变量函数的分布问题,也就是已知ξ的分布,求ξ的函数$\eta=\varphi(\xi)$的分布问题,本节讨论的是两个随机变量函数的分布问题,具体说来是:已知二维随机变量(ξ, η)的分布列或密度函数,若所取二元函数$\varphi(x, y)$能保证$\zeta=\varphi(\xi, \eta)$是一个随机变量,求它的分布列或密度函数的问题.

1. 二维离散型随机变量函数的分布

设(ξ, η)为二维离散型随机变量,则函数$\zeta=\varphi(\xi, \eta)$仍然是离散型随机变量,从下面两例可以看到,它的分布列是不难获得的.

例 3.15 设(ξ, η)的分布列为

ξ \ η	-1	1
-1	$\frac{1}{4}$	$\frac{1}{8}$
1	$\frac{1}{4}$	$\frac{3}{8}$

求 $\zeta = \frac{\eta}{\xi}$ 的分布列.

解 ζ 可能取的值是 $-1, 1$, ζ 的分布列是

$$
\begin{aligned}
P(\zeta=-1) &= P\left(\frac{\eta}{\xi}=-1\right) \\
&= P(\xi=-1, \eta=1)+P(\xi=1, \eta=-1) \\
&= \frac{3}{8},
\end{aligned}
$$

$$
\begin{aligned}
P(\zeta=1) &= P\left(\frac{\eta}{\xi}=1\right) \\
&= P(\xi=1, \eta=1)+P(\xi=-1, \eta=-1) \\
&= \frac{5}{8}.
\end{aligned}
$$

例 3.16 设 ξ, η 相互独立,且分别服从参数为 λ_1 和 λ_2 的泊松分布,试证 $\zeta=\xi+\eta$ 服从参数为 $\lambda_1+\lambda_2$ 的泊松分布.

证明 ζ 可能取的值是 $0, 1, 2, \cdots$; ζ 的分布列是

$$
\begin{aligned}
P(\zeta=k) &= P(\xi+\eta=k)=\sum_{i=0}^{k} P(\xi=i) P(\eta=k-i) \\
&= \sum_{i=0}^{k} \frac{\mathrm{e}^{-\lambda_1} \lambda_1^i \mathrm{e}^{-\lambda_2} \lambda_2^{k-i}}{i!(k-i)!}=\frac{1}{k!} \mathrm{e}^{-(\lambda_1+\lambda_2)} \sum_{i=0}^{k} \frac{k!}{i!(k-i)!} \lambda_1^i \lambda_2^{k-i} \\
&= \frac{\mathrm{e}^{-(\lambda_1+\lambda_2)}(\lambda_1+\lambda_2)^k}{k!}, \qquad k=0, 1, 2 \cdots,
\end{aligned}
$$

所以 ζ 服从参数为 $\lambda_1+\lambda_2$ 的泊松分布.

本例告诉我们,若 ξ, η 相互独立,且 $\xi \sim P(\lambda_1)$, $\eta \sim P(\lambda_2)$,则 $\xi+\eta \sim P(\lambda_1+\lambda_2)$,这种性质称为分布的可加性.泊松分布是一个可加性分布.类似地可以证明二项分布也是一个可加性分布,即若 ξ, η 相互独立,且 $\xi \sim b(n_1; p)$, $\eta \sim b(n_2; p)$,则 $\xi+\eta \sim b(n_1+n_2; p)$.

2. 二维连续型随机变量函数的分布

设(ξ, η)为二维连续型随机变量,若其函数$\zeta=\varphi(\xi, \eta)$是连续型随机变量,则存在密度函数$f_\zeta(z)$.求$f_\zeta(z)$的一般方法是:

第一步:求出$\zeta=\varphi(\xi, \eta)$的分布函数,有

$$F_\zeta(z)=P(\zeta<z)=P[\varphi(\xi, \eta)<z]$$
$$=P[(\xi, \eta)\in G]=\iint_G f(x, y)\mathrm{d}x\mathrm{d}y,$$

其中$f(x, y)$是(ξ, η)的密度函数,$G=\{(x, y): \varphi(x, y)<z\}$.

如果把$G=\{(x, y): \varphi(x, y)<z\}$简记成$G=\{\varphi(x, y)<z\}$,则

$$F_\zeta(z)=P[\varphi(x, y)<z]=\iint_{\varphi(x, y)<z} f(x, y)\mathrm{d}x\mathrm{d}y.$$

第二步:利用分布函数与密度函数的关系或对分布函数求导数,就可得到$f_\zeta(z)$.

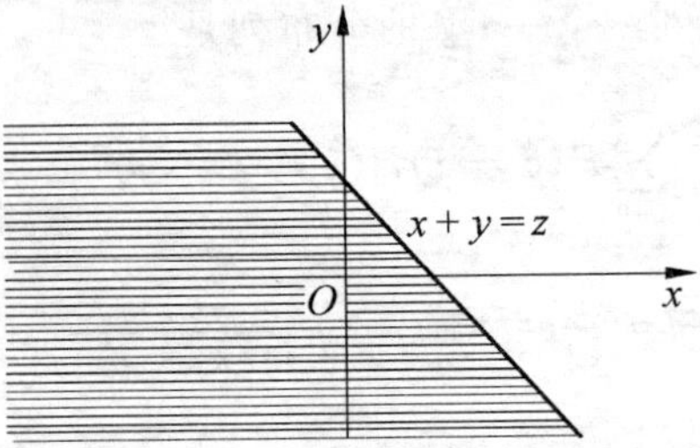

图 3.4

1) 和的分布

设(ξ, η)的密度函数为$f(x, y)$,求$\zeta=\xi+\eta$的密度函数.

先求$\zeta=\xi+\eta$的分布函数,参见图3.4,有

$$F_\zeta(z)=P(\xi+\eta<z)=\iint_{x+y<z} f(x, y)\mathrm{d}x\mathrm{d}y$$
$$=\int_{-\infty}^{+\infty}\left[\int_{-\infty}^{z-x} f(x, y)\mathrm{d}y\right]\mathrm{d}x$$

$$= \int_{-\infty}^{+\infty}\left[\int_{-\infty}^{z} f(x, t-x)\mathrm{d}t\right]\mathrm{d}x$$

$$= \int_{-\infty}^{z}\left[\int_{-\infty}^{+\infty} f(x, t-x)\mathrm{d}x\right]\mathrm{d}t.$$

利用分布函数与密度函数的关系,得

$$f_\zeta(z) = \int_{-\infty}^{+\infty} f(x, z-x)\mathrm{d}x.$$

类似可得

$$f_\zeta(z) = \int_{-\infty}^{+\infty} f(z-y, y)\mathrm{d}y.$$

特别当 ξ 与 η 相互独立时,有 $f(x, y) = f_\xi(x)\cdot f_\eta(y)$,

于是
$$f_\zeta(z) = \int_{-\infty}^{+\infty} f_\xi(x)\cdot f_\eta(z-x)\mathrm{d}x,$$

及
$$f_\zeta(z) = \int_{-\infty}^{+\infty} f_\xi(z-y)\cdot f_\eta(y)\mathrm{d}y.$$

以上两式称为**卷积公式**.

例 3.17 设随机变量 ξ 与 η 相互独立,并且都服从 $[-1, 1]$ 上的均匀分布,求 $\zeta = \xi + \eta$ 的密度函数.

解 根据题意,有

$$f_\xi(x) = \begin{cases} \dfrac{1}{2}, & -1 \leqslant x \leqslant 1, \\ 0, & \text{其他}. \end{cases}$$

$$f_\eta(y) = \begin{cases} \dfrac{1}{2}, & -1 \leqslant y \leqslant 1, \\ 0, & \text{其他}. \end{cases}$$

由卷积公式

$$f_\zeta(z)=\int_{-\infty}^{+\infty}f_\xi(x)f_\eta(z-x)\mathrm{d}x=\frac{1}{2}\int_{-1}^{1}f_\eta(z-x)\mathrm{d}x$$

$$=\frac{1}{2}\int_{z-1}^{z+1}f_\eta(y)\mathrm{d}y.$$

当 $-2<z<0$ 时,$z-1<-1<z+1<1$,所以

$$f_\zeta(z)=\frac{1}{2}\int_{-1}^{z+1}\frac{1}{2}\mathrm{d}y=\frac{z+2}{4}.$$

当 $0\leqslant z<2$ 时,$-1\leqslant z-1<1\leqslant z+1$,所以

$$f_\zeta(z)=\frac{1}{2}\int_{z-1}^{1}\frac{1}{2}\mathrm{d}y=\frac{2-z}{4}.$$

其他情况,显然 $f_\zeta(z)=0$,因而

$$f_\zeta(z)=\begin{cases}\dfrac{z+2}{4}, & -2<z<0,\\ \dfrac{2-z}{4}, & 0\leqslant z<2,\\ 0, & \text{其他}.\end{cases}$$

例 3.18 设随机变量 ξ 与 η 相互独立,且都服从 $N(0,1)$,求 $\zeta=\xi+\eta$ 的密度函数.

解 根据题意,有

$$f_\xi(x)=\frac{1}{\sqrt{2\pi}}\mathrm{e}^{-\frac{x^2}{2}},\quad -\infty<x<+\infty,$$

$$f_\eta(y)=\frac{1}{\sqrt{2\pi}}\mathrm{e}^{-\frac{y^2}{2}},\quad -\infty<y<+\infty,$$

由卷积公式

$$f_\zeta(z)=\int_{-\infty}^{+\infty}\frac{1}{2\pi}\mathrm{e}^{-\frac{x^2}{2}}\cdot\mathrm{e}^{-\frac{(z-x)^2}{2}}\mathrm{d}x$$

$$= \frac{1}{2\pi}\int_{-\infty}^{+\infty} e^{-\left(x^2 - xz + \frac{z}{2}^2\right)} dx$$

$$= \frac{e^{-\frac{z^2}{4}}}{2\pi}\int_{-\infty}^{+\infty} e^{-\left(x-\frac{z}{2}\right)^2} dx$$

$$= \frac{e^{-\frac{z^2}{4}}}{2\pi \cdot \sqrt{2}}\int_{-\infty}^{+\infty} e^{-\frac{t^2}{2}} dt$$

$$= \frac{1}{\sqrt{2\pi} \cdot \sqrt{2}} e^{-\frac{z^2}{2(\sqrt{2})^2}},$$

所以 $\xi + \eta \sim N(0, 2)$，这说明 $\xi + \eta$ 服从参数 $a = 0$，$\sigma^2 = 2$ 的正态分布.

一般地，可以证明：若 ξ，η 相互独立，$\xi \sim N(a_1, \sigma_1^2)$，$\eta \sim N(a_2, \sigma_2^2)$，则 $\xi + \eta \sim N(a_1 + a_2, \sigma_1^2 + \sigma_2^2)$.

用归纳法及定理 3.3 可进一步证明：若 $\xi_1, \xi_2, \cdots, \xi_n$ 相互独立，且 $\xi_i \sim N(a_i, \sigma_i^2)$，$i = 1, 2, \cdots, n$，则 $\xi_1 + \xi_2 + \cdots + \xi_n \sim N(a_1 + a_2 + \cdots + a_n; \sigma_1^2 + \sigma_2^2 + \cdots + \sigma_n^2)$.

这一结果表明：相互独立的正态随机变量之和仍然是正态随机变量.

由于正态随机变量的线性函数是正态随机变量，因而我们有更一般的结论：相互独立的正态随机变量的线性和是正态随机变量.

2) 商的分布

设 (ξ, η) 的密度函数为 $f(x, y)$，求 $\zeta = \frac{\xi}{\eta}$ 的密度函数.

先求 $\zeta = \frac{\xi}{\eta}$ 的分布函数，参见图 3.5，有

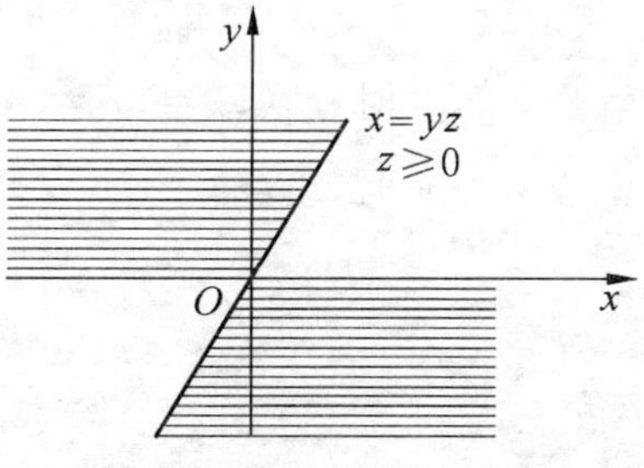

图 3.5

$$F_\zeta(z) = P\left(\frac{\xi}{\eta} < z\right) = \iint\limits_{\frac{x}{y}<z} f(x, y)\mathrm{d}x\mathrm{d}y$$

$$= \int_0^\infty \left[\int_{-\infty}^{yz} f(x, y)\mathrm{d}x\right]\mathrm{d}y + \int_{-\infty}^0 \left[\int_{yz}^\infty f(x, y)\mathrm{d}x\right]\mathrm{d}y$$

$$= \int_0^\infty \left[\int_{-\infty}^{z} yf(ty, y)\mathrm{d}t\right]\mathrm{d}y + \int_{-\infty}^0 \left[\int_{z}^\infty yf(ty, y)\mathrm{d}t\right]\mathrm{d}y$$

$$= \int_{-\infty}^{z} \left[\int_{-\infty}^\infty |y| f(ty, y)\mathrm{d}y\right]\mathrm{d}t,$$

利用分布函数与密度函数的关系,得

$$f_\zeta(z) = \int_{-\infty}^\infty |y| f(zy, y)\mathrm{d}y.$$

特别当 ξ, η 相互独立时,有

$$f_\zeta(z) = \int_{-\infty}^\infty |y| f_\xi(zy) f_\eta(y)\mathrm{d}y.$$

以上我们利用"分布函数法"导出了两个随机变量和、商的密度函数,现在再举两个用"分布函数法"求密度函数的例子.

例 3.19 设 ξ 和 η 相互独立,且都服从 $N(0, \sigma^2)$, 求 $\zeta = \sqrt{\xi^2 + \eta^2}$ 的密度函数.

解 我们先来求

$$F_\zeta(z) = P(\sqrt{\xi^2 + \eta^2} < z).$$

当 $z \leqslant 0$ 时, $F_\zeta(z) = 0$,

当 $z > 0$ 时, $F_\zeta(z) = P(\sqrt{\xi^2 + \eta^2} < z)$

$$= \iint\limits_{\sqrt{x^2+y^2}<z} \frac{1}{2\pi\sigma^2}\mathrm{e}^{-\frac{x^2+y^2}{2\sigma^2}}\mathrm{d}x\mathrm{d}y$$

作极坐标变换:

$$\begin{cases} x = r\cos\theta, \\ y = r\sin\theta, \end{cases} \quad (r \geqslant 0,\ 0 \leqslant \theta < 2\pi),$$

于是

$$F_\zeta(z) = \frac{1}{2\pi\sigma^2}\int_0^{2\pi} d\theta \int_0^z e^{-\frac{r^2}{2\sigma^2}} r dr = 1 - e^{-\frac{z^2}{2\sigma^2}}.$$

所以，ζ 的密度函数为

$$f_\xi(z) = F'_\zeta(z) = \begin{cases} \dfrac{z}{\sigma^2} e^{-\frac{z^2}{2\sigma^2}}, & \text{当 } z > 0, \\ 0, & \text{当 } z \leqslant 0. \end{cases}$$

这个分布称为参数为 $\sigma(\sigma > 0)$ 的**瑞利**(Rayleigh)**分布**.

例 3.20 设 $\xi_1, \xi_2, \xi_3, \xi_4$ 相互独立，且都服从参数为 1 的指数分布，求 $\zeta = \max(\xi_1, \xi_2, \xi_3, \xi_4)$ 的密度函数.

解 设 $\xi_1, \xi_2, \xi_3, \xi_4$ 的分布函数为 $F(x)$，有

$$F(x) = \begin{cases} 1 - e^{-x}, & x \geqslant 0, \\ 0, & x < 0. \end{cases}$$

于是

$$\begin{aligned} F_\zeta(z) &= P[\max(\xi_1, \xi_2, \xi_3, \xi_4) < z] \\ &= P(\xi_1 < z, \xi_2 < z, \xi_3 < z, \xi_4 < z) \\ &= P(\xi_1 < z)P(\xi_2 < z)P(\xi_3 < z)P(\xi_4 < z) \\ &= [F(z)]^4, \end{aligned}$$

因而

$$\begin{aligned} f_\zeta(z) &= F'_\zeta(z) = 4[F(z)]^3 \cdot F'(z) \\ &= \begin{cases} 4e^{-z}(1 - e^{-z})^3, & z \geqslant 0, \\ 0, & z < 0. \end{cases} \end{aligned}$$

习 题 3.4

(A)

1. 一个盒子中有 4 个球，球上分别标有号码 0，1，1，2，从盒中有放回地取两次，每次取一球，设 ξ 为被观察到的球上的号码乘积，求 ξ 的分布列.

2. 设 ξ，η 相互独立，且都服从同一的几何分布，求 $\xi+\eta$ 的分布列.

3. 设 ξ，η 相互独立，其密度函数分别为

$$f_\xi(x)=\begin{cases}1, & 0\leqslant x\leqslant 1,\\ 0, & \text{其他}.\end{cases}$$

$$f_\eta(y)=\begin{cases}\mathrm{e}^{-y}, & y>0,\\ 0, & y\leqslant 0.\end{cases}$$

求 $\xi+\eta$ 及 $\xi-\eta$ 的密度函数.

4. 设二维随机变量的密度函数为

$$f(x,\ y)=\frac{1}{2\pi}\mathrm{e}^{-\frac{x^2+y^2}{2}},\quad -\infty<x,\ y<+\infty,$$

求 $\zeta=\xi^2+\eta^2$ 的密度函数.

5. 设 ξ 与 η 相互独立，且都服从 $[0,\ 1]$ 上的均匀分布，求 $\xi-\eta$ 及 $\xi\cdot\eta$ 的密度函数.

6. 设 ξ 与 η 相互独立，且都服从参数为 1 的指数分布，求 $\zeta=\dfrac{\xi}{\eta}$ 的密度函数.

(B)

1. 已知方程 $x^2+\xi x+\eta=0$ 的两根独立且同分布于 $U[-1,\ 1]$，试求系数 ξ 及 η 的密度函数.

2. 设 ξ 与 η 相互独立，且都服从 $(0,\ 1)$ 上的均匀分布，试求 $\min(\xi,\ \eta)$ 的密度函数.

3. 设 ξ_1，ξ_2，…，ξ_n 相互独立，它们服从同一的参数为 p 的两点分布，证明 $\xi_1+\xi_2+\cdots+\xi_n$ 服从参数为 n，p 的二项分布.

第 4 章　随机变量的数字特征

§4.1　数 学 期 望

在前两章我们研究了随机变量的概率分布，知道了概率分布就能完整地刻画随机变量的性质.然而在许多实际问题中，一方面要确定一个随机变量的概率分布常常是比较困难的，另一方面有时也并不需要知道随机变量完整的性质，而只要了解随机变量的某些特征就够了.例如，我们想要了解某射手的射击水平，那么，我们感兴趣的不是该射手每次射击命中环数的分布规律，而是命中环数的平均值，这个值大致刻画了命中环数这个随机变量取值的平均位置，用它可以反映出该射手的射击水平.像这种刻画随机变量某种特征的量，我们称它为随机变量的**数字特征**.

本节主要介绍最常用的一个数字特征——数学期望.以后再陆续介绍其他的一些数字特征.

1. 数学期望的概念

先看一个例子，经长期观察积累，其射手在每次射击中，命中的环数 ξ 服从分布

ξ	0	1	2	3	…	10
$P(\xi = x_i)$	p_0	p_1	p_2	p_3	…	p_{10}

试问该射手在一次射击中平均命中的环数是多少？一种很自然的考虑是：假定该射手进行了 N 次射击，那么，约有 Np_0 次命中 0 环，Np_1 次命中 1 环，…，Np_{10} 次命中 10 环，因此 N 次射击中，命中总环数为

$$0 \cdot Np_0 + 1 \cdot Np_1 + \cdots + 10 \cdot Np_{10},$$

从而在一次射击中，平均命中的环数为

$$0 \cdot p_0 + 1 \cdot p_1 + \cdots + 10 \cdot p_{10}.$$

它是 ξ 可能取值与对应概率的乘积之和. 由此引进如下定义：

定义 4.1 设 ξ 为一离散型的随机变量，其分布列为

ξ	0	1	2	3	…	10	…
$P(\xi = x_i)$	p_0	p_1	p_2	p_3	…	p_{10}	…

若级数 $\sum\limits_{i=1}^{\infty} x_i p_i$ 绝对收敛，即 $\sum\limits_{i=1}^{\infty} |x_i| p_i < +\infty$，则称

$$\mathrm{E}(\xi) = \sum_{i=1}^{\infty} x_i p_i$$

为 ξ 的**数学期望**或**均值**，否则，称 ξ 的数学期望不存在.

在定义 4.1 中，要求 $\sum\limits_{i=1}^{\infty} x_i p_i$ 绝对收敛是必需的，因为 ξ 的数学期望是一个确定的量，不受 $x_i p_i$ 在级数中的排列次序的影响，这在数学上就要求级数绝对收敛.

ξ 的数学期望也称为数 x_i 以概率 p_i 为权的加权平均.

下面我们再引入连续型随机变量的数学期望定义，设 ξ 的密度函数是 $f(x)$，将 $(-\infty, +\infty)$ 分成 $n+2$ 个区间 $(-\infty, x_0]$，$(x_0, x_1]$，$(x_1, x_2]$，…，$(x_{n-1}, x_n]$，$(x_n, +\infty)$；ξ 落在 $(x_{i-1}, x_i]$ 内的任一点都看作 x_i，ξ 落在 $(x_{i-1}, x_i]$ 内的概率 $\int_{x_{i-1}}^{x_i} f(x)\mathrm{d}x \approx$

$f(x_i)(x_i - x_{i-1}) = f(x_i)\Delta x_i$，如果设 ξ_n 为一离散型随机变量，其分布列是

ξ_n	x_1	x_2	$\cdots$	x_n	0
$P(\xi_n=x_i)$	$f(x_1)\Delta x_1$	$f(x_2)\Delta x_2$	$\cdots$	$f(x_n)\Delta x_n$	$1-\sum_{i=1}^{\infty} f(x_i)\Delta x_i$

可以认为 $\xi \approx \xi_n$，于是 $\mathrm{E}(\xi) \approx \mathrm{E}(\xi_n) = \sum_{i=1}^{n} x_i f(x_i)\Delta x_i$，当分点愈来愈密时，这种近似就转化为等式，即

$$\mathrm{E}(\xi) = \lim_{n\to\infty}\mathrm{E}(\xi_n) = \int_{-\infty}^{+\infty} x f(x)\mathrm{d}x.$$

因而有下述定义：

定义 4.2 设 ξ 为一连续型随机变量，其密度函数是 $f(x)$，若 $\int_{-\infty}^{+\infty} |x| f(x)\mathrm{d}x < +\infty$，则称

$$\mathrm{E}(\xi) = \int_{-\infty}^{+\infty} x f(x)\mathrm{d}x$$

为 ξ 的**数学期望**，否则称 ξ 的数学期望不存在.

例 4.1 袋中有 i 号的球 i 只，$i = 1, 2, \cdots, n$，从中摸出一球，求所得号码的数学期望.

解 设 ξ 的所得号码，易知 ξ 的分布列是

ξ	1	2	$\cdots$	n
$P(\xi = x_i)$	$\frac{2}{n(n+1)}$	$\frac{4}{n(n+1)}$	$\cdots$	$\frac{2n}{n(n+1)}$

故

$$\mathrm{E}(\xi) = \sum_{i=1}^{n} i \cdot \frac{2i}{n(n+1)} = \frac{2}{n(n+1)} \sum_{i=1}^{n} i^2 = \frac{2n+1}{3}.$$

例 4.2 一道选择题,应该有多少种选择答案,答对者应给多少分,答错者应罚多少分,才能使猜答案者没有收益呢?设一道选择题的选择分支有 m 个,其中有一个是正确答案,选对者得 a 分,选错者罚 b 分,即得 $-b$ 分,不答者得 0 分;以 ξ 表示乱猜答案者所得分数,那么 m, a, b 的设计要以 $E(\xi) \leqslant 0$ 为标准,简单的以无收益 ($E(\xi) = 0$) 为标准,我们有

ξ	a	$-b$
$P(\xi = x_i)$	$\dfrac{1}{m}$	$\dfrac{m-1}{m}$

于是,$E(\xi) = a \cdot \dfrac{1}{m} + (-b) \cdot \dfrac{m-1}{m}$,由 $E(\xi) = 0$,得 $a = b(m-1)$,这就是选取 m, a, b 所应满足的关系式. 今列出若干组具体数字:

m(选择支数)	3	4	5	3	4	5
a(得分)	2	3	4	4	6	8
$-b$(罚分)	-1	-1	-1	-2	-2	-2

其中,第二组数字是目前流行的给分标准,如一道选择题给 1 分底分,那么对有四个选择支的选择题,答对得 4 分,不答得 1 分,答错得 0 分.

例 4.3 若随机变量 ξ 的密度函数为

$$f(x) = \frac{1}{2\lambda} e^{-|x-a|/\lambda}, \quad -\infty < x < +\infty,$$

(此分布称为拉普拉斯分布),试求 $E(\xi)$.

解 我们有

$$E(\xi) = \int_{-\infty}^{+\infty} x f(x) dx = \int_{-\infty}^{+\infty} x \cdot \frac{1}{2\lambda} e^{-|x-a|/\lambda} dx,$$

令 $\dfrac{x-a}{\lambda}=t$，则

$$\mathrm{E}(\xi)=\frac{1}{2\lambda}\int_{-\infty}^{+\infty}(\lambda t+a)\mathrm{e}^{-|t|}\lambda\mathrm{d}t$$

$$=\frac{\lambda}{2}\int_{-\infty}^{+\infty}t\mathrm{e}^{-|t|}\mathrm{d}t+\frac{a}{2}\int_{-\infty}^{+\infty}\mathrm{e}^{-|t|}\mathrm{d}t=a.$$

例 4.4 若随机变量 ξ 的密度函数为

$$f(x)=\frac{1}{\pi(1+x^2)},\quad -\infty<x<+\infty,$$

此分布称为**柯西分布**，试证 E(ξ)不存在.

证明 因为 $\displaystyle\int_{-\infty}^{+\infty}|x|f(x)\mathrm{d}x=\frac{2}{\pi}\int_0^{\infty}\frac{x}{1+x^2}\mathrm{d}x$

$$=\frac{2}{\pi}\lim_{A\to+\infty}\int_0^A\frac{x}{1+x^2}\mathrm{d}x$$

$$=\frac{1}{\pi}\lim_{A\to+\infty}[\ln(1+x^2)]_0^A$$

$$=\frac{1}{\pi}\lim_{A\to+\infty}\ln(1+A^2)=\infty,$$

所以 E(ξ)不存在.

2. 常见分布的数学期望

1) 二点分布

设 $\xi\sim b(1,\ p)$，即

$$P(\xi=0)=q,\ P(\xi=1)=p,\quad 0<p<1,\ p+q=1.$$

故
$$\mathrm{E}(\xi)=0\cdot q+1\cdot p=p.$$

2) 二项分布

设 $\xi\sim b(n,\ p)$，即

$$P(\xi = i) = C_n^i p^i q^{n-i}, \quad i = 0, 1, 2, \cdots, n;$$
$$0 < p < 1, \ p + q = 1.$$

故 $$\mathrm{E}(\xi) = \sum_{i=1}^{n} i \cdot P(\xi = i) = \sum_{i=1}^{n} i C_n^i p^i q^{n-i}$$

$$= \sum_{i=1}^{n} \frac{i \cdot n!}{i!(n-i)!} p^i q^{n-i}$$

$$= \sum_{i=1}^{n} \frac{np \cdot (n-1)!}{(i-1)![(n-1)-(i-1)]!} p^{i-1} q^{(n-1)-(i-1)}$$

$$\xlongequal{\text{令 } k = i-1} \sum_{k=1}^{n-1} \frac{np \cdot (n-1)!}{k![(n-1)-k)]!} p^k q^{(n-1)-k}$$

$$= np(p+q)^{n-1} = np.$$

3) 泊松分布

设 $\xi \sim P(\lambda)$,即

$$P(\xi = i) = \frac{\lambda^i}{i!} \mathrm{e}^{-\lambda}, \quad i = 0, 1, 2, \cdots; \lambda > 0.$$

故 $$\mathrm{E}(\xi) = \sum_{i=0}^{\infty} i \cdot \frac{\lambda^i}{i!} \mathrm{e}^{-\lambda} = \mathrm{e}^{-\lambda} \sum_{i=1}^{\infty} \frac{\lambda^i}{(i-1)!}$$

$$= \lambda \mathrm{e}^{-\lambda} \sum_{i=1}^{\infty} \frac{\lambda^{i-1}}{(i-1)!}$$

$$\xlongequal{\text{令 } k = i-1} \lambda \mathrm{e}^{-\lambda} \sum_{k=0}^{\infty} \frac{\lambda^k}{k!}$$

$$= \lambda \mathrm{e}^{-\lambda} \cdot \mathrm{e}^{\lambda} = \lambda.$$

这说明,泊松分布的参数 λ 就是服从泊松分布的随机变量的均值.

4) 均匀分布

设 $\xi \sim U[a, b]$,即 ξ 的密度函数为

$$f(x)=\begin{cases}\dfrac{1}{b-a}, & a<x<b,\\ 0, & \text{其他}.\end{cases}$$

故 $$\mathrm{E}(\xi)=\int_{-\infty}^{+\infty}xf(x)\mathrm{d}x=\int_a^b x\cdot\frac{1}{b-a}\mathrm{d}x=\frac{a+b}{2},$$

它恰是区间$[a, b]$的中点，这与$\mathrm{E}(\xi)$的意义相符.

5) 指数分布

设$\xi\sim E(\lambda)$，即ξ的密度函数为

$$f(x)=\begin{cases}\lambda\mathrm{e}^{-\lambda x}, & x>0,\\ 0, & x\leqslant 0.\end{cases}$$

故 $$\mathrm{E}(\xi)=\int_{-\infty}^{+\infty}xf(x)\mathrm{d}x=\int_0^{+\infty}x\lambda\mathrm{e}^{-\lambda x}\mathrm{d}x=\int_0^{+\infty}(-x)\mathrm{d}\mathrm{e}^{-\lambda x}$$

$$=[-x\mathrm{e}^{-\lambda x}]_0^{+\infty}+\int_0^{+\infty}\mathrm{e}^{-\lambda x}\mathrm{d}x=\frac{1}{\lambda}.$$

6) 正态分布

设$\xi\sim N(a, \sigma^2)$，即ξ的密度函数为

$$f(x)=\frac{1}{\sqrt{2\pi}\sigma}\mathrm{e}^{-\frac{(x-a)^2}{2\sigma^2}},\quad -\infty<x<+\infty,\ \sigma>0.$$

故 $$\mathrm{E}(\xi)=\frac{1}{\sqrt{2\pi}\sigma}\int_{-\infty}^{+\infty}x\mathrm{e}^{-\frac{(x-a)^2}{2\sigma^2}}\mathrm{d}x$$

$$\xlongequal{\text{令 } t=\frac{x-a}{\sigma}}\frac{1}{\sqrt{2\pi}}\int_{-\infty}^{+\infty}(a+\sigma t)\mathrm{e}^{-\frac{t^2}{2}}\mathrm{d}t$$

$$=a\cdot\frac{1}{\sqrt{2\pi}}\int_{-\infty}^{+\infty}\mathrm{e}^{-\frac{t^2}{2}}\mathrm{d}t+\frac{\sigma}{\sqrt{2\pi}}\int_{-\infty}^{+\infty}t\mathrm{e}^{-\frac{t^2}{2}}\mathrm{d}t.$$

上式右端第一项中，$\frac{1}{\sqrt{2\pi}}\int_{-\infty}^{+\infty}\mathrm{e}^{-\frac{t^2}{2}}\mathrm{d}t=1$，而第二项被积函数为奇函数，积分为 0，所以，

$$\mathrm{E}(\xi) = a.$$

这说明正态分布的参数 a 是正态随机变量的均值.

3. 中位数

前面我们讨论了随机变量的数学期望，但是，正如例 4.4 所指出的那样，对于有的随机变量，它的数学期望并不存在，为了刻画这类随机变量数值的平均状况，在概率与数理统计(特别是后者)中引进了中位数的概念.

定义 4.3 对任意的随机变量，若 a 使

$$P(\xi \geqslant a) \geqslant \frac{1}{2}, P(\xi \leqslant a) \geqslant \frac{1}{2}$$

同时成立，则称 a 为随机变量 ξ 的**中位数**.

对于连续型的情况，因为 $P(\xi \leqslant a) = F(a+0) = F(a) = 1 - P(\xi \geqslant a)$，上面两不等式等价于 $F(a) = \frac{1}{2}$，此时中位数 a 是方程 $F(x) = \frac{1}{2}$ 的解.

虽然随机变量的中位数总是存在的，但未必是唯一的，例如 ξ 为离散型随机变量且分布列为

$$P(\xi = 2) = \frac{1}{2}, \quad P(\xi = 4) = \frac{1}{2},$$

这时一切 $a \in [2, 4]$ 都是它的中位数.

易知均匀分布、正态分布的数学期望与中位数相同，而柯西分布的中位数存在.

4. 随机变量函数的数学期望公式

设 ξ 为一随机变量，下面研究 ξ 的函数 $\eta = \varphi(\xi)$ 的数学期望，当然可以由 ξ 的分布计算出 $\eta = \varphi(\xi)$ 的分布，然后按数学期望的定义来计算 $\mathrm{E}(\eta)$，有时要求出 η 的分布，这是很麻烦的，但利用下

面的定理可以比较容易地求出 $E(\eta)$.

定理 4.1 设 $\varphi(x)$是连续函数，$\eta=\varphi(\xi)$ 是随机变量 ξ 的函数.

(1) 当 ξ 是离散型随机变量,其分布列为

$$P(\xi=x_i)=p_i,\quad i=1,2,\cdots,$$

若 $\sum_{i=1}^{\infty}\varphi(x_i)p_i$ 绝对收敛,则

$$E(\eta)=E[\varphi(\xi)]=\sum_{i=1}^{\infty}\varphi(x_i)p_i.$$

(2) 当 ξ 是连续型随机变量,其密度函数为 $f(x)$,若积分 $\int_{-\infty}^{\infty}\varphi(x)f(x)\mathrm{d}x$ 绝对收敛,则

$$E(\eta)=E[\varphi(\xi)]=\int_{-\infty}^{+\infty}\varphi(x)f(x)\mathrm{d}x.$$

证明 (1) 当 ξ 为离散型随机变量时，$\eta=\varphi(\xi)$ 也是离散型随机变量,设 η 的分布列是 $P(\eta=y_j)$, $j=1,2,\cdots$, 有

$$\begin{aligned}E(\eta)&=\sum_{j=1}^{\infty}y_jP(\eta=y_j)=\sum_{j=1}^{\infty}y_j\Big[\sum_{\varphi(x_i)=y_j}P(\xi=x_i)\Big]\\&=\sum_{j=1}^{\infty}\sum_{\varphi(x_i)=y_j}y_jP(\xi=x_i)=\sum_{j=1}^{\infty}\sum_{\varphi(x_i)=y_j}\varphi(x_i)P(\xi=x_i)\\&=\sum_{i=1}^{\infty}\varphi(x_i)p_i.\end{aligned}$$

(2) 当 ξ 是连续型随机变量时,定理的证明需要较高深的知识,已超出本课程范围. 如果我们比较一下离散型随机变量与连续型随机变量的数学期望定义,就不难发现从离散型随机变量的结果转化到连续型随机变量的结果的规律,即概率 $p_i=P(\xi=x_i)$

被概率微元 $f(x)\mathrm{d}x$ 取代,求和号被积分号取代,据此,定理的结论也是容易理解的.

定理 4.1 可以推广到多个随机变量函数的情况.

例如,$\zeta=\varphi(\xi,\eta)$,$\varphi(x,y)$ 是二元连续函数,当(ξ,η)是二维离散型随机变量,其分布列为 $P(\xi=x_i,\eta=y_j)$,$i,j=1,2,\cdots$,若 $\sum_i\sum_j\varphi(x_i,y_j)P(\xi=x_i,\eta=y_j)$ 绝对收敛,则

$$\mathrm{E}(\zeta)=\mathrm{E}[\varphi(\xi,\eta)]=\sum_i\sum_j\varphi(x_i,y_j)P(\xi=x_i,\eta=y_j).$$

当(ξ,η)是二维连续型随机变量,其密度函数为 $f(x,y)$,若 $\int_{-\infty}^{+\infty}\int_{-\infty}^{+\infty}\varphi(x,y)f(x,y)\mathrm{d}x\mathrm{d}y$ 绝对收敛,则

$$\mathrm{E}(\zeta)=\mathrm{E}[\varphi(\xi,\eta)]=\int_{-\infty}^{+\infty}\int_{-\infty}^{+\infty}\varphi(x,y)f(x,y)\mathrm{d}x\mathrm{d}y.$$

特别有 $$\mathrm{E}(\xi)=\int_{-\infty}^{+\infty}\int_{-\infty}^{+\infty}xf(x,y)\mathrm{d}x\mathrm{d}y,$$

$$\mathrm{E}(\eta)=\int_{-\infty}^{+\infty}\int_{-\infty}^{+\infty}yf(x,y)\mathrm{d}x\mathrm{d}y.$$

例 4.5 设随机变量 ξ 的分布列为

ξ	-1	0	1	2
$P(\xi=x_i)$	0.1	0.2	0.3	0.4

求 $\mathrm{E}(\xi^2+\xi-1)$.

解 有

$$\mathrm{E}(\xi^2+\xi-1)$$

$$=[(-1)^2+(-1)-1]\times0.1+[0^2+0-1]\times$$

$$0.2+[1^2+1-1]\times 0.3+[2^2+2-1]\times 0.4$$

$$=-0.1-0.2+0.3+2=2.$$

例 4.6 对圆的直径作近似测量，设其值均匀分布于$[a, b]$，求圆面积的均值.

解 设ξ为测量直径的近似值，据题意，ξ的密度函数是

$$f(x)=\begin{cases}\dfrac{1}{b-a}, & a<x<b,\\ 0, & 其他.\end{cases}$$

圆面积$\eta=\dfrac{\pi\xi^2}{4}$，于是

$$\mathrm{E}(\eta)=\mathrm{E}\left(\frac{\pi\xi^2}{4}\right)=\int_{-\infty}^{+\infty}\frac{\pi x^2}{4}f(x)\mathrm{d}x$$

$$=\int_a^b\frac{\pi x^2}{4}\cdot\frac{1}{b-a}\mathrm{d}x=\frac{\pi(a^2+ab+b^2)}{12}.$$

它比先求$\eta=\dfrac{\pi\xi^2}{4}$的密度函数，再求$\mathrm{E}(\eta)$方便多了.

例 4.7 某个体户经营豆芽菜，每出售 1kg 可获利 a 分，每剩余 1kg 将亏损 b 分，假定每天销售量ξ(以 kg 为单位)服从参数λ的泊松分布，问一天应准备多少 kg 豆芽菜最合适？

解 设需准备 n kg，其利润记为$\varphi(\xi)$，它是销售量ξ的函数，有

$$\varphi(\xi)=\begin{cases}an, & \xi>n,\\ a\xi-(n-\xi)b, & \xi\leqslant n.\end{cases}$$

于是

$$\mathrm{E}[\varphi(\xi)]=\sum_{i=0}^{\infty}\varphi(i)\frac{\mathrm{e}^{-\lambda}\lambda^i}{i!}$$

$$= \sum_{i=0}^{n}[ai - (n-i)b]\frac{e^{-\lambda}\lambda^i}{i!} + \sum_{i=n+1}^{\infty} an\frac{e^{-\lambda}\lambda^i}{i!}$$

$$= (a+b)\sum_{i=0}^{n} i\cdot\frac{e^{-\lambda}\lambda^i}{i!} - nb\sum_{i=0}^{n}\frac{e^{-\lambda}\lambda^i}{i!} + na\left(1 - \sum_{i=0}^{n}\frac{e^{-\lambda}\lambda^i}{i!}\right)$$

$$= (a+b)\sum_{i=0}^{n} i\frac{e^{-\lambda}\lambda^i}{i!} - (a+b)n\sum_{i=0}^{n}\frac{e^{-\lambda}\lambda^i}{i!} + na$$

$$= na + (a+b)\sum_{i=0}^{n}(i-n)\frac{e^{-\lambda}\lambda^i}{i!}.$$

为要确定 n 的最优值，先研究当 n 增加 1kg 时，所获利润有什么变化.

记 $$f_n = na + (a+b)\sum_{i=0}^{n}(i-n)\frac{e^{-\lambda}\lambda^i}{i!},$$

有

$$f_{n+1} = (n+1)a + (a+b)\sum_{i=0}^{n+1}(i-n-1)\frac{e^{-\lambda}\lambda^i}{i!}$$

$$= (n+1)a + (a+b)\sum_{i=0}^{n}(i-n-1)\frac{e^{-\lambda}\lambda^i}{i!},$$

所以

$$f_{n+1} - f_n = a - (a+b)\sum_{i=0}^{n}\frac{e^{-\lambda}\lambda^i}{i!},$$

因此，只要 $f_{n+1} - f_n > 0$，即

$$\sum_{i=0}^{n}\frac{e^{-\lambda}\lambda^i}{i!} < \frac{a}{a+b},$$

则准备 $(n+1)$ kg 将比准备 n kg 更好，若设 n_1 为满足上面不等式的最大的正整数，就有

$$f_1 < f_2 < \cdots < f_{n_1} < f_{n_1+1} > f_{n_1+2} > \cdots$$

因而,准备 (n_1+1) kg 可使出售豆芽菜获得最大利润.

例 4.8 在[0, 1]独立地任投两点,求它们之距离的数学期望.

解 以 ξ, η 分别表示所投两点的坐标,显然 ξ, η 联合密度函数为

$$f(x, y)=\begin{cases}1, & 0<x<1,\ 0<y<1, \\ 0, & \text{其他}.\end{cases}$$

于是

$$\begin{aligned}
E(|\xi-\eta|) &= \int_{-\infty}^{+\infty}\int_{-\infty}^{+\infty}|x-y| f(x, y)\,\mathrm{d}x\mathrm{d}y \\
&= \int_0^1\int_0^1|x-y|\,\mathrm{d}x\mathrm{d}y \\
&= 2\int_0^1\left[\int_0^x(x-y)\,\mathrm{d}y\right]\mathrm{d}x \\
&= 2\cdot\int_0^1\frac{x^2}{2}\mathrm{d}x=\frac{1}{3}.
\end{aligned}$$

5. 数学期望的性质

定理 4.2 数学期望具有下列的性质:

(1) $E(c)=c$;

(2) $E(c\xi)=cE(\xi)$;

(3) $E(\xi+\eta)=E(\xi)+E(\eta)$;

(4) 设 ξ, η 相互独立,则 $E(\xi\cdot\eta)=E(\xi)\cdot E(\eta)$.

其中上面各式的 c 为常数,所提及的数学期望都存在.

证明 (1) 把常数 c 当作随机变量 ξ,则是一个离散型随机变量,它只有一个可能取值,即 $P(\xi=c)=1$, 于是

$$E(c)=E(\xi)=c\cdot P(\xi=c)=c.$$

(2) 当 ξ 是离散型随机变量,其分别列为 $P(\xi=x_i)=p_i$, $i=$

1, 2, …, 有

$$\mathrm{E}(c\xi) = \sum_{i=1}^{\infty} c x_i p_i = c \sum_{i=1}^{\infty} x_i p_i = c\mathrm{E}(\xi);$$

当 ξ 是连续型随机变量,密度函数为 $f(x)$,有

$$\mathrm{E}(c\xi) = \int_{-\infty}^{+\infty} c x f(x) \mathrm{d}x = c\int_{-\infty}^{+\infty} x f(x) \mathrm{d}x = c\mathrm{E}(\xi).$$

以下仅对连续型的情况给出证明,离散型的情况,读者可自行证明.

(3) 设 $f(x, y)$ 为 (ξ, η) 的密度函数,于是

$$\begin{aligned}\mathrm{E}(\xi + \eta) &= \int_{-\infty}^{+\infty}\int_{-\infty}^{+\infty} (x + y) f(x, y) \mathrm{d}x\mathrm{d}y \\ &= \int_{-\infty}^{+\infty}\int_{-\infty}^{+\infty} x f(x, y) \mathrm{d}x\mathrm{d}y + \int_{-\infty}^{+\infty}\int_{-\infty}^{+\infty} y f(x, y) \mathrm{d}y\mathrm{d}x \\ &= \mathrm{E}(\xi) + \mathrm{E}(\eta).\end{aligned}$$

(4) 设 $f_\xi(x)$, $f_\eta(y)$ 分别为 ξ, η 的边际密度函数,由于 ξ 与 η 相互独立,所以

$$f(x, y) = f_\xi(x) \cdot f_\eta(y)$$

为 (ξ, η) 的密度函数,于是

$$\begin{aligned}\mathrm{E}(\xi \cdot \eta) &= \int_{-\infty}^{+\infty}\int_{-\infty}^{+\infty} xy f(x, y) \mathrm{d}x\mathrm{d}y \\ &= \int_{-\infty}^{+\infty}\int_{-\infty}^{+\infty} xy f_\xi(x) f_\eta(y) \mathrm{d}x\mathrm{d}y \\ &= \int_{-\infty}^{+\infty} x f_\xi(x) \mathrm{d}x \cdot \int_{-\infty}^{+\infty} y f_\eta(y) \mathrm{d}y \\ &= \mathrm{E}(\xi) \cdot \mathrm{E}(\eta).\end{aligned}$$

根据定理 4.2,运用归纳法,易得下列推论:

推论 4.1 $E(c_1\xi_1+c_2\xi_2+\cdots+c_n\xi_n+b)=c_1E(\xi_1)+c_2E(\xi_2)+\cdots+c_nE(\xi_n)+b$，其中，$c_1, c_2, \cdots, c_n, b$ 均是常数. 特别有

$$E(\xi_1+\xi_2+\cdots+\xi_n)=E(\xi_1)+E(\xi_2)+\cdots+E(\xi_n).$$

推论 4.2 若 $\xi_1, \xi_2, \cdots, \xi_n$ 相互独立，则

$$E(\xi_1\cdot\xi_2\cdot\cdots\cdot\xi_n)=E(\xi_1)\cdot E(\xi_2)\cdot\cdots\cdot E(\xi_n).$$

注意，对于"和"，不要求 $\xi_1, \xi_2, \cdots, \xi_n$ 相互独立；对于"积"，要求 $\xi_1, \xi_2, \cdots, \xi_n$ 相互独立.

数学期望的性质有助于简化数学期望的计算.

例 4.9 设 $(\xi, \eta)\sim N(a, \sigma_1^2; b, \sigma_2^2; r)$，求 $E(2\xi-3\eta+1)$.

解 因为 $(\xi, \eta)\sim N(a, \sigma_1^2; b, \sigma_2^2; r)$，所以 $\xi\sim N(a, \sigma_1^2)$，$\eta\sim N(b, \sigma_2^2)$，从而 $E(\xi)=a$，$E(\eta)=b$，由此，

$$\begin{aligned}E(2\xi-3\eta+1)&=2E(\xi)-3E(\eta)+1\\&=2a-3b+1.\end{aligned}$$

例 4.10 掷 20 个骰子，求这 20 个骰子出现的点数之和的数学期望.

解 设 ξ_i 为 i 个骰子出现的点数，$i=1, 2, \cdots, 20$，那么 20 个骰子点数之和 ξ 就等于

$$\xi=\xi_1+\xi_2+\cdots+\xi_{20}.$$

容易明白 ξ_i 有相同的分布列 $P(\xi_i=k)=\frac{1}{6}$，$k=1, 2, 3, 4, 5, 6$；所以 $E(\xi_i)=\frac{1}{6}(1+2+3+4+5+6)=\frac{21}{6}$，$i=1, 2, \cdots, 20$；于是

$$E(\xi)=E(\xi_1)+E(\xi_2)+\cdots+E(\xi_{20})=20\times\frac{21}{6}=70.$$

本例将随机变量 ξ 分解成若干个随机变量之和，利用随机变量和的期望性质，把 $E(\xi)$ 的计算转化为求这若干个随机变量的期望，使 $E(\xi)$ 的计算大为简化，这种处理方法具有一定的普遍意义，下面再看两例：

例 4.11 对敌人的某一目标进行射击，命中 N 次才能彻底摧毁该目标，假定各次射击是独立的，并且每次射击命中的概率为 p，试求彻底摧毁这一目标平均消耗的炮弹数.

解 设 ξ 为 N 次命中所消耗的炮弹数，需要求出 $E(\xi)$.

以 ξ_i 表示从第 $i-1$ 次射中后算起到第 i 次射中所消耗的炮弹数，$i=1, 2, \cdots, N$，则

$$\xi = \xi_1 + \xi_2 + \cdots + \xi_N.$$

易知，ξ_i 的分布列相同，且都服从参数 p 的几何分布，所以，

$$E(\xi_i) = \frac{1}{p}, \quad i = 1, 2, \cdots, N.$$

从而 $$E(\xi) = E(\xi_i) + E(\xi_2) + \cdots + E(\xi_N) = \frac{N}{p}.$$

例 4.12 对 N 个人验血有两种方法：

(1) 逐个验血，这样必然进行 N 次试验；

(2) K 个人为一组，把 K 个人的血样合放在一起检验（设 N 很大且是 K 的整数倍），若检验的结果为阴性，则这 K 个人只须作一次检验；若检验结果为阳性，则对 K 个人再逐个检验，这样对这 K 个人需进行 $K+1$ 次检验，设每个人检验结果为阳性的概率为 p，且这些人的检验结果是互相独立的，试求在第二种检验方法下，需要进行检验次数的数学期望.

解 设 ξ 是第二种验血方法下进行检验的次数，而 ξ_i 是第 i 组的验血次数，则

$$\xi = \xi_1 + \xi_2 + \cdots + \xi_{N/K}.$$

易知，ξ_i 的分布列是：

$$P(\xi_i = 1) = (1-p)^K,\ P(\xi_i = K+1) = 1-(1-p)^K;$$

其数学期望为

$$\begin{aligned}E(\xi_i) &= (1-p)^K + (K+1)[1-(1-p)^K] \\ &= K+1-K(1-p)^K, \quad i = 1, 2, \cdots, N/K\end{aligned}$$

从而

$$\begin{aligned}E(\xi) &= E(\xi_i) + E(\xi_2) + \cdots + E(\xi_{N/K}) \\ &= \frac{N}{K}[K+1-K(1-p)^K] \\ &= N\left[1+\frac{1}{K}-(1-p)^K\right].\end{aligned}$$

这种验血方法，当 $\frac{1}{K}-(1-p)^K < 0$ 时，能减少验血次数.
例如，$N = 10\,000$，$K = 10$，$p = 0.001$ 时，

$$\begin{aligned}E(\xi) &= N\left[1+\frac{1}{K}-(1-p)^K\right] \\ &= 10\,000\left(1+\frac{1}{10}-(0.999)^{10}\right) \\ &\approx 1\,099.55 \approx 1\,100.\end{aligned}$$

习　题　4.1

(A)

1. 甲、乙两工人在同样条件下生产，日产量相等，每天出废品情况为：

工　人	甲				乙			
废品数	0	1	2	3	0	1	2	3
概　率	0.4	0.3	0.2	0.1	0.3	0.5	0.2	0

试问谁的产品质量好一些?

2. 盒中有 5 个球,其中有 3 个白球,2 个黑球,从中任取两个球,求白球数 ξ 的期望.

3. 求几何分布的数学期望.

4. 射击比赛,每人射四次(每次一发),约定全部不中得 0 分,只中一弹得 15 分,中两弹得 30 分,中三弹得 55 分,中四弹得 100 分,某人每次射击的命中率为 $\frac{3}{5}$,求他得分的平均值.

5. 某人有 n 把钥匙,其中只有一把能打开某一扇门,今任取一把试开,不能打开者除去,求打开此门所需试开次数的数学期望.

6. 设随机变量 ξ 取值于 (a, b),证明

$$a \leqslant \mathrm{E}(\xi) \leqslant b.$$

7. 设随机变量 ξ 只取非负整数值 $i\ (i \geqslant 0)$,且 $P(\xi = i) = A \cdot \frac{B^n}{n!}$, $i = 1, 2, \cdots$, 已知 $\mathrm{E}(\xi) = 2$, 求常数 A 与 B.

8. 求下列各题的数学期望:

(1) ξ 的密度函数为 $f(x) = \begin{cases} \frac{2}{\pi}\cos^2 x, & -\frac{\pi}{2} \leqslant x \leqslant \frac{\pi}{2}, \\ 0, & \text{其他}. \end{cases}$

(2) ξ 的密度函数为 $f(x) = \begin{cases} x, & 0 < x \leqslant 1, \\ 2 - x, & 1 \leqslant x < 2, \\ 0, & \text{其他}. \end{cases}$

9. 设轮船横向摇摆的随机振幅 ξ 的密度函数为

$$f(x) = Ax\exp\left(-\frac{x^2}{\sigma^2}\right), \quad x > 0.$$

(1) 求常数 A;

(2) 问遇到大于其振幅均值的概率是多少?

(3) 求 $\mathrm{E}(2\xi^2 - \xi - 1)$.

10. 平面上点 A 的坐标为 $(0, a)$,其中 $a > 0$, 过 A 点的直线 l 与 y 轴的夹角为 θ, l 交 x 轴于 B 点(见图(4.1),已知 θ 在 $\left[0, \frac{\pi}{4}\right]$ 上均匀分布,求 $\triangle OAB$ 的面积的数学期望.

11. 假设在国际市场上每年对我国某种出口商品的需求是随机变量 ξ

(单位为吨,t),它服从[2 000, 4 000]上的均匀分布,设每出售这种商品1t,可以为国家挣得外汇3万元,但假如销售不出而屯积于仓库,则每吨需浪费保养费1万元. 试问应组织多少货源,才能使国家的收益最大?

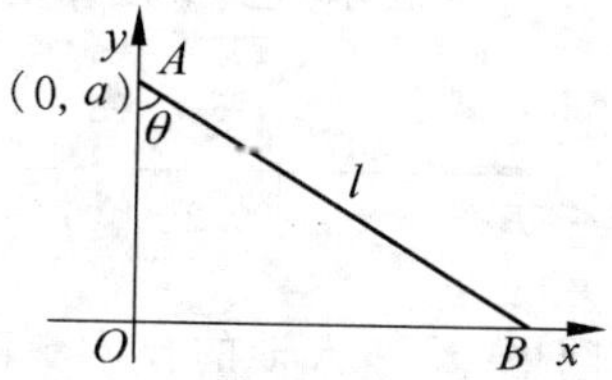

图 4.1

12. 一报童卖报每份0.15元,其成本为0.10元,报社规定他不得把卖不出去的报纸退回,如果他每月的销售量服从以 $n=100$, $p=\frac{1}{3}$ 为参数的二项分布,问他应购多少份报纸才能使他获得的利润为最大?

13. 设 ξ 与 η 的联合密度函数为

$$f(x, y)=\begin{cases}4xy\mathrm{e}^{-(x^2+y^2)}, & x>0,\ y>0, \\ 0, & \text{其他}.\end{cases}$$

(1) 求 $\zeta=\sqrt{\xi^2+\eta^2}$ 的均值;(2)求 $\mathrm{E}(2\xi-3\eta-1)$.

14. 利用随机变量和的期望公式计算超几何分布的数学期望.

(B)

1. 从数字 $1, 2, \cdots, n$ 中任取两个不同的数字,求这两个数字之差绝对值的数学期望.

2. 设 ξ 为取非负整数值的随机变量,证明:

$$\mathrm{E}(\xi)=\sum_{i=1}^{\infty}P(\xi\geqslant i).$$

3. 一民航机场的送客汽车载着20位旅客,自机场开出,沿途有10个车站,如到达一个车站没有旅客下车,就不停车,以 ξ 表示停车次数,求 $\mathrm{E}(\xi)$ (设每个旅客在各个车站下车是等可能的).

§4.2 方　　差

1. 方差的概念

先看一个例子,有甲、乙两射手,他们每次射击命中的环数分

别用 ξ, η 表示，已知 ξ, η 的分布列分别是：

ξ	8	9	10
$P(\xi = x_i)$	0.2	0.6	0.2

η	8	9	10
$P(\eta = y_j)$	0.1	0.8	0.1

试问甲、乙两人谁的技术更高明些？

自然，首先计算甲、乙两人每次射击命中的平均环数，有

$$\begin{aligned} E(\xi) &= 0.2 \times 8 + 0.6 \times 9 + 0.2 \times 10 \\ &= 1.6 + 5.4 + 2 = 9(\text{环}), \\ E(\eta) &= 0.1 \times 8 + 0.8 \times 9 + 0.1 \times 10 \\ &= 0.8 + 7.2 + 1 = 9(\text{环}). \end{aligned}$$

可见，两射手每次射击的平均命中环数相等，这表明他们的技术水平是差不多的，因此单从数学期望这一点来看是很难断定哪一位射手技术更高明些，需考虑另外的因素，通常的想法是：在技术水平相同的条件下比较一下谁的技术更稳定些，如何来衡量这一点呢？根据一般的常识，应该看哪一个射手命中的环数不大起大落，亦即要看谁命中的环数比较集中于平均值的附近，而这可用命中的环数 ξ 与它的平均值 $E(\xi)$ 之间的离差 $|\xi - E(\xi)|$ 的平均 $E|\xi - E(\xi)|$ 来量度，$E|\xi - E(\xi)|$ 愈小表明 ξ 的值愈集中于 $E(\xi)$ 附近，技术稳定；$E|\xi - E(\xi)|$ 愈大表明 ξ 的值很分散，技术不稳定．但是 $E|\xi - E(\xi)|$ 中带有绝对值，在数学上运算不方便，通常用量 ξ 与 $E(\xi)$ 的离差 $|\xi - E(\xi)|$ 的平方平均 $E[\xi - E(\xi)]^2$ 来度量随机变量 ξ 取值的分散程度（反过来也就是 ξ 取值的集中程度），根据这个量，我们可以算得

$$\begin{aligned} E[\xi - E(\xi)]^2 &= 0.2 \cdot (8 - 9)^2 + 0.6 \cdot (9 - 9)^2 \\ &\quad + 0.2 \cdot (10 - 9)^2 = 0.4, \end{aligned}$$

$$E[\eta - E(\eta)]^2 = 0.1 \cdot (8 - 9)^2 + 0.8 \cdot (9 - 9)^2$$

$$+0.1\cdot(10-9)^2=0.2.$$

由于 $E[\xi-E(\xi)]^2>E[\eta-E(\eta)]^2$，所以乙的技术更稳定些，从而乙的技术更好些．由此，引进如下定义：

定义 4.4 设 ξ 为一随机变量，若 $E[\xi-E(\xi)]^2$ 存在，则称 $E[\xi-E(\xi)]^2$ 为 ξ 的**方差**，记为 $D(\xi)$，即

$$D(\xi)=E[\xi-E(\xi)]^2.$$

而称 $\sqrt{D(\xi)}$ 为 ξ 的**标准差或均方差**，记作 σ_ξ.

随机变量 ξ 的方差 $D(\xi)$ 刻画了 ξ 取值的分散（或集中）程度，$D(\xi)$ 愈小，ξ 的取值愈集中，$D(\xi)$ 愈大，ξ 的取值愈分散.

由定义可知，若 ξ 是离散型，其分布列为 $P(\xi=x_i)=p_i$，$i=1, 2, \cdots$，则

$$D(\xi)=\sum_{i=1}^{\infty}[x_i-E(\xi)]^2p_i.$$

若 ξ 是连续型，其密度函数为 $f(x)$，则

$$D(\xi)=\int_{-\infty}^{+\infty}[x_i-E(\xi)]^2f(x)\mathrm{d}x.$$

由方差定义及数学期望的性质可推导出方差的计算公式：

$$D(\xi)=E(\xi^2)-[E(\xi)]^2.$$

事实上，有

$$\begin{aligned}D(\xi)&=E[\xi-E(\xi)]^2\\&=E[\xi^2-2\xi\cdot E(\xi)+(E(\xi))^2]\\&=E(\xi^2)-2E(\xi)\cdot E(\xi)+[E(\xi)]^2\\&=E(\xi^2)-[E(\xi)]^2.\end{aligned}$$

在用标准差或方差度量分散程度时，要注意 $\sqrt{D(\xi)}$，$D(\xi)$ 均

是有量纲的值(分别是一次量纲,二次量纲);因此,对于具有不同量纲的随机变量,我们就很难通过标准差或方差来比较它们的分散程度;另一方面,即使是同一量纲的随机变量,也由于数值较大的随机变量一般有较大的标准差或方差,使得用标准差或方差来比较它们的分散程度也不可靠,为此我们引入一个无量纲的数,若 $\mathrm{E}(\xi) \neq 0$,称

$$\mathrm{C}_V = \frac{\sigma_\xi}{\mathrm{E}(\xi)}$$

为 ξ 的**变异系数**,用它可度量随机变量的相对分散程度.

例 4.13 随机地从 1~9 中任取一整数,记

$$\xi = \begin{cases} 1, & \text{取得奇数}, \\ 2, & \text{取得偶数}. \end{cases}$$

求 $\mathrm{D}(\xi)$.

解 容易算得 ξ 的分布列是

ξ	1	2
$P(\xi = x_i)$	$\frac{5}{9}$	$\frac{4}{9}$

于是

$$\mathrm{E}(\xi) = 1 \times \frac{5}{9} + 2 \times \frac{4}{9} = \frac{13}{9},$$

$$\mathrm{E}(\xi^2) = 1^2 \times \frac{5}{9} + 2^2 \times \frac{4}{9} = \frac{21}{9},$$

$$\mathrm{D}(\xi) = \mathrm{E}(\xi^2) - [\mathrm{E}(\xi)]^2 = \frac{20}{81}.$$

例 4.14 设 ξ 的密度函数是

$$f(x) = \begin{cases} 2x, & 0 < x < 1, \\ 0, & \text{其他}. \end{cases}$$

求 $D(\xi)$.

解 因为

$$E(\xi) = \int_0^1 x \cdot 2x\mathrm{d}x = \frac{2}{3},$$

$$E(\xi^2) = \int_0^1 x^2 \cdot 2x\mathrm{d}x = \frac{1}{2},$$

所以 $$D(\xi) = E(\xi^2) - [E(\xi)]^2 = \frac{1}{2} - \left(\frac{2}{3}\right)^2 = \frac{1}{18}.$$

2. 常见分布的方差

1）二点分布

已知 $E(\xi) = p$，而 $E(\xi^2) = 0 \cdot q + 1 \cdot p = p$，

于是 $$D(\xi) = p - p^2 = p(1-p) = pq.$$

2）二项分布

已知 $E(\xi) = np$，又

$$\begin{aligned}
E(\xi^2) &= \sum_{i=0}^{n} i^2 C_n^i p^i q^{n-i} = \sum_{i=0}^{n} [i(i-1)+i] C_n^i p^i q^{n-i} \\
&= \sum_{i=0}^{n} i(i-1) C_n^i p^i q^{n-i} + \sum_{i=0}^{n} i C_n^i p^i q^{n-i} \\
&= \sum_{i=0}^{n} i(i-1) \frac{n!}{i!(n-i)!} p^i q^{n-i} + np \\
&= \sum_{i=2}^{n} \frac{n(n-1) \cdot (n-2)!}{(i-2)!(n-i)!} p^2 \cdot p^{i-2} q^{n-i} + np \\
&\xlongequal{\text{令 } k=i-2} n(n-1)p^2 \sum_{k=0}^{n-2} \frac{(n-2)!}{k!\,[(n-2)-k]!} p^k q^{n-2-k} + np \\
&= n(n-1)p^2(p+q)^{n-2} + np \\
&= n(n-1)p^2 + np,
\end{aligned}$$

于是

$$D(\xi) = E(\xi^2) - [E(\xi)]^2$$

$$= n(n-1)p^2 + np - (np)^2 = npq.$$

3) 泊松分布

已知 $E(\xi) = \lambda$, 而

$$E(\xi^2) = \sum_{i=0}^{\infty} i^2 \cdot \frac{e^{-\lambda}\lambda^i}{i!} = \sum_{i=0}^{\infty} [i(i-1) + i] \frac{e^{-\lambda}\lambda^i}{i!}$$

$$= \sum_{i=0}^{\infty} i(i-1) \cdot \frac{e^{-\lambda}\lambda^i}{i!} + \sum_{i=0}^{\infty} i \cdot \frac{e^{-\lambda}\lambda^i}{i!}$$

$$= \sum_{i=2}^{\infty} \frac{e^{-\lambda}\lambda^i}{(i-2)!} + \lambda$$

$$\xlongequal{\text{令 } k = i - 2} e^{-\lambda}\lambda^2 \sum_{k=0}^{\infty} \frac{\lambda^k}{k!} + \lambda$$

$$= e^{-\lambda} \cdot \lambda^2 \cdot e^{\lambda} + \lambda = \lambda^2 + \lambda,$$

于是 $E(\xi) = E(\xi^2) - [E(\xi)]^2 = \lambda^2 + \lambda - \lambda^2 = \lambda.$

4) 均匀分布

已知 $E(\xi) = \dfrac{a+b}{2}$,而

$$E(\xi^2) = \int_b^a x^2 \cdot \frac{1}{b-a} dx = \frac{b^3 - a^3}{3(b-a)} = \frac{a^2 + ab + b^2}{3},$$

于是 $D(\xi) = E(\xi^2) - [E(\xi)]^2$

$$= \frac{a^2 + ab + b^2}{3} - \left(\frac{a+b}{2}\right)^2 = \frac{(b-a)^2}{12}.$$

5) 指数分布

已知 $E(\xi) = \dfrac{1}{\lambda}$, 而

$$E(\xi^2) = \int_0^{\infty} x^2 \cdot \lambda e^{-\lambda x} dx = -\int_0^{\infty} x^2 de^{-\lambda x}$$

$$= [-r^2 \cdot e^{-\lambda x}]_0^{\infty} + \int_0^{\infty} 2x e^{-\lambda x} dx$$

$$= 0 + \frac{2}{\lambda}\int_0^{\infty} x \cdot \lambda e^{-\lambda x} dx = \frac{2}{\lambda} E(\xi) = \frac{2}{\lambda^2},$$

于是 $$D(\xi) = E(\xi^2) - [E(\xi)]^2 = \frac{2}{\lambda^2} - \left(\frac{1}{\lambda}\right)^2 = \frac{1}{\lambda^2}.$$

6) 正态分布

对于正态分布来说，按定义求方差更方便些.

已知 $E(\xi) = a$，有

$$D(\xi) = E[\xi - E(\xi)]^2 = E(\xi - a)^2$$

$$= \int_{-\infty}^{+\infty} (x-a)^2 \cdot \frac{1}{\sqrt{2\pi}\sigma} e^{-\frac{(x-a)^2}{2\sigma^2}} dx$$

$$\xlongequal{\text{令 } t = \frac{x-a}{\sigma}} \frac{\sigma^2}{\sqrt{2\pi}} \int_{-\infty}^{+\infty} t^2 e^{-\frac{t^2}{2}} dt$$

$$= \frac{\sigma^2}{\sqrt{2\pi}} \int_{-\infty}^{+\infty} (-t) de^{-\frac{t^2}{2}}$$

$$= \frac{\sigma^2}{\sqrt{2\pi}} \left\{ \left[-t \cdot e^{-\frac{t^2}{2}} \right]_{-\infty}^{+\infty} + \int_{-\infty}^{+\infty} e^{-\frac{t^2}{2}} dt \right\}$$

$$= \sigma^2 \cdot \frac{1}{\sqrt{2\pi}} \int_{-\infty}^{+\infty} e^{-\frac{t^2}{2}} dt = \sigma^2.$$

可见，正态分布中的另一个参数 σ^2 恰是相应的正态随机变量的方差.

3. 方差的性质

定理 4.3 方差具有下列性质：

(1) $D(c) = 0$；

(2) $D(c\xi) = c^2 D(\xi)$;

(3) 若 ξ, η 相互独立,则

$$D(\xi + \eta) = D(\xi) + D(\eta).$$

其中上面各式中的 c 为常数,所提及的方差都存在.

证明 (1) $D(c) = E[c - E(c)]^2 = E(c - c)^2 = 0$.

(2)
$$\begin{aligned} D(c\xi) &= E[c\xi - E(c\xi)]^2 \\ &= E[c\xi - cE(\xi)]^2 \\ &= E\{c^2[\xi - E(\xi)]^2\} \\ &= c^2 E[\xi - E(\xi)]^2 = c^2 D(\xi). \end{aligned}$$

(3)
$$\begin{aligned} D(\xi + \eta) &= E[\xi + \eta - E(\xi + \eta)]^2 \\ &= E\{[\xi - E(\xi)]^2 + 2[\xi - E(\xi)][\eta - E(\eta)] \\ &\quad + [\eta - E(\eta)]^2\} \\ &= E[\xi - E(\xi)]^2 + 2E\{[\xi - E(\xi)][\eta - E(\eta)]\} \\ &\quad + E[\eta - E(\eta)]^2 \\ &= D(\xi) + 2E\{[\xi - E(\xi)][\eta - E(\eta)]\} + D(\eta). \end{aligned}$$

因为 ξ 与 η 相互独立,所以 $\xi - E(\xi)$ 与 $\eta - E(\eta)$ 也独立,有

$$\begin{aligned} &E\{[\xi - E(\xi)][\eta - E(\eta)]\} \\ &= E[\xi - E(\xi)] \cdot E[\eta - E(\eta)] = 0. \end{aligned}$$

从而
$$D(\xi + \eta) = D(\xi) + D(\eta).$$

根据定理 4.3,运用归纳法,易得下列推论:

推论 4.3 若 $\xi_1, \xi_2, \cdots, \xi_n$ 相互独立,则

$$\begin{aligned} &D(c_1\xi_1 + c_2\xi_2 + \cdots + c_n\xi_n + b) \\ &= c_1^2 D(\xi_1) + c_2^2 D(\xi_2) + \cdots + c_n^2 D(\xi_n), \end{aligned}$$

其中 $c_1, c_2, \cdots, c_n, b$ 均是常数,特别有

$$D(\xi_1+\xi_2+\cdots+\xi_n)=D(\xi_1)+D(\xi_2)+\cdots+D(\xi_n).$$

方差的性质有助于简化方差的计算.

例 4.15 设 ξ 的均值和方差都存在,且 $D(\xi)>0$, 令

$$\xi^*=\frac{\xi-E(\xi)}{\sqrt{D(\xi)}},$$

则有

$$E(\xi^*)=E\left[\frac{\xi-E(\xi)}{\sqrt{D(\xi)}}\right]=0,$$

$$D(\xi^*)=D\left[\frac{\xi-E(\xi)}{\sqrt{D(\xi)}}\right]=\frac{D[\xi-E(\xi)]}{D(\xi)}=\frac{D(\xi)}{D(\xi)}=1.$$

ξ^* 称为对应于 ξ 的**标准化随机变量**,它是无量纲的,因此用它可把不同单位的量进行加减、比较,在教育统计学中,若以 ξ 表示某门课的分数,那么 ξ^* 称为该课的标准分数,由于标准分数以原点为基准,因此在升学考试或评定学生奖学金中,以各门课的标准分总和多少排列顺序比起以各门课的原始分总和多少排列顺序更加合理.

例 4.16 设 $\xi_1, \xi_2, \cdots, \xi_n$ 相互独立,且 $D(\xi_i)=\sigma^2$, $E(\xi_i)=a$, $i=1, 2, \cdots, n$, 试求 $\bar{\xi}=\frac{1}{n}\sum_{i=1}^{n}\xi_i$ 的数学期望和方差.

解 由期望和方差的性质有

$$E(\bar{\xi})=E\left(\frac{1}{n}\sum_{i=1}^{n}\xi_i\right)=\frac{1}{n}E\left(\sum_{i=1}^{n}\xi_i\right)=\frac{1}{n}\sum_{i=1}^{n}E(\xi_i)=a,$$

$$D(\bar{\xi})=D\left(\frac{1}{n}\sum_{i=1}^{n}\xi_i\right)=\frac{1}{n^2}D\left(\sum_{i=1}^{n}\xi_i\right)=\frac{1}{n^2}\sum_{i=1}^{n}D(\xi_i)=\frac{\sigma^2}{n}.$$

当我们进行精密测量时,为了减少随机误差,往往是重复测量多次然后取其结果的平均值,本例给出了这种做法的一个合理解

释，设被测量的真值为 a，由于有随机误差，n 次测量结果 $\xi_1, \xi_2, \cdots, \xi_n$ 是 n 个随机变量，均值都为 a，在测量条件保持不变，且每次测量都是"独立"进行的情况下，$\xi_1, \cdots, \xi_n$ 是独立的，有相同的分布，这样，当 $n=1$ 时，测量结果 ξ_1 在真值 a 周围取值，方差为 $D(\xi_1)=\sigma^2$，当 $n>1$ 时，n 次测量结果的平均值 $\bar{\xi}$ 仍在真值 a 周围取值，但方差为 $\frac{\sigma^2}{n}$ 比 σ^2 小，因此 $\bar{\xi}$ 更有可能取得接近于真值 a 的值.

例 4.17 袋中有 n 张卡片，编号为 $1, 2, \cdots n$，从中有放回地抽出 k 张卡片，求所得号码之和的方差.

解 设 ξ_i 是第 i 次摸得的卡片号码，因为抽样是有放回的，所以，$\xi_1, \xi_2, \cdots, \xi_k$ 相互独立，于是

$$D(\xi_1+\xi_2+\cdots+\xi_k)=D(\xi_1)+D(\xi_2)+\cdots+D(\xi_k),$$

易知，ξ_i 的分布列均是 $P(\xi_i=j)=\frac{1}{n},\ j=1, 2, \cdots, n$，

从而
$$D(\xi_i)=\frac{n^2-1}{12},$$

$$D(\xi_1+\xi_2+\cdots+\xi_k)=\frac{k(n^2-1)}{12}.$$

4. 切比雪夫(Чебышев)不等式

从前面介绍可以看到，许多常见随机变量的分布，在概率分布的类型为已知时，完全由它的数学期望和方差所决定，如泊松分布、二项分布、正态分布等，可见这两个数字特征的重要性，此外，它们的重要性还在于当概率分布的类型不知道时，也能提供关于概率分布的某些信息，这从下面著名的切比雪夫不等式可以看到.

定理 4.4 （切比雪夫不等式）若随机变量 ξ 的方差 $D(\xi)$ 存在，则对任何 $\varepsilon>0$，成立

$$P(|\xi - \mathrm{E}(\xi)| \geqslant \varepsilon) \leqslant \frac{\mathrm{D}(\xi)}{\varepsilon^2}.$$

证明 这里就 ξ 是连续型的情况证明，设 ξ 的密度函数为 $f(x)$，有

$$\begin{aligned} P(|\xi - \mathrm{E}(\xi)| \geqslant \varepsilon) &= \int_{|x-\mathrm{E}(\xi)| \geqslant \varepsilon} f(x)\mathrm{d}x \\ &\leqslant \frac{1}{\varepsilon^2} \int_{|x-\mathrm{E}(\xi)| \geqslant \varepsilon} [x - \mathrm{E}(\xi)]^2 f(x)\mathrm{d}x \\ &\leqslant \frac{1}{\varepsilon^2} \int_{-\infty}^{+\infty} [x - \mathrm{E}(\xi)]^2 f(x)\mathrm{d}x = \frac{\mathrm{D}(\xi)}{\varepsilon^2}. \end{aligned}$$

在上面不等式中，若取 $\varepsilon = 3\sqrt{\mathrm{D}(\xi)}$，便有

$$P(|\xi - \mathrm{E}(\xi)| \geqslant 3\sqrt{\mathrm{D}(\xi)}) \leqslant \frac{\mathrm{D}(\xi)}{(3\sqrt{\mathrm{D}(\xi)})^2} = \frac{1}{9}.$$

若取 $\varepsilon = 2\sqrt{\mathrm{D}(\xi)}$，便有

$$P(|\xi - \mathrm{E}(\xi)| \geqslant 2\sqrt{\mathrm{D}(\xi)}) \leqslant \frac{\mathrm{D}(\xi)}{(2\sqrt{\mathrm{D}(\xi)})^2} = \frac{1}{4}.$$

所以当 ξ 的概率分布未知时，利用 $\mathrm{E}(\xi)$，$\mathrm{D}(\xi)$ 可以得到关于概率 $P(|\xi - \mathrm{E}(\xi)| \geqslant k\sqrt{\mathrm{D}(\xi)})$ 的粗略估计.

由切比雪夫不等式可以看出，$\mathrm{D}(\xi)$ 越小，ξ 的取值越集中在 $\mathrm{E}(\xi)$ 附近，这进一步说明方差的含义：它确实刻画了随机变量取值的分数程度；切比雪夫不等式还是第五章中大数定律的理论基础和重要工具.

由定理 4.4，我们可得如下定理：

定理 4.5 若 $\mathrm{D}(\xi) = 0$，则 $P[\xi = \mathrm{E}(\xi)] = 1$.

证明 我们有

$$\{\xi = \mathrm{E}(\xi)\} \cup \{\xi \neq \mathrm{E}(\xi)\} = \Omega,$$

又

$$\{\xi \neq \mathrm{E}(\xi)\} = \bigcup_{n=1}^{\infty}\left\{|\xi - \mathrm{E}(\xi)| > \frac{1}{n}\right\},$$

再根据习题 1.4(B)第 3 题的结论有

$$P(\xi \neq \mathrm{E}(\xi)) = P\left\{\bigcup_{n=1}^{\infty}\left[|\xi - \mathrm{E}(\xi)| > \frac{1}{n}\right]\right\}$$

$$\leqslant \sum_{n=1}^{\infty} P\left(|\xi - \mathrm{E}(\xi)| > \frac{1}{n}\right),$$

由切比雪夫不等式

$$P\left(|\xi - \mathrm{E}(\xi)| > \frac{1}{n}\right) \leqslant \frac{\mathrm{D}(\xi)}{\left(\frac{1}{n}\right)^2} = 0,$$

从而

$$P(\xi \neq \mathrm{E}(\xi)) = 0,$$

$$P(\xi = \mathrm{E}(\xi)) = 1 - P(\xi \neq \mathrm{E}(\xi)) = 1.$$

习　题　4.2

(A)

1. 求习题 4.1(A)组题 2, 4, 5, 8, 10 的方差.

2. 求几何分布的方差.

3. 设随机变量 ξ 取值于 (a, b),证明 $\mathrm{D}(\xi) \leqslant \frac{(b-a)^2}{4}$.

4. 设 $(\xi, \eta) \sim N(a, \sigma_1^2; b, \sigma_2^2; r)$,求 $\mathrm{D}(\xi)$, $\mathrm{D}(\eta)$.

5. 设 ξ, η 相互独立,试问等式 $\mathrm{D}(\xi - \eta) = \mathrm{D}(\xi) - \mathrm{D}(\eta)$ 是否成立?

6. 设 ξ, η 相互独立,且 $\xi \sim U[0, 1]$, $\eta \sim U[1, 3]$,试求 (1)$\mathrm{D}(\xi - 2\eta - 1)$; (2)$\mathrm{D}(\xi\eta)$.

7. 在同样条件下,用两种方法测量一零件长度(单位为 cm),由大量测量结果得到它们的分布列如下:

长　度	48	49	50	51	52
方法 1 的概率	0.1	0.1	0.6	0.1	0.1
方法 2 的概率	0.2	0.2	0.2	0.2	0.2

问哪一种方法的精度较好?

8. 利用独立随机变量和的方差公式计算二项分布的方差.

9. 掷 n 颗骰子,求点数之和的方差.

(B)

1. 设 ξ 与 η 相互独立,试证

$$D(\xi\eta) = D(\xi)\cdot D(\eta) + [E(\xi)]^2 D(\eta) + [E(\eta)]^2 D(\xi).$$

2. 设 $(\xi, \eta) \sim N(0, 1; 0, 1; 0)$,求 $E(\max\{\xi, \eta\})$.

3. 设 ξ 的密度函数为

$$f(x) = \begin{cases} \dfrac{x^m}{m!}e^{-x}, & x > 0, \\ 0, & x \leqslant 0. \end{cases}$$

其中 m 为非负整数,试证

$$P\{0 < \xi < 2(m+1)\} \geqslant \frac{m}{m+1}.$$

§4.3 协方差、相关系数和矩

1. 协方差和相关系数的概念

对于二维随机变量 (ξ, η),除了关心它的各个分量的期望和方差外,还希望知道两分量之间的联系,这种联系无法从各个分量的期望和方差来说明,尚须引入描述分量间联系的数字特征.回想一下在推导相互独立随机变量 ξ, η 之和的方差时,曾经得到:若 ξ, η 相互独立,则

$$E[\xi - E(\xi)][\eta - E(\eta)] = 0,$$

这意味着，若 $E[\xi - E(\xi)][\eta - E(\eta)] \neq 0$，则 ξ, η 必然不独立，而是存在着一定的联系，因此量 $E[\xi - E(\xi)][\eta - E(\eta)]$ 可以用来描述两随机变量 ξ 与 η 间的联系程度，于是引入如下定义.

定义 4.5 设 (ξ, η) 是二维随机变量，若

$$E[\xi - E(\xi)][\eta - E(\eta)]$$

存在，则称它为 ξ, η 的**协方差**或**相关矩**，记为 $\mathrm{cov}(\xi, \eta)$，即

$$\mathrm{cov}(\xi, \eta) = E[\xi - E(\xi)][\eta - E(\eta)].$$

又若 $D(\xi) \neq 0$, $D(\eta) \neq 0$，则称

$$\rho_{\xi\eta} = \frac{\mathrm{cov}(\xi, \eta)}{\sqrt{D(\xi)} \cdot \sqrt{D(\eta)}}$$

为 ξ 和 η 的**相关系数**.

$\mathrm{cov}(\xi, \eta)$ 常简记成 $\sigma_{\xi\eta}^2$，为与 $\sigma_{\xi\eta}^2$ 相对应，对于 $D(\xi)$, $D(\eta)$ 也常分别记为 $\sigma_{\xi\xi}^2$ 和 $\sigma_{\eta\eta}^2$.

请注意 $\mathrm{cov}(\xi, \eta)$ 是一个有量纲的数，而 $\rho_{\xi\eta}$ 是一个无量纲的数.

例 4.18 （二维正态分布的协方差和相关系数）

设 $(\xi, \eta) \sim N(a, \sigma_1^2; b, \sigma_2^2; r)$，则 $\mathrm{cov}(\xi, \eta) = r\sigma_1\sigma_2$, $\rho_{\xi\eta} = r$.

证明 因为 $(\xi, \eta) \sim N(a, \sigma_1^2; b, \sigma_2^2; r)$，有 $\xi \sim N(a, \sigma_1^2)$, $\eta \sim N(b, \sigma_2^2)$，于是

$E(\xi) = a$, $D(\xi) = \sigma_1^2$; $E(\eta) = b$, $D(\eta) = \sigma_2^2$，从而

$$\begin{aligned}\mathrm{cov}(\xi, \eta) &= E[\xi - E(\xi)][\eta - E(\eta)] \\ &= E[\xi - a][\eta - b] \\ &= \int_{-\infty}^{+\infty}\int_{-\infty}^{+\infty} (x - a)(y - b) \frac{1}{2\pi\sigma_1\sigma_2\sqrt{1 - r^2}} \cdot\end{aligned}$$

$$\exp\left\{-\frac{1}{2(1-r^2)}\left[\frac{(x-a)^2}{\sigma_1^2}\right.\right.$$

$$\left.\left.-\frac{2r(x-a)(y-b)}{\sigma_1\sigma_2}+\frac{(y-b)^2}{\sigma_2^2}\right]\right\}dxdy$$

$$\xlongequal{\text{令}\frac{x-a}{\sigma_1}=t_1,\ \frac{y-b}{\sigma_2}=t_2}\int_{-\infty}^{+\infty}\int_{-\infty}^{+\infty}\frac{t_1t_2\sigma_1^2\sigma_2^2}{2\pi\sigma_1\sigma_2\sqrt{1-r^2}}\cdot$$

$$\exp\left\{-\frac{1}{2(1-r^2)}[t_1^2-2rt_1t_2+t_2^2]\right\}dt_1dt_2$$

$$=\frac{\sigma_1\sigma_2}{2\pi\sqrt{1-r^2}}\int_{-\infty}^{+\infty}\int_{-\infty}^{+\infty}t_1t_2e^{-\frac{1}{2}\left[\frac{t_1}{\sqrt{1-r^2}}-\frac{rt_2}{\sqrt{1-r^2}}\right]^2}\cdot$$

$$e^{-\frac{1}{2}t_2^2}dt_1dt_2$$

$$\xlongequal{\text{令}\frac{t_1}{\sqrt{1-r^2}}-\frac{rt_2}{\sqrt{1-r^2}}=z_1,\ t_2=z_2}$$

$$\frac{\sigma_1\sigma_2}{2\pi}\cdot\int_{-\infty}^{+\infty}\int_{-\infty}^{+\infty}(\sqrt{1-r^2}z_1+rz_2)z_2e^{-\frac{1}{2}z_1^2}\cdot e^{-\frac{1}{2}z_2^2}dz_1dz_2$$

$$=\frac{\sigma_1\sigma_2}{2\pi}\int_{-\infty}^{+\infty}\sqrt{1-r^2}z_1e^{-\frac{z_1^2}{2}}dz_1\cdot\int_{-\infty}^{+\infty}z_2e^{-\frac{z_2^2}{2}}dz_2$$

$$+\frac{\sigma_1\sigma_2}{2\pi}\int_{-\infty}^{+\infty}e^{-\frac{1}{2}z_1^2}dz_1\cdot\int_{-\infty}^{+\infty}rz_2^2e^{-\frac{1}{2}z_2^2}dz_2$$

$$=0+\frac{r\sigma_1\sigma_2}{\sqrt{2\pi}}\int_{-\infty}^{+\infty}z_2^2e^{-\frac{1}{2}z_2^2}dz_2$$

$$=\frac{r\sigma_1\sigma_2}{\sqrt{2\pi}}\left\{\left[-z_2\cdot e^{-\frac{z_2^2}{2}}\right]_{-\infty}^{\infty}+\int_{-\infty}^{\infty}e^{-\frac{z_2^2}{2}}dz_2\right\}$$

$$=r\sigma_1\sigma_2,$$

$$\rho_{\xi\eta}=\frac{\text{cov}(\xi,\ \eta)}{\sqrt{D(\xi)}\ \sqrt{D(\eta)}}=r.$$

可见二维正态分布中的第五个参数 r 是 ξ, η 的相关系数.

2. 协方差的性质

定理 4.6 协方差具有下述性质:

(1) $\text{cov}(\xi, \eta) = \text{cov}(\eta, \xi)$;

(2) $\text{cov}(a_1\xi + b_1, a_2\eta + b_2) = a_1a_2\text{cov}(\xi, \eta)$,

其中 a_1, a_2, b_1, b_2 为常数;

(3) $\text{cov}(\xi_1 + \xi_2, \eta) = \text{cov}(\xi_1, \eta) + \text{cov}(\xi_2, \eta)$;

(4) 若 ξ, η 相互独立,则 $\text{cov}(\xi, \eta) = 0$.

以上均假定各协方差存在.

证明 (1) 是显然的.

(2) 由定义,有

$$\begin{aligned}&\text{cov}(a_1\xi + b_1, a_2\eta + b_2)\\&= \text{E}\{[a_1\xi + b_1 - \text{E}(a_1\xi + b_1)][a_2\eta + b_2 - \text{E}(a_2\eta + b_2)]\}\\&= \text{E}\{[a_1\xi - \text{E}(a_1\xi_1)][a_2\eta - \text{E}(a_2\eta_2)]\}\\&= a_1a_2\text{E}\{[\xi - \text{E}(\xi)][\eta - \text{E}(\eta)]\} = a_1a_2\text{cov}(\xi, \eta).\end{aligned}$$

(3) 由定义,有

$$\begin{aligned}\text{cov}(\xi_1 + \xi_2, \eta) &= \text{E}\{[\xi_1 + \xi_2 - \text{E}(\xi_1 + \xi_2)][\eta - \text{E}(\eta)]\}\\&= \text{E}[\xi_1 - \text{E}(\xi_1)][\eta - \text{E}(\eta)]\\&\quad + \text{E}[\xi_2 - \text{E}(\xi_2)][\eta - \text{E}(\eta)]\\&= \text{cov}(\xi_1, \eta) + \text{cov}(\xi_2, \eta).\end{aligned}$$

(4) 因 ξ 与 η 相互独立,所以 $\text{E}(\xi\eta) = \text{E}(\xi) \cdot \text{E}(\eta)$,

于是
$$\begin{aligned}\text{cov}(\xi, \eta) &= \text{E}[\xi - \text{E}(\xi)][\eta - \text{E}(\eta)]\\&= \text{E}(\xi\eta) - \text{E}(\xi)\text{E}(\eta) = 0.\end{aligned}$$

对于 $\text{cov}(\xi, \eta)$ 与 $\text{D}(\xi)$, $\text{D}(\eta)$ 及 $\text{E}(\xi)$, $\text{E}(\eta)$ 之间的关系有如

下定理.

定理 4.7 若 $E(\xi)$, $E(\eta)$, $D(\xi)$, $D(\eta)$均存在,则

(1) $\mathrm{cov}(\xi, \eta) = E(\xi\eta) - E(\xi)E(\eta)$;

(2) $D(\xi \pm \eta) = D(\xi) + D(\eta) \pm 2\mathrm{cov}(\xi, \eta)$.

证明 (1) 已由定理 4.6(4)的证明过程中得到.

$$
\begin{aligned}
(2)\ D(\xi \pm \eta) &= E[\xi \pm \eta - E(\xi \pm \eta)]^2 \\
&= E[\xi - E(\xi) \pm (\eta - E(\eta))]^2 \\
&= E\{[\xi - E(\xi)]^2 \pm 2[\xi - E(\xi)][\eta - E(\eta)] \\
&\quad + [\eta - E(\eta)]^2\} \\
&= D(\xi) + D(\eta) \pm 2\mathrm{cov}(\xi, \eta).
\end{aligned}
$$

根据定理 4.6(2)及方差的性质,运用归纳法,易得

推论 4.4

$$D\left(\sum_{i=1}^{n} c_i\xi_i + b\right) = \sum_{i=1}^{n} c_i^2 D(\xi_i) + 2\sum_{1\leqslant i<j\leqslant n} c_i c_j \mathrm{cov}(\xi_i, \xi_j),$$

其中 c_1, c_2, …, c_n, b 都是常数,所提及的方差存在.

例 4.19 设 ξ, η 的联合密度函数是

$$f(x, y) = \begin{cases} x + y, & 0 \leqslant x \leqslant 1,\ 0 \leqslant y \leqslant 1, \\ 0, & \text{其他}. \end{cases}$$

求 $\mathrm{cov}(\xi, \eta)$, $D(2\xi - 3\eta + 8)$, $\rho_{\xi\eta}$.

解 有

$$
\begin{aligned}
E(\xi) &= \int_{-\infty}^{+\infty}\int_{-\infty}^{+\infty} x f(x, y)\,dx\,dy \\
&= \int_0^1\int_0^1 x(x + y)\,dx\,dy = \frac{7}{12},
\end{aligned}
$$

$$E(\xi^2) = \int_{-\infty}^{+\infty}\int_{-\infty}^{+\infty} x^2 f(x, y)\,dx\,dy$$

$$=\int_0^1\int_0^1 x^2(x+y)\mathrm{d}x\mathrm{d}y=\frac{5}{12},$$

根据对称性，得

$$\mathrm{E}(\eta)=\mathrm{E}(\xi)=\frac{7}{12},$$

$$\mathrm{E}(\eta^2)=\mathrm{E}(\xi^2)=\frac{5}{12}.$$

另一方面

$$\begin{aligned}\mathrm{E}(\xi\eta)&=\int_{-\infty}^{+\infty}\int_{-\infty}^{+\infty}xyf(x,y)\mathrm{d}x\mathrm{d}y\\&=\int_0^1\int_0^1 xy(x+y)\mathrm{d}x\mathrm{d}y=\frac{1}{3}.\end{aligned}$$

于是

$$\begin{aligned}\mathrm{cov}(\xi,\eta)&=\mathrm{E}(\xi\eta)-\mathrm{E}(\xi)\mathrm{E}(\eta)=\frac{1}{3}-\left(\frac{7}{12}\right)^2\\&=-\frac{1}{144}.\end{aligned}$$

$$\begin{aligned}\mathrm{D}(\eta)&=\mathrm{D}(\xi)=\mathrm{E}(\xi^2)-[\mathrm{E}(\xi)]^2\\&=\frac{5}{12}-\left(\frac{7}{12}\right)^2=\frac{11}{144},\end{aligned}$$

$$\begin{aligned}\mathrm{D}(2\xi-3\eta+8)&=4\mathrm{D}(\xi)+9\mathrm{D}(\eta)-12\mathrm{cov}(\xi,\eta)\\&=13\times\frac{11}{144}+12\times\frac{1}{144}=\frac{155}{144}.\end{aligned}$$

$$\rho_{\xi\eta}=\frac{\mathrm{cov}(\xi,\eta)}{\sqrt{\mathrm{D}(\xi)}\sqrt{\mathrm{D}(\eta)}}=\frac{-\frac{1}{144}}{\sqrt{\frac{11}{144}}\sqrt{\frac{11}{144}}}=-\frac{1}{11}.$$

3. 相关系数的性质

为了阐明相关系数的性质，我们首先证明一个有用的不等式.

定理 4.8 （柯西—施瓦兹(Cauchy — Schwarz)不等式）设 ξ, η 为任意两个随机变量，若 $E(\xi^2) < \infty$，$E(\eta^2) < \infty$，则有

$$|E(\xi\eta)|^2 \leqslant E(\xi^2)E(\eta^2).$$

证明 由 $|\xi\eta| \leqslant \frac{1}{2}(\xi^2 + \eta^2)$ 知 $E(\xi\eta)$ 存在，当 $E(\eta^2) \neq 0$ 时，对任意实数 λ，二次三项式

$$E(\xi + \lambda\eta)^2 = E(\xi^2) + 2\lambda E(\xi\eta) + \lambda^2 E(\eta^2) \geqslant 0,$$

所以它的判别式非正，即

$$[2E(\xi\eta)]^2 - 4E(\xi^2) \cdot E(\eta^2) \leqslant 0,$$

因而

$$|E(\xi\eta)|^2 \leqslant E(\xi^2)E(\eta^2).$$

当 $E(\eta^2) = 0$ 时，所证不等式显然成立.

定理 4.9 设 $\rho_{\xi\eta}$ 是 ξ 与 η 的相关系数，则有

(1) $|\rho_{\xi\eta}| \leqslant 1$;

(2) $|\rho_{\xi\eta}| = 1$ 的充要条件是 ξ 与 η 以概率 1 线性相关，即存在常数 $a \neq 0$ 与 b，使

$$P(\eta = a\xi + b) = 1.$$

证明 (1) 由定理 4.8，我们有

$$\begin{aligned}[\mathrm{cov}(\xi, \eta)]^2 &= \{E[\xi - E(\xi)][\eta - E(\eta)]\}^2 \\ &\leqslant E[\xi - E(\xi)]^2 \cdot E[\eta - E(\eta)]^2 \\ &= D(\xi)D(\eta),\end{aligned}$$

故

$$\left[\frac{\mathrm{cov}(\xi, \eta)}{\sqrt{D(\xi)} \cdot \sqrt{D(\eta)}}\right]^2 \leqslant 1,$$

即

$$|\rho_{\xi\eta}|^2 \leqslant 1,$$

所以 $$|\rho_{\xi\eta}| \leqslant 1.$$

(2) 先证充分性，不妨设 $\eta = a\xi + b,\ a \neq 0$，于是

$$\operatorname{cov}(\xi, \eta) = \operatorname{cov}(\xi, a\xi + b) = a\operatorname{cov}(\xi, \xi) = a\mathrm{D}(\xi),$$

而 $$\mathrm{D}(\eta) = \mathrm{D}(a\xi + b) = a^2\mathrm{D}(\xi),$$

故 $$\rho_{\xi\eta} = \frac{\operatorname{cov}(\xi, \eta)}{\sqrt{\mathrm{D}(\xi)}\ \sqrt{\mathrm{D}(\eta)}} = \frac{a\mathrm{D}(\xi)}{|a|\mathrm{D}(\xi)} = \frac{a}{|a|},$$

所以 $$|\rho_{\xi\eta}| = 1.$$

下面证明必要性，设 $|\rho_{\xi\eta}| = 1$，考虑

$$\begin{aligned}
&\mathrm{D}\left(\frac{\xi - \mathrm{E}(\xi)}{\sqrt{\mathrm{D}(\xi)}} \pm \frac{\eta - \mathrm{E}(\eta)}{\sqrt{\mathrm{D}(\eta)}}\right)\\
&= \mathrm{D}\left(\frac{\xi - \mathrm{E}(\xi)}{\sqrt{\mathrm{D}(\xi)}}\right) + \mathrm{D}\left(\frac{\eta - \mathrm{E}(\eta)}{\sqrt{\mathrm{D}(\eta)}}\right)\\
&\quad \pm 2\operatorname{cov}\left(\frac{\xi - \mathrm{E}(\xi)}{\sqrt{\mathrm{D}(\xi)}}, \frac{\eta - \mathrm{E}(\eta)}{\sqrt{\mathrm{D}(\eta)}}\right)\\
&= 1 + 1 \pm 2\,\frac{\operatorname{cov}(\xi, \eta)}{\sqrt{\mathrm{D}(\xi)}\ \sqrt{\mathrm{D}(\eta)}} = 2(1 \pm \rho_{\xi\eta}),
\end{aligned}$$

当 $\rho_{\xi\eta} = 1$ 时，$\mathrm{D}\left(\frac{\xi - \mathrm{E}(\xi)}{\sqrt{\mathrm{D}(\xi)}} - \frac{\eta - \mathrm{E}(\eta)}{\sqrt{\mathrm{D}(\eta)}}\right) = 0$，由定理 4.5 可知

$$P\left(\frac{\xi - \mathrm{E}(\xi)}{\sqrt{\mathrm{D}(\xi)}} - \frac{\eta - \mathrm{E}(\eta)}{\sqrt{\mathrm{D}(\eta)}} = 0\right) = 1,$$

即

$$P(\eta = a\xi + b) = 1,$$

其中

$$a = \frac{\sqrt{\mathrm{D}(\eta)}}{\sqrt{\mathrm{D}(\xi)}} > 0,\ b = \mathrm{E}(\eta) - \frac{\sqrt{\mathrm{D}(\eta)}}{\sqrt{\mathrm{D}(\xi)}} \cdot \mathrm{E}(\xi).$$

类似地，当 $\rho_{\xi\eta}=-1$ 时，有

$$P(\eta=a\xi+b)=1,$$

其中

$$a=-\frac{\sqrt{\mathrm{D}(\eta)}}{\sqrt{\mathrm{D}(\xi)}}<0,\ b=\mathrm{E}(\eta)+\frac{\sqrt{\mathrm{D}(\eta)}}{\sqrt{D(\xi)}}\cdot\mathrm{E}(\xi).$$

定理 4.9 表明 ξ,η 的相关系数 $\rho_{\xi\eta}$ 是衡量 ξ 和 η 之间线性相关程度的量. 当 $|\rho_{\xi\eta}|=1$ 时，ξ 与 η 依概率 1 线性相关，特别 $\rho_{\xi\eta}=+1$ 时，η 随 ξ 的增大而线性地增大，此时称 ξ 与 η **正线性相关**；而当 $\rho_{\xi\eta}=-1$ 时，η 随 ξ 的增大而线性地减小，此时称 ξ 与 η **负线性相关**. 而当 $|\rho_{\xi\eta}|<1$ 时，ξ 与 η 的线性相关程度要减弱，$\rho_{\xi\eta}$ 接近于 0 时表明 ξ 与 η 间的线性关系很差. 如果 $\rho_{\xi\eta}=0$，我们称为 ξ 与 η **不相关**. 值得注意这里的不相关，指的是在线性关系的角度上考虑的不相关，即线性无关，并不是 ξ,η 没有什么关系. 例如，设随机变量 ξ 的密度函数 $f(x)$ 是偶函数，取 $\eta=\xi^2$，有 $\mathrm{E}(\xi)=0$，$\mathrm{E}(\xi\eta)=\mathrm{E}(\xi^3)=0$，$\mathrm{cov}(\xi,\eta)=\mathrm{E}(\xi\eta)-\mathrm{E}(\xi)\mathrm{E}(\eta)=0$，因而 ξ,η 不相关，但 ξ,η 间存在函数关系.

在数理统计学中，对相关系数通常作如下解释：

$|\rho_{\xi\eta}|=0\sim0.3$ …表示相关程度低；

$|\rho_{\xi\eta}|=0.3\sim0.5$ …表示相关程度一般；

$|\rho_{\xi\eta}|=0.5\sim0.7$ …表示相关程度显著；

$|\rho_{\xi\eta}|=0.7\sim0.9$ …表示相关程度高；

$|\rho_{\xi\eta}|=0.9\sim1$ …表示相关程度极高.

独立性和不相关性都是随机变量间联系程度的一种反映，独立性指的是 ξ,η 间没有任何联系，不相关性指的是 ξ,η 间没有线性相关关系，直观上很清楚，当 ξ 与 η 独立时，ξ 与 η 必不相关，但反过来不一定成立. 例如，设 ξ 的分布列是

ξ	-1	0	1
$P(\xi = x_i)$	$\frac{1}{3}$	$\frac{1}{3}$	$\frac{1}{3}$

取 $\eta = \xi^2$，容易验证 ξ, η 不相关，但 ξ, η 不独立.

不过，对于二维正态随机变量 (ξ, η) 而言，ξ, η 的独立性与不相关性是等价的，这就是下述定理.

定理 4.10 若 $(\xi, \eta) \sim N(a, \sigma_1^2; b, \sigma_2^2; r)$，则 ξ 与 η 相互独立的充要条件是 ξ 与 η 不相关.

证明 因 $(\xi, \eta) \sim N(a, \sigma_1^2; b, \sigma_2^2; r)$，由例 3.14 知 ξ, η 独立的充要条件是 $r = 0$，但由例 4.18，又有 $\rho_{\xi\eta} = r$，因而 ξ, η 独立的充要条件是 $\rho_{\xi\eta} = 0$，即 ξ, η 不相关.

4. 矩

1) 原点矩

设 ξ 是随机变量，若 $\mathrm{E}(|\xi|^k) < \infty$，则称

$$m_k = \mathrm{E}(\xi^k), \quad \alpha_k = \mathrm{E}(|\xi|^k)$$

分别为 ξ 的 k 阶原点矩和 k 阶原点绝对矩.

ξ 的数学期望是 ξ 的一阶原点矩，即 $\mathrm{E}(\xi) = m_1$.

2) 中心矩

设 ξ 是随机变量，若 $\mathrm{E}(\xi) < \infty$，且 $\mathrm{E}(|\xi - \mathrm{E}(\xi)|^k) < \infty$，则称

$$c_k = \mathrm{E}([\xi - \mathrm{E}(\xi)]^k), \quad \beta_k = \mathrm{E}(|\xi - \mathrm{E}(\xi)|^k)$$

分别为 ξ 的 k 阶中心矩和 k 阶中心绝对矩.

ξ 的方差是 ξ 的二阶中心矩，即 $\mathrm{D}(\xi) = c_2$.

3) 混合矩

设 ξ, η 是随机变量，若 $\mathrm{E}(|\xi^k \eta^l|) < \infty$ (k 和 l 是正整数)，则称 $\mathrm{E}(\xi^k \eta^l)$ 为 ξ 和 η 的 $(k + l)$ 阶原点混合矩；若 $\mathrm{E}[|\xi - \mathrm{E}(\xi)|^k |\eta$

$-\mathrm{E}(\eta)|^l]<\infty$，则称 $\mathrm{E}\{[\xi-\mathrm{E}(\xi)]^k[\eta-\mathrm{E}(\eta)]^l\}$ 为 ξ 和 η 的 $(k+l)$ 阶中心混合矩.显然协方差 $\mathrm{cov}(\xi,\eta)$ 是二阶中心混合矩.

我们已看到前面研究的一些数字特征——数学期望、方差、协方差是某种矩.矩是最广泛的一种数字特征，在概率论和数理统计的研究中占有重要的地位.

习 题 4.3

(A)

1. 下列事实是等价的吗？

(1) $\mathrm{cov}(\xi,\eta)=0$；

(2) ξ 与 η 不相关；

(3) $\mathrm{E}(\xi\eta)=\mathrm{E}(\xi)\cdot\mathrm{E}(\eta)$；

(4) $\mathrm{D}(\xi+\eta)=\mathrm{D}(\xi)+\mathrm{D}(\eta)$.

2. 下列命题哪些对？哪些错？为什么？

(1) 若 ξ 与 η 独立，则 ξ 与 η 不相关；

(2) 若 ξ 与 η 不相关，则 ξ 与 η 独立；

(3) 若 ξ 与 η 相关，则 ξ 与 η 不独立；

(4) 若 ξ 与 η 不独立，则 ξ 与 η 相关.

3. 设 $\xi\sim U[-1,1]$，求 ξ 与 ξ^2 的相关系数.

4. 设 (ξ,η) 的密度函数为

$$f(x,y)=\begin{cases}8xy, & 0\leqslant x\leqslant y,\ 0\leqslant y\leqslant 1,\\ 0, & \text{其他}.\end{cases}$$

试求 $\mathrm{cov}(\xi,\eta)$，$\rho_{\xi\eta}$，$\mathrm{D}(\xi-2\eta)$.

5. 设 ξ 与 η 独立且具有相同正态分布 $N(\alpha,\sigma^2)$，求 $\zeta_1=\alpha\xi+\beta\eta$ 和 $\zeta_2=\alpha\xi-\beta\eta$ 的相关系数(α, β 常数).

6. 设 (ξ,η) 服从圆 $x^2+y^2\leqslant 1$ 内的均匀分布，试证 ξ 与 η 不相关，但它们不独立.

(B)

1. 若随机变量 ξ 与 η 都只取两个值，且 ξ, η 不相关，试证 ξ 与 η 独立.

2. 设 $\xi_1, \xi_2, \cdots, \xi_{2n}$的数学期望为零,方差均为1,且其中任意两个随机变量间的相关系数均为 ρ,求 $\eta = \xi_1 + \xi_2 + \cdots + \xi_n$ 与 $\zeta = \xi_{n+1} + \cdots + \xi_{2n}$ 的相关系数.

3. 设(ξ, η)服从二维正态分布,$\mathrm{E}(\xi) = \mathrm{E}(\eta) = 0$, $\mathrm{D}(\xi) = \mathrm{D}(\eta) = 1$, $\rho_{\xi\eta} = r$,证明:

$$\mathrm{E}[\max(\xi, \eta)] = \sqrt{\frac{1-r}{\pi}}.$$

§4.4 条件数学期望

1. 条件数学期望的定义

定义 4.6 设(ξ, η)是二维离散型随机变量,其分布列为

$$p_{ij} = P(\xi = x_i, \eta = y_j), \quad i, j = 1, 2 \cdots,$$

若对某 y_j, $P(\eta = y_j) > 0$,那么在 $\eta = y_j$ 的条件下,ξ 的条件分布列是

$$P(\xi = x_i | \eta = y_j) = \frac{P(\xi = x_i, \eta = y_j)}{P(\eta = y_j)} = \frac{p_{ij}}{p_{\cdot j}}, \quad i = 1, 2, \cdots.$$

如果有 $\sum_{i=1}^{\infty} |x_i| P(\xi = x_i | \eta = y_j) < \infty$,则称

$$\mathrm{E}(\xi | \eta = y_j) = \sum_{i=1}^{\infty} x_i P(\xi = x_i | \eta = y_j)$$

为随机变量 ξ 在条件 $\eta = y_j$ 下的**条件数学期望**.

定义 4.7 设(ξ, η)是二维连续型随机变量,其密度函数为 $f(x, y)$,若对某 y, $f_\eta(y) > 0$,那么在 $\eta = y$ 的条件下,ξ 的条件密度函数是 $f_{\xi|\eta}(x|y) = \dfrac{f(x, y)}{f_\eta(y)}$. 如果 $\int_{-\infty}^{\infty} |x| f_{\xi|\eta}(x|y) \mathrm{d}x <$

∞，则称

$$\mathrm{E}(\xi \mid \eta = y) = \int_{-\infty}^{+\infty} x f_{\xi|\eta}(x \mid y) \mathrm{d}x$$

为随机变量 ξ 在条件 $\eta = y$ 下的**条件数学期望**.

例 4.20 已知二维离散型随机变量(ξ, η)的分布列为

ξ \ η	1	2	3
1	$\frac{1}{6}$	$\frac{1}{9}$	$\frac{1}{18}$
2	$\frac{1}{6}$	$\frac{1}{9}$	$\frac{1}{18}$
3	$\frac{1}{6}$	$\frac{1}{9}$	$\frac{1}{18}$

求 $\mathrm{E}(\xi \mid \eta = 2)$.

解 易知 $P(\eta = 2) = p_{\cdot 2} = \sum_{i=1}^{3} p_{i2} = \frac{1}{9} + \frac{1}{9} + \frac{1}{9} = \frac{1}{3}$，于是在 $\eta = 2$ 的条件下 ξ 的条件分布列为

$$P(\xi = i \mid \eta = 2) = \frac{P_{i2}}{P_{\cdot 2}} = 3 \times \frac{1}{9} = \frac{1}{3}, \quad i = 1, 2, 3.$$

所以

$$\mathrm{E}(\xi \mid \eta = 2) = \sum_{i=1}^{3} i P(\xi = i \mid \eta = 2) = \frac{1}{3} \sum_{i=1}^{3} i = 2.$$

例 4.21 设(ξ, η)是服从正态分布 $N(a, \sigma_1^2; b, \sigma_2^2; r)$的二维正态随机变量，求 $\mathrm{E}(\xi \mid \eta = y)$.

解 在第 3 章例 3.11 中已知 $\eta = y$ 的条件下 ξ 的条件密度函数为

$$f_{\xi|\eta}(x|y)=\frac{1}{\sqrt{2\pi}(\sigma_1\sqrt{1-r^2})}\exp\left\{-\frac{1}{2(\sigma_1\sqrt{1-r^2})^2}\right.$$

$$\left.\cdot\left[x-\left(a+\frac{\sigma_1}{\sigma_2}r(y-b)\right)\right]^2\right\},$$

这正是正态分布 $N\left(a+\frac{\sigma_1}{\sigma_2}r(y-b),\sigma_1^2(1-r^2)\right)$ 的密度函数，故

$$\mathrm{E}(\xi|\eta=y)=\int_{-\infty}^{+\infty}xf_{\xi|\eta}(x|y)\mathrm{d}x=a+\frac{\sigma_1}{\sigma_2}r(y-b),$$

值得注意的是它是 y 的线性函数.

正如条件概率具有概率的性质一样，条件数学期望也具有与数学期望类似的性质，例如 $\mathrm{E}\left[\sum_{i=1}^{n}\xi_i|\eta=y\right]=\sum_{i=1}^{n}\mathrm{E}(\xi_i|\eta=y)$ 仍然成立，等等.

2. 用条件数学期望计算数学期望

若条件数学期望 $\mathrm{E}(\xi|\eta=y)$ 对 η 取的各个值都存在，就可以把它看成 y 的函数，从而自然地引入如下定义：

定义 4.8 用 $\mathrm{E}(\xi|\eta)$ 表示随机变量 η 的如下函数：当 $\eta=y$ 时，$\mathrm{E}(\xi|\eta)$ 取值 $\mathrm{E}(\xi|\eta=y)$. 称 $\mathrm{E}(\xi|\eta)$ 为 ξ 关于 η 的**条件数学期望**.

根据条件数学期望的定义及随机变量函数的数学期望公式，容易明白：

(1) 当 η 是离散型随机变量时，有

$$\mathrm{E}[\mathrm{E}(\xi|\eta)]=\sum_{i=1}^{n}\mathrm{E}(\xi|\eta=y_j)P(\eta=y_j);$$

(2) 当 η 是连续型随机变量时，有

$$\mathrm{E}[\mathrm{E}(\xi|\eta)]=\int_{-\infty}^{+\infty}\mathrm{E}(\xi|\eta=y)f_\eta(y)\mathrm{d}y.$$

定理 4.10 设(ξ, η)是二维随机变量，$E(\xi) < \infty$，若ξ与η相互独立,则

$$E(\xi|\eta) - E(\xi).$$

证明 仅就连续型的情形进行证明,对离散型的情形作为练习,留给读者证明.

设(ξ, η)是连续型二维随机变量,由独立性有

$$f(x, y) = f_\xi(x) f_\eta(y),$$

其中$f(x, y)$，$f_\xi(x)$，$f_\eta(y)$分别是(ξ, η)的密度函数和边际密度函数,这时条件密度函数$f_{\xi|\eta}(x|y) = f_\xi(x)$，于是当$\eta = y$时

$$\begin{aligned} E(\xi|\eta = y) &= \int_{-\infty}^{+\infty} x f_{\xi|\eta}(x|y) \mathrm{d}x \\ &= \int_{-\infty}^{+\infty} x f_\xi(x) \mathrm{d}x = E(\xi), \end{aligned}$$

上式对一切y成立,所以

$$E(\xi|\eta) = E(\xi).$$

定理的直观意义是极容易理解的,既然ξ与η是独立的,那么不管η取什么值,对ξ取值的统计规律都没有影响,也就不会影响它的平均值.

定理 4.11 设(ξ, η)是二维随机变量，$E(\xi) < \infty$，则

$$E[E(\xi|\eta)] = E(\xi),$$

它称为**全数学期望公式**.

证明 仅就连续型的情形进行证明,对离散型的情形作为练习,留给读者证明.

设(ξ, η)是连续型二维随机变量,其密度函数为$f(x, y)$,这时,当$\eta = y$时，$E(\xi|\eta)$取值为$E(\xi|\eta = y) = \int_{-\infty}^{\infty} x f_{\xi|\eta}(x|y) \mathrm{d}x$,

于是，由随机变量函数的数学期望公式，我们有

$$\begin{aligned}
E[E(\xi|\eta)] &= \int_{-\infty}^{+\infty} E(\xi|\eta=y) f_\eta(y)\mathrm{d}y \\
&= \int_{-\infty}^{+\infty}\left(\int_{-\infty}^{+\infty} x f_{\xi|\eta}(x|y)\mathrm{d}x\right) f_\eta(y)\mathrm{d}y \\
&= \int_{-\infty}^{+\infty}\int_{-\infty}^{+\infty} x f(x,\ y)\mathrm{d}x\mathrm{d}y \\
&= \int_{-\infty}^{+\infty} x\left(\int_{-\infty}^{+\infty} f(x,\ y)\mathrm{d}y\right)\mathrm{d}x \\
&= \int_{-\infty}^{+\infty} x f_\xi(x)\mathrm{d}x = E(\xi).
\end{aligned}$$

例 4.22 一矿工被困在有 3 个门的矿井中，第一个门通过一坑道，沿此坑道走 3 小时可使他到达安全地点，第二个门通到使他走 4 小时后又转回原地的坑道，第三个门通到使他走 7 小时后回原地的坑道，如设这矿工在任何时刻都等可能地选定其中一个门，试问他到达安全地点平均要花多长时间？

解 令 ξ 表示该矿工到达安全地点所需时间（单位：h，小时），η 表示他最初选定的门，应用全数学期望公式，有

$$\begin{aligned}
E(\xi) &= E[E(\xi|\eta)] \\
&= E(\xi|\eta=1)P(\eta=1) + E(\xi|\eta=2)P(\eta=2) \\
&\quad + E(\xi|\eta=3)P(\eta=3) \\
&= \frac{1}{3}[E(\xi|\eta=1) + E(\xi|\eta=2) + E(\xi|\eta=3)],
\end{aligned}$$

易知 $E(\xi|\eta=1)=3$；现在考虑计算 $E(\xi|\eta=2)$，设该矿工选择第二个门，他沿坑道走 5h 后又转回原地，而一旦他返回原地，问题就与当初他还没有进第二个之前一样，因此，他要到达安全地点平均还需要用 $E(\xi)$h，故

$$E(\xi|\eta=2) = 5 + E(\xi),$$

类似地，有

$$E(\xi|\eta=3)=7+E(\xi),$$

从而

$$E(\xi)=\frac{1}{3}[3+5+E(\xi)+7+E(\xi)].$$

解得

$$E(\xi)=15.$$

所以他到达安全地点平均要花 15h.

例 4.23 设电力公司每月可以供应某工厂的电力服从[10, 30](单位:10^4kW·h)上的均匀分布，而该工厂每月实际生产所需要的电力服从[10, 20]上的均匀分布. 如果工厂能从电力公司得到足够的电力，则每 10^4kW·h 电可以创造 30 万元利润，若工厂从电力公司得不到足够的电力，不足部分由工厂通过其他途径自行解决，则每 10^4kW·h 电只有 10 万元利润，问该厂每月的平均利润为多大？

解 设电力公司每月供应该厂的电力为 ξ，工厂每月实际需要的电力为 η，工厂每月的利润为 ζ(万元)，由题设条件知

$$\zeta=\begin{cases}30\eta, & \eta\leqslant\xi,\\ 30\xi+10\times(\eta-\xi), & \eta>\xi.\end{cases}$$

于是当 $20\leqslant x\leqslant 30$ 时，有

$$E(\zeta|\xi=x)=\int_{10}^{20}30y\cdot\frac{1}{10}dy=450,$$

当 $10\leqslant x\leqslant 20$ 时，有

$$E(\zeta|\xi=x)=\int_{10}^{x}30y\cdot\frac{1}{10}dy+\int_{x}^{20}(10y+20x)\cdot\frac{1}{10}dy$$

$$=\frac{3}{2}\times(x^2-100)+\frac{1}{2}\times(20^2-x^2)+$$

$$2x \times (20 - x)$$

$$= 50 + 40x - x^2,$$

由全数学期望公式

$$\begin{aligned} E(\zeta) &= E[E(\zeta|\xi)] \\ &= \frac{1}{20}\int_{10}^{20}(50 + 40x - x^2)dx + \frac{1}{20}\int_{20}^{30}450dx \\ &= 25 + 300 - \frac{7}{6} \times 100 + 225 \approx 433. \end{aligned}$$

所以该工厂每月的平均利润为 433 万元.

例 4.24 设在某一天内,走进某百货商店的顾客数是均值等于 50 的随机变量,且这些顾客所花的钱数为均值都等于 8 元的相互独立随机变量,此外,每个顾客所花的钱数和进入该商店的顾客数独立,试问在这一天内,顾客们在该商店所花费钱数的平均值为多少?

解 令 η 表示走进该商店的顾客数,ξ_i 表示第 i 个顾客所花的钱数,$i = 1, 2, \cdots, \eta$,则 η 个顾客所花费的总钱数为 $\sum\limits_{i=1}^{n}\xi_i$,据题意,$E(\eta) = 50$, $E(\xi_1) = E(\xi_2) = \cdots = E(\xi_\eta) = 8$.

应用全数学期望公式,有

$$E\left(\sum_{i=1}^{\eta}\xi_i\right) = E\left[E\left(\sum_{i=1}^{\eta}\xi_i|\eta\right)\right].$$

注意到 η 与 ξ_i 相互独立,又有

$$E\left[\sum_{i=1}^{\eta}\xi_i|\eta = n\right] = E\left[\sum_{i=1}^{n}\xi_i\right] = nE(\xi_1),$$

所以

$$E\left[\sum_{i=1}^{\eta}\xi_i|\eta\right] = \eta E(\xi_1),$$

从而

$$E\left(\sum_{i=1}^{\eta}\xi_i\right)=E[\eta E(\xi_1)]=E(\eta)E(\xi_1)$$

$$=50\times 8=400.$$

所以顾客们在该商店平均共花费 400 元.

条件数学期望在实际问题中具有广泛的应用,例如某少年体校希望在小学中选拔一定数量的小学生进行重点培养,在众多素质(诸如弹跳、灵敏度、耐力等)的要求中,显然,其身高是一个非常重要的因素,于是就产生这样一个问题,在一大群各项素质(包括目前的身高)都差不多的七八岁的小朋友中,用什么办法来选拔一定数量将来(十年以后)身材会比较高的幼苗进行重点培养呢?科学工作者发现了小孩的足长与他长大成人后的身高之间有密切的关系,我国的体育科研人员对 16 个省市的几万名青少年儿童进行了观测,建立了下述预测公式:

$$\text{成年身高}=k\times(\text{少儿当年足长}),(\text{单位:cm}),$$

其中系数 k 对不同性别、不同年龄组的儿童有不同的数值,其具体数值如下表:

表 4.1

年龄 \ 性别	男	女
7	9.218	8.735
8	8.930	8.418
9	8.572	8.075
10	8.242	7.759

很自然,人们会问上述预测公式是怎样建立的?理论依据是什么?其实这正是现在所讨论的条件数学期望.对 n(n 取定)岁的少年儿童来说,设其成年后的身高为 ξ,当年足长为 η,则(ξ,η)是一个二

维随机变量，一般认为它们的联合分布是正态分布，如果我们已知 η 的值，设为 y，可以近似地用 $\eta = y$ 的条件下 ξ 的条件数学期望来估计 ξ 的值，即用 $E(\xi|\eta = y)$ 作为 ξ 的预测值. 由例 4.21 知道，这时 $E(\xi|\eta = y)$ 是 y 的线性函数，这就是上述成年身高的预测公式.

习题 4.4

(A)

1. 设二维随机变量 (ξ, η) 的分布列为

ξ \ η	-1	0	1
0	0.1	0.2	0
1	0.05	0.1	0.1
2	0.05	0.15	0.05
3	0.1	0.05	0.05

求 $E(\xi|\eta = -1)$ 和 $E(\xi|\eta = 1)$.

2. 设随机变量 ξ 与 η 相互独立，分别服从参数为 λ_1 与 λ_2 的泊松分布，求 $E[\xi|\xi + \eta = n]$.

3. 设二维随机变量 (ξ, η) 的密度函数为

$$f(x, y) = \begin{cases} 3x, & 0 < y < x,\ 0 < x < 1, \\ 0, & \text{其他}. \end{cases}$$

求 $E\left(\xi|\eta = \frac{1}{2}\right)$.

4. 设二维随机变量 (ξ, η) 的密度函数为

$$f(x, y) = \frac{e^{-x/y}e^{-y}}{y},\quad 0 < x < \infty,\ 0 < y < \infty,$$

求 $E(\xi|\eta = y)\ (y > 0)$.

5. 设每天到达货站的货物件数 ξ 具有分布列

ξ	10	11	12	13	14	15
$P(\xi = x_i)$	0.05	0.10	0.10	0.20	0.35	0.20

如果每天到达的货物中次品的概率是相同的，都等于 0.10，试求每天运到的货物中次品件数 η 的数学期望.

(B)

1. 接连掷一枚均匀骰子，设 ξ 与 η 分别表示为获得 6 点和 5 点所需的投掷次数，求 $\mathrm{E}(\xi|\eta=1)$.

2. 某人被困在有 3 个门的密室中，第一个门通到一地道，沿此地道行走 2 天后，结果使他又转回原地，第二个门通到使他行走 4 天后也转回原地的地道，第三个门通到使他行走 1 天后能得到自由的地道，设该人始终以概率 0.5、0.3 及 0.2 分别选择第一、第二及第三个门，试问等该人走出地道获得自由时平均需要多少天？

3. 从电梯最低层（入口）向上共有 N 层楼（N 个出口），假定开始时乘电梯的人数服从参数为 λ 的泊松分布，而每个人要求哪一层停下离开是彼此独立且等可能的，求所有乘客都走出电梯时，该电梯停止次数的数学期望.

第 5 章　大数定律和中心极限定理

§5.1　大 数 定 律

大数定律和下一节要介绍的中心极限定理是概率与数理统计学中极为重要的两类极限定理. 通常,把叙述什么条件下,一随机变量序列的算术平均值(按某种意义)收敛于某数的定理称为"大数定律",而把在什么条件下,大量的随机变量之和具有近似于正态分布的定理归为"中心极限定理",它们深刻揭示了自然界中广泛存在着的一类随机变量和的统计规律性.

定义 5.1　设 $\xi_1, \xi_2, \cdots, \xi_n, \cdots$ 为一列随机变量,简记为 $\{\xi_n, n=1, 2, \cdots\}$ 或 $\{\xi_n\}$,若存在随机变量 ξ,使对任意 $\varepsilon > 0$, 有

$$\lim_{n\to\infty} P(|\xi_n - \xi| \geqslant \varepsilon) = 0,$$

或等价地

$$\lim_{n\to\infty} P(|\xi_n - \xi| < \varepsilon) = 1,$$

则称随机变量序列 $\{\xi_n\}$ **依概率收敛**于随机变量 ξ,并记作:

$$\xi_n \xrightarrow{P} \xi.$$

显然 $\xi_n \xrightarrow{P} \xi$ 与 $\xi_n - \xi \xrightarrow{P} 0$ 是等价的.

定义 5.2　设 $\{\xi_n\}$ 为一随机变量序列, $\mathrm{E}(\xi_n)\ (n \geqslant 1)$ 存在,若

$$\frac{\sum_{i=1}^{n}\xi_i}{n}-\frac{\sum_{i=1}^{n}\mathrm{E}(\xi_i)}{n}\xrightarrow{P}0,$$

则称$\{\xi_n\}$服从大数定律.

定理 5.1 （马尔可夫大数定律）设$\{\xi_n\}$是一随机变量序列，若成立

$$\lim_{n\to\infty}\frac{1}{n^2}\mathrm{D}\Big(\sum_{i=1}^{n}\xi_i\Big)=0,$$

则$\{\xi_n\}$服从大数定律.

证明 对任意给定的$\varepsilon>0$，由切比雪夫不等式，我们有

$$P\left\{\left|\frac{\sum_{i=1}^{n}\xi_i}{n}-\frac{\sum_{i=1}^{n}\mathrm{E}(\xi_i)}{n}\right|\geqslant\varepsilon\right\}\leqslant\frac{\mathrm{D}\Big(\frac{1}{n}\sum_{i=1}^{n}\xi_i\Big)}{\varepsilon^2}=\frac{\mathrm{D}\Big(\sum_{i=1}^{n}\xi_i\Big)}{n^2\varepsilon^2},$$

于是

$$\lim_{n\to\infty}P\left\{\left|\frac{\sum_{i=1}^{n}\xi_i}{n}-\frac{\sum_{i=1}^{n}\mathrm{E}(\xi_i)}{n}\right|\geqslant\varepsilon\right\}=0.$$

所以$\{\xi_n\}$服从大数定律.

定理 5.1 中的条件通常称为**马尔可夫条件**.

例 5.1 设ξ_k的分布列是：$P(\xi_k=\sqrt{\ln k})=\frac{1}{2}$，$P(\xi_k=-\sqrt{\ln k})=\frac{1}{2}$，$k=1,2,\cdots$；且$\xi_1,\xi_2,\cdots,\xi_n,\cdots$相互独立，试证$\{\xi_n\}$服从大数定律.

证明 只需验证马尔可夫条件就够了，我们有$\mathrm{E}(\xi_k)=0$，$\mathrm{D}(\xi_k)=\ln k$，从而

$$\frac{\mathrm{D}\Big(\sum_{i=1}^{n}\xi_i\Big)}{n^2}=\frac{\sum_{i=1}^{n}\mathrm{D}(\xi_i)}{n^2}=\frac{\sum_{i=1}^{n}\ln i}{n^2}<\frac{\ln n}{n}\to 0\ (n\to\infty).$$

定理 5.2 （伯努利大数定律）设 μ_n 是 n 次伯努利概型中事件 A 发生的次数，而 p 是事件 A 在每次试验中发生的概率，则对任意 $\varepsilon > 0$，都有

$$\lim_{n\to\infty} P\left(\left| \frac{\mu_n}{n} - p \right| < \varepsilon \right) = 1.$$

证明 令

$$\xi_i = \begin{cases} 1, & \text{在第 } i \text{ 次试验中事件 } A \text{ 发生}, \\ 0, & \text{在第 } i \text{ 次试验中事件 } A \text{ 不发生}, \end{cases} \quad i = 1, 2, \cdots, n,$$

则 $\xi_1, \xi_2, \cdots, \xi_n$ 是相互独立的，且

$$\mathrm{E}(\xi_i) = p, \quad \mathrm{D}(\xi_i) = p(1-p), \quad i = 1, 2, \cdots, n,$$

而

$$\mu_n = \sum_{i=1}^{n} \xi_i,$$

于是

$$\frac{\mu_n}{n} - p = \frac{\sum_{i=1}^{n} \xi_i}{n} - \frac{\sum_{i=1}^{n} \mathrm{E}(\xi_i)}{n},$$

$$\frac{\mathrm{D}\left(\sum_{i=1}^{n} \xi_i \right)}{n^2} = \frac{\sum_{i=1}^{n} \mathrm{D}(\xi_i)}{n^2} = \frac{np(1-p)}{n^2}$$

$$= \frac{p(1-p)}{n} \to 0 \ (n \to \infty).$$

从而根据定理 5.1 有

$$\lim_{n\to\infty} P\left(\left| \frac{\sum_{i=1}^{n} \xi_i}{n} - \frac{\sum_{i=1}^{n} \mathrm{E}(\xi_i)}{n} \right| < \varepsilon \right) = 1,$$

即

$$\lim_{n\to\infty}P\left(\left|\frac{\mu_n}{n}-p\right|<\varepsilon\right)=1.$$

在第 1 章我们曾经引进事件概率的统计定义，指出这是一种描述性定义，在数学上不严格，因为那里关于"频率稳定于概率"的意思是很不明确的，伯努利大数定律从数学上讲清楚了这个问题，"频率稳定于概率"的含意是：事件 A 的频率$\frac{\mu_n}{n}$依概率收敛于它的概率 p，也即当 n 充分大时可以以任何接近于 1 的概率断言，$\frac{\mu_n}{n}$将落在以 p 以中心的 ε 邻域(ε 可事先指定).

伯努利大数定律还从理论上回答了第 1 章提到的通过试验来确定概率的方法：做 n 次独立的重复试验，以 μ_n 表示 n 次试验中事件 A 发生的次数，那么我们可以很大的概率确信 $p\approx\frac{\mu_n}{n}$.

例 5.2 抛掷一颗均匀的骰子，为了至少有 95%的把握使 6 点向上的频率与概率$\frac{1}{6}$之差落在 0.01 的范围之内，问需要抛掷多少次？

解 问题为求满足不等式

$$P\left(\left|\frac{\mu_n}{n}-\frac{1}{6}\right|<0.01\right)\geqslant 0.95$$

的 n.

参照定理 5.2 的证明过程，显见 $D(\mu_n)=npq=\frac{5n}{36}$. 由切比雪夫不等式得

$$P\left(\left|\frac{\mu_n}{n}-\frac{1}{6}\right|<0.01\right)\geqslant 1-\frac{D\left(\frac{\mu_n}{n}\right)}{(0.01)^2}$$

$$=1-\frac{5}{36\times(0.01)^2n},$$

欲 $P\left(\left|\frac{\mu_n}{n}-\frac{1}{6}\right|<0.01\right)\geqslant 0.95$，只要

$$1-\frac{5}{36\times(0.01)^2 n}\geqslant 0.95,$$

解上述不等式，我们求得

$$n\geqslant 27\,778.$$

本例告诉我们，如果在 100 个房间的每一间内都抛掷一颗骰子 27 778 次，则在大约 95 间房内观察到的频率与$\frac{1}{6}$的差将会在 0.01 的范围内.

前面讲的两个大数定律都是在方差满足一定条件的情形下才能成立，然而在许多问题中，特别在数理统计学中，往往不能满足上述条件，而仅知道随机变量序列$\{\xi_n\}$是相互独立同分布，对于这种情形，我们有下面的结论：

定理 5.3 （辛钦大数定律） 设$\{\xi_n\}$为一相互独立同分布的随机变量序列，且数学期望存在，$E(\xi_i)=a$，则对任意的 $\varepsilon>0$，成立

$$\lim_{n\to\infty}P\left(\left|\frac{1}{n}\sum_{i=1}^{n}\xi_i-a\right|<\varepsilon\right)=1.$$

辛钦大数定律为实际生活中经常采用的算术平均值法则提供了理论根据，它断言：如果诸 ξ_i 是具有数学期望、相互独立、同分布的随机变量，则当 n 充分大时，算术平均值 $\frac{\xi_1+\xi_2+\cdots+\xi_n}{n}$ 一定以接近于 1 的概率落在真值 a 的任意小的邻域内. 据此，如果要测定一个物体某指标值 a，可以独立重复地测量 n 次，得到一组数据：$x_1, x_2, \cdots, x_n$，当 n 充分大时，可能确信

$$a\approx\frac{x_1+x_2+\cdots+x_n}{n}.$$

辛钦大数定律也是数理统计学中参数估计理论的基础，通过下面第 7 章的学习，我们对它会有更深入的认识.

此外，辛钦大数定律还为我们求解某一类问题提供了一种近似方法，假设某问题的解可归结为随机变量 ξ 的数学期望 $\mathrm{E}(\xi)$，于是，欲求该问题的解，只要计算 $\mathrm{E}(\xi)$. 为此，我们在计算机上模拟产生一组相互独立与 ξ 具有相同分布的随机变量 $\xi_1, \xi_2, \cdots, \xi_n$ 的值，设为 $x_1, x_2, \cdots, x_n$，根据辛钦大数定律，当 n 充分大时，就有

$$\mathrm{E}(\xi) \approx \frac{x_1 + x_2 + \cdots + x_n}{n}.$$

同样，如果问题的解宜归结为随机变量 ξ 函数 $g(\xi)$ 的数学期望 $\mathrm{E}(g(\xi))$，那么也可运用上述方法求得问题的近似解，事实上，若 $\xi_1, \xi_2, \cdots, \xi_n, \cdots$ 是一列相互独立与 ξ 具有相同分布的随机变量，且 $\mathrm{E}(g(\xi))$ 存在，可以证明：$g(\xi_1), g(\xi_2), \cdots, g(\xi_n), \cdots$ 也是一列相互独立同分布的随机变量，于是由辛钦大数定律知

$$\lim_{n\to\infty} P\left(\left| \frac{1}{n} \sum_{i=1}^{n} g(\xi_i) - E(g(\xi)) \right| < \varepsilon \right) = 1.$$

据此，在计算机上模拟产生一组相互独立与 ξ 具有相同分布的随机变量的随机变量 $\xi_1, \xi_2, \cdots, \xi_n$ 的值 $x_1, x_2, \cdots, x_n$，当 n 充分大时，就有

$$\mathrm{E}(g(\xi)) \approx \frac{g(x_1) + g(x_2) + \cdots + g(x_n)}{n}.$$

诸如这样在计算机上通过模拟试验计算随机变量或随机变量函数的数学期望，从而获得问题近似解的方法就是在前面提到过的蒙特卡罗方法.

例 5.3 用蒙特卡罗方法求定积分

$$J = \int_0^1 x^2 \mathrm{e}^{\sin(x\mathrm{e}^x)} \mathrm{d}x$$

的近似值.

解 首先把定积分 J 归结为某随机变量 ξ 或其函数的数学期望,本题宜归结为某随机变量 ξ 函数的数学期望,ξ 有多种选择的方法,譬如我们选取这样的 ξ,它的密度函数为

$$f(x)=\begin{cases}2x, & 0\leqslant x\leqslant 1,\\ 0, & \text{其他}.\end{cases}$$

根据随机变量函数的数学期望公式,有

$$J=\int_0^1 x^2\mathrm{e}^{\sin(x\mathrm{e}^x)}\mathrm{d}x=\mathrm{E}\left[\frac{\xi}{2}\mathrm{e}^{\sin(\xi\mathrm{e}^\xi)}\right].$$

然后在计算机上模拟产生一列相互独立且都具有上述密度函数的随机变量 $\xi_1, \xi_2, \cdots, \xi_n$ 的值 $x_1, x_2, \cdots, x_n$,于是

$$J\approx\frac{1}{2n}\sum_{i=1}^{n}x_i\mathrm{e}^{\sin(x_i\mathrm{e}^{x_i})}.$$

读者也许会问,在计算机上又如何模拟产生具有上述密度函数的一列相互独立同分布的随机变量 $\xi_1, \xi_2, \cdots, \xi_n$ 的值 $x_1, x_2, \cdots, x_n$ 呢?我们知道,通常在计算机内部都附有产生随机数(在第 2 章均匀分布中曾指出,它是服从[0, 1]上的均匀分布)的软件包,通过该软件包可以在计算机上产生一组相互独立的随机数的值 $r_1, r_2, \cdots, r_n$,由此在计算机上生成 $x_1=\sqrt{r_1}, x_2=\sqrt{r_2}, \cdots, x_n=\sqrt{r_n}$(根据例 2.25 的结论,若 r 为随机数,则 $\xi=\sqrt{r}$ 具有密度函数 $f(x)=2x, 0\leqslant x\leqslant 1$),综上,我们求得 J 的近似值为

$$J\approx\frac{1}{2n}\sum_{i=1}^{n}\sqrt{r_i}\,\mathrm{e}^{\sin\left(\sqrt{r_i}\,\mathrm{e}^{\sqrt{r_i}}\right)}.$$

习 题 5.1

(A)

1. $\xi_n \xrightarrow{P} \xi$ 能否理解为:对给定的 $\varepsilon > 0$,可以找到一个 N,使得当 $n > N$ 时,$|\xi_n - \xi| < \varepsilon$? 为什么?

2. 若 $\xi_n \xrightarrow{P} \xi$, $\eta_n \xrightarrow{P} \eta$, 试证: $\xi_n - \eta_n \xrightarrow{P} \xi - \eta$.

3. 设 $\{\xi_n\}$ 是一随机变量序列,ξ_n 的密度函数为:

$$f_n(x) = \frac{n}{\pi(1 + n^2x^2)}, \quad -\infty < x < +\infty,$$

$n = 1, 2, \cdots$, 试证: $\xi_n \xrightarrow{P} 0$.

4. 设 $\{\xi_n\}$ 为一相互独立的随机变量序列,ξ_n 的分布列是:

$$P(\xi_n = 0) = 1 - \frac{1}{\ln(n+2)},$$

$$P(\xi_n = \pm \ln(n+2)) = \frac{1}{2\ln(n+2)},$$

$n = 1, 2, \cdots$, 证明 $\{\xi_n\}$ 服从大数定律.

5. (切比雪夫大数定理)设 (ξ_n) 为一相互独立的随机变量序列,若有常数 c,使 $\mathrm{D}(\xi_n) \leqslant c$, $n = 1, 2, \cdots$, 证明 $\{\xi_n\}$ 服从大数定律.

6. 在每次试验中事件 A 以概率 $\frac{1}{2}$ 发生,是否可以用大于 0.97 的概率确信:在 1 000 次试验中,事件 A 发生的次数在 400 与 600 范围内?

7. 从装有 3 个白球与 1 个黑球的箱子中,有放回地取 n 个球,设 μ_n 是白球出现的次数,问 n 需要多大才能使得

$$P\left(\left|\frac{\mu_n}{n} - p\right| < 0.001\right) \geqslant 0.99$$

成立? 其中 p 是每一次取得白球的概率.

8. 用蒙特卡罗方法计算定积分 $J = \int_{-4}^{4} x^3 \sin(x^8 \mathrm{e}^x)\mathrm{d}x$ 的近似值.

9. 在某种工艺条件下生产一种零件,由于随机因素的干扰,某一项指标

(如直径)是随机变量 ξ,为了检查零件的质量,不一定要知道 ξ 的分布,只要对 $E(\xi)$, $D(\xi)$ 作出估计就行了,为此,我们可以随机抽取一些零件,测量其直径得 $x_1, x_2, \cdots, x_n$,当 n 充分大时,就有

$$E(\xi) \approx \frac{x_1 + x_2 + \cdots + x_n}{n};$$

$$E(\xi^2) \approx \frac{x_1^2 + x_2^2 + \cdots + x_n^2}{n};$$

$$D(\xi) \approx \frac{x_1^2 + x_2^2 + \cdots + x_n^2}{n} - \left(\frac{x_1 + x_2 + \cdots + x_n}{n} \right)^2.$$

试问它们的根据是什么?

(B)

1. 设 $\{\xi_n\}$ 为一具有有限方差的相互独立同分布的随机变量序列,它们的数学期望均为 a,试证:

$$\frac{2}{n(n+1)} \sum_{i=1}^{n} i\xi_i \xrightarrow{P} a.$$

2. 设随机变量序列 $\xi_1, \xi_2, \cdots, \xi_n, \cdots$ 满足下列条件:当 $|n-m| \geqslant 2$ 时,ξ_n 与 ξ_m 不相关,且对一切 n, $D(\xi_n) \leqslant c$(常数),证明:$\{\xi_n\}$服从大数定律.

3. 设 $\{\xi_n\}$为相互独立同分布的随机变量序列,它们的密度函数均为

$$f(x) = \begin{cases} \dfrac{2}{x^3}, & x \geqslant 1, \\ 0, & x < 1. \end{cases}$$

证明 $\{\xi_n\}$服从大数定律.

§ 5.2 中心极限定理

在随机变量的概率分布中,正态分布占有重要的地位,因为实践中遇到的受种种随机因素影响的随机变量常常是服从正态分布或近似服从正态分布. 在自然界中为什么广泛存在着正态分布呢?本节要讲的中心极限定理回答了这个问题.

所谓中心极限定理指的是有关大量随机变量和的极限分布是

正态分布的定理,对它的研究开始于18世纪,在长达两个世纪的时期内成了概率论研究的中心课题,在这里,我们将不加证明的介绍几个常见的中心极限定理,着重指出它的应用和意义.

1. 独立同分布的中心极限定理

定理 5.4 设 $\xi_1, \xi_2, \cdots$ 为相互独立的随机变量序列, $\mathrm{E}(\xi_i) = a, \mathrm{D}(\xi_i) = \sigma^2 \ (i = 1, 2, \cdots)$, 则当 $n \to \infty$ 时,

$$\zeta_n = \frac{\xi_1 + \xi_2 + \cdots + \xi_n - na}{\sigma\sqrt{n}}$$

的分布趋于标准正态分布,也就是

$$\lim_{n\to\infty} P(\zeta_n < x) = \frac{1}{\sqrt{2\pi}}\int_{-\infty}^{x} \mathrm{e}^{-\frac{t^2}{2}}\mathrm{d}t.$$

定理 5.4 称为**林德伯格-莱维**(Lindeberg-Levy)**定理**,它表明:当 n 充分大时, $\zeta_n = \dfrac{\xi_1 + \xi_2 + \cdots + \xi_n - na}{\sigma\sqrt{n}}$ 的分布近似于 $N(0, 1)$,从而, $\xi_1 + \xi_2 + \cdots + \xi_n = na + \sigma\sqrt{n}\zeta_n$ 具有近似分布 $N(na, n\sigma^2)$,这意味许多个相互独立同分布且存在方差的随机变量之和近似服从正态分布. 该结论在数理统计的大样本理论中有着广泛的应用,同时也提供了计算独立同分布随机变量之和的近似概率的简便方法.

例 5.4 设我们有 20 个独立的噪声电压 $\xi_i, i = 1, 2, \cdots, 20$, 它们为一个所谓的"加法器"所接收(参见图 5.1),令 η 为接收到的电压的总和,即 $\eta = \sum_{i=1}^{20}\xi_i$, 又设各随机变量 ξ_i 均匀地分布于 $[0, 10]$

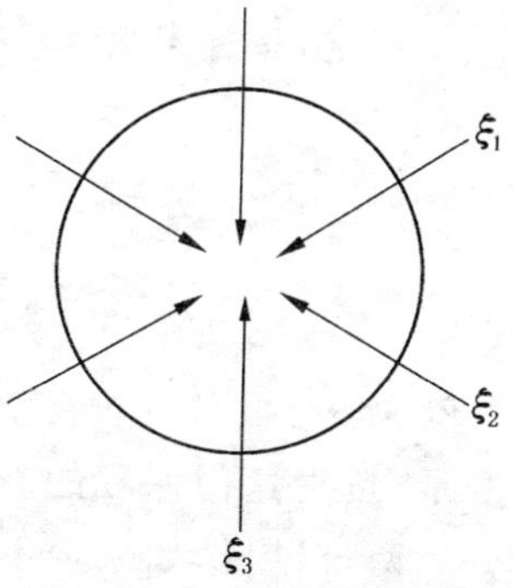

图 5.1

内,试计算总输入电压超过 105V 的概率.

解 根据问题的条件,有

$$E(\xi_i) = 5, \quad D(\xi_i) = \frac{100}{12}.$$

由定理 5.4, $\dfrac{\sum_{i=1}^{20}\xi_i - 100}{\frac{10}{\sqrt{12}}\sqrt{20}}$ 近似地服从 $N(0, 1)$分布,从而

$$P(\eta > 105) = P\left(\frac{\eta - 100}{\frac{10}{\sqrt{12}} \times \sqrt{20}} > \frac{105 - 100}{\frac{10}{\sqrt{12}} \times \sqrt{20}}\right)$$

$$\approx 1 - \Phi(0.387) \approx 0.349.$$

例 5.5 掷 10 个均匀骰子,求掷出的点数之和在 30 到 40 之间的概率.

解 设 ξ_i 表示第 i 个骰子掷出的点数, $i = 1, 2, \cdots, 10$, 因为 $E(\xi_i) = \frac{7}{2}$, $D(\xi_i) = \frac{35}{12}$, 由定理 5.4 得

$$P\left(30 \leqslant \sum_{i=1}^{10}\xi_i \leqslant 40\right) = P\left(\frac{30 - 35}{\sqrt{\frac{350}{12}}} \leqslant \frac{\sum_{i=1}^{10}\xi_i - 35}{\sqrt{\frac{350}{12}}} \leqslant \frac{40 - 35}{\sqrt{\frac{350}{12}}}\right)$$

$$\approx 2\Phi\left(\sqrt{\frac{6}{7}}\right) - 1 \approx 0.645.$$

例 5.6 报名听教育学课的学生人数是均值为 100 的泊松随机变量,负责这门课程的教授决定,如果报名的人数不少于 120,就分成两班讲授,如果少于 120 人,就集中在一个班讲授,试问教授将讲授两个班的概率有多大?

解 精确的解是 $e^{-100}\sum_{i=120}^{\infty}\frac{(100)^i}{i!}$，但没有给出具体的数字答案. 如果想到均值为 100 的泊松随机变量等于 100 个均值为 1 的独立泊松随机变量之和，我们就可以用定理 5.4 求其近似值. 设 η 表示报名听课的学生人数，我们有

$$P(\eta \geqslant 120) = P\left(\frac{\eta - 100}{\sqrt{100}} \geqslant \frac{120 - 100}{\sqrt{100}}\right)$$

$$\approx 1 - \Phi(2) \approx 0.0227.$$

作为定理 5.4 的一种特殊情形，我们有下面的棣美佛-拉普拉斯极限定理，它是人们最早认识的中心极限定理.

定理 5.5 （棣美佛-拉普拉斯极限定理）设 μ_n 是 n 次伯努利概型中事件 A 发生的次数，而 $p\ (0 < p < 1)$ 是事件 A 在每次试验中发生的概率，则对任意的 x，成立

$$\lim_{n\to\infty} P\left(\frac{\mu_n - np}{\sqrt{npq}} < x\right) = \frac{1}{\sqrt{2\pi}}\int_{-\infty}^{x} e^{-\frac{t^2}{2}}dt,$$

其中 $q = 1 - p$

证明 参照定理 5.2 的证明过程，μ_n 可表示为 n 个相互独立服从同一个二点分布 $b(1, p)$ 的随机变量 $\xi_1, \xi_2, \cdots, \xi_n$ 之和，于是

$$\frac{\mu_n - np}{\sqrt{npq}} = \frac{\xi_1 + \xi_2 + \cdots + \xi_n - np}{\sqrt{pq}\cdot\sqrt{n}},$$

其中 p，pq 正好是诸 ξ_i 的数学期望和方差，从而由定理 5.4 知定理5.5 成立.

定理 5.5 断言：$\frac{\mu_n - np}{\sqrt{npq}}$ 具有近似分布 $N(0, 1)$，从而 μ_n 具有近似分布 $N(np, npq)$，由于 μ_n 服从二项分布 $b(n, p)$，所以上述断言也称为二项分布的正态近似，它有助于我们计算二项随机

变量 μ_n 落入某范围概率的近似值，我们有下列的结论：

(1) $$P(a<\mu_n<b)=P\left(\frac{a-np}{\sqrt{npq}}<\frac{\mu_n-np}{\sqrt{npq}}<\frac{b-np}{\sqrt{npq}}\right)$$

$$\approx\Phi\left(\frac{b-np}{\sqrt{npq}}\right)-\Phi\left(\frac{a-np}{\sqrt{npq}}\right).$$

实践证明，这一近似对于 $n>10$，只要 p 接近 $\frac{1}{2}$ 时是有效的，如果 p 接近于 0 或 1，则 n 应稍为大一些以便保证良好的近似.

(2) 在应用二项分布的正态近似时，我们是用一个连续随机变量的分布来近似一个离散随机变量的分布，因此必须注意包含的区间的端点，例如，对于连续随机变量 ξ，$P(\xi=a)=0$，而对于离散随机变量 ξ，这个概率可以是正的. 为此，对 μ_n 落在包含区间端点的概率计算要作修正，经验表明，下面的修正能改进近似：

$$P(a\leqslant\mu_n\leqslant b)\approx P\left(a-\frac{1}{2}<\mu_n<b+\frac{1}{2}\right)$$

$$\approx\Phi\left(\frac{b+\frac{1}{2}-np}{\sqrt{npq}}\right)-\Phi\left(\frac{a-\frac{1}{2}-np}{\sqrt{npq}}\right).$$

(3) 由上式，得

$$P(\mu_n=k)=P\left(k-\frac{1}{2}<\mu_n<k+\frac{1}{2}\right)$$

$$\approx\Phi\left(\frac{k+\frac{1}{2}-np}{\sqrt{npq}}\right)-\Phi\left(\frac{k-\frac{1}{2}-np}{\sqrt{npq}}\right)$$

$$=\frac{1}{\sqrt{2\pi}}\int_{\frac{k-\frac{1}{2}-np}{\sqrt{npq}}}^{\frac{k+\frac{1}{2}-np}{\sqrt{npq}}}e^{-\frac{t^2}{2}}dt.$$

应用积分中值定理,有

$$P(\mu_n = k) \approx \frac{1}{\sqrt{npq}} \cdot \frac{1}{\sqrt{2\pi}} \mathrm{e}^{-\frac{(k-np)^2}{2npq}}$$

$$= \frac{1}{\sqrt{npq}} \varphi\left(\frac{k - np}{\sqrt{npq}}\right).$$

只要 n 充分大,上式对一切 $p\ (0 < p < 1)$ 适用. 但实用中,当 p 较小(一般 $0 < p \leqslant 0.1$)、np 大小适中,$P(\mu_n = k)$ 的计算使用在第 2 章指出的泊松分布近似,会取得良好的效果;而当 np 较大时,则采用上述的正态近似计算. 表 5.1 中表示:对于 n, k 及 p 各种不同的值,正态近似公式的准确性.

表 5.1

k	$n=8,\ p=0.2$		$n=8,\ p=0.5$		$n=25,\ p=0.2$	
	近似值	精确值	近似值	精确值	近似值	精确值
0	0.130	0.168	0.005	0.004	0.009	0.004
1	0.306	0.336	0.030	0.031	0.027	0.024
2	0.331	0.294	0.104	0.109	0.065	0.071
3	0.164	0.147	0.220	0.219	0.121	0.136
4	0.037	0.046	0.282	0.273	0.176	0.187
5	0.004	0.009	0.220	0.219	0.199	0.196
6	0.000	0.001	0.104	0.109	0.176	0.163
7	0.000	0.000	0.030	0.031	0.121	0.111
8	0.000	0.000	0.005	0.004	0.065	0.062
9	—	—	—	—	0.027	0.029

例 5.7 利用二项分布正态近似估计例 5.2 中的试验次数 n.

解 我们有 $p = \frac{1}{6}$, $q = \frac{5}{6}$,由结论(1)得

$$P\left(\left|\frac{\mu_n}{n} - \frac{1}{6}\right| < 0.01\right)$$

$$= P\left(\left(\frac{1}{6} - 0.01\right)n < \mu_n < \left(\frac{1}{6} + 0.01\right)n\right)$$

$$\approx \Phi\left(\frac{\left(\frac{1}{6} + 0.01\right)n - \frac{n}{6}}{\sqrt{n \times \frac{1}{6} \times \frac{5}{6}}}\right) - \Phi\left(\frac{\left(\frac{1}{6} - 0.01\right)n - \frac{n}{6}}{\sqrt{n \times \frac{1}{6} \times \frac{5}{6}}}\right)$$

$$= 2\Phi(0.012\sqrt{5n}) - 1.$$

欲 $P = \left(\left|\frac{\mu_n}{n} - \frac{1}{6}\right| < 0.01\right) \geqslant 0.95$，只要 $2\Phi(0.012\sqrt{5n}) - 1 \geqslant 0.95$，即 $\Phi(0.012\sqrt{5n}) \geqslant 0.975$，查表得：

$$0.012\sqrt{5n} \geqslant 1.96,$$

从而

$$n \geqslant 5\,336.$$

把本例与例 5.2 作一比较，可以看出利用二项分布的正态近似估计 n 比起用切比雪夫不等式作出的估计要精确得多.

例 5.8 有一批种子，其中良种占$\frac{1}{4}$，从中任取 6 000 粒，问能以 0.99 的概率保证其中良种的比例与$\frac{1}{4}$相差多少？

解 一粒种子或者是良种或者不是良种，只有两种结果，因此取一粒种子可以看作是一次伯努利试验，且良种的概率 $p = \frac{1}{4}$，取 6 000 粒种子就相当于 $n = 6\,000$ 的伯努利概型，记 $\mu_{6\,000}$为6 000 粒种子中的良种数，那么 $\mu_{6\,000}$是一个二项随机变量，良种比例为$\frac{\mu_{6\,000}}{6\,000}$，据题意要确定 ε，使

$$P\left(\left|\frac{\mu_{6\,000}}{6\,000} - \frac{1}{4}\right| < \varepsilon\right) \geqslant 0.99.$$

由结论(1)，经适当运算后有

$$P\left(\left|\frac{\mu_{6\,000}}{6\,000}-\frac{1}{4}\right|<\varepsilon\right)\approx 2\Phi(80\sqrt{5}\,\varepsilon)-1\geqslant 0.99,$$

即 $\Phi(80\sqrt{5}\,\varepsilon)\geqslant 0.995$，查表得：$80\sqrt{5}\,\varepsilon=2.575$，$\varepsilon=0.0144$.

例 5.9 某工厂生产了一批螺丝钉，这批螺丝钉大约有 5%是次品，如果检查了 1 000 只螺丝钉，问下列事件的概率是多少？

(1) 恰有 40 只次品；

(2) 次品数不少于 40 只；

(3) 次品数在 40 至 60 只之间.

解 一只螺丝钉或者是次品，或者是非次品，只有两种结果，因此检查一只螺丝钉可以看作是一次伯努利试验，且次品的概率是 $p=0.05$，检查 1 000 只螺丝钉就相当于 $n=1\,000$ 的伯努利概型，若记 $\mu_{1\,000}$ 为 1 000 只螺钉中的次品数，那么 $\mu_{1\,000}$ 是一个二项随机变量，根据题意，问题归结为计算 $P(\mu_{1\,000}=40)$，$P(\mu_{1\,000}\geqslant 40)$ 及 $P(40\leqslant\mu_{1\,000}\leqslant 60)$，由结论(3)和结论(2)，我们有

(1) $P(\mu_{1\,000}=40)$

$$\approx\frac{1}{\sqrt{1\,000\times 0.05\times 0.95}}\varphi\left(\frac{40-1\,000\times 0.05}{\sqrt{1\,000\times 0.05\times 0.95}}\right)$$

$$=\frac{\varphi(-1.451)}{6.892}.$$

查表得：$P(\mu_{1\,000}=40)\approx\dfrac{0.1392}{6.892}=0.0202$，而精确值为 0.021 3，准确度甚高.

(2) $P(\mu_{1\,000}\geqslant 40)$

$$=P(40\leqslant\mu_{1\,000}\leqslant 1\,000)$$

$$\approx\Phi\left(\frac{1\,000+\frac{1}{2}-1\,000\times 0.05}{\sqrt{1\,000\times 0.05\times 0.95}}\right)$$

$$-\Phi\left(\frac{40-\frac{1}{2}-1\,000\times0.05}{\sqrt{1\,000\times0.05\times0.95}}\right)$$

$$=\Phi(137.914)-\Phi(-1.524)$$

$$\approx 1-\Phi(-1.524)=\Phi(1.524),$$

查表得：$P(\mu_{1\,000}\geqslant 40)\approx 0.936$.

(3) $P(40\leqslant\mu_{1\,000}\leqslant 60)$

$$\approx\Phi\left(\frac{60+\frac{1}{2}-1\,000\times0.05}{\sqrt{1\,000\times0.05\times0.95}}\right)$$

$$-\Phi\left(\frac{40-\frac{1}{2}-1\,000\times0.05}{\sqrt{1\,000\times0.05\times0.95}}\right)$$

$$=2\Phi(1.524)-1,$$

查表得：$P(40\leqslant\mu_{1\,000}\leqslant 60)\approx 0.872$.

值得注意(2)、(3)的精确值分别是

$$P(\mu_{1\,000}\geqslant 40)=\sum_{i=40}^{1\,000}C_{1\,000}^{i}(0.05)^{i}(0.95)^{1\,000-i},$$

$$P(40\leqslant\mu_{1\,000}\leqslant 60)=\sum_{i=40}^{60}C_{1\,000}^{i}(0.05)^{i}(0.95)^{1\,000-i}.$$

然而要直接计算这些概率是相当困难的.

例 5.10 一个车间有 150 台机床相互独立地工作，每台机床工作时需要电力都是 5kW，因为换料、检修等原因，每台机床平均只有 60%的时间工作，试问要供给这个车间多少电才能以 99.87%的概率保证这个车间的用电？

解 因为每台需电 5 kW，共 150 台，若能供电 750 kW，无疑这个车间就能正常生产，但由于每台机床平均只有 60%的时间工作，故平均来说，某时刻在工作着的机床只有 90 台，显然供电 750 kW 太多了，特别在电力紧张的情况下，节约用电是很必然的；若只供应 450 kW，那又太少了，因为，虽然平均来说某时刻在工作着的机床只有 90 台，但有时实际开工的机床会超过 90 台，若只供应 450 kW，此时必造成因缺乏电力而使机床无法正常运转，那么到底要供应多少电才能既节约电又保证正常生产呢？利用二项分布的正态近似可满意地回答这个问题.

观察一台机床在某时刻的工作情形，只有工作、不工作两种结果，因此一台机床工作与否可看作一次伯努利试验，并且机床工作的概率 $p = 0.6$，150 台机床工作的状况就相当于 $n = 150$ 的伯努利概型，若以 μ_{150} 表示 150 台机床在某时刻工作的台数，那么 μ_{150} 是一个二项随机变量，现假定要供给 H kW 电，问题要计算满足 $P(5\mu_{150} \leqslant H) \geqslant 0.998\,7$ 的最小正数 H. 由结论(2)，我们有

$$
\begin{aligned}
P(5\mu_{150} \leqslant H) &= P\left(0 \leqslant \mu_{150} \leqslant \frac{H}{5}\right) \\
&\approx \Phi\left(\frac{\frac{H}{5} + \frac{1}{2} - 150 \times 0.6}{\sqrt{150 \times 0.6 \times 0.4}}\right) \\
&\quad - \Phi\left(\frac{-\frac{1}{2} - 150 \times 0.6}{\sqrt{150 \times 0.6 \times 0.4}}\right) \\
&\approx \Phi\left(\frac{H - 447.5}{30}\right) - \Phi(-15.083) \\
&\approx \Phi\left(\frac{H - 447.5}{30}\right) \geqslant 0.998\,7,
\end{aligned}
$$

查表得：

$$
\frac{H - 447.5}{30} \geqslant 3,
$$

$$
H \geqslant 537.5,
$$

从而 $H = 537.5(\mathrm{kW})$.

这个结论表示 $P(5\mu_{150} \leqslant 537.5) \geqslant 0.9987$，所以若供电 537.5 kW,则由于供电不足而影响生产的可能性小于 0.001 3,即在 8 小时的时间中可能有不超过 $0.0013 \times 8 \times 60 = 0.624$ 分钟的时间会受影响,这在一般情形下是允许的.

2. 独立非同分布的中心极限定理

上面我们讨论了独立同分布的中心极限定理,那里虽然没有提出随机变量序列$\{\xi_n\}$的具体分布形式,但除了独立性之外还假定了同分布,这是比较强的要求,有时也脱离了实践,例如在任一给定时间,一个城市的耗电量 η 是由大量单独的耗电者需用电量 ξ_i 的总和：$\eta = \sum\limits_i \xi_i$,说诸 ξ_i 具有独立性是合理的,但是很难说 ξ_i 是同分布的随机变量,因而,有必要考虑独立非同分布的极限定理,下面向大家介绍一条比较常见的独立非同分布的中心极限定理.

定理 5.6 设$\{\xi_n\}$是相互独立的随机变量序列,它们存在数学期望和方差：

$$\mathrm{E}(\xi_i) = a_i,\quad \mathrm{D}(\xi_i) = \sigma_i^2,\quad i = 1, 2, \cdots.$$

记 $B_n^2 = \sum\limits_{i=1}^n \sigma_i^2$,若存在正数 δ,使得

$$\lim_{n\to\infty} \frac{1}{B_n^{2+\delta}} \sum_{i=1}^n \mathrm{E}\,|\xi_i - a_i|^{2+\delta} = 0,$$

则对任何实数 x,成立

$$\lim_{n\to\infty} P\left(\frac{\sum\limits_{i=1}^n (\xi_i - a_i)}{B_n} < x\right) = \frac{1}{\sqrt{2\pi}}\int_{-\infty}^x \mathrm{e}^{-\frac{t^2}{2}}\mathrm{d}t.$$

定理 5.6 称为**李雅普诺夫**(Ляпунов)**定理**,定理中的条件称为

李雅普诺夫条件.

我们来说明李雅普诺夫条件的意义,设 $A_i = $ "$\frac{|\xi_i - a_i|}{B_n} \geqslant \varepsilon$",根据推论 1.3,我们有

$$P\left(\max_{1\leqslant i\leqslant n} \frac{|\xi_i - a_i|}{B_n} \geqslant \varepsilon\right) = P(A_1 \cup A_2 \cup \cdots \cup A_n)$$

$$\leqslant \sum_{i=1}^{n} P(A_i)$$

$$\leqslant \frac{1}{\varepsilon^{2+\delta} \cdot B_n^{2+\delta}} \sum_{i=1}^{n} \mathrm{E}|\xi_i - a_i|^{2+\delta},$$

由李雅普诺夫条件可知,对任意的 $\varepsilon > 0$,有

$$\lim_{n\to\infty} P\left(\max_{1\leqslant i\leqslant n} \frac{|\xi_i - a_i|}{B_n} \geqslant \varepsilon\right) = 0,$$

由此得

$$\lim_{n\to\infty} P\left(\max_{1\leqslant i\leqslant n} \frac{|\xi_i - a_i|}{B_n} < \varepsilon\right) = 1,$$

这就是说,当 $n \to \infty$ 时,和式 $\frac{\sum_{i=1}^{n}(\xi_i - a_i)}{B_n}$ 中的各项 $\frac{\xi_i - a_i}{B_n}$ 一致地依概率收敛于 0,它意味着和式中的各项"均匀地小".

因此,李维普诺夫定理可以解释如下:假定被研究的随机变量可以表示为大量独立随机变量的总和,且总和中的每个单独的随机变量对于总和又不起主要作用,那么可以认为这个随机变量近似地服从正态分布.

例如,一个城市的用水量可看成是大量的单独居民户的用水量的总和;一个物理试验的测量误差是由许多观测不到的、可加的微小误差所组成;一个年级数学成绩的总分是该年级每个学生成绩的总和,根据李雅普诺夫定理,它们往往近似地服从正态分布,

类似的例子不胜枚举. 这一切回答了第 2 章讲到的以及本节开头提到的自然界中为什么广泛存在着正态分布这一问题.

习　题　5.2

(A)

1. 一射手打靶,他以概率 0.5 得 10 分,以 0.3 得 9 分,以 0.1 得 8 分,以 0.05 得 7 分,以 0.05 得 6 分,射击了 100 次,问取得多于 950 分的概率多大?

2. 一个计算器在加数时,把每一个数舍入为最靠近它的整数,设所有舍入误差是相互独立的且在(−0.5, 0.5)上均匀分布,试问:

(1) 若将 1 500 个数相加,总误差量超过 15 的概率是多少?

(2) 要使得总误差量小于 10 的概率为 0.9,一共应相加多少个数?

3. 假设 30 台电子仪器 $D_1, D_2, \cdots, D_{30}$按如下方式使用:一当 D_1 失败,D_2 即运行,当 D_2 失效,D_3 即运行,等等,设 D_i 的失效时间是一个具有参数为 0.1 的指数分布随机变量,令 ξ 表示这 30 台仪器正常运行的总时间,问 ξ 超过 350h(小时)的概率等于多少?

4. 用棣美佛-拉普拉斯极限定理解答习题 5.1(A)组的第 6 题及第7 题.

5. 将一枚均匀的硬币掷 900 次,要使出现正面的频率与其概率之差的绝对值不超过 ε 的概率为 0.77,求 ε.

6. 已知生男孩的概率近似地等于 0.515,问 10 000 个新生婴儿中下列事件的概率各是多少?

(1) 男孩数恰有 5 000 个;

(2) 男孩数在 3 000 至 8 000 个;

(3) 男孩数不多于女孩数.

7. 活到 20 岁的人,在生命的第 21 个年头死亡的概率等于 0.006,今有 10 000 名 20 岁的人参加人寿保险,并且每个被保险者每年交纳保险费 12 元,若被保险者死亡,则保险公司付给他的继承人 1 000 元,问

(1) 至年底为止,保险公司亏本的概率是多少?

(2) 保险公司年收入超过 60 000 元、40 000 元的概率各为多少?

8. 某电视机厂每月生产 10 000 台电视机,但它的显象管车间的正品率为 0.8,为了以 0.999 的概率保证出厂的电视机都装上正品的显象管,问该

车间每月应生产多少只显象管？

9. 某学校共有学生 1 200 名，假定每个学生平均只有 25%的时间在用水，且每小时的用水量为 a(t)，各学生用水是相互独立的，试问学校的水塔每小时要提供多少 t 水才能以 99%的把握保证学生的用水？

10. 通常在计算机内附有产生[0, 1]上均匀分布的随机数软件包. 根据这个软件包可以在计算机上生成一列相互独立且都服从[0, 1]上均匀分布的随机数的值 r_1, r_2, …, 然后用 $\sum_{i=1}^{12} r_i - 6$ 近似地作为标准正态随机变量的值. 试问这种在计算机上形成标准正态随机变量值的依据是什么？

(B)

1. 技术部门抽查产品，已知一批产品有 475 个，其废品率为 0.05，试以 0.95 的概率来估计其中废品个数的范围.

2. 投掷一枚均匀的骰子 100 次，令 ξ_i 表示第 i 次掷出的点数，求 $P\left(\prod_{i=1}^{100} \xi_i \leqslant 4^{100}\right)$ 的近似值.

3. 一人在街上卖报，设每个走过他身旁的人均以概率 $\frac{1}{3}$ 买报，以 ξ 表示他刚卖掉前 100 份报纸时走过他身旁的人的总数，试用中心极限定理证明 ξ 近似服从正态分布，并计算 $P(\xi \leqslant 300)$ 的值.

第6章 马尔可夫链

§6.1 马尔可夫链的定义

在前面几章，我们研究的对象主要是一个或几个随机变量，然而有许多随机现象仅用一个或几个随机变量去描述，就不能揭示其全部的统计规律性，必须要用一族无限多个随机变量去描述. 例如，医院不断地登记新生婴儿的性别，以 0 表示"男"，以 1 表示"女"，并以 ξ_n 表示第 n 次登记的数字，ξ_n 是一随机变量，它取值 0 或 1，不断地登记下去时，便得到一族无限可列个随机变量 ξ_1，ξ_2，…，ξ_n，…，即随机变量序列 $\{\xi_n, n = 1, 2, \cdots\}$，又如，考虑纺织机所纺出的某一根棉纱，以 ξ_t 表示 t 时纺出的横截面直径，由于工作条件随 t 变化而起伏不同，一般 ξ_t 也随 t 而变，于是得到一族无限不可列个随机变量 ξ_t，$t \in [0, \infty)$，或用 $\{\xi_t, t \in [0, \infty)\}$ 表示；如果，每隔一小时观察一次，连续不断地记录，就得到 $\{\xi_n, n = 0, 1, 2, \cdots\}$，像上述那样的一族无限多个随机变量，我们称为**随机过程**. 显然，随机过程也可粗糙地理解为随时间变化的随机变量，它描述了这类随机现象随时间的变化过程，本章讨论的马尔可夫(Марков)链是一类特殊的随机过程，由于有一些实际问题可以归结为马尔可夫链，因此马尔可夫链的研究，无论从理论或是实际应用来说都是极具意义的.

下面我们来介绍马尔可夫链的定义：

定义 6.1 设 $\{\xi_n, n = 0, 1, 2, \cdots\}$ 为一仅取整数值的随机

变量序列，其取值全体记为 S，它包含的整数个数可以是有限的，也可以是无限的，如果对于所有 $n \geqslant 0$，及一切可能的 $j, i_0, i_1, \cdots, i_{n-1}, i \in S$，成立

$$P\{\xi_{n+1} = j | \xi_0 = i_0, \xi_1 = i_1, \cdots, \xi_{n-1} = i_{n-1}, \xi_n = i\}$$

$$= P\{\xi_{n+1} = j | \xi_n = i\},$$

则称 $\{\xi_n, n = 0, 1, 2, \cdots\}$ 为**马尔可夫链**.

在马尔可夫链中，随机变量 ξ_n 的序号"n"通常代表时间，S 称为**状态空间**，"$\xi_n = i$"表示马尔可夫链在时刻 n 处于状态 i，最初时刻的随机变量 ξ_0 的分布列称为**初始分布**.

定义 6.1 中的条件表明马尔可夫链的"下一个状态"$\xi_{n+1} = j$ 仅依赖于"现在状态"$\xi_n = i$，而与"过去状态"$\xi_0 = i_0, \xi_1 = i_1, \cdots, \xi_{n-1} = i_{n-1}$ 无关，这种性质我们称为**马尔可夫性**或**无后效性**.

例 6.1 考察甲、乙两人交换掷骰子的试验，如甲掷出的骰子点数超过 1 点，仍由甲继续掷，否则交换给乙掷，如乙掷出的骰点数超过 2 点，则乙继续掷，否则交给甲接着掷，通过由丙掷硬币来决定谁先掷，若出现正面向上，则由甲先掷，若出现正面向下，则由乙先掷. 以 ξ_0 表示最初由甲掷的次数，以 $\xi_1, \xi_2, \cdots, \xi_n, \cdots$ 表示其后由甲掷的次数，由于下一次试验的结果仅与当前试验的结果有关，而与过去的试验无关，所以 $\{\xi_n, n = 0, 1, 2, \cdots\}$ 构成了一个马尔可夫链，其状态空间 $S = \{0, 1\}$，初始分布为 $P(\xi_0 = 1) = \frac{1}{2}$，$P(\xi_0 = 0) = \frac{1}{2}$.

例 6.2 有标号为 1, 2, 3 的三个盒子，在第 i 盒中装有标号 1 的球 1 个，标号 2 的球 2^i 个，标号 3 的球 3^i 个 $(i = 1, 2, 3)$，开始任取一盒 i_0，从中任取一球，记下它的标号，设为 i_1；下一步则转移到 i_1 号的盒，再从中任取一球，记下它的标号，设为 i_2；下一步将移到 i_2 号的盒再取一球等等，每次所取的球皆放回原盒，记 ξ_0 为最初任取一盒的标号，$\xi_1, \xi_2, \cdots, \xi_n, \cdots$ 表示这之后的取盒的标

号，由于下一次所取盒的标号仅同现在所取盒的标号有关，而与过去所取盒的标号无关，所以 $\{\xi_n, n = 0, 1, 2, \cdots\}$ 是一个马尔可夫链，其状态空间 $S = \{1, 2, 3\}$，初始分布为

$$P(\xi_0 = i) = \frac{1}{3}, \quad i = 1, 2, 3.$$

例 6.3 设 $\{\xi_n, n \geqslant 0\}$ 为一列独立同分布的整值随机变量，其分布列为

$$P(\xi_n = k) = p_k, \quad k = 0, \pm 1, \pm 2, \cdots.$$

定义 $\eta_n = \sum_{i=0}^{n} \xi_i$，证明 $\{\eta_n, n \geqslant 0\}$ 是马尔可夫链.

证明 显然 $S = \{\cdots, -n, \cdots, -2, -1, 0, 1, 2, \cdots, n, \cdots\}$，对所有 $n \geqslant 0$，及一切可能的 $j, i_0, i_1, \cdots, i_{n-1}, i \in S$，注意到 $\xi_0, \xi_1, \xi_2, \cdots, \xi_n, \cdots$ 是相互独立的，我们有

$$\begin{aligned}
&P(\eta_{n+1} = j \mid \eta_0 = i_0, \eta_1 = i_1, \cdots, \eta_{n-1} = i_{n-1}, \eta_n = i) \\
&= \frac{P(\eta_0 = i_0, \eta_1 = i_1, \cdots, \eta_{n-1} = i_{n-1}, \eta_n = i, \eta_{n+1} = j)}{P(\eta_0 = i_0, \eta_1 = i_1, \cdots, \eta_{n-1} = i_{n-1}, \eta_n = i)} \\
&= \frac{P(\xi_0 = i_0, \xi_1 = i_1 - i_0, \cdots, \xi_{n-1} = i_{n-1} - i_{n-2}, \xi_n = i - i_{n-1}, \xi_{n+1} = j - i)}{P(\xi_0 = i_0, \xi_1 = i_1 - i_0, \cdots, \xi_{n-1} = i_{n-1} - i_{n-2}, \xi_n = i - i_{n-1})} \\
&= \frac{P(\xi_0 = i_0) \prod_{k=1}^{n-1} P(\xi_k = i_k - i_{k-1}) \cdot P(\xi_n = i - i_{n-1}) P(\xi_{n+1} = j - i)}{P(\xi_0 = i_0) \prod_{k=1}^{n-1} P(\xi_k = i_k - i_{k-1}) \cdot P(\xi_n = i - i_{n-1})} \\
&= P(\xi_{n+1} = j - i) = p_{j-i}.
\end{aligned}$$

同理可得

$$P(\eta_{n+1} = j \mid \eta_n = i) = P(\xi_{n+1} = j - i) = p_{j-i},$$

从而

$$P(\eta_{n+1}=j|\eta_0=i_0, \eta_1=i_1, \cdots, \eta_{n-1}=i_{n-1}, \eta_n=i)$$
$$=P(\eta_{n+1}=j|\eta_n=i).$$

所以 $\{\eta_n, n\geqslant 0\}$ 是马尔可夫链.

习 题 6.1

(A)

1. 举例说明什么是随机过程.

2. 一质点在一圆周作随机游动,圆上共有 10 个格子,质点在每单位时刻游动一次,它以概率 p 顺时针游动一格或以概率 $q=1-p$ 逆时针游动一格,试用一马尔可夫链表示这种随机游动,并写出它的状态空间.

3. 袋中有 a 个球,球为黑色的或白色的,任意地从袋中取出一球,然后放回一个另一种颜色的球(如取出的球为黑色,换成白色球再放入袋中).若在袋里有 k 个白球,则称系统处于状态 k,用马尔可夫链描述这个模型.

4. 交替地掷一均匀硬币及骰子,以 ξ_0 表示最初掷出的点数,以 ξ_1, ξ_2, $\cdots$表示这之后掷出的点数(掷硬币出现正面向上作为 7 点,出现反面向上作为 8 点),假设最初掷均匀硬币或骰子是等可能,试证 $\{\xi_n, n\geqslant 0\}$ 为一马尔可夫链,并写出它的初始分布和状态空间.

5. 设 $\{\xi_n, n\geqslant 0\}$ 是一独立同分布的随机变量序列,且 $P(\xi_n=1)=p>0$, $P(\xi_n=-1)=q>0$, $p+q=1$, $n=0, 1, 2, \cdots$. 设 $S_n=\sum\limits_{i=0}^{2n-1}\xi_n$,证明 $\{S_n, n\geqslant 1\}$ 是一马尔可夫链并求其初始分布.

§6.2 转 移 概 率

一般来说,马尔可夫链 $\{\xi_n, n=0, 1, 2, \cdots\}$ 中的条件概率 $P\{\xi_{n+1}=j|\xi_n=i\}$ 随着 n 的变化而变化,如果它与 n 无关,则称 $\{\xi_n, n=0, 1, 2, \cdots\}$ 为**齐次马尔可夫链**,例如在例 6.1、例 6.2 中所述的马尔可夫链均是齐次马尔可夫链.以后我们只讨论这种马尔可夫链,且状态个数是有限的,并将齐次二字省去,不失一般性,

设$S=\{1, 2, \cdots, k\}$，令

$$P\{\xi_{n+1}=j|\xi_n=i\}=p_{ij}, \quad i, j\in S,$$

它称为由状态i经过一步转移到达状态j的一步转移概率，简称为转移概率.

因为条件概率是非负的，且从任何一个状态i出发，经过一步转移后，必然出现属于S中的另一个状态，所以转移概率具有性质：

(1) $p_{ij}\geqslant 0, \quad i, j\in S$；

(2) $\sum\limits_{j=1}^{k}p_{ij}=1, \quad i\in S$.

为方便起见，常把转移概率排成一个方阵

$$\begin{bmatrix} p_{11} & \cdots & p_{1k} \\ \vdots & & \vdots \\ p_{k2} & \cdots & p_{kk} \end{bmatrix}$$

称为**一步转移概率矩阵**，简称为**转移概率矩阵**.

例 6.4 分别写出例 6.1 和例 6.2 中所述马尔可夫链的转移概率矩阵.

解 例 6.1 中所述的马尔可夫链的状态空间$S=\{0, 1\}$，容易得到

$$P\{\xi_{n+1}=0|\xi_n=0)=\frac{2}{3}, P\{\xi_{n+1}=1|\xi_n=0)=\frac{1}{3},$$

$$P\{\xi_{n+1}=0|\xi_n=1)=\frac{1}{6}, P\{\xi_{n+1}=1|\xi_n=1)=\frac{5}{6}.$$

其转移概率矩阵为

$$\begin{matrix} & 0 & 1 & \\ & \begin{bmatrix} \frac{2}{3} & \frac{1}{3} \\ \frac{1}{6} & \frac{5}{6} \end{bmatrix} & & \begin{matrix} 0 \\ 1 \end{matrix} \end{matrix}$$

类似地，可以求得例 6.2 中所述的马尔可夫链的转移概率矩阵为

$$
\begin{array}{c} \\ \boldsymbol{P} = \end{array}
\begin{array}{c}
\begin{array}{ccc} 1 & 2 & 3 \end{array} \\
\begin{bmatrix}
\frac{1}{6} & \frac{1}{3} & \frac{1}{2} \\
\frac{1}{14} & \frac{2}{7} & \frac{9}{14} \\
\frac{1}{36} & \frac{2}{9} & \frac{3}{4}
\end{bmatrix}
\end{array}
\begin{array}{c} \\ 1 \\ 2 \\ 3 \end{array}
$$

例 6.5 考察质点在直线上非负整数点集 $\{0, 1, 2, \cdots, k\}$ 上的随机游动，若某时刻质点处于状态 $i(0 < i < k)$，则下一步质点将以概率 $p\ (0 < p < 1)$ 向右移动一点到达 $i + 1$，以概率 q 向左移一点到达 $i - 1(q = 1 - p)$；若某时刻质点处于状态 $i = 0$ 或 k，则下一步质点将以概率 1 停留在原来的状态. 质点从 $i_0(0 < i_0 < k)$ 出发，记 ξ_0 为初始时刻质点所处的位置，$\xi_1, \xi_2, \cdots, \xi_n, \cdots$ 为其后时刻质点所处的位置，容易明白 $\{\xi_n, n \geqslant 0\}$ 是一个马尔可夫链，其转移概率矩阵为

$$
\boldsymbol{P} =
\begin{array}{c}
\begin{array}{cccccc} 0 & 1 & 2 & 3 & \cdots & k \end{array} \\
\begin{bmatrix}
1 & 0 & 0 & 0 & \cdots & 0 \\
q & 0 & p & 0 & \cdots & 0 \\
0 & q & 0 & p & \cdots & 0 \\
\vdots & & & & & \vdots \\
0 & 0 & 0 & 0 & \cdots & 1
\end{bmatrix}
\end{array}
\begin{array}{c} \\ 0 \\ 1 \\ 2 \\ \vdots \\ k \end{array}
$$

上面讨论了一步转移概率，现在我们研究在时刻 n 处于状态 i 经二步转移到达状态 j 的二步转移概率 $P(\xi_{n+2} = j | \xi_n = i)$.

定理 6.1 设 $\{\xi_n, n \geqslant 0\}$ 为一马尔可夫链，其状态空间 $S = \{1, 2, \cdots, k\}$，则对一切 $n \geqslant 0$，及所有的 $i, j \in S$，成立

$$P(\xi_{n+2} = j | \xi_n = i) = \sum_{l=1}^{k} p_{il} p_{lj}.$$

证明 根据条件概率的定义及乘法公式有

$$P(\xi_{n+2}=j\mid\xi_n=i)$$

$$=\frac{P(\xi_n=i,\ \xi_{n+2}=j)}{P(\xi_n=i)}$$

$$=\frac{P[\xi_n=i,\ \bigcup_{l=1}^{k}(\xi_{n+1}=l),\ \xi_{n+2}=j]}{P(\xi_n=i)}$$

$$=\frac{\sum_{l=1}^{k}P(\xi_n=i,\ \xi_{n+1}=l,\ \xi_{n+2}=j)}{P(\xi_n=i)}$$

$$=\frac{\sum_{l=1}^{k}P(\xi_n=i)P(\xi_{n+1}=l\mid\xi_n=i)P(\xi_{n+2}=j\mid\xi_n=i,\ \xi_{n+1}=l)}{P(\xi_n=i)}$$

$$=\sum_{l=1}^{k}p_{il}P(\xi_{n+2}=j\mid\xi_n=i,\ \xi_{n+1}=l).$$

另一方面

$$P(\xi_{n+2}=j\mid\xi_n=i,\ \xi_{n+1}=l)$$

$$=\frac{P(\xi_n=i,\ \xi_{n+1}=l,\ \xi_{n+2}=j)}{P(\xi_n=i,\ \xi_{n+1}=l)}$$

$$=\frac{\sum_{i_0,i_1,\cdots,i_{n-1}\in S}P(\xi_0=i_0,\xi_1=i_1,\cdots,\xi_{n-1}=i_{n-1},\xi_n=i,\xi_{n+1}=l,\xi_{n+2}=j)}{P(\xi_n=i)P(\xi_{n+1}=l\mid\xi_n=i)}$$

$$=\frac{1}{P(\xi_n=i)p_{il}}\sum_{i_0,i_1,\cdots,i_{n-1}\in S}[P(\xi_0=i_0,\cdots,\xi_{n-1}=i_{n-1},\xi_n=i)$$

$$\cdot P(\xi_{n+1}=l\mid\xi_0=i_0,\cdots,\xi_n=i)P(\xi_{n+2}=j\mid\xi_0=i_0,\cdots,\xi_{n+1}=l)]$$

$$=\frac{1}{P(\xi_n=i)p_{il}}\sum_{i_0,i_1,\cdots,i_{n-1}\in S}[P(\xi_0=i_0,\xi_1=i_1,\cdots,\xi_n=i)$$

$$\cdot P(\xi_{n+1}=l\mid\xi_n=i)P(\xi_{n+2}=j\mid\xi_{n+1}=l)]$$

$$= \frac{P(\xi_n = i)p_{il}p_{lj}}{P(\xi_n = i)p_{il}} = p_{lj},$$

从而

$$P(\xi_{n+2} = j | \xi_n = i) = \sum_{l=1}^{k} p_{il}p_{lj}.$$

上式表明对于马尔可夫链来说,其二步转移概率可通过一步转移概率得到且也与 n 无关,记为 $p_{ij}^{(2)}$,即 $P(\xi_{n+2} = j|\xi_n = i) = p_{ij}^{(2)}$,有

$$p_{ij}^{(2)} = \sum_{l=1}^{k} p_{il}p_{lj}.$$

容易看出,它的右边是转移矩阵 $\boldsymbol{P}$ 的第 i 行与转移矩阵 $\boldsymbol{P}$ 的第 j 列的对应元素乘积的和,于是如果用 $\boldsymbol{P}^{(2)}$ 表示矩阵

$$\boldsymbol{P}^{(2)} = \begin{bmatrix} p_{11}^{(2)} & p_{12}^{(2)} & \cdots & p_{1k}^{(2)} \\ p_{21}^{(2)} & p_{22}^{(2)} & \cdots & p_{2k}^{(2)} \\ \vdots & & & \vdots \\ p_{k1}^{(2)} & p_{k2}^{(2)} & \cdots & p_{kk}^{(2)} \end{bmatrix}$$

它称为**二步转移矩阵**,则有 $\boldsymbol{P}^{(2)} = \boldsymbol{PP} = \boldsymbol{P}^2$.

同理,我们可以通过一步转移概率计算马尔可夫链的 $m(m > 2)$ 步转移概率. 即如果令 $P(\xi_{n+m} = j|\xi_n = i) = p_{ij}^{(m)}$ 为 m 步转移概率矩阵 $\boldsymbol{P}^{(m)}$ 的第 i 行第 j 列的元素,则:

$$\boldsymbol{P}^{(m)} = \underbrace{\boldsymbol{PP}\cdots\boldsymbol{P}}_{m个} = \boldsymbol{P}^m.$$

下面为方便起见,我们约定 $p_{ij}^{(1)} = p_{ij}$, $\boldsymbol{P}^{(1)} = \boldsymbol{P}$.

容易理解,对任意正整数 m,及一切 $i, j \in S$,恒有 $\sum_{j=1}^{k} p_{ij}^{(m)} = 1$.

定理 6.2 设 $\{\xi_n, n \geqslant 0\}$ 为一马尔可夫链,其状态空间 $S =$

$\{1, 2, \cdots, k\}$，则对所有的 $i, j \in S$ 及任意的 $r(0 < r < m)$，恒有

$$p_{ij}^{(m)} = \sum_{l=1}^{k} p_{il}^{(r)} p_{lk}^{(m-r)},$$

其中 $m \geqslant 2$.

上式称为**切普曼-柯尔莫哥洛夫**(Chapman-Колмогоров)**方程**.

证明 据据上面所述及矩阵性质，有

$$\boldsymbol{P}^{(m)} = \boldsymbol{P}^{m} = \boldsymbol{P}^{r} \cdot \boldsymbol{P}^{m-r} = \boldsymbol{P}^{(r)} \boldsymbol{P}^{(m-r)},$$

从而 $\boldsymbol{P}_{ij}^{(m)}$ 等于矩阵 $\boldsymbol{P}^{(r)}$ 的第 i 行与矩阵 $\boldsymbol{P}^{(m-r)}$ 的第 j 列的对应元素乘积之和即 $\sum_{l=1}^{k} p_{il}^{(r)} p_{lk}^{(m-r)}$.

切普曼-柯尔莫哥洛夫方程的直观意义是很明显的，它表达了系统在时刻 n 处于状态 i，然后经 m 步转移于时刻 $n+m$ 到达状态 j 的转移概率，等于系统在时刻 n 由状态 i 出发，先经 r 步转移于 $n+r$ 时刻到达状态空间 S 中的任一状态 l 的转移概率乘上系统于 $n+r$ 时刻，由状态 l 出发再经 $m-r$ 转移到达状态 j 的转移概率的乘积且对 S 中所有状态之和.

定理 6.3 设 $\{\xi_n, n \geqslant 0\}$ 为一马尔可夫链，其状态空间为 $S = \{1, 2, \cdots, k\}$，初始分布为 $P(\xi_0 = i) = p_i \ (i = 1, 2, \cdots, k)$，则对任意的 $j \in S$，及所有 $n \geqslant 1$，成立

$$P(\xi_n = j) = \sum_{i=1}^{k} p_i p_{ij}^{(n)}.$$

证明 根据全概率公式，有

$$\begin{aligned} P(\xi_n = j) &= \sum_{i=1}^{k} P(\xi_0 = i) P(\xi_n = j \mid \xi_0 = i) \\ &= \sum_{i=1}^{k} p_i p_{ij}^{(n)}. \end{aligned}$$

例 6.6 一只老鼠放在下列迷宫内：

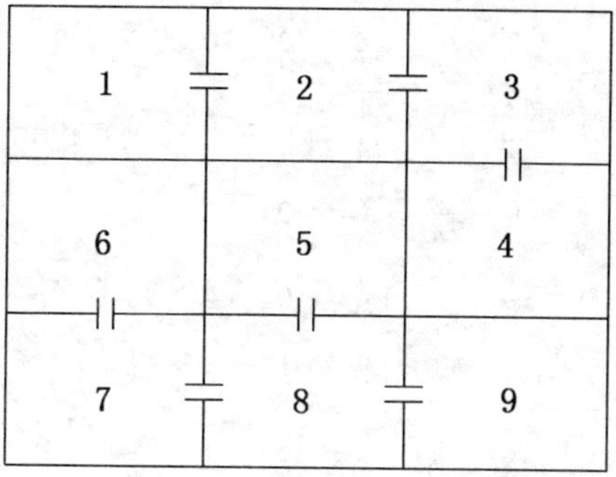

图 6.1

每隔单位时间老鼠在迷宫中移动一次，随机地移动到相邻的格子中去.若其所在的格子有 r 条通路可离开原格子，则老鼠以 $\frac{1}{r}$ 的概率选择每一条通道，试用马尔可夫链描述老鼠的移动，并求其状态空间及一步、二步转移概率矩阵.

解 设 ξ_0 为老鼠最初位于格子的标号，$\xi_1,\ \xi_2,\ \cdots,\ \xi_n,\ \cdots$ 为这之后老鼠移动到达的格子标号，则 $\{\xi_n,\ n\geqslant 0\}$ 为一马尔可夫链，其状态空间 $S=\{1,\ 2,\ 3,\ \cdots,\ 9\}$，一步转移概率矩阵为

$$
\boldsymbol{P}=\begin{array}{c}
\begin{matrix} \quad 1 & \ 2 & \ 3 & \ 4 & \ 5 & \ 6 & \ 7 & \ 8 & \ 9 \quad \end{matrix} \\
\left[\begin{matrix}
0 & 1 & 0 & 0 & 0 & 0 & 0 & 0 & 0 \\
\frac{1}{2} & 0 & \frac{1}{2} & 0 & 0 & 0 & 0 & 0 & 0 \\
0 & \frac{1}{2} & 0 & \frac{1}{2} & 0 & 0 & 0 & 0 & 0 \\
0 & 0 & 1 & 0 & 0 & 0 & 0 & 0 & 0 \\
0 & 0 & 0 & 0 & 0 & 0 & 0 & 1 & 0 \\
0 & 0 & 0 & 0 & 0 & 0 & 1 & 0 & 0 \\
0 & 0 & 0 & 0 & 0 & \frac{1}{2} & 0 & \frac{1}{2} & 0 \\
0 & 0 & 0 & 0 & \frac{1}{3} & 0 & \frac{1}{3} & 0 & \frac{1}{3} \\
0 & 0 & 0 & 0 & 0 & 0 & 0 & 1 & 0
\end{matrix}\right]
\end{array}
\begin{matrix} 1 \\ 2 \\ 3 \\ 4 \\ 5 \\ 6 \\ 7 \\ 8 \\ 9 \end{matrix}
$$

二步转移概率矩阵为

$$
P^2 = \begin{bmatrix}
\frac{1}{2} & 0 & \frac{1}{2} & 0 & 0 & 0 & 0 & 0 & 0 \\
0 & \frac{3}{4} & 0 & \frac{1}{4} & 0 & 0 & 0 & 0 & 0 \\
\frac{1}{4} & 0 & \frac{3}{4} & 0 & 0 & 0 & 0 & 0 & 0 \\
0 & \frac{1}{2} & 0 & \frac{1}{2} & 0 & 0 & 0 & 0 & 0 \\
0 & 0 & 0 & 0 & \frac{1}{3} & 0 & \frac{1}{3} & 0 & \frac{1}{3} \\
0 & 0 & 0 & 0 & 0 & \frac{1}{2} & 0 & \frac{1}{2} & 0 \\
0 & 0 & 0 & 0 & \frac{1}{6} & 0 & \frac{2}{3} & 0 & \frac{1}{6} \\
0 & 0 & 0 & 0 & 0 & \frac{1}{6} & 0 & \frac{5}{6} & 0 \\
0 & 0 & 0 & 0 & \frac{1}{3} & 0 & \frac{1}{3} & 0 & \frac{1}{3}
\end{bmatrix}
$$

（列标号 1 2 3 4 5 6 7 8 9，行标号 1 2 3 4 5 6 7 8 9）

例 6.7 某国销售 A, B, C, D 四种啤酒，据某项调查表明，消费者购买哪一种啤酒，仅与前一次购买的啤酒种类有关，而与这之前购买的啤酒种类无关，现在，对 A, B, C, D 四种啤酒分别标以号码 1、2、3、4，用 ξ_0 表示消费者最初所买啤酒的号码（也就是商标），用 ξ_n 表示消费者这之后于第 n 季度所买啤酒的号码，$n=1, 2, \cdots$，则 $\{\xi_n, n\geqslant 0\}$ 为马尔可夫链，其状态空间 $S=\{1, 2, 3, 4\}$，已知 A, B, C, D 四种啤酒最初的市场占有率分别为 0.4, 0.2, 0.3, 0.1，消费者前后两次购买的倾向如表 6.1 所示：

表 6.1

		下次购买			
		A	B	C	D
上次购买	A	0.9	0.05	0.03	0.02
	B	0.1	0.8	0.05	0.05
	C	0.08	0.1	0.8	0.02
	D	0.1	0.1	0.1	0.7

试求 A，B，C，D 四种啤酒第一季度和第二季度各拥有的市场占有率.

解 问题归结为计算 $P(\xi_1 = i)$，$i - 1$，2，3，4，及 $P(\xi_2 = i)$，$i = 1$，2，3，4.

根据题意，马尔可夫链 $\{\xi_n, n \geqslant 0\}$ 的初始分布为

ξ_0	1	2	3	4
$P(\xi_0 = x_i)$	0.4	0.2	0.3	0.1

其转移概率矩阵

$$
\begin{array}{c}
\begin{array}{cccc} 1 & 2 & 3 & 4 \\ A & B & C & D \end{array} \\
\boldsymbol{P} = \begin{bmatrix} 0.9 & 0.05 & 0.03 & 0.02 \\ 0.1 & 0.8 & 0.05 & 0.05 \\ 0.08 & 0.1 & 0.8 & 0.02 \\ 0.1 & 0.1 & 0.1 & 0.7 \end{bmatrix} \begin{array}{cc} A & 1 \\ B & 2 \\ C & 3 \\ D & 4 \end{array}
\end{array}
$$

二步转移矩阵

$$
\boldsymbol{P}^{(2)} = \boldsymbol{P}^2 = \begin{bmatrix} 0.8194 & 0.09 & 0.555 & 0.0351 \\ 0.179 & 0.655 & 0.088 & 0.078 \\ 0.148 & 0.166 & 0.6494 & 0.0366 \\ 0.178 & 0.165 & 0.158 & 0.499 \end{bmatrix}
$$

由定理 6.3，我们有

$$(1)\ P(\xi_1 = 1) = \sum_{i=1}^{4} P(\xi_0 = i) p_{i1}^{(1)} = 0.414;$$

类似地

$$P(\xi_1 = 2) = 0.22;$$

$$P(\xi_1 = 3) = 0.272;$$

$$P(\xi_1 = 4) = 0.094.$$

所以 A, B, C, D 四种啤酒第一季度的市场占有率分别为 0.414，0.22，0.272，0.094.

$$(2)\ P(\xi_2=1)=\sum_{i=1}^{4}P(\xi_0=i)p_{i1}^{(2)}=0.425\,76;$$

类似地

$$P(\xi_2=2)=0.233\,3;$$

$$P(\xi_2=3)=0.250\,42;$$

$$P(\xi_2=4)=0.090\,52.$$

所以 A，B，C，D 四种啤酒第三次的市场占有率分别为 0.425 76，0.233 3，0.250 42，0.090 52.

从本例的计算结果我们可以看出，这四种啤酒的市场占有率随着时间的推移而发生变化，自然我们进一步想知道随着经过无限长一段时间后，四种啤酒在市场上的占有率的变化趋势，是否稳定，其值如何，这就涉及到下一节要讨论的马尔可夫链的遍历性问题.

习 题 6.2

(A)

1. 设马尔可夫链的转移概率矩阵为

$$\boldsymbol{P}=\begin{bmatrix}\frac{1}{2} & \frac{1}{3} & \frac{1}{6}\\ \frac{1}{3} & \frac{1}{3} & \frac{1}{3}\\ \frac{1}{3} & \frac{1}{2} & \frac{1}{6}\end{bmatrix},$$

试问此链共有几个状态？求二步转移概率矩阵.

2. 一个质点在正整数点集{1, 2, 3, 4}上作随机游动，在 1 点以概率 p

向右移动一步,以概率 $q=1-p$ 停留在原地,在 4 点以概率 p 停留在原地,以概率 q 向左移动一步,在 2 点、3 点上以概率 p 向右移动一步,以概率 q 向左移动一步,求转移概率矩阵.

3. 从 1, 2, 3, 4, 5, 6 六个数中,等可能地取出一数,取后还原,不断独立地取下去,如果在前 n 次(包括第 n 次)中所取得的最大数是 j,就说质点在第 n 步时处于状态 j,这质点的运动构成一马尔可夫链,试写出状态空间及转移概率矩阵.

4. N 个黑球和 N 个白球分装在两个袋子里,每个袋里各 N 个,每次从每一个袋中随机地取出一球,互相交换后放回袋中,以 ξ_n 表示 n 次交换后第一个袋里的黑球数目,试求马尔可夫链 $\{\xi_n, n\geqslant 0\}$ 的转移概率矩阵.

5. 设 A, B, C 三家公司共同占领了一个地区某类商品的市场,开始时,A, B, C 三家公司各拥有市场的 30%, 30%, 40%的份额,经过一段时间的销售,各公司的销售情形发生了如下的变化:

A 公司保留了原有顾客的 60%,有 20%失给 B,20%失给 C;

B 公司保留了原有顾客的 80%,有 10%失给 A,10%失给 C;

C 公司保留了原有顾客的 50%,有 30%失给 A,20%失给 B.

若这种趋势继续下去,试用马尔可夫链的方法确定在第一周期及第二周期中各公司所拥有的市场份额.

§6.3 遍 历 性

定义 6.2 设 $\{\xi_n, n\geqslant 0\}$ 为马尔可夫链,其状态空间为 S,若对一切 $i, j\in S$, 存在不依赖于 i 的常数 π_j,使得

$$\lim_{n\to\infty} p_{ij}^{(n)} = \pi_j,$$

则称马尔可夫链 $\{\xi_n, n\geqslant 0\}$ 具有遍历性.

遍历性的直观意义是:不论系统自哪一状态出发,当转移步数 n 充分大时,转移到状态 j 的概率都接近于 π_j. 因而反过来可以用 π_j 作为 $p_{ij}^{(n)}$ 的近似值,只要 n 相当大.

从定义可见 $\pi_j\geqslant 0$, 如果诸 π_j 还满足 $\sum_{j\in S}\pi_j=1$, 这时 π_j 称为

极限概率，$\{\pi_j,\ j\in S\}$ 称为**极限概率分布**.

定理 6.4 设马尔可夫链 $\{\xi_n,\ n\geqslant 0\}$ 是遍历的，其状态空间 S 是有限的，设 $S=\{1,\ 2,\ \cdots,\ k\}$，则 $\{\pi_j,\ j=1,\ 2,\ \cdots,\ k\}$ 是一个极限概率分布，且对任意 $j\in S$，成立

$$\lim_{n\to\infty}P(\xi_n=j)=\pi_j.$$

证明 已有 $\pi_j\geqslant 0,\ j=1,\ 2,\ \cdots,\ k$，而

$$\begin{aligned}\sum_{j=1}^{k}\pi_j&=\sum_{j=1}^{k}(\lim_{n\to\infty}p_{ij}^{(n)})=\lim_{n\to\infty}\Big(\sum_{j=1}^{k}p_{ij}^{(n)}\Big)\\&=\lim_{n\to\infty}1=1,\end{aligned}$$

所以 $\{\pi_j,\ j=1,\ 2,\ \cdots,\ k\}$ 是一个极限概率分布.

另一方面，对任意 $j\in S$，我们有

$$\begin{aligned}\lim_{n\to\infty}P(\xi_n=j)&=\lim_{n\to\infty}\sum_{i=0}^{k}P(\xi_0=i)p_{ij}^{(n)}\\&=\sum_{i=0}^{k}P(\xi_0=i)(\lim_{n\to\infty}p_{ij}^{(n)})\\&=\sum_{i=0}^{k}P(\xi_0=i)\pi_j=\pi_j.\end{aligned}$$

定理表明极限概率 π_j 可以看作是 n 很大时，马尔可夫链在第 n 时刻处于状态 j 的概率.

现在要问，在什么条件下，马尔可夫链是遍历的，如何得到诸极限概率，我们有下面的定理.

定理 6.5 设 $\{\xi_n,\ n\geqslant 0\}$ 为马尔可夫链，其状态空间 $S=\{1,\ 2,\ \cdots,\ k\}$，若存在正整数 l，使对一切的 $i,\ j\in S$ 恒有

$$p_{ij}^{(l)}>0,$$

则 $\{\xi_n,\ n\geqslant 0\}$ 是遍历的，并且 $\pi_j(j=1,\ 2,\ \cdots,\ k)$ 是方程组

$$\pi_j = \sum_{i=1}^{k} \pi_i p_{ij}, \quad j = 1, 2, \cdots, k,$$

在满足条件

$$\pi_j > 0, \quad j = 1, 2, \cdots, k,$$

$$\sum_{j=1}^{k} \pi_j = 1$$

下的唯一解.

定理的证明是很复杂的,已超出本课程的要求,我们着重介绍它的应用.

例 6.8 考虑质点在点集$\{1, 2, 3\}$上的随机游动:质点自 1 出发,下一步停留在 1 的概率为 q,到达 2 的概率为 p;自 2 出发,到达 1 及 3 的概率分别为 q 与 p,自 3 出发,停留在 3 及到达 2 的概率各为 p 与 q,这里 $0 < p < 1$, $q = 1 - p$,记 ξ_0 为初始时刻质点所处的位置,$\xi_1, \xi_2, \cdots, \xi_n, \cdots$为这之后质点所处位置,试说明马尔可夫链 $\{\xi_n, n \geqslant 0\}$ 是遍历的,并求 π_j, $j = 1, 2, 3$.

解 容易算得,马尔可夫链 $\{\xi_n, n \geqslant 0\}$ 的一步、二步转移概率矩阵分别为

$$\boldsymbol{P} = \begin{bmatrix} q & p & 0 \\ q & 0 & p \\ 0 & q & p \end{bmatrix},$$

$$\boldsymbol{P}^2 = \begin{bmatrix} q^2 + pq & pq & p^2 \\ q^2 & 2pq & p^2 \\ q^2 & pq & pq + p^2 \end{bmatrix}.$$

所以对一切 $i, j \in \{1, 2, 3\}$,恒有 $p_{ij}^{(2)} > 0$,根据定理 6.5 所述马尔可夫链是遍历的,其中极限概率 π_1, π_2, π_3 是方程组

$$\pi_1 = \pi_1 q + \pi_2 q,$$

$$\pi_2 = \pi_1 p + \pi_3 q,$$

$$\pi_3 = \pi_2 p + \pi_3 p,$$

在满足条件 $\pi_j > 0$，$\sum_{j=1}^{3} \pi_j = 1$ 下的解.

可解得

$$\pi_2 = \frac{p}{q}\pi_1,$$

$$\pi_3 = \left(\frac{p}{q}\right)^2 \pi_1,$$

$$\pi_1\left[1 + \left(\frac{p}{q}\right) + \left(\frac{p}{q}\right)^2\right] = 1.$$

当 $p = q = \frac{1}{2}$ 时，有

$$\pi_1 = \pi_2 = \pi_3.$$

这表示在极限情况，处于状态 1 或 2 或 3 是等可能的，这个结果与直观的认识是吻合的. 因为此时质点从任一状态出发向右或向左游动的可能性相等，因而当该质点游动相当长时间后处于任一状态的可能性也是相同的.

当 $p \neq q$ 时，有

$$\pi_j = \frac{1 - \frac{p}{q}}{1 - \left(\frac{p}{q}\right)^3}\left(\frac{p}{q}\right)^{j-1}, \quad j = 1, 2, 3.$$

从上式可见，当 $p > q$ 时，π_j 随 j 的增大而增大. 从直观上来看，这个结果是很自然的，因为此时质点从任一状态出发向右游动的可能性大于向左移动的可能性，因而当该质点游动相当长的时间后，处于右面状态（例如状态 3）的可能性比处于左面状态的可能性（例如状态 2）大，当 $p < q$ 时，则有相反的结果.

例 6.9 试问：例 6.7 中的四种啤酒 A, B, C, D,在经过很长一段时间以后,它们所拥有的市场占有率各稳定在何值?

解 根据定理 6.5,例 6.7 中所述的马尔可夫链是遍历的,由定理 6.4,问题归结为计算诸极限概率 π_1, π_2, π_3, π_4,它们是方程组

$$\pi_1 = 0.9\pi_1 + 0.1\pi_2 + 0.08\pi_3 + 0.1\pi_4,$$

$$\pi_2 = 0.05\pi_1 + 0.8\pi_2 + 0.1\pi_3 + 0.1\pi_4,$$

$$\pi_3 = 0.03\pi_1 + 0.05\pi_2 + 0.8\pi_3 + 0.1\pi_4,$$

$$\pi_4 = 0.02\pi_1 + 0.05\pi_2 + 0.02\pi_3 + 0.7\pi_4.$$

在满足条件 $\pi_j > 0$, $\sum_{j=1}^{4} \pi_j = 1$ 下的解.

经过计算,我们可得

$$\pi_1 = 0.482, \pi_2 = 0.253, \pi_3 = 0.179, \pi_4 = 0.086.$$

可见,经过很长一段时间以后,四种啤酒 A, B, C, D 所拥有的市场占有率大致分别稳定在 48%, 25%, 18%和 9%. 商家可根据这种趋势,合理安排好这四种啤酒的货源.

例 6.10 某地区有甲、乙、丙三家灭虫剂生产公司,历史上,这三家的产品分别拥有该地区 50%, 30%和 20%的销售市场,不久前,丙公司制定了一项把甲、乙、丙公司的顾客吸引到本公司来的销售与服务方针,三家公司所提供的虫害控制服务是以季度为基础的,市场调查表明,在丙公司新方针的影响下,甲公司的老顾客中只有 70%仍将购买甲的产品,而有 10%和 20%的顾客将分别转向乙、丙两公司;公司乙能保持原有顾客的 80%,余下的各有一半将转而购买甲、丙产品;公司丙能保持原有顾客的 90%,余下的各有一半转向甲、乙的产品,假定这种销售趋势一直保持不变,试求:

(1) 甲、乙、丙三家公司在第一季度和第二季度各拥有的市场销售份额;

(2) 甲、乙、丙三家公司最终将各占市场的多大份额？

解 设 $\xi_0=1, 2, 3$ 分别表示顾客最初购买甲、乙或丙公司的产品，$\xi_n=1, 2, 3$ 分别表示顾客在这之后第 n 季度购买甲、乙或丙公司的产品，$n=1, 2, \cdots$，易见 $\{\xi_n, n\geqslant 0\}$ 是马尔可夫链且是遍历的，其初始分布为

ξ_0	1	2	3
$P(\xi_0=x_i)$	0.5	0.3	0.2

转移概率矩阵为

$$\boldsymbol{P}=\begin{bmatrix}0.7 & 0.1 & 0.2\\ 0.1 & 0.8 & 0.1\\ 0.05 & 0.05 & 0.9\end{bmatrix}.$$

(1) 问题归结为计算 $P(\xi_1=i), i=1, 2, 3; P(\xi_2=i), i=1, 2, 3.$

我们有

第一季度的销售份额

$$\begin{aligned}&(P(\xi_1=1), P(\xi_1=2), P(\xi_1=3))\\ &\quad=(P(\xi_0=1), P(\xi_0=2), P(\xi_0=3))\boldsymbol{P}\\ &\quad=(0.5, 0.3, 0.2)\begin{bmatrix}0.7 & 0.1 & 0.2\\ 0.1 & 0.8 & 0.1\\ 0.05 & 0.05 & 0.9\end{bmatrix}\\ &\quad=(0.39, 0.3, 0.31).\end{aligned}$$

第二季度的销售份额

$$\begin{aligned}&(P(\xi_2=1), P(\xi_2=2), P(\xi_2=3))\\ &\quad=(P(\xi_0=1), P(\xi_0=2), P(\xi_0=3))\boldsymbol{P}^2\end{aligned}$$

$$= (0.39, 0.3, 0.31)\boldsymbol{P}$$

$$= (0.39, 0.3, 0.31)\begin{bmatrix} 0.7 & 0.1 & 0.2 \\ 0.1 & 0.8 & 0.1 \\ 0.05 & 0.05 & 0.9 \end{bmatrix}$$

$$= (0.319, 0.294, 0.387).$$

即在第一季度，甲、乙、丙公司分别占有市场 39%，30%和 31%的份额，在第二季度三公司分别占有 31.9%，29.4%和 38.7%的销售份额.

(2) 问题归结为计算诸极限概率 π_1, π_2, π_3，由线性方程组

$$\pi_1 = 0.7\pi_1 + 0.1\pi_2 + 0.05\pi_3,$$

$$\pi_2 = 0.1\pi_1 + 0.8\pi_2 + 0.05\pi_3,$$

$$\pi_3 = 0.2\pi_1 + 0.1\pi_2 + 0.9\pi_3,$$

$$\pi_1 + \pi_2 + \pi_3 = 1.$$

解得

$$(\pi_1, \pi_2, \pi_3) = (0.1765, 0.2353, 0.5882).$$

因此，甲、乙、丙三公司最终将分别占有 17.65%，23.53%，58.82%的市场销售份额.

例 6.11 一个大型化工厂每季度都要对其所有化工过程用泵进行检查，每次检查可把泵按其外壳的腐蚀状况确定为下列五种状态中的一种：

状态 1：优秀状态，完好如新；

状态 2：良好状态，稍有腐蚀；

状态 3：及格状态，轻度腐蚀；

状态 4：可用状态，大面积腐蚀；

状态 5：不能使用状态.

目前，该厂采用的是“一种状态”的维修策略，即只有一种状态

5 被指定为需要修理的状态，修理费用为每台泵 1 000 元. 工厂希望能找到一个可减少泵的总修理费用的维修策略，可供考虑的还有“二种状态”和“三种状态”的维修策略，“二种状态”策略是指定状态 4 和 5 都是需要修理的状态；而“三种状态”策略是任一台泵只要处于状态 3，4，5 就都送去修理，估计平均修理费用对处于状态 3 的泵为每台 400 元，处于状态 4 的泵为每台 450 元，并假定任一台泵经过修理后在下一季度都将处于状态 1. 以往的资料表明，在某季度处于状态 i 的泵到下一季度到达状态 j 的概率如表 6.2 所示.

表 6.2

		下一季度状态				
		1	2	3	4	5
上一季度状态	1	0	0.6	0.2	0.1	0.1
	2	0	0.3	0.4	0.2	0.1
	3	0	0	0.4	0.4	0.2
	4	0	0	0	0.5	0.5
	5	0	0	0	0	1

试分别求出在各种维修策略下该厂每台泵经长期使用后的每季度的平均修理费用，该厂的最优维修策略是什么？

解 用 η_1，η_2，η_3 分别表示三种维修策略下每台泵经长期使用后的季度维修费用，用 $\xi_n = 1, 2, 3, 4$ 或 5 分别表示第 n 季度任一台泵处于状态 1，2，3，4 或 5，则 $\{\xi_n, n \geqslant 1\}$ 是一马尔可夫链. 在“一种状态”策略、“二种状态”策略和“三种状态”策略下，可以通过计算相应的多步转移概率矩阵知道对应的马尔可夫链均是遍历的，根据定理 6.4，问题归结为这三种策略各自在状态 1，2，3，4，5 的相应极限概率 π_1，π_2，π_3，π_4，π_5.

在“一种状态”策略下，转移概率矩阵为

$$\begin{bmatrix} 0 & 0.6 & 0.2 & 0.1 & 0.1 \\ 0 & 0.3 & 0.4 & 0.2 & 0.1 \\ 0 & 0 & 0.4 & 0.4 & 0.2 \\ 0 & 0 & 0 & 0.5 & 0.5 \\ 1 & 0 & 0 & 0 & 0 \end{bmatrix},$$

由方程组

$$\begin{aligned} &\pi_1 = \pi_5, \\ &\pi_2 = 0.6\pi_1 + 0.3\pi_2, \\ &\pi_3 = 0.2\pi_1 + 0.4\pi_2 + 0.4\pi_3, \\ &\pi_4 = 0.1\pi_1 + 0.2\pi_2 + 0.4\pi_3 + 0.5\pi_4, \\ &\pi_5 = 0.1\pi_1 + 0.1\pi_2 + 0.2\pi_3 + 0.5\pi_4, \\ &\pi_1 + \pi_2 + \pi_3 + \pi_4 + \pi_5 = 1. \end{aligned}$$

解得

$$(\pi_1, \pi_2, \pi_3, \pi_4, \pi_5) = (0.199, 0.170, 0.180, 0.252, 0.199),$$

因此每台泵经长期使用后每季度的平均维修费用为

$$E(\eta_1) = 1\,000 \times 0.199 = 199(\text{元}).$$

在“二种状态”策略下，转移概率矩阵为

$$P = \begin{bmatrix} 0 & 0.6 & 0.2 & 0.1 & 0.1 \\ 0 & 0.3 & 0.4 & 0.2 & 0.1 \\ 0 & 0 & 0.4 & 0.4 & 0.2 \\ 1 & 0 & 0 & 0 & 0 \\ 1 & 0 & 0 & 0 & 0 \end{bmatrix},$$

通过计算，可得

$$(\pi_1, \pi_2, \pi_3, \pi_4, \pi_5) = (0.266, 0.288, 0.241, 0.168, 0.097),$$

$$E(\eta_2) = 450 \times 0.168 + 1\,000 \times 0.097 = 172.6(\text{元}).$$

在"三种状态"策略下，转移概率矩阵为

$$P = \begin{bmatrix} 0 & 0.6 & 0.2 & 0.1 & 0.1 \\ 0 & 0.3 & 0.4 & 0.2 & 0.1 \\ 1 & 0 & 0 & 0 & 0 \\ 1 & 0 & 0 & 0 & 0 \\ 1 & 0 & 0 & 0 & 0 \end{bmatrix},$$

经过计算，可得

$$(\pi_1, \pi_2, \pi_3, \pi_4, \pi_5) = (0.35, 0.3, 0.19, 0.095, 0.065),$$

$$E(\eta_3) = 400 \times 0.19 + 450 \times 0.095 + 1\,000 \times 0.065$$

$$= 183.75(\text{元}).$$

由上可见，三种可供选择的维修策略的每台泵每季度的平均维修费用分别为 199 元，172.6 元和 183.75 元，"二种状态"策略下的费用最小，最优维修策略是"二种状态".

例 6.12 某校将学生的每次统考成绩分成四个等级：优秀（90 ~ 100 分），良好（75 ~ 89 分），及格（60 ~ 74 分），和不及格（0 ~ 59 分），假设每次统考成绩仅与前一次有关，根据历次统考情况表明，同一年级的甲、乙两班学生前后任何两次统考成绩的倾向分别如表 6.3 及表 6.4 所示，

表 6.3

		下次统考成绩			
		优秀	良好	及格	不及格
上次统考成绩	优秀	0.6	0.35	0.05	0
	良好	0.3	0.6	0.1	0
	及格	0	0.4	0.5	0.1
	不及格	0	0.2	0.5	0.3

表 6.4

		下次统考成绩			
		优秀	良好	及格	不及格
上次统考成绩	优秀	0.5	0.4	0.1	0
	良好	0.2	0.6	0.2	0
	及格	0	0.3	0.6	0.1
	不及格	0	0.1	0.8	0.1

试用马尔可夫链的方法求甲、乙两班经多次统考后最终的统考成绩,并比较两班中哪一班的最终统考成绩更好些.

解 用1, 2, 3, 4分别表示某班学生的统考成绩处于优秀、良好、及格和不及格的状态. 用$\xi_n = 1, 2, 3, 4$分别表示某班学生第n次统考成绩为优秀、良好、及格和不及格,根据题意,可以认为$\{\xi_n, n \geqslant 1\}$是马尔可夫链,其状态空间$S = \{1, 2, 3, 4\}$,问题归结为计算甲、乙两班各自的诸极限概率$\pi_1, \pi_2, \pi_3, \pi_4$.

在甲班的情况下,其转移概率矩阵是

$$\begin{bmatrix} 0.6 & 0.35 & 0.05 & 0 \\ 0.3 & 0.6 & 0.1 & 0 \\ 0 & 0.4 & 0.5 & 0.1 \\ 0 & 0.2 & 0.5 & 0.3 \end{bmatrix},$$

由方程组

$$\pi_1 = 0.6\pi_1 + 0.3\pi_2,$$

$$\pi_2 = 0.35\pi_1 + 0.6\pi_2 + 0.4\pi_3 + 0.2\pi_4,$$

$$\pi_3 = 0.05\pi_1 + 0.1\pi_2 + 0.5\pi_3 + 0.5\pi_4,$$

$$\pi_4 = 0.1\pi_3 + 0.3\pi_4,$$

$$\pi_1 + \pi_2 + \pi_3 + \pi_4 = 1.$$

解得

$$(\pi_1, \pi_2, \pi_3, \pi_4) = (0.35, 0.47, 0.15, 0.03).$$

在乙班的情况下，其转移概率矩阵是

$$\begin{bmatrix} 0.5 & 0.4 & 0.1 & 0 \\ 0.2 & 0.6 & 0.2 & 0 \\ 0 & 0.3 & 0.6 & 0.1 \\ 0 & 0.1 & 0.8 & 0.1 \end{bmatrix},$$

通过计算，可得

$$(\pi_1, \pi_2, \pi_3, \pi_4) = (0.18, 0.44, 0.34, 0.04).$$

比较甲、乙两班的最终统考成绩，甲班的统考成绩要优于乙班的统考成绩.

本例的意义在于不能以一次、二次或若干次的统考成绩来比较班级的学习情况，应着重看他们学习情况的发展趋势.

习　题　6.3

(A)

1. 设马尔可夫链的转移概率矩阵为

$$P = \begin{bmatrix} 0 & \frac{1}{2} & \frac{1}{2} \\ \frac{1}{2} & 0 & \frac{1}{2} \\ \frac{1}{2} & \frac{1}{2} & 0 \end{bmatrix},$$

试问此链是否是遍历的？如是，则求出其极限概率分布.

2. 试求习题 6.2(A)第 5 题中三家公司最终将各拥有多大的市场份额？

3. 为适应日益扩大的旅游事业的需要，某城市的 A, B, C 三个照相馆组成一个经营部，联合经营出租相机的业务，旅游者可由 A, B, C 三处的任何一处租出相机，用完后，还到 A, B, C 三处中任何一处即可，估计转移概率如表 6.5 所示.

表 6.5

		还相机处		
		A	B	C
租相机处	A	0.2	0.8	0
	B	0.8	0	0.2
	C	0.1	0.3	0.6

今欲选择 A, B, C 之一附设相机维修店,问该点设于何处为好?

4. 考虑例 6.10 的销售问题,为了对付日益下降的销售趋势,甲公司考虑二种对付策略,可供选择的第一种策略称为保留策略,即该公司力图保留其原有顾客的较大百分比,为实现这一目标,甲公司将对连续两个季度购货的顾客以价格优待,这样估计可使其保留率从 70%提高到 85%,新的转移概率矩阵为:

$$\begin{bmatrix} 0.85 & 0.1 & 0.05 \\ 0.1 & 0.8 & 0.1 \\ 0.05 & 0.05 & 0.9 \end{bmatrix}.$$

可供选择的第二种策略是争取策略,甲公司可通过直接写信或其他广告宣传,来尽力争取另外两家公司的顾客,在此策略下的转移概率矩阵是:

$$\begin{bmatrix} 0.7 & 0.1 & 0.2 \\ 0.15 & 0.75 & 0.1 \\ 0.15 & 0.05 & 0.8 \end{bmatrix}.$$

(1) 试分别求出在甲公司的保留策略和争取策略下,三家公司将最终分别拥有的市场份额;

(2) 如果实行两种策略的代价相当,问甲公司应采取哪一种策略?

5. 设 $\{\xi_n, n \geqslant 0\}$ 为具有遍历性的马尔可夫链,其状态空间 $S = \{1, 2, \cdots, k\}$,转移概率矩阵为(p_{ij}),试证:诸极限概率 π_j 满足下列的方程组:

$$\pi_j = \sum_{i=1}^{k} \pi_i p_{ij}, \quad j = 1, 2, \cdots, k.$$

第7章 统计估计

§7.1 总体与样本

1. 数理统计学的任务

在前6章中，我们主要讨论了概率论的一些基本概念与方法，它的一个基本特点是：假定所研究的随机变量的概率分布已知，然后在此基础上来讨论其种种性质.然而在实际问题中，经常遇到需要我们去确定一个随机变量的概率分布或它的某些数字特征.

例 7.1 确定某灯泡厂年产灯泡的次品率.灯泡的质量通常用其寿命这个指标来衡量，若规定，寿命低于3 000h（小时）者为次品，那么确定该厂年产灯泡的次品率可以归结为求灯泡寿命ξ这个随机变量的分布函数$F(x)$，因为当$F(x)$已知时，$P(\xi<3\,000)=F(3\,000)$就是所要确定的次品率.

如何确定灯泡寿命ξ的分布函数呢？一个天真而又自然的想法是：把每个灯泡的寿命都测试出来，根据测试的结果，就可以确定出ξ的分布函数.然而这种做法在实际工作中是不可行的，因为灯泡的寿命试验具有破坏性，一旦我们获得所有灯泡的寿命数据，这批灯炮也就全部报废了.因此，在灯泡的寿命试验中，一般只能从整批灯泡中选取若干个来进行寿命测试，这就产生一个问题，如何从试验所得到的局部数据来推断整批灯泡寿命ξ的分布函数呢？

其实,在实际问题中导致只能测试局部数据的原因不仅仅是由于某些试验具有破坏性,更主要的则是有些试验需要耗费大量的人力、物力、财力和时间.因此,从局部观察来推断整体是一个带有一般性的问题.数理统计学就是解决这类问题的一门数学学科.具体地说,数理统计是以概率论为基础,研究如何从试验资料出发,对随机变量的概率分布或某些特征(如数字特征)作出推断的学科.

由于数理统计所研究的问题具有普遍的意义,因此它的应用也就十分广泛,目前已应用于教育科学、工程技术、管理科学、自然科学以及社会科学等领域.例如,教育科学中的教学质量的评估、预测以及试卷质量的评价,工业生产中的产品质量控制与抽样检查,气象学中的天气预报,地震学中的地震预报,医学中的疾病分析及药品疗效检验,农业生产中的产量估计与种子优选,人口学中的优生学和人口控制等都渗透了数理统计的方法.

2. 总体、个体与样本

在数理统计中,常把研究对象的全体称为**总体**,而把总体中的每一个对象称为**个体**.譬如在例 7.1 中,该厂年产灯泡寿命的全体就是总体,而每个灯泡的寿命即为个体.注意,灯泡的寿命一般是随个体而变化的,它是一个随机变量,其取值的全体即为该灯泡厂年产灯泡寿命这一总体.由此看来,一个总体和一个随机变量相互对应,因此,今后我们把总体与随机变量等同起来.当总体对应于一维随机变量时称该总体是一维的,否则称为多维的(如在研究某市中学生的身高和体重时,身高与体重就构成一个二维总体).本书重点讨论一维总体的情况,今后若无特殊声明,所述总体都是指一维随机变量.

为了要对总体 ξ 的某种性质进行推断,必须从总体中随机抽取若干个个体来获取总体的部分信息.假定从总体 ξ 中抽取了 n 个个体 $\xi_1, \xi_2, \cdots, \xi_n$,由于抽取是随机的,抽取之前并不知道这 n

个个体究竟是什么，因此 $\xi_1, \xi_2, \cdots, \xi_n$ 是随机变量. 我们称 $(\xi_1, \xi_2, \cdots, \xi_n)$ 为总体 ξ 的一个**样本**，样本中个体的数目 n 称为**样本容量**. 当一次抽样完成后，我们得到 n 个具体的数据 $(x_1, x_2, \cdots, x_n)$，它称为样本 $(\xi_1, \xi_2, \cdots, \xi_n)$ 的一个**样本值**（或**观察值**）. 注意，样本值实际上是多维随机变量 $(\xi_1, \xi_2, \cdots, \xi_n)$ 的一个取值. 我们把样本 $(\xi_1, \xi_2, \cdots, \xi_n)$ 的所有可能取值的全体称为**样本空间**，这样，一个样本值 $(x_1, x_2, \cdots, x_n)$ 就是样本空间中的一个点.

统计推断需要借助于样本，样本的获取方法影响着统计推断的方法，因此在数理统计的讨论中，必须对样本的抽取提出一些要求. 要求的方式有很多，但在数学处理上比较方便、实际抽样中也比较容易做到的是满足下列两个条件的样本：

(1) 代表性：$\xi_1, \xi_2, \cdots, \xi_n$ 与总体 ξ 具有相同的分布；

(2) 独立性：$\xi_1, \xi_2, \cdots, \xi_n$ 相互独立.

我们称满足上面两个条件的样本为**简单随机样本**. 通常，对总体 ξ 的 n 次独立重复观察，其结果是一简单随机样本. 基于这个原理，下面介绍两种在实际问题中经常采用的获取简单随机样本的方法.

(1) 抽签法

抽签法是利用抽签原理进行抽样的一种方法. 具体作法是：先把总体中每一个个体编上号并对应地写在签上，然后将签充分混和，从中随机抽取 n（n 为样本容量）个签，与被抽到的签号相应的个体作为样本的分量.

抽签法中又有有放回抽样和无放回抽样两种，其中有放回抽样所得到的样本为简单随机样本；在总体所含个体数目比较大、样本容量比较小时，无放回抽样所得的样本也可近似看作简单随机样本.

抽签法的特点是简单、易行. 如在抽查某班学生的学习成绩时，可以将学生的学号写在签上，然后进行抽签.

(2) 随机数表法

随机数表法是借助于随机数表进行抽样的方法. 随机数表是由 0～9 这十个数字随机排列而成的(如附表 6). 第一张随机数表由铁皮特(Tippet)在 1927 年给出.

利用随机数表进行抽样是现代最简单、有效的方法. 下面我们通过例子来说明如何使用附表 6 来进行随机抽样.

例 7.2 假定需要从 70 个晶体管中抽取 5 个来进行检验，这时可先将 70 个晶体管顺次编号为:00, 01, 02, …, 69,然后任意决定表中的一个数作为起始数，按向右顺序逐次取两位数，如遇到超过 69 或重复出现的数，就删去，当数取到表格边缘时，换下一行继续取. 例如，取表格中的第 2 行第 43 列的数作为起始数，则依次可得下列两位数:51, 79, 89, 73, 16, 76, 62, 27, 66, …删去大于 69 的数，得到前面的 5 个数

$$51,\ 16,\ 62,\ 27,\ 66,$$

对编号为这些号码的晶体管，就作为我们所要检验的对象.

例 7.3 欲从某校 5 个平行班中抽取 8 名学生进行成绩测试，这时可先对学生进行多维编号，如编制成(x_i; y_iz_i)，其中第一个数代表班级，第二、三个数组成的两位数代表该生在该班中的编号. 编好号后可按例 7.2 介绍的方法顺次取三位数，如从表中第 14 行第 3 列开始取，则得(3, 62), (8, 19), (9, 55), (0, 92), (2, 61), (1, 97), (0, 05), (6, 76)第一位大于 4 的可用它除以 5 取余数，后两位数大于该班编号的话，也可相应进行，比如 5 个班均有 50 名学生时，我们可将后两位数除以 50 取余数，这样就得到下列 8 组数：

$$(3,\ 12),\ (3,\ 19),\ (4,\ 05),\ (0,\ 42),$$

$$(2,\ 11),\ (1,\ 47),\ (0,\ 05),\ (1,\ 26).$$

对编号为这些号码的学生，就作为我们所要测试的对象.

利用随机数表所获取的样本可视为简单随机样本.

由于本课程只对简单随机样本进行讨论，因此，若无声明，所

说样本都是指简单随机样本.

简单随机样本的分布完全由总体分布所决定,如总体 ξ 具有分布函数 $F(x)$ 或密度函数 $f(x)$,则样本 $(\xi_1, \xi_2, \cdots, \xi_n)$ 就具有分布函数 $\prod_{i=1}^{n} F(x_i)$ 或密度函数 $\prod_{i=1}^{n} f(x_i)$.

3. 数据整理及未知分布的估计

当我们从总体 ξ 中获取样本 $(\xi_1, \xi_2, \cdots, \xi_n)$ 的样本值 $(x_1, x_2, \cdots, x_n)$ 后,通常有必要先对数据 $x_1, x_2, \cdots, x_n$ 进行一番整理(特别在样本容量比较大时),使得初看起来似乎是杂乱无章的数据能够呈现出一定的规律性,并期望从中看出总体 ξ 的分布形态.下面分三种情况来介绍数据整理的方法,同时给出总体 ξ 概率分布的估计.

1) 频率分布列

假定总体 ξ 是一离散型随机变量,其分布列为

ξ	a_1	a_2	$\cdots$	a_m	$\cdots$
$P(\xi = a_i)$	p_1	p_2	$\cdots$	p_m	$\cdots$

其中 $p_i(i=1, 2, \cdots)$ 未知. 统计 $x_1, x_2, \cdots, x_n$ 中等于 a_i 的个数 $\mu_i(i=1, 2, \cdots)$,显然 $\sum_{i} \frac{\mu_i}{n} = 1$, $\frac{\mu_i}{n} \geqslant 0 \ (i = 1, 2, \cdots)$, 因此

	a_1	a_2	$\cdots$	a_m	$\cdots$
$F_i = \frac{\mu_i}{n}$	$\frac{\mu_1}{n}$	$\frac{\mu_2}{n}$	$\cdots$	$\frac{\mu_m}{n}$	$\cdots$

为一分布列,我们称它为**频率分布列**.

由于 μ_i 可看作事件 $\{\xi=a_i\}$ 在 n 次独立重复试验中发生的频数,根据伯努利大数定律,当 n 充分大时有

$$p_i = P(\xi = a_i) \approx \frac{\mu_i}{n}.$$

因此频率分布列为总体 ξ 分布列的一个估计.

例 7.4 对S市某公共汽车站的客流进行调查,统计了某天上午10时30分至11时50分左右每隔20秒来到的乘客批数(每批可能有数人同时来到),共得到了240个记录,列表整理如下:

表 7.1 公共汽车客流统计

来到批数	0	1	2	3	$\geqslant 4$	总计
频数 μ_i	103	84	36	10	7	240
频率 F_i	0.43	0.35	0.15	0.04	0.03	

上表表明,每隔20秒来到1批以上乘客的可能性并不太大,从经济效益来考虑,每隔20秒钟通过一辆公共汽车较为适宜.

2) 频率密度函数与直方图

假定总体 ξ 是一连续型随机变量,其密度函数 $f(x)$ 未知. 取 a 适当小于 $\min(x_1, x_2, \cdots, x_n)$,$b$ 适当大于 $\max(x_1, x_2, \cdots, x_n)$,用分点 $\{t_i: a = t_0 < t_1 < \cdots < t_{m-1} < t_m = b\}$ 将区间 $[a, b)$ 分成 m 个小区间 $\{[t_{i-1}, t_i): i = 1, 2, \cdots, m\}$,统计 $x_1, x_2, \cdots, x_n$ 中落入 $[t_{i-1}, t_i)$ 内的个数 $\mu_i (i=1, 2, \cdots, m)$,视每个小区间内的数据为一组,这样整个数据被分成 m 组. 令

$$\tilde{f}_n(x) = \begin{cases} 0, & x < a, \\ \dfrac{\mu_i}{n\Delta t_i}, & t_{i-1} \leqslant x < t_i,\ i = 1, 2, \cdots, m, \\ 0, & x \geqslant b. \end{cases}$$

显然 $\tilde{f}_n(x) \geqslant 0$,$\int_{-\infty}^{+\infty} \tilde{f}_n(x)\mathrm{d}x = \sum_{i=1}^{m} \frac{\mu_i}{n} = 1$,因此 $\tilde{f}_n(x)$ 是一密度函数,我们称它为**频率密度函数**. 由于 $\tilde{f}_n(x)$ 的图形呈直方形(图7.1),所以 $\tilde{f}_n(x)$ 的图像常被称之为**直方图**.

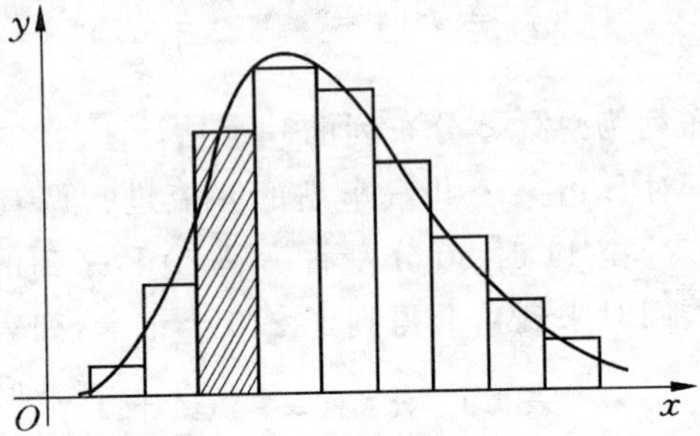

图 7.1　直方图

直方图可以使得杂乱无章的原始数据呈现出一定的规律性，从而对数据的全貌、数据的分布特征以及差异、波动趋势有一个比较清楚的了解. 从直方图可以看出总体分布的大致状态，事实上，由于 μ_i 可以看作事件 $\{t_{i-1} \leqslant \xi < t_i\}$ 在 n 次独立重复试验中出现的频数，根据伯努利大数定律，当 n 充分大时有

$$P(t_{i-1} \leqslant \xi < t_i) = \int_{t_{i-1}}^{t_i} f(x)\mathrm{d}x \approx \frac{\mu_i}{n},$$

如果认为在 $[t_{i-1}, t_i)$ 内 $f(x) \approx f(\tilde{x}_i)$，其中 $\tilde{x}_i = \frac{1}{2}(t_{i-1} + t_i)$（通常称 $\tilde{x}_i$ 为组中值），则

$$\int_{t_{i-1}}^{t_i} f(x)\mathrm{d}x \approx f(\tilde{x}_i)\Delta t_i,$$

结合前面一式，则有

$$f(x) \approx f(\tilde{x}_i) \approx \frac{\mu_i}{n\Delta t_i} = \tilde{f}_n(x), \quad t_{i-1} \leqslant x < t_i.$$

因此 $\tilde{f}_n(x)$ 是密度函数 $f(x)$ 的一个估计.

在作直方图时，有一点需特别指出，即分组问题. 组数的多少往往影响着直方图在反映数据分布上的效应. 如果组数过多，那么每组所占的区间就较狭窄，它不仅造成了计算上的麻烦，而且也可能因随机因素的影响导致在有的组内数据稀少甚至没有，从而人为地使直方图在某些部位产生陡峭，在反映总体分布上显得失真；如果组数过少，那么落入每组内的数据就较多，从而掩盖了组内数据变化的情况. 下面举一实例加以说明.

例 7.5 统计某班 31 名男生的身高，将其结果分别分成 10 组和 5 组，得到统计数据见表 7.2.

表 7.2

身高区间	人数(u_i)	$\frac{\mu_i}{n\Delta t_i}$	身高区间	人数(u_i)	$\frac{\mu_i}{n\Delta t_i}$
[160, 161)	2	0.064 5	[160, 162)	5	0.080 6
[161, 162)	3	0.096 8			
[162, 163)	5	0.161 3	[162, 164)	9	0.145 2
[163, 164)	4	0.129 0			
[164, 165)	7	0.225 8	[164, 166)	10	0.161 3
[165, 166)	3	0.096 8			
[166, 167)	4	0.129 0	[166, 168)	6	0.096 8
[167, 168)	2	0.064 5			
[168, 169)	1	0.032 2	[168, 170)	1	0.016 1
[169, 170)	0	0.000 0			

根据表中数据给出直方图(图 7.2,图 7.3)，从图中可以看出，图 7.2 由于组数太多，一些偶然因素造成了它变化奇突，从而在反映身高分布上不如图 7.3.

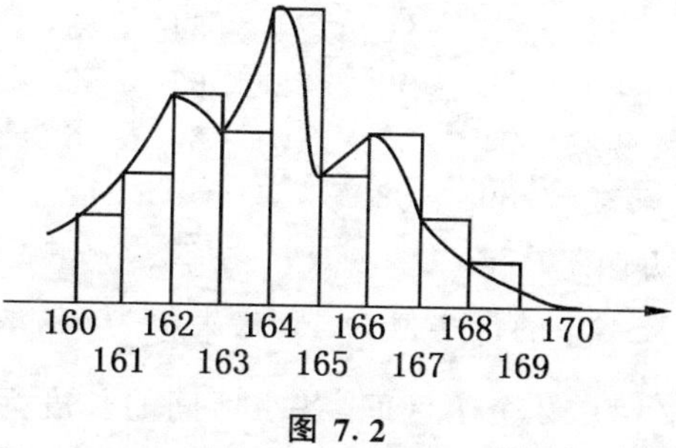

图 7.2

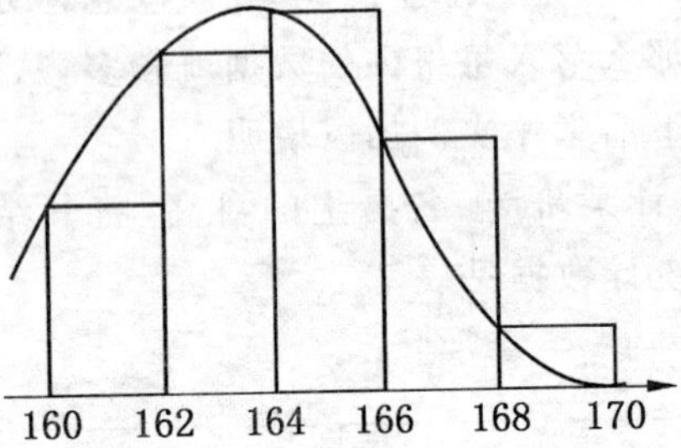

图 7.3

那么,在实际问题中究竟怎样来确定组数呢?原则上讲,组数的多少决定于数据的多少和被研究对象的性质,当数据多于100个时,一般分为10～20组为宜;当数据小于50个时,一般分为5～6组为好.

例 7.6 研究某市初三毕业班数学成绩的分布,随机抽取了120名初三学生进行测试,得到如下数据:

58	92	69	67	84	94	57	74	74	83
51	62	64	62	72	58	56	76	76	83
83	56	72	<u>98</u>	74	84	68	83	79	85
59	59	73	72	54	69	78	68	82	84
79	78	78	79	77	82	84	82	84	82
81	86	94	79	74	54	72	68	63	45
93	79	<u>42</u>	55	68	70	64	73	73	54
46	64	74	77	76	69	68	66	54	72
50	72	62	63	90	74	54	73	89	68
87	74	86	75	50	82	67	62	88	44
69	88	72	74	55	90	66	76	64	74
65	73	72	69	68	75	60	79	77	80

试作出它的直方图.

解 所给数据中的最小值为42,最大值为98,取$a=40$, $b=100$,等分$[a,b)$为12个小区间,各小区间的长度为$\frac{100-40}{12}=$

5，这样，全部数据可分成 12 组，计算各组的频数(一般可用唱票的方法进行)得下表：

表 7.3

组号	范围	频数登记	频数(μ_i)	频率$\left(\frac{\mu_i}{n}\right)$	频率密度
1	[95, 100)	一	1	0.008	0.001 6
2	[90, 95)	正一	6	0.050	0.010 0
3	[85, 90)	正丅	7	0.058	0.011 6
4	[80, 85)	正正正一	16	0.133	0.026 6
5	[75, 80)	正正正下	18	0.150	0.030 0
6	[70, 75)	正正正正下	23	0.192	0.038 4
7	[65, 70)	正正正丅	17	0.142	0.028 4
8	[60, 65)	正正一	11	0.092	0.018 4
9	[55, 60)	正𠄟	9	0.075	0.015 0
10	[50, 55)	正下	8	0.067	0.013 4
11	[45, 50)	丅	2	0.017	0.003 4
12	[40, 45)	丅	2	0.017	0.003 4
$\sum$	/	/	120	/	/

由表 7.3 可绘出直方图图 7.4$\left(\right.$取纵轴的单位长是 $\frac{1}{n(t_i - t_{i-1})} =$

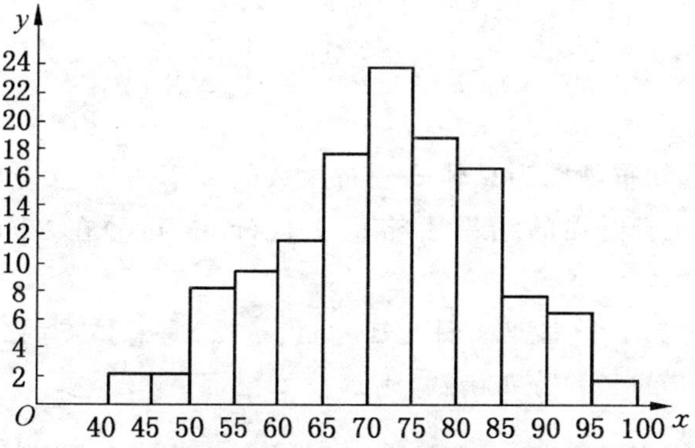

图 7.4

$\left.\frac{1}{600}\right)$.

3）经验分布函数

前面介绍的频率分布列、频率密度函数只分别适用总体 ξ 为离散型和连续型随机变量，下面给出一般情形下数据的整理方法.

假定总体 ξ 的分布函数 $F(x)$未知. 将 $x_1, x_2, \cdots, x_n$ 按从小到大的顺序排列成 $x_1^* \leqslant x_2^* \leqslant \cdots \leqslant x_n^*$，对于任意的 x，统计 $x_1, x_2, \cdots, x_n$ 中小于 x 的个数 μ，则

$$\mu = \begin{cases} 0, & x \leqslant x_1^*, \\ k, & x_k^* < x \leqslant x_{k+1}^*,\ k = 1, 2, \cdots, n-1, \\ n, & x > x_n^*. \end{cases}$$

令

$$F_n(x) = \frac{\mu}{n} = \begin{cases} 0, & x \leqslant x_1^*, \\ \dfrac{k}{n}, & x_k^* < x \leqslant x_{k+1}^*,\ k = 1, 2, \cdots, n-1, \\ 1, & x > x_n^*. \end{cases}$$

显然 $F_n(x)$为一分布函数，我们称它为**经验分布函数**.

由于 μ 可以看作事件$\{\xi < x\}$在 n 次独立重复试验中出现的频数，根据伯努利大数定律，当 n 充分大时有

$$F(x) = P(\xi < x) \approx \frac{\mu}{n} = F_n(x).$$

因此经验分布函数为总体 ξ 分布函数的一个估计. 关于经验分布函数的一个更强的结果由格里文科（Гливенко）在 20 世纪中叶给出：

定理 7.1 （格里文科定理） 设 $F(x)$是总体 ξ 的分布函数，$F_n(x)$是 ξ 的经验分布函数，则

$$P\left(\lim_{n\to\infty} \sup_{-\infty<x<\infty} |F_n(x) - F(x)| = 0\right) = 1.$$

习 题 7.1

(A)

1. 为什么说样本在试验之前是一多维随机变量；而试验之后却是一组数据呢？

2. 假定某班级有 50 人，需从中任选 4 人参加某体能测试，试利用随机数表确定被测试的对象.

3. 设总体 ξ 服从二点分布 $b(1, p)$，即 $P(\xi=1)=p$, $P(\xi=0)=1-p$, $(\xi_1, \xi_2, \cdots, \xi_n)$ 为取自 ξ 的样本，试写出它的样本空间及样本的分布列.

4. 某厂从出厂的螺丝钉中任取 100 盒(假设每盒装有 100 只螺丝钉)进行质量检查，发现这 100 盒中没有次品的有 43 盒，恰有 1 个次品的有 38 盒，恰有 2 个次品的有 12 盒，恰有 3 个次品的有 4 盒，有 4 个或 4 个以上次品的有 3 盒，试估计该厂每盒螺丝钉中次品数的分布列.

5. 研究某地区小学五年级男生身高的分布，抽取了 120 名男生进行测量，得到如下数据(单位：cm)：

128.1	144.4	150.3	146.2	140.6	139.7
134.1	124.3	147.9	143.0	143.1	142.7
126.0	125.6	127.7	154.4	142.7	141.2
133.4	131.0	126.4	130.3	146.3	146.8
142.7	137.6	136.9	122.7	131.8	147.7
135.8	134.8	139.1	139.0	132.3	134.7
138.4	136.6	136.2	141.6	141.0	138.4
145.1	141.4	139.9	140.6	140.2	131.0
150.4	142.7	144.3	136.4	134.5	132.3
152.7	148.1	139.6	138.9	136.1	135.9
140.3	137.3	134.6	145.2	128.2	135.9
140.2	136.6	139.5	136.7	139.8	129.1
141.4	139.5	136.2	138.4	138.1	132.9
142.9	144.7	138.8	138.3	135.3	140.6
142.2	152.1	142.4	142.7	136.2	135.0
154.3	147.9	141.3	143.8	138.1	139.7
127.4	146.0	155.8	141.2	146.4	139.4

140.8	127.7	150.7	160.3	148.5	147.5
138.9	123.1	126.0	150.0	143.7	156.9
133.1	142.8	136.8	133.1	144.5	142.4

取 $a=122$, $b=162$，试将$[a, b)$区间 10 等分，作出直方图.

6. 从总体 ξ 中抽取了一个容量为 5 的样本，样本值为$(-2.1, 1.5, -1, 0, 2.3)$，试求 ξ 的经验分布函数.

7. 经验分布函数作为分布函数其类型是离散型的吗？如果是，试求出对应的分布列.

§7.2 统计量及其分布

1. 统计量的概念

1）统计量的定义

样本是总体的一个反映，它蕴含着总体的许多性质，当利用样本对总体的某种性质进行推断时，必须对样本有所取舍，即必须对样本进行一番"加工"、"提练"，把我们所关心的信息集中起来. 例如前面介绍的频率密度函数、经验分布函数，它们实际上就是把样本中有关总体分布的信息"提练"、"加工"出来. 如此看来，对样本进行"提练"、"加工"，在数学上就是构造一个样本的函数.

定义 7.1 设$(\xi_1, \xi_2, \cdots, \xi_n)$为总体 ξ 的一个样本，$g(x_1, x_2, \cdots, x_n)$是定义在样本空间上不含任何未知参数的一个单值函数，则称随机变量 $g(\xi_1, \xi_2, \cdots, \xi_n)$为**统计量**，而 $g(x_1, x_2, \cdots, x_n)$称为统计量 $g(\xi_1, \xi_2, \cdots, \xi_n)$的样本值.

例如，$g(\xi_1, \xi_2, \cdots, \xi_n)=\dfrac{1}{n}(\xi_1+\xi_2+\cdots+\xi_n)$ 是一个统计量；若 $\xi\sim N(a, \sigma^2)$，其中 a 已知，σ^2 未知，则 $\sum\limits_{i=1}^{n}(\xi_i-a)^2$ 与 $2\xi_1$ 都是统计量，而 $\sum\limits_{i=1}^{n}\left(\dfrac{\xi_i}{\sigma}\right)^2$ 不是统计量.

下面介绍两种最基本的统计量，样本矩和顺序统计量.

2）样本矩

设$(\xi_1, \xi_2, \cdots, \xi_n)$为总体$\xi$的样本. 称统计量

$$\widehat{m}_k = \frac{1}{n} \sum_{i=1}^{n} \xi_i^k,$$

为**样本的 k 阶原点矩**. 特别称$\widehat{m}_1$为**样本均值**，并记$\widehat{m}_1 = \bar{\xi}$，即

$$\bar{\xi} = \frac{1}{n} \sum_{i=1}^{n} \xi_i.$$

样本均值的样本值记为$\bar{x}$，即$\bar{x} = \frac{1}{n} \sum_{i=1}^{n} x_i$.

称统计量

$$\widehat{C}_k = \frac{1}{n} \sum_{i=1}^{n} (\xi_i - \bar{\xi})^k$$

为**样本的 k 阶中心矩**. 特别称$\widehat{C}_2$为**样本方差**，并记$\widehat{C}_2 = S^2$，即

$$S^2 = \frac{1}{n} \sum_{i=1}^{n} (\xi_i - \bar{\xi})^2.$$

样本方差的样本值通常也用小写的s^2来表示，即

$$s^2 = \frac{1}{n} \sum_{i=1}^{n} (x_i - \bar{x})^2.$$

称$S = \sqrt{S^2} = \sqrt{\frac{1}{n} \sum_{i=1}^{n} (\xi_i - \bar{\xi})^2}$为**样本标准差**.

设(ξ, η)为二维总体，$((\xi_1, \eta_1), (\xi_2, \eta_2), \cdots, (\xi_n, \eta_n))$是取自该总体的样本. 称统计量$\frac{1}{n} \sum_{i=1}^{n} \xi_i^k \eta_i^l$为**样本 $k + l$ 阶原点混合矩**，$\frac{1}{n} \sum_{i=1}^{n} (\xi_i - \bar{\xi})^k (\eta_i - \bar{\eta})^l$为**样本 $k + l$ 阶中心混合矩**，特别称

$\frac{1}{n}\sum_{i=1}^{n}(\xi_i-\overline{\xi})(\eta_i-\overline{\eta})$ 为**样本相关矩**，记为 $\hat{\sigma}_{\xi\eta}$；称统计量 $r=\hat{\rho}_{\xi\eta}=\frac{\hat{\sigma}_{\xi\eta}}{\hat{\sigma}_{\xi}\hat{\sigma}_{\eta}}$ 为**样本相关系数**，其中 $\hat{\sigma}_{\xi}=\sqrt{\frac{1}{n}\sum_{i=1}^{n}(\xi_i-\overline{\xi})^2}$，$\hat{\sigma}_{\eta}=\sqrt{\frac{1}{n}\sum_{i=1}^{n}(\eta_i-\overline{\eta})^2}$.

在样本矩的计算中，经常需要用到下列公式：

(1) $\sum_{i=1}^{n}(\xi_i-\overline{\xi})=0$；

(2) $\sum_{i=1}^{n}(\xi_i-c)^2=\sum_{i=1}^{n}(\xi_i-\overline{\xi})^2+n(\overline{\xi}-c)^2$，

其中 c 为常数. 特别当 $c=0$ 时有

$$S^2=\frac{1}{n}\sum_{i=1}^{n}\xi_i^2-\overline{\xi}^2;$$

(3) 若 $\eta_i=\frac{\xi_i-a}{b}\ (i=1,2,\cdots,n)$，则

$$\overline{\eta}=\frac{\overline{\xi}-a}{b},\qquad S_{\eta}^2=\frac{1}{b^2}S_{\xi}^2, \tag{7.1}$$

其中 a, b $(b\neq 0)$ 为常数，$S_{\xi}^2=\frac{1}{n}\sum_{i=1}^{n}(\xi_i-\overline{\xi})^2$，$S_{\eta}^2=\frac{1}{n}\sum_{i=1}^{n}(\eta_i-\overline{\eta})^2$.

这些公式的证明是不难的，留作读者自己练习.

3) 顺序统计量

设 $(\xi_1,\xi_2,\cdots,\xi_n)$ 为总体 ξ 的一个样本，$(x_1,x_2,\cdots,x_n)$ 为样本值，将 $x_1,x_2,\cdots,x_n$ 按从小到大的顺序排列成 $x_1^*\leqslant x_2^*\leqslant\cdots\leqslant x_{n-1}^*\leqslant x_n^*$. 定义统计量 $\xi_k^*\ (1\leqslant k\leqslant n)$ 如下：当 $(\xi_1,\xi_2,\cdots,\xi_n)$ 取 $(x_1,x_2,\cdots,x_n)$ 时，$\xi_k^*=x_k^*$. $(\xi_1^*,\xi_2^*,\cdots,\xi_n^*)$ 称为样本 $(\xi_1,\xi_2,\cdots,\xi_n)$ 的**顺序统计量**. 称

$$\hat{x}_{\frac{1}{2}} = \begin{cases} \dfrac{\xi^*_{\frac{n}{2}} + \xi^*_{\frac{n}{2}+1}}{2}, & n \text{ 为偶数}, \\ \xi^*_{\frac{n+1}{2}}, & n \text{ 为奇数} \end{cases}$$

为**样本中位数**.

2. 数理统计中三个重要的分布

利用统计量对总体的某种性质进行推断时,往往需要借助于统计量的分布,而统计量的分布又常常涉及到数理统计中三个重要的分布:χ^2 分布、t 分布和 F 分布. 下面我们分别对这三个分布的形式及由来予以介绍.

1) χ^2 分布

若随机变量 ξ 的密度函数为

$$f_\xi(x) = \begin{cases} \dfrac{1}{2^{\frac{n}{2}}\Gamma\left(\dfrac{n}{2}\right)} x^{\frac{n}{2}-1} e^{-\frac{x}{2}}, & x > 0, \\ 0, & x \leqslant 0. \end{cases}$$

其中 $\Gamma\left(\dfrac{n}{2}\right)$ 是 Γ 函数 $\Gamma(x) = \int_0^{+\infty} t^{x-1} e^{-t} dt$ 在 $x = \dfrac{n}{2}$ 处的值,则称该密度函数为**自由度为 n 的 χ^2 分布**,记为 $\chi^2(n)$,并称 ξ 服从自由度为 n 的 χ^2 分布,记作 $\xi \sim \chi^2(n)$.

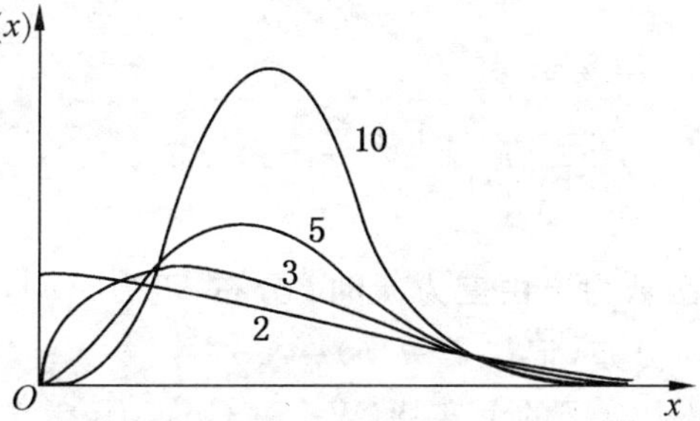

图 7.5

自由度为 n 的 χ^2 分布是由皮尔逊(Karl Pearson)于 1900 年发现的.图 7.5 显示了 χ^2 分布的分布曲线(图中 2, 3, 5, 10 指的是分布的自由度).χ^2 分布具有下列性质.

定理 7.2 设 ξ 与 η 相互独立,且 $\xi \sim \chi^2(m)$, $\eta \sim \chi^2(n)$,则 $\xi + \eta \sim \chi^2(m+n)$.

该定理的证明通过运用第 3 章中独立随机变量和的卷积公式是容易得到的.定理 7.2 表明 χ^2 分布具有可加性.

应用归纳法及定理 3.3、定理 7.2 不难推出下面的结论.

推论 7.1 设 $\xi_1, \xi_2, \cdots, \xi_n$ 相互独立,且都服从 $\chi^2(1)$分布,则 $\sum\limits_{i=1}^{n} \xi_i \sim \chi^2(n)$.

由上推论及例 2.26,又有:

推论 7.2 设 $\xi_1, \xi_2, \cdots, \xi_n$ 相互独立,且都服从 $N(0, 1)$分布,则 $\sum\limits_{i=1}^{n} \xi_i^2 \sim \chi^2(n)$.

推论 7.3 设 $\xi_1, \xi_2, \cdots, \xi_n$ 相互独立,$\xi_i \sim N(a_i, \sigma_i^2)$, $i=1, 2, \cdots, n$,则 $\sum\limits_{i=1}^{n} \left(\dfrac{\xi_i - a_i}{\sigma_i}\right)^2 \sim \chi^2(n)$.

从推论 7.2、推论 7.3 可以看出 χ^2 分布的由来.

2) t 分布

若随机变量 ξ 的密度函数为

$$f_{\xi}(x) = \frac{\Gamma\left(\dfrac{n+1}{2}\right)}{\sqrt{n\pi}\,\Gamma\left(\dfrac{n}{2}\right)}\left(1+\frac{x^2}{n}\right)^{-\frac{n+1}{2}}, \quad -\infty < x < \infty,$$

则称该密度函数为**自由度为 n 的 t 分布**,记为 $t(n)$,并称 ξ 服从自由度为 n 的 t 分布,记作 $\xi \sim t(n)$.

t 分布是由英国的戈塞特(W. S. Gossett)于 1908 年引进的,由于他在论文中署的笔名是“学生”(Student),所以 t 分布又称为学生氏分布. 图 7.6 显示了 t 分布的分布曲线.

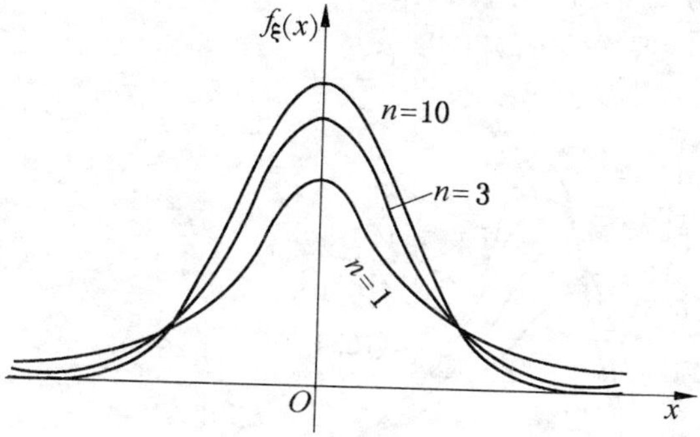

图 7.6

定理 7.3 设 ξ 与 η 相互独立, $\xi \sim N(0, 1)$, $\eta \sim \chi^2(n)$, 则

$$\zeta = \frac{\xi}{\sqrt{\frac{\eta}{n}}} \sim t(n).$$

该定理的证明仅需运用第三章中独立随机变量商的密度函数公式,只是推导稍许繁琐,这里从略. 从定理 7.3 可以看出 t 分布的由来.

3) F 分布

若随机变量 ξ 的分布的密度函数为

$$f_\xi(x) = \begin{cases} \dfrac{\Gamma\left(\dfrac{m+n}{2}\right)}{\Gamma\left(\dfrac{m}{2}\right)\Gamma\left(\dfrac{n}{2}\right)} m^{\frac{m}{2}} n^{\frac{n}{2}} x^{\frac{m}{2}-1}(mx+n)^{-\frac{m+n}{2}}, & x > 0, \\ 0, & x \leqslant 0. \end{cases}$$

则称该密度函数为**第一自由度为 m、第二自由度为 n 的 F 分布**, 记为 $F(m, n)$, 并称 ξ 服从第一自由度为 m、第二自由度为 n 的 F 分布, 记作 $\xi \sim F(m, n)$.

F 分布是由费希尔(R. A. Fisher)于 1924 年建立的. 图 7.7 显示了 F 分布的分布曲线(图中(10, 4), (10, 10), (10, 50), (10, ∞)指的是分布的自由度).

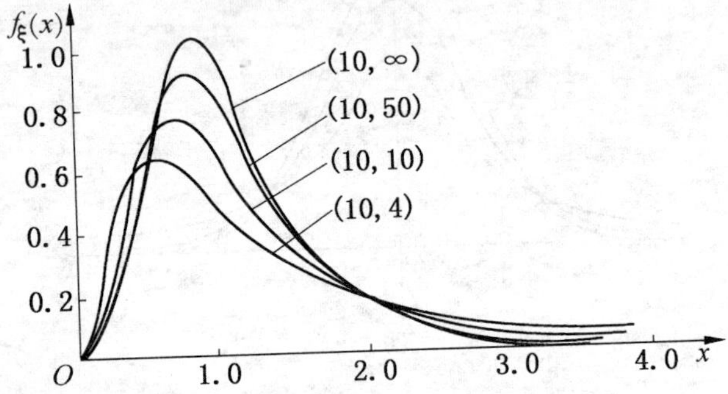

图 7.7

定理 7.4 设 ξ 与 η 相互独立,且 $\xi \sim \chi^2(m)$, $\eta \sim \chi^2(n)$,则 $\zeta = \dfrac{\xi/m}{\eta/n} \sim F(m, n)$.

该定理的证明完全类似于定理 7.3 证明,也仅需运用独立随机变量商的密度函数公式. 从定理 7.4 可以看出 F 分布的由来,且易得:

推论 7.4 若 $\zeta \sim F(m, n)$,则 $\dfrac{1}{\zeta} \sim F(n, m)$.

例 7.7 设 $\zeta \sim t(n)$,试证明 $\zeta^2 \sim F(1, n)$.

证明 选取随机变量 ξ 与 η,使得 ξ 与 η 相互独立且 $\xi \sim N(0, 1)$, $\eta \sim \chi^2(n)$. 由定理 7.3 知

$$\frac{\xi}{\sqrt{\eta/n}} \sim t(n),$$

又因 $\xi^2 \sim \chi^2(1)$,故由定理 7.4 及定理 3.3 知

$$\frac{\xi^2}{\eta/n} \sim F(1, n),$$

因为 ζ 与 $\frac{\xi}{\sqrt{\eta/n}}$ 同分布，从而 ζ^2 与 $\frac{\xi^2}{\eta/n}$ 同分布，

即
$$\zeta^2 \sim F(1, n).$$

3. 抽样分布

统计量的分布称为**抽样分布**. 计算统计量的分布是数理统计讨论中经常遇到的一个重要问题.

由于统计量是随机变量(样本)的函数，因此寻求统计量的分布往往是十分困难的. 许多统计量，我们只能求得它的极限分布，然而统计量的极限分布只适用于大样本问题(即在样本容量比较大的情况下所讨论的统计问题)，在常见的小样本问题(即在样本容量比较小的情况下讨论的统计问题)中，必须知道统计量的精确分布，这就给我们提出了一个复杂的问题. 但由于常见的总体大都服从(或近似服从)正态分布，关于正态总体的抽样分布，人们已经作了比较充分的讨论，这主要归功于著名统计学家费希尔大约在1925年给出的下面的定理.

定理 7.5 (费希尔定理) 设 $\xi_1, \xi_2, \cdots, \xi_n$ 相互独立同分布，$\xi_1 \sim N(a, \sigma^2)$，$\bar{\xi} = \frac{1}{n}\sum_{i=1}^{n}\xi_i$，$S^2 = \frac{1}{n}\sum_{i=1}^{n}(\xi_i - \bar{\xi})^2$，则

(1) $\bar{\xi} \sim N\left(a, \frac{\sigma^2}{n}\right)$；

(2) $\frac{nS^2}{\sigma^2} \sim \chi^2(n-1)$；

(3) $\bar{\xi}$ 与 S^2 独立.

费希尔定理的结论(1)实际上在第 3 章中已经得到，结论(2)、(3)的证明需要用到线性代数中的正交变换，读者可以参见有关教材中的证明.

根据费希尔定理，我们可以导出下面一些结论.

定理 7.6 设 $(\xi_1, \xi_2, \cdots, \xi_n)$ 为总体 $N(a, \sigma^2)$ 的一个样本，

则

$$T=\sqrt{n-1}\,\frac{\bar{\xi}-a}{S}\sim t(n-1).$$

证明 由定理 7.5 知$\bar{\xi}$与 S^2 独立且$\bar{\xi}\sim N\left(a,\frac{\sigma^2}{n}\right)$、$\frac{nS^2}{\sigma^2}\sim\chi^2(n-1)$，因而$\sqrt{n}\,\frac{\bar{\xi}-a}{\sigma}\sim N(0,1)$，且$\sqrt{n}\,\frac{\bar{\xi}-a}{\sigma}$与$\frac{nS^2}{\sigma^2}$独立，所以由定理 7.3 得

$$\frac{\frac{\sqrt{n}\,(\bar{\xi}-a)}{\sigma}}{\sqrt{\frac{nS^2}{(n-1)\sigma^2}}}=\sqrt{n-1}\,\frac{\bar{\xi}-a}{S}=T\sim t(n-1).$$

定理 7.7 设$(\xi_1,\xi_2,\cdots,\xi_m)$为取自总体 $N(a_1,\sigma^2)$的样本，$(\eta_1,\eta_2,\cdots,\eta_n)$为取自总体 $N(a_2,\sigma^2)$的样本，并假定 $\xi_1,\xi_2,\cdots,\xi_m$ 与 $\eta_1,\eta_2,\cdots,\eta_n$ 相互独立，则

$$T=\sqrt{\frac{mn(m+n-2)}{m+n}}\,\frac{\bar{\xi}-\bar{\eta}-(a_1-a_2)}{\sqrt{mS_1^2+nS_2^2}}\sim t(m+n-2),$$

其中 $S_1^2=\frac{1}{m}\sum\limits_{i=1}^{m}(\xi_i-\bar{\xi})^2$, $S_2^2=\frac{1}{n}\sum\limits_{i=1}^{n}(\eta_i-\bar{\eta})^2$.

证明 由定理 7.5 及条件知$\bar{\xi}\sim N\left(a_1,\frac{\sigma^2}{m}\right)$，$\bar{\eta}\sim N\left(a_2,\frac{\sigma^2}{n}\right)$，$\frac{mS_1^2}{\sigma^2}\sim\chi^2(m-1)$，$\frac{nS_2^2}{\sigma^2}\sim\chi^2(n-1)$且$\bar{\xi}$, $\bar{\eta}$, S_1^2, S_2^2 相互独立，从而结合定理 7.2 有

$$\bar{\xi}-\bar{\eta}\sim N\left(a_1-a_2,\frac{(m+n)\sigma^2}{mn}\right),$$

$$Z=\frac{\bar{\xi}-\bar{\eta}-(a_1-a_2)}{\sigma}\sqrt{\frac{mn}{m+n}}\sim N(0,1),$$

$$W=\frac{mS_1^2}{\sigma^2}+\frac{nS_2^2}{\sigma^2}\sim\chi^2(m+n-2),$$

且 Z 与 W 独立,所以由定理 7.3 得

$$\frac{Z}{\sqrt{\dfrac{W}{m+n-2}}}=\sqrt{\frac{mn(m+n-2)}{m+n}}\frac{\bar{\xi}-\bar{\eta}-(a_1-a_2)}{\sqrt{mS_1^2+nS_2^2}}$$

$$=T\sim t(m+n-2).$$

推论 7.5 在定理 7.7 中,若 $a_1=a_2$, 则

$$T=\sqrt{\frac{mn(m+n-2)}{m+n}}\frac{\bar{\xi}-\bar{\eta}}{\sqrt{mS_1^2+nS_2^2}}\sim t(m+n-2).$$

定理 7.8 设$(\xi_1, \xi_2, \cdots, \xi_m)$、$(\eta_1, \eta_2, \cdots, \eta_n)$分别为取自总体 $N(a_1, \sigma_1^2)$、$N(a_2, \sigma_2^2)$的样本,且 $\xi_1, \xi_2, \cdots, \xi_m$ 与 $\eta_1, \eta_2, \cdots, \eta_n$ 相互独立,则

$$F=\frac{(n-1)mS_1^2\sigma_2^2}{(m-1)nS_2^2\sigma_1^2}\sim F(m-1, n-1).$$

证明 由定理 7.5 及条件知$\dfrac{mS_1^2}{\sigma_1^2}\sim\chi^2(m-1)$, $\dfrac{nS_2^2}{\sigma_2^2}\sim\chi^2(n-1)$,且$\dfrac{mS_1^2}{\sigma_1^2}$与$\dfrac{nS_2^2}{\sigma_2^2}$独立,从而由定理 7.4 得

$$\frac{\dfrac{mS_1^2}{\sigma_1^2}/(m-1)}{\dfrac{nS_2^2}{\sigma_2^2}/(n-1)}=\frac{(n-1)mS_1^2\sigma_2^2}{(m-1)nS_2^2\sigma_1^2}=F\sim F(m-1, n-1).$$

推论 7.6 在定理 7.8 中,若 $\sigma_1^2=\sigma_2^2$, 则

$$F=\frac{(n-1)mS_1^2}{(m-1)nS_2^2}\sim F(m-1, n-1).$$

习题 7.2

(A)

1. 设总体 ξ 服从泊松分布 $P(\lambda)$，其中 λ 未知，$(\xi_1, \xi_2, \cdots, \xi_n)$ 为取自 ξ 的一个样本，

(1) 试指出 $\xi_1 + \xi_2$, $\max(\xi_1, \xi_2, \cdots, \xi_n)$, $\xi_n + 2\lambda$, $(\xi_n - \xi_1)^2$ 中哪些是统计量，哪些不是？

(2) 当样本容量 $n = 5$，且 $(0, 1, 0, 1, 1)$ 为样本的一个样本值时，试计算样本均值和样本方差.

2. 设 $(\xi_1, \xi_2, \cdots, \xi_n)$ 为取自总体 ξ 的样本，试证明：

(1) $\sum_{i=1}^{n}(\xi_i - \overline{\xi}) = 0$;

(2) $\sum_{i=1}^{n}(\xi_i - c)^2 = \sum_{i=1}^{n}(\xi_i - \overline{\xi})^2 + n(\overline{\xi} - c)^2$.

3. 设 $\xi_1, \xi_2, \cdots, \xi_m, \eta_1, \eta_2, \cdots, \eta_n$ 相互独立，且都服从 $N(0, 1)$ 分布，试证明

$$\frac{n(\xi_1^2 + \xi_2^2 + \cdots + \xi_m^2)}{m(\eta_1^2 + \eta_2^2 + \cdots + \eta_n^2)} \sim F(m, n).$$

4. 某大型罐头厂出口的鲜片蘑菇罐头的净重服从正态分布 $N(a, \sigma^2)$，其中 $a = 184$ 克，$\sigma = 2.5$ 克，今从中随机抽取 25 个罐头，

(1) 试求样本均值 $\overline{\xi}$ 超过 184.5 克的概率；

(2) 若要以 0.971 3 的概率保证 $\overline{\xi}$ 不低于某一额定重量 b，试求 b 的值.

5. 华声无线电厂从甲、乙两个电子元件厂各购进一大批同型号的电子元件，已知甲、乙两厂产品的寿命分别服从 $N(4\,900, 100^2)$、$N(4\,800, 100^2)$ 分布（单位：h，小时）. 今从甲、乙两厂来货中各随机抽取 100 件，试求抽自甲厂元件的平均寿命比抽自乙厂的多 100h 以上的概率.

6. 已知用卡尺测量某物体的长度，其结果服从均值为 a (mm)，标准差为 2 (mm)的正态分布，试问应重复测量多少次，才能保证：

(1) $|\overline{\xi} - a| < 0.1$ (mm) 的概率不小于 99.2%；

(2) $E(|\bar{\xi}-a|^2)\leqslant 0.1$

(B)

1. 设$\bar{\xi}_n$, S_n^2分别为样本$(\xi_1, \xi_2, \cdots, \xi_n)$的样本均值和样本方差，由于需要，又独立地获得另一个样本ξ_{n+1}，试证：

(1) $\bar{\xi}_{n+1}=\dfrac{n}{n+1}\bar{\xi}_n+\dfrac{1}{n+1}\xi_{n+1}=\bar{\xi}_n+\dfrac{1}{n+1}(\xi_{n+1}-\bar{\xi}_n)$；

(2) $S_{n+1}^2=\dfrac{n}{n+1}\left[S_n^2+\dfrac{1}{n+1}(\xi_{n+1}-\bar{\xi}_n)^2\right]$，

其中$\bar{\xi}_{n+1}$, S_{n+1}^2分别是样本$(\xi_1, \xi_2, \cdots, \xi_n, \xi_{n+1})$的样本均值和样本方差.

2. 设$(\xi_1, \xi_2, \cdots, \xi_{10})$为$N(0, 0.3^2)$的一个样本，试确定常数$c$，使得$c\eta$服从$\chi^2$分布，其中$\eta=(\xi_1+\xi_2+\cdots+\xi_5)^2+(\xi_6+\xi_7+\cdots+\xi_{10})^2$.

3. 设总体ξ服从$N(a, \sigma^2)$，$\bar{\xi}$, S_n^2分别为$(\xi_1, \xi_2, \cdots, \xi_n)$的样本均值和样本方差，又设$\xi_{n+1}\sim N(a, \sigma^2)$，且$\xi_{n+1}$与$\xi_1, \xi_2, \cdots, \xi_n$相互独立，试求统计量

$$\frac{\xi_{n+1}-\bar{\xi}}{S_n}\sqrt{\frac{n-1}{n+1}}$$

的抽样分布.

4. 样本k阶原点矩、k阶中心矩的样本值与总体的经验分布函数的矩有什么关系，根据这种关系你能说明样本均值、样本方差与总体均值、方差之间的联系吗？

§7.3 参数的点估计

1. 问题的提法

在§7.1中，我们在介绍数据整理的同时给出了未知分布的估计，但这种估计一般要求样本容量较大，从而在实际工作中往往难以实现. 然而在很多场合，总体的分布类型是已知的，即总体的分布函数的数学形式为已知，而未知的仅仅是其中一个或几个参数. 例如，根据中心极限定理，正常情况下的学生成绩分布一般服

从正态分布 $N(a, \sigma^2)$，在这个分布中，未知的至多是 a, σ^2 这两个参数，因此要估计 $N(a, \sigma^2)$，只需估计参数 a 和 σ^2. 此外，在某些场合，需要确定的往往是总体分布的某些数字特征，如果把这些特征也作为分布的参数，那么这类问题也是要对总体分布中的某些参数作出估计. 因此参数估计是数理统计中的一个很重要的内容，本节介绍参数的点估计.

设总体 ξ 的分布函数为 $F(x; \theta)$，其中 θ 是未知参数. 怎样利用总体的样本 $(\xi_1, \xi_2, \cdots, \xi_n)$ 对 θ 进行估计呢？我们从分析一个具体的分布入手，设 $\xi \sim P(\lambda)$，其中 λ 是未知参数，由辛钦大数定律知 $\bar{\xi} = \dfrac{1}{n}\sum\limits_{i=1}^{n}\xi_i$ 依概率收敛于 λ，所以可用 $\bar{\xi}$ 作为 λ 的估计. 由此看来，所谓参数的点估计，就是构造一个用于估计未知参数 θ 的统计量 $\hat{\theta}(\xi_1, \xi_2, \cdots, \xi_n)$，我们称 $\hat{\theta}(\xi_1, \xi_2, \cdots, \xi_n)$ 为 θ 的**估计量**，而 $\hat{\theta}(x_1, x_2, \cdots, x_n)$ 称为 θ 的**估计值**.

若总体 ξ 的分布函数 $F(x; \theta_1, \theta_2, \cdots, \theta_l)$ 含有 l 个未知参数 $\theta_1, \theta_2, \cdots, \theta_l$，那么 $\theta_1, \theta_2, \cdots, \theta_l$ 的点估计问题就是建立分别作为 $\theta_1, \theta_2, \cdots, \theta_l$ 的估计量的 l 个统计量 $\hat{\theta}_1(\xi_1, \xi_2, \cdots, \xi_n), \cdots, \hat{\theta}_2(\xi_1, \xi_2, \cdots, \xi_n), \cdots, \hat{\theta}_l(\xi_1, \xi_2, \cdots, \xi_n)$.

建立估计量的方法有多种，下面介绍两种最常用、最重要的方法：矩法和极大似然法.

2. 矩法

由辛钦大数定律可知，若总体 ξ 具有 k 阶矩 $m_k = \mathrm{E}(\xi^k)$，则样本 k 阶矩 $\hat{m}_k$ 依概率收敛于 m_k. 这就启发我们想到，在利用样本进行参数估计时，可以先用样本矩作为总体矩的估计，然后再依此确定出未知参数的估计. 这种估计思想就是**矩法**，它由英国统计学家皮尔逊在 19 世纪末提出. 下面介绍矩法在一般场合下的做法：

设 $\xi \sim F(x; \theta_1, \theta_2, \cdots, \theta_l)$，其中 $\theta_1, \theta_2, \cdots, \theta_l$ 未知，如果总体 ξ 的 k 阶矩 $\mathrm{E}(\xi^k)$ $(1 \leqslant k \leqslant l)$ 存在，则 $m_k = \mathrm{E}(\xi^k)$ 一般依赖于

$\theta_1, \theta_2, \cdots, \theta_l$,以 $m_k(\theta_1, \theta_2, \cdots, \theta_l)$记之,作替换

$$\begin{cases} m_1(\theta_1, \theta_2, \cdots, \theta_l) = \hat{m}_1, \\ \qquad\qquad \cdots \\ m_l(\theta_1, \theta_2, \cdots, \theta_l) = \hat{m}_l, \end{cases}$$

其中 $\hat{m}_k(1 \leqslant k \leqslant l)$ 为样本 k 阶矩.解上面的替换方程组可以得到一组解 $\hat{\theta}_1, \hat{\theta}_2, \cdots, \hat{\theta}_l$,我们把它们分别作为 $\theta_1, \theta_2, \cdots, \theta_l$ 的估计量,并称 $\hat{\theta}_k$ 为 θ_k 的**矩法估计量**.

例 7.8 设总体 ξ 具有均值 a 和方差 σ^2,则 $m_1 = a$, $m_2 = a^2 + \sigma^2$,用样本矩 $\hat{m}_1$, $\hat{m}_2$ 分别替换 m_1, m_2 得

$$\begin{cases} a = \hat{m}_1, \\ a^2 + \sigma^2 = \hat{m}_2, \end{cases}$$

从而

$$\begin{cases} \hat{a} = \hat{m}_1 = \bar{\xi}, \\ \hat{\sigma}^2 = \hat{m}_2 - \hat{a}^2 = \dfrac{1}{n} \displaystyle\sum_{i=1}^{n} \xi_i^2 - \bar{\xi}^2 = S^2, \end{cases}$$

这就是说样本均值 $\bar{\xi}$ 和样本方差 S^2 分别是总体均值和方差的矩法估计量,从而进一步可知样本标准差 S 是总体标准差的矩法估计量.

例 7.9 在某班期末语文考试成绩中随机抽取 9 人,结果如下:

序号	1	2	3	4	5	6	7	8	9
分数	94	89	85	78	75	71	65	63	55

试估计该班语文成绩的平均分数、标准差及这 9 位学生的标准分数.

解 设 ξ 为该班学生的语文成绩,由例 7.8,E(ξ)的估计值为

$$\overline{x}=\frac{1}{9}\sum_{i=1}^{9}x_i=\frac{1}{9}(94+89+\cdots+55)=75.$$

σ_ξ 的估计值为

$$\begin{aligned}S&=\sqrt{\frac{1}{9}\sum_{i=1}^{9}(x_i-\overline{x})^2}\\&=\frac{1}{3}\sqrt{(94-75)^2+(89-75)^2+\cdots+(55-75)^2}\\&=12.14.\end{aligned}$$

由于标准分 $\xi^*=\dfrac{\xi-\mathrm{E}(\xi)}{\sigma_\xi}$,所以 9 位学生的标准分的估计值为

序号	1	2	3	4	5	6	7	8	9
标准分数	1.57	1.15	0.82	0.25	0	−0.33	−0.82	−0.99	−1.65

例 7.10 设总体 $\xi\sim U[a,b]$,其中 a,b 未知,试求 a 和 b 的矩法估计量.

解 因为 $m_1=\mathrm{E}(\xi)=\dfrac{a+b}{2}$, $m_2=\mathrm{E}(\xi^2)=\mathrm{D}(\xi)+[\mathrm{E}(\xi)]^2=\dfrac{1}{12}(b-a)^2+\left(\dfrac{a+b}{2}\right)^2$ 令

$$\begin{cases}\dfrac{a+b}{2}=\hat{m}_1,\\ \dfrac{1}{12}(b-a)^2+\left(\dfrac{a+b}{2}\right)^2=\hat{m}_2.\end{cases}\quad 即\quad\begin{cases}\dfrac{a+b}{2}=\bar{\xi},\\ \dfrac{1}{12}(b-a)^2=S^2.\end{cases}$$

解得

$$\hat{a}=\bar{\xi}-\sqrt{3}S,\qquad \hat{b}=\bar{\xi}+\sqrt{3}S.$$

上面讨论的是一维总体中参数的矩法估计方法.对于二维总体(ξ,η),可类似地先用样本的 $k+l$ 阶混合矩$\dfrac{1}{n}\sum\limits_{i=1}^{n}\xi_i^k\eta_i^l$ 去替换总

体(ξ, η)的$k+l$阶混合矩$E(\xi^k\eta^l)$,然后再依此确定未知参数的估计量. 根据这一原理易知:总体相关矩、相关系数的矩法估计量分别是样本相关矩和样本相关系数.

矩法的特点是简单、使用方便.

3. 极大似然法

参数点估计中另一种更常用的方法是极大似然法. 为阐明极大似然法的思想,先看一个简单的例子.

设总体ξ服从二点分布$b(1, p)$,即

$$P(\xi = x) = p^x(1-p)^{1-x}, \quad x = 0, 1.$$

其中$p=0.9$或$p=0.2$,但究竟是什么,需我们作出选择(估计),为此从总体中抽取一容量为 2 的样本(ξ_1, ξ_2), (ξ_1, ξ_2)的分布列为

$$\begin{aligned} P(x_1, x_2; p) &= P(\xi_1 = x_1, \xi_2 = x_2) \\ &= p^{x_1+x_2}(1-p)^{2-(x_1+x_2)}, \quad x_1, x_2 = 0, 1. \end{aligned}$$

如果样本值为(1, 1),则出现该样本值的概率在$p = 0.9$时为 0.81,在$p = 0.2$时为 0.04,若要基于该样本值对p作出选择的话,则无疑会选择$p = 0.9$,因为$p = 0.9$时出现样本值(1, 1)的概率远大于$p=0.2$时. 这种选择依据实际上体现了一种思想,即参数p的选择应对所出现的观察结果最有利,亦即p的选择应使观察结果出现的概率最大. 这就是极大似然法的思想. 极大似然思想虽然早在 18 世纪就曾为高斯和 D·伯努利使用过,但直到 20 世纪初才由费希尔作为参数点估计的一种方法所系统研究.

下面介绍极大似然法思想在一般场合下的应用.

设总体ξ具有分布列$P(\xi=x)=P(x; \theta_1, \theta_2, \cdots, \theta_l)$或具有密度函数$f(x; \theta_1, \theta_2, \cdots, \theta_l)$,其中$(\theta_1, \theta_2, \cdots, \theta_l)$为参数,它的变化范围为$\Theta$. 如果$(\xi_1, \xi_2, \cdots, \xi_n)$为取自$\xi$的样本,则样本具有

分布列

$$L(x_1, x_2, \cdots, x_n; \theta_1, \theta_2, \cdots, \theta_l)$$
$$= \prod_{i=1}^{n} P(\xi_i = x_i)$$
$$= \prod_{i=1}^{n} P(x_i; \theta_1, \theta_2, \cdots, \theta_l).$$

或具有密度函数

$$L(x_1, x_2, \cdots, x_n; \theta_1, \theta_2, \cdots, \theta_l) = \prod_{i=1}^{n} f(x_i; \theta_1, \theta_2, \cdots, \theta_l).$$

前者就是样本$(\xi_1, \xi_2, \cdots, \xi_n)$取样本值$(x_1, x_2, \cdots, x_n)$的概率，后者反映了样本$(\xi_1, \xi_2, \cdots, \xi_n)$落入$(x_1, x_2, \cdots, x_n)$某邻域内的概率$\prod_{i=1}^{n} f(x_i; \theta_1, \theta_2, \cdots, \theta_l)\mathrm{d}x_i$的大小. 根据极大似然原理，$\theta_1, \theta_2, \cdots, \theta_l$的选择应对观察结果$(x_1, x_2, \cdots, x_n)$的出现最有利，即应选择适合

$$L(x_1, x_2, \cdots, x_n; \hat{\theta}_1, \hat{\theta}_2, \cdots, \hat{\theta}_l)$$
$$= \max_{\theta_1, \theta_2, \cdots, \theta_l \in \Theta} L(x_1, x_2, \cdots, x_n; \theta_1, \theta_2, \cdots, \theta_l)$$

的$\hat{\theta}_1, \hat{\theta}_2, \cdots, \hat{\theta}_l$来分别作为$\theta_1, \theta_2, \cdots, \theta_l$的估计.

在上面的求最大值过程中，$(x_1, x_2, \cdots, x_n)$被视为固定，变化的量是$(\theta_1, \theta_2, \cdots, \theta_l)$，因此，可简记$L(x_1, x_2, \cdots, x_n; \theta_1, \theta_2, \cdots, \theta_l)$为$L(\theta_1, \theta_2, \cdots, \theta_l)$，并称它为$\theta_1, \theta_2, \cdots, \theta_l$的似然函数（它与样本的分布列、密度函数形式上一样，只是变量理解上的差别）.

用上述方法求出来的结果实际上是$\theta_1, \cdots, \theta_l$的估计值$\hat{\theta}_1(x_1, \cdots, x_n), \cdots, \hat{\theta}_l(x_1, \cdots, x_n)$，将$(x_1, \cdots, x_n)$换为$(\xi_1, \cdots, \xi_n)$即得$\theta_1, \cdots, \theta_l$的估计量$\hat{\theta}_1(\xi_1, \cdots, \xi_n), \cdots, \hat{\theta}_l(\xi_1, \cdots, \xi_n)$，我们分别称它们为$\theta_1, \cdots, \theta_l$的**极大似然法估计量**.

由于 $\ln x$ 是严格递增函数，因此 $\ln L$ 与 L 具有相同的最大值的点，所以求 L 的最大值点可通过求 $\ln L$ 的最大值点来实现.

根据数学分析的知识，若 $\ln L$ 在区域 Θ 内满足：(1)存在偏导数，(2)可取得最大值，(3)有唯一的稳定点，则该稳定点就是最大值点，即方程组

$$\begin{cases} \dfrac{\partial \ln L(\theta_1, \theta_2, \cdots, \theta_l)}{\partial \theta_1} = 0, \\ \dfrac{\partial \ln L(\theta_1, \theta_2, \cdots, \theta_l)}{\partial \theta_2} = 0, \\ \cdots\cdots \\ \dfrac{\partial \ln L(\theta_1, \theta_2, \cdots, \theta_l)}{\partial \theta_l} = 0. \end{cases}$$

的唯一解 $\hat{\theta}_1, \hat{\theta}_2, \cdots, \hat{\theta}_l$ 就是 $\theta_1, \theta_2, \cdots, \theta_l$ 的极大似然法估计. 上面的方程组通常称为似然方程组.

例 7.11 设总体 ξ 服从泊松分布 $P(\lambda)$，其中 $\lambda > 0$ 为参数，试求 λ 的极大似然法估计量.

解 λ 的似然函数为

$$L(\lambda) = \prod_{i=1}^{n} P(x_i; \lambda) = \prod_{i=1}^{n} \frac{\lambda^{x_i}}{x_i!} e^{-\lambda} = \frac{\lambda^{\sum\limits_{i=1}^{n} x_i}}{\prod\limits_{i=1}^{n} x_i!} e^{-n\lambda},$$

于是
$$\ln L(\lambda) = -n\lambda + \sum_{i=1}^{n} x_i \ln \lambda - \ln \prod_{i=1}^{n} x_i!.$$

$$\frac{\partial \ln L(\lambda)}{\partial \lambda} = -n + \frac{\sum\limits_{i=1}^{n} x_i}{\lambda} = \frac{\sum\limits_{i=1}^{n} x_i - n\lambda}{\lambda},$$

解似然方程得 $\hat{\lambda} = \dfrac{1}{n} \sum\limits_{i=1}^{n} x_i = \bar{x}$，易知 $\hat{\lambda}$ 为 $\ln L(\lambda)$ 的最大值点

(以后不再一一指出),所以 $\hat{\lambda}=\bar{\xi}$ 为 λ 的极大似然法估计量.

例 7.12 设总体 ξ 服从正态分布 $N(a, \sigma^2)$.

(1) 若 a 已知,σ^2 未知,试求 σ^2 的极大似然法估计量;

(2) 若 a, σ^2 都未知,试求 a, σ^2 的极大似然法估计量.

解 (1) σ^2 的似然函数为

$$L(\sigma^2)=\prod_{i=1}^{n} f(x_i;\sigma^2)=\prod_{i=1}^{n}\left[\frac{1}{\sqrt{2\pi}\sigma}\mathrm{e}^{-\frac{(x_i-a)^2}{2\sigma^2}}\right]$$

$$=\frac{1}{(\sqrt{2\pi}\sigma)^n}\exp\left[-\frac{1}{2\sigma^2}\sum_{i=1}^{n}(x_i-a)^2\right],$$

于是 $\ln L(\sigma^2)=-\frac{n}{2}\ln(2\pi)-\frac{n}{2}\ln\sigma^2-\frac{1}{2\sigma^2}\sum_{i=1}^{n}(x_i-a)^2.$

$$\frac{\partial \ln L(\sigma^2)}{\partial(\sigma^2)}=-\frac{n}{2}\frac{1}{\sigma^2}+\frac{1}{2\sigma^4}\sum_{i=1}^{n}(x_i-a)^2,$$

解似然方程得 $\hat{\sigma}^2=\frac{1}{n}\sum_{i=1}^{n}(x_i-a)^2$,所以 $\hat{\sigma}^2=\frac{1}{n}\sum_{i=1}^{n}(\xi_i-a)^2$ 为 σ^2 的极大似然法估计量.

(2) a, σ^2 的似然函数为

$$L(a, \sigma^2)=\frac{1}{(\sqrt{2\pi}\sigma)^n}\exp\left[-\frac{1}{2\sigma^2}\sum_{i=1}^{n}(x_i-a)^2\right],$$

于是 $\ln L(a, \sigma^2)=-\frac{n}{2}\ln(2\pi)-\frac{n}{2}\ln\sigma^2-\frac{1}{2\sigma^2}\sum_{i=1}^{n}(x_i-a)^2.$

分别关于 a, σ^2 求偏导,得似然方程组

$$\begin{cases}\dfrac{\partial \ln L(a, \sigma^2)}{\partial a}=\dfrac{1}{\sigma^2}\displaystyle\sum_{i=1}^{n}(x_i-a)=0,\\[2ex] \dfrac{\partial \ln L(a, \sigma^2)}{\partial(\sigma^2)}=-\dfrac{n}{2}\dfrac{1}{\sigma^2}+\dfrac{1}{2\sigma^4}\displaystyle\sum_{i=1}^{n}(x_i-a)^2=0.\end{cases}$$

得 $\hat{a}=\frac{1}{n}\sum_{i=1}^{n}x_i=\overline{x}$，$\hat{\sigma}^2=\frac{1}{n}\sum_{i=1}^{n}(x_i-\overline{x})^2$，所以 $\hat{a}=\overline{\xi}$，$\hat{\sigma}^2=S^2$ 分别为 a，σ^2 的极大似然法估计量.

将上面两例与例 7.8 对照，不难看出：对于正态分布、泊松分布中的参数，矩法估计量与极大似然法估计量是相同的.

例 7.13 设总体 $\xi\sim U[a, b]$，其中 a，b 为参数，试求 a，b 的极大似然法估计量.

解 ξ 的密度函数为

$$f(x;a,b)=\begin{cases}\dfrac{1}{b-a}, & a\leqslant x\leqslant b,\\ 0, & \text{其他}.\end{cases}$$

因此 a，b 的似然函数为

$$L(a,b)=\begin{cases}\dfrac{1}{(b-a)^n}, & a\leqslant x_1, x_2, \cdots, x_n\leqslant b,\\ 0, & \text{其他}.\end{cases}$$

$$=\begin{cases}\dfrac{1}{(b-a)^n}, & a\leqslant \min(x_1,x_2,\cdots,x_n),\ \max(x_1,x_2,\cdots,x_n)\leqslant b,\\ 0, & \text{其他}.\end{cases}$$

若按上面的方法，则

$$\ln L(a,b)=-n\ln(b-a),$$

$$(a\leqslant \min(x_1, x_2, \cdots, x_n),\ b\geqslant \max(x_1, x_2, \cdots, x_n)).$$

似然方程组为

$$\begin{cases}\dfrac{\partial \ln L(a,b)}{\partial a}=\dfrac{n}{b-a}=0,\\[2ex] \dfrac{\partial \ln L(a,b)}{\partial b}=-\dfrac{n}{b-a}=0.\end{cases}$$

该方程组关于 a，b 无解，因此想通过稳定点来寻找极大似然法估计是行不通的. 但根据极大似然原理,我们需确定的是似然函数 $L(a, b)$的最大值点. $L(a, b)$的最大值只可能在区域

$$a \leqslant \min(x_1, x_2, \cdots, x_n), b \geqslant \max(x_1, x_2, \cdots, x_n)$$

上取得,而在此区域上 $L(a, b) = \frac{1}{(b-a)^n}$, 欲使 $L(a, b)$最大,只需 b 最小、a 最大,因此 $L(a, b)$的最大值点为: $\hat{a} = \min(x_1, x_2, \cdots, x_n)$, $\hat{b} = \max(x_1, x_2, \cdots, x_n)$, 所以 a, b 的极大似然法估计量分别为 $\hat{a} = \min(\xi_1, \xi_2, \cdots, \xi_n)$, $\hat{b} = \max(\xi_1, \xi_2, \cdots, \xi_n)$.

由例 7.13 及例 7.10 可知:(1)未知参数的矩法估计量和极大似然法估计量不一定相同;(2)求极大似然法估计量未必都能够通过求解似然方程组来获得,关键还是要掌握极大似然法的思想.

极大似然法估计在理论上具有许多优良性质,至今仍然是参数点估计中常采用的一种估计方法.

4. 衡量估计量优劣的一些标准

上面我们介绍了两种建立参数点估计量的方法,关于参数的点估计还有其他一些方法,如最小二乘法(见第 10 章)等. 一般讲,用不同的方法所建立的估计量是不同的,那么在实际问题中应怎样选择估计量呢?这就涉及到衡量一个估计量优劣的标准是什么?常用的标准有三个:一致性、无偏性、有效性,这三个标准都是从估计量与未知参数在某种意义下的接近程度来考虑的.

1) 一致性

未知参数 θ 的估计量 $\hat{\theta}(\xi_1, \xi_2, \cdots, \xi_n)$一般依赖于样本容量 n,简记其为 $\hat{\theta}_n$. 对于固定的 n, $\hat{\theta}_n$ 与未知参数 θ 可能有些差距,但人们总希望当 n 无限增加时 $\hat{\theta}_n$ 在某种意义下能充分接近于被估计的参数 θ,这就提出衡量估计量优劣的一致性标准.

设 $\hat{\theta}_n = \hat{\theta}(\xi_1, \xi_2, \cdots, \xi_n)$ 为 θ 的估计量,如果对于任意的 $\varepsilon > 0$,有

$$\lim_{n\to\infty}P(|\hat{\theta}_n-\theta|>\varepsilon)=0,$$

即 $\hat{\theta}_n$ 依概率收敛于 θ，则称 $\hat{\theta}_n$ 为 θ 的**一致估计量或相合估计量**.

例 7.14 当总体 ξ 的数学期望 $\mathrm{E}(\xi)$ 存在时，由辛钦大数定律知，样本均值 $\bar{\xi}\xrightarrow{P}\mathrm{E}(\xi)$，因此样本均值 $\bar{\xi}$ 是 $\mathrm{E}(\xi)$ 的一致估计量. 类似地，若总体 ξ 的 $\mathrm{E}(\xi^k)$ 存在，则由辛钦大数定律知，样本的 k 阶原点矩 $\hat{m}_k=\frac{1}{n}\sum_{i=1}^{n}\xi_i^k$ 是 $\mathrm{E}(\xi^k)$ 的一致估计量.

2) 无偏性

一致性是在样本容量 $n\to\infty$ 时提出的衡量估计量优劣的一个标准，它属于大样本问题. 对于样本容量 n 固定时，又应怎样衡量估计量的优劣呢？先看一个实际问题：

某商店到工厂进 A 商品 N 件，每件价格 a 元. 若 A 商品的次品率 θ 的估计为 $\hat{\theta}$，厂、商约定：商店付给工厂 $aN(1-\hat{\theta})$ 元. 此时，厂、商对 $\hat{\theta}$ 与 θ 的偏差会有所计较. 当然，在某次进货中，θ 的估计值 $\hat{\theta}$ 不可能恰好就是 θ，当 $\hat{\theta}$ 比 θ 大时，工厂会有所损失；当 $\hat{\theta}$ 比 θ 小时，商店就要吃亏. 但厂、商的合作是一种长期行为，他们希望在长期的经营中相互之间互不吃亏，即希望用估计量 $\hat{\theta}$ 去估计 θ 时，没有系统误差. 为此，我们引入下面的概念：

设 $\hat{\theta}(\xi_1,\xi_2,\cdots,\xi_n)$ 为未知参数 θ 的估计量，若

$$\mathrm{E}(\hat{\theta}-\theta)=0,$$

或

$$\mathrm{E}(\hat{\theta})=\theta.$$

则称 $\hat{\theta}$ 为 θ 的**无偏估计量**.

例 7.15 设总体 ξ 具有均值 $\mathrm{E}(\xi)=a$，方差 $\mathrm{D}(\xi)=\sigma^2$，$(\xi_1,\xi_2,\cdots,\xi_n)$ 为取自 ξ 的一个样本，则

(1) $\bar{\xi}$ 是 a 的无偏估计量；

(2) S^2 不是 σ^2 的无偏估计量.

证明 (1) 因为 $\bar{\xi}=\frac{1}{n}\sum_{i=1}^{n}\xi_i$，所以

$$E(\bar{\xi})=E\left(\frac{1}{n}\sum_{i=1}^{n}\xi_i\right)=\frac{1}{n}\sum_{i=1}^{n}E(\xi_i)=\frac{1}{n}\sum_{i=1}^{n}a=a,$$

故 $\bar{\xi}$ 是 a 的无偏估计量.

(2) 由于 $S^2=\frac{1}{n}\sum_{i=1}^{n}(\xi_i-\bar{\xi})^2=\frac{1}{n}\sum_{i=1}^{n}\xi_i^2-(\bar{\xi})^2$，故

$$\begin{aligned}E(S^2)&=\frac{1}{n}\sum_{i=1}^{n}E(\xi_i^2)-E(\bar{\xi}^2)\\&=\frac{1}{n}\sum_{i=1}^{n}\{D(\xi_i)+[E(\xi_i)]^2\}-\{D(\bar{\xi})+[E(\bar{\xi})]^2\},\end{aligned}$$

而
$$E(\xi_i)=a\ ,D(\xi_i)=\sigma^2\ ,E(\bar{\xi})=a\ ,$$

$$D(\bar{\xi})=\frac{1}{n^2}\sum_{i=1}^{n}D(\xi_i)=\frac{\sigma^2}{n},$$

所以 $E(S^2)=\frac{1}{n}\sum_{i=1}^{n}[\sigma^2+a^2]-\left[\frac{1}{n}\sigma^2+a^2\right]=\frac{n-1}{n}\sigma^2$，

因此 S^2 不是 σ^2 的无偏估计量.

由例 7.15 知，若令 $S^{*2}=\frac{n}{n-1}S^2=\frac{1}{n-1}\sum_{i=1}^{n}(\xi_i-\bar{\xi})^2$，则

$$E(S^{*2})=\sigma^2.$$

即 S^{*2} 为 σ^2 的无偏估计量，通常称 S^{*2} 为**样本修正方差**，在实际应用中常用 S^{*2} 代替 S^2 来作为总体方差的估计量，但当 n 较大时，S^2 与 S^{*2} 的差异是十分微小的.

3) 有效性

上面提出了衡量估计量优劣的另一标准：无偏性. 但是一个未知参数的无偏估计量有时不止一个，如例 7.15 指出 $\bar{\xi}$ 是 a 的一个

无偏估计量，然而，对于任意满足 $\sum_{i=1}^{n}\alpha_i=1$ 的一组数 $\alpha_1, \alpha_2, \cdots, \alpha_n$，不难知道，$\sum_{i=1}^{n}\alpha_i\xi_i$ 也都是 a 的无偏估计量. 既然未知参数的无偏估计量可能不唯一，那么，在这些无偏估计量中又如何来评判它们的好坏呢？换句话说，如果 $\hat{\theta}_1, \hat{\theta}_2$ 都是参数 θ 的无偏估计量，我们怎样来比较 $\hat{\theta}_1, \hat{\theta}_2$ 的优劣呢？一个很自然的标准就是看 $\hat{\theta}_1, \hat{\theta}_2$ 中哪一个的取值更稳定在 θ 的附近. 当总体方差存在时，刻画估计量 $\hat{\theta}$ 的取值稳定在 θ 附近的程度可以用 $E(\hat{\theta}-\theta)^2$ 来度量，如果 $E(\hat{\theta}-\theta)^2$ 较小，则有理由认为估计量 $\hat{\theta}$ 是比较好的. 由于当 $\hat{\theta}$ 是 θ 的无偏估计量时，$E(\hat{\theta})=\theta$，从而

$$E(\hat{\theta}-\theta)^2=E[\hat{\theta}-E(\hat{\theta})]^2=D(\hat{\theta}),$$

因此我们可以通过 $D(\hat{\theta})$ 的大小来比较估计量的优劣. 为此，引入下面的概念：

设 $\hat{\theta}_1, \hat{\theta}_2$ 是 θ 的两个无偏估计量，如果

$$D(\hat{\theta}_1)\leqslant D(\hat{\theta}_2).$$

则称 $\hat{\theta}_1$ 较 $\hat{\theta}_2$ **有效**.

例 7.16 设总体 ξ 的方差 σ^2 存在，$E(\xi)=a$，(ξ_1, ξ_2) 为取自该总体的一个样本，显然 $\hat{\theta}_1=\frac{1}{2}\xi_1+\frac{1}{2}\xi_2$，$\hat{\theta}_2=\xi_1$ 都是 a 的无偏估计量，

$$D(\hat{\theta}_1)=\frac{\sigma^2}{2}, \quad D(\hat{\theta}_2)=\sigma^2.$$

由于 $D(\hat{\theta}_1)\leqslant D(\hat{\theta}_2)$，所以 $\hat{\theta}_1$ 较 $\hat{\theta}_2$ 有效. 一般讲，若 $(\xi_1, \xi_2, \cdots, \xi_n)$ 为取自该总体的一个样本，当 $\sum_{i=1}^{n}\alpha_i=1$ 时，$\sum_{i=1}^{n}\alpha_i\xi_i$ 都是 a 的无偏估计量，但无偏估计量 $\bar{\xi}$ 较 $\sum_{i=1}^{n}\alpha_i\xi_i$ 有效. 事实上，由柯西-施瓦茨

不等式，

$$1=\left(\sum_{i=1}^{n}\alpha_i\right)^2\leqslant\sum_{i=1}^{n}1^2\cdot\sum_{i=1}^{n}\alpha_i^2=n\sum_{i=1}^{n}\alpha_i^2,$$

即

$$\sum_{i=1}^{n}\alpha_i^2\geqslant\frac{1}{n},$$

从而

$$D(\bar{\xi})=\frac{\sigma^2}{n}\leqslant\sum_{i=1}^{n}\alpha_i^2\sigma^2=D\left(\sum_{i=1}^{n}\alpha_i\xi_i\right).$$

因此$\bar{\xi}$较 $\sum_{i=1}^{n}\alpha_i\xi_i$ 有效. 也正是这一原因，人们在实际问题中总乐意用$\bar{\xi}$来作为 a 的估计.

根据有效性，如果 θ 的一个无偏估计量$\hat{\theta}$ 满足：对于 θ 的任一无偏估计量$\hat{\theta}'$，均有

$$D(\hat{\theta}')\geqslant D(\hat{\theta}),$$

则$\hat{\theta}$ 应是 θ 的一个很好的估计. 怎样寻找这样的估计量呢？其中的一个途径是：先讨论 θ 的无偏估计量的方差的下界，然后去寻找一个无偏估计量，使其方差恰好达到该下界，则该估计量即为所求. 1945 年～1946 年间，拉奥-克莱姆(Rao-Cramer)在适当的条件下给出了无偏估计量$\hat{\theta}$ 的方差的下界：

$$D(\hat{\theta})\geqslant\frac{1}{nE\left[\frac{\partial}{\partial\theta}\ln f(\xi;\theta)\right]^2},$$

其中 $f(x;\theta)$为总体的密度函数(连续型时)或总体的分布列(离散型时)，$f(\xi;\theta)$是将 $f(x;\theta)$中的 x 换为 ξ 后的结果. 上述不等式称为 R-C **不等式**. 如果 θ 的一个无偏估计量$\hat{\theta}$ 的方差达到 R-C 不等式的下界，则称$\hat{\theta}$ 为 θ 的**有效估计**.

例 7.17 设总体 ξ 服从二点分布 $b(1,p)$，试证明样本均值$\bar{\xi}$是 p 的有效估计.

证明 由例 7.15 知$\bar{\xi}$为 $E(\xi)=p$ 的无偏估计量，$D(\bar{\xi})=\frac{p(1-p)}{n}$. 因为 ξ 具有分布列

$$f(x;\ p)=p^{x}(1-p)^{1-x},\quad x=0,\ 1.$$

于是
$$\frac{\partial}{\partial p}\ln f(x;\ p)=\frac{\partial}{\partial p}[x\ln p+(1-x)\ln(1-p)]$$
$$=\frac{x}{p}-\frac{1-x}{1-p}=\frac{x-p}{p(1-p)}.$$

所以
$$E\left[\frac{\partial}{\partial p}\ln f(\xi;\ p)\right]^{2}=E\left[\frac{\xi-p}{p(1-p)}\right]^{2}$$
$$=\frac{1}{p^{2}(1-p)^{2}}E(\xi-p)^{2}$$
$$=\frac{1}{p^{2}(1-p)^{2}}D(\xi)$$
$$=\frac{1}{p^{2}(1-p)^{2}}p(1-p)=\frac{1}{p(1-p)},$$

$$D(\bar{\xi})=\frac{p(1-p)}{n}=\frac{1}{nE\left[\frac{\partial}{\partial p}f(\xi;\ p)\right]^{2}}.$$

故$\bar{\xi}$是 p 的有效估计.

例 7.18 设总体 ξ 服从正态分布 $N(a,\ \sigma^{2})$，试证明样本均值$\bar{\xi}$是 a 的有效估计.

证明 由例 7.15 知$\bar{\xi}$是 $E(\xi)=a$ 的无偏估计量，$D(\bar{\xi})=\frac{\sigma^{2}}{n}$. 由于 ξ 具有密度函数

$$f(x;\ a)=\frac{1}{\sqrt{2\pi}\sigma}e^{-\frac{(x-a)^{2}}{2\sigma^{2}}},$$

因此

$$\frac{\partial}{\partial a}\ln f(x;a)=\frac{\partial}{\partial a}\left[-\ln(\sigma\sqrt{2\pi})-\frac{(x-a)^2}{2\sigma^2}\right]$$

$$=\frac{x-a}{\sigma^2},$$

$$\mathrm{E}\left[\frac{\partial}{\partial a}\ln f(\xi;a)\right]^2=\mathrm{E}\left[\frac{\xi-a}{\sigma^2}\right]^2=\frac{1}{\sigma^4}\mathrm{E}(\xi-a)^2$$

$$=\frac{1}{\sigma^4}\mathrm{D}(\xi)=\frac{1}{\sigma^2},$$

于是
$$\mathrm{D}(\bar{\xi})=\frac{\sigma^2}{n}=\frac{1}{n\mathrm{E}\left[\frac{\partial}{\partial a}\ln f(\xi;a)\right]^2}.$$

所以 $\bar{\xi}$ 是 a 的有效估计.

值得指出,就上面介绍的一些衡量估计量优劣的标准来看,参数的极大似然法估计量一般比矩法估计量具有更好的性质.对此,我们不准备作进一步的讨论,但读者从两个方法本身可以初步体会出这一点.在寻找参数的矩法估计量时,只涉及总体的一些数字特征,并未用到总体的分布,因此矩法估计量实际上只集中了总体的部分信息,从而在体现总体分布的特征上往往性质较差,只有在样本容量 n 较大的情况下,才有一致性保障它的优良性;而寻求参数的极大似然法估计量时需要用到总体的分布,因此它更多地集中了总体的信息,从而在体现总体分布的特征上往往具有比较好的性质.然而,正是因为在求极大似然法估计量时需要用到总体的分布,所以它在应用上又没有矩法来得简单.

习　题　7.3

(A)

1. 甲、乙两台机床同时生产一种零件,在 10 天中,两台机床每天出的次品数分别为

甲	0	1	0	2	2	0	3	1	2	4
乙	2	3	1	1	0	2	1	1	0	1

试由这些数据判断哪台机床的性能好.

2. 某研究生班共有 9 人,在期末测试中进行了甲、乙两门课程的考试,成绩如下:

课　程	序　　号								
	1	2	3	4	5	6	7	8	9
	成　　绩								
甲	96	92	85	83	80	70	66	62	50
乙	82	70	92	73	66	63	61	52	53

试问,在标准分的意义下,9 名学生中谁的成绩较好.

3. 在下列各题中,分别求所给分布中未知参数的矩法估计量和极大似然法估计量.

(1) $P(\xi=k)=p^k(1-p)^{1-k}$, $k=0,1$, 其中 p 是未知参数, $0<p<1$;

(2) $P(\xi=k)=pq^{k-1}$, $k=1,2,\cdots$, 其中 p 是未知参数, $q=1-p$, $0<p<1$;

(3) $f(x)=\begin{cases}\alpha x^{\alpha-1}, & x\in(0,1),\\ 0, & x\overline{\in}(0,1).\end{cases}$ 其中 α 是未知参数, $\alpha>0$;

(4) $f(x)=\begin{cases}\lambda e^{-\lambda x}, & x>0,\\ 0, & x\leqslant 0.\end{cases}$ 其中 λ 是未知参数, $\lambda>0$;

(5) $f(x)=\begin{cases}\dfrac{1}{\theta}, & 0\leqslant x\leqslant\theta,\\ 0, & \text{其他}.\end{cases}$ 其中 θ 是未知参数, $\theta>0$.

4. 某箱子中装有若干同类产品(有正品也有次品),今有放回地抽取一个容量为 n 的样本,发现其中有 k 件为正品,试求箱子中正品数和次品数之比 R 的极大似然法估计.

5. 若总体均值 a 和方差 σ^2 都存在,试证统计量

$$\hat{a} = \frac{2}{n(n+1)} \sum_{i=1}^{n} i\xi_i$$

是 a 的一致无偏估计,其中$(\xi_1, \xi_2, \cdots, \xi_n)$为取自该总体的一个样本.

6. 设 $\xi \sim N(a, 1)$,其中 a 是未知参数,(ξ_1, ξ_2)为取自 ξ 的一个样本,试验证

$$\hat{a}_1 = \frac{2}{3}\xi_1 + \frac{1}{3}\xi_2,$$

$$\hat{a}_2 = \frac{1}{4}\xi_1 + \frac{3}{4}\xi_2$$

$$\hat{a}_3 = \frac{1}{5}\xi_1 + \frac{4}{5}\xi_2,$$

都是 a 的无偏估计量,并指出其中哪一个方差最小.

7. 设$(\xi_1, \xi_2, \cdots, \xi_m)$, $(\eta_1, \eta_2, \cdots, \eta_n)$为取自总体 ξ 的两个样本,试适当选择 k,使

$$\hat{\sigma}^2 = k\left[\sum_{i=1}^{m}(\xi_i - \bar{\xi})^2 + \sum_{i=1}^{n}(\eta_i - \bar{\eta})^2\right]$$

为总体方差 σ^2 的无偏估计量.

8. 设 $\hat{\theta}_1$, $\hat{\theta}_2$ 是 θ 的两个独立的无偏估计量,且 $\hat{\theta}_1$ 的方差是 $\hat{\theta}_2$ 的方差的 3 倍,试求常数 c_1, c_2,使 $c_1\hat{\theta}_1 + c_2\hat{\theta}_2$ 为 θ 的无偏估计,且在这种形式的无偏估计中方差最小.

9. 设 $\hat{\theta}$ 是 θ 的无偏估计,且 $\mathrm{D}(\hat{\theta}) > 0$,试证 $\hat{\theta}^2$ 不是 θ^2 的无偏估计.

10. 设$(\xi_1, \xi_2, \cdots, \xi_n)$为取自总体 ξ 的样本,试证明 $\bar{\xi} = \frac{1}{n}\sum_{i=1}^{n}\xi_i$ 为参数 λ 的无偏、一致、有效估计,其中总体 ξ 具有分布:

(1) $f(x;\lambda) = \frac{\lambda^x}{x!}\mathrm{e}^{-\lambda}, \quad x = 0, 1, 2, \cdots; \lambda > 0.$

(2) $f(x;\lambda) = \begin{cases} \frac{1}{\lambda}\mathrm{e}^{-\frac{x}{\lambda}}, & x > 0, \\ 0, & x \leqslant 0. \end{cases} \quad \lambda > 0.$

(B)

1. 设总体 ξ 服从均匀分布 $U[\theta, \theta+1]$,$(\xi_1, \xi_2, \cdots, \xi_n)$为取自 ξ 的样本,试求 θ 的极大似然法估计量,并说明 θ 的极大似然法估计量是否唯一.

2. 设总体ξ服从均匀分布$U[\theta_1, \theta_1+\theta_2]$ $(\theta_2>0)$，$(\xi_1, \xi_2, \cdots, \xi_n)$为取自$\xi$的样本，试求$\theta_1$, θ_2的极大似然法估计量.

3. 设$(\xi_1, \xi_2, \cdots, \xi_n)$为取自总体$\xi$的一个样本，试适当选择$k$，使$\hat{\sigma}^2 = k\sum_{i=1}^{n-1}(\xi_{i+1}-\xi_i)^2$为总体方差$\sigma^2$的无偏估计量.

4. 设$(\xi_1, \xi_2, \cdots, \xi_n)$为取自总体$\xi$的一个样本，$\xi \sim U[0, \theta]$，

(1) 试证$\hat{\theta} = \max(\xi_1, \xi_2, \cdots, \xi_n)$是$\theta$的一致估计.

(2) 试适当选择k，使得$k\hat{\theta} = k\max(\xi_1, \xi_2, \cdots, \xi_n)$为$\theta$的无偏估计.

5. 设总体$\xi \sim N(a, \sigma^2)$，$(\xi_1, \xi_2, \cdots, \xi_n)$为取自该总体的一个样本，试问下列3个统计量

$$S_1^2 = \frac{1}{n-1}\sum_{i=1}^{n}(\xi_i - \bar{\xi})^2,$$

$$S_2^2 = \frac{1}{n}\sum_{i=1}^{n}(\xi_i - \bar{\xi})^2,$$

$$S_3^2 = \frac{1}{n+1}\sum_{i=1}^{n}(\xi_i - \bar{\xi})^2$$

中哪一个对σ^2的均方误差$\mathrm{E}(S_i^2 - \sigma^2)^2$最小$(i=1, 2, 3)$？

§7.4 参数的区间估计

1. 问题的提法

前面我们讨论了未知参数的点估计问题，它是用估计量$\hat{\theta} = \hat{\theta}(\xi_1, \xi_2, \cdots, \xi_n)$的值来作为未知参数$\theta$的估计. 然而，无论$\hat{\theta}$是一个怎样优良的估计量，用$\hat{\theta}$去估计$\theta$也只是一定程度的精确，至于如何反映估计的精度，参数的点估计并没有回答. 由于$\hat{\theta}$是一随机变量，要说明用$\hat{\theta}$去估计θ的精度，也就是要说明在一定的概率意义下，$\hat{\theta}$与θ的误差有多大. 如在概率$\frac{9}{10}$的意义下有$|\hat{\theta} - \theta| < \varepsilon$，即随机区间$(\hat{\theta} - \varepsilon, \hat{\theta} + \varepsilon)$包含$\theta$的概率为$\frac{9}{10}$. 这

种在一定概率意义下,求包含 θ 的随机区间就是参数的区间估计问题.它是实际应用中经常采用的一种方法,因为在 θ 未知时,说 θ 恰好等于什么,没有讲 θ 大致在什么范围内来得现实.区间估计的一般提法是:

设 θ 是总体 ξ 分布中的一个参数,$(\xi_1, \xi_2, \cdots, \xi_n)$是取自总体 ξ 的样本,$\alpha(0<\alpha<1)$为某一实数,如果统计量 $\hat{\theta}_1(\xi_1, \xi_2, \cdots, \xi_n)$, $\hat{\theta}_2(\xi_1, \xi_2, \cdots, \xi_n)$满足

$$P(\hat{\theta}_1 < \theta < \hat{\theta}_2) = 1 - \alpha,$$

则称随机区间$(\hat{\theta}_1, \hat{\theta}_2)$为 θ 的$(1-\alpha)$**置信区间**,$1-\alpha$ 称为置信区间$(\hat{\theta}_1, \hat{\theta}_2)$的**置信水平**或**置信系数**,$\hat{\theta}_1$, $\hat{\theta}_2$ 分别称为 θ 的**置信下限**和**置信上限**,统称为**置信限**.

由等式 $P(\hat{\theta}_1 < \theta < \hat{\theta}_2) = 1 - \alpha$ 可知,随机区间$(\hat{\theta}_1, \hat{\theta}_2)$包含 θ 的概率为 $1-\alpha$, 不包含 θ 的概率为 α.它的意义是,如果获得了样本$(\xi_1, \xi_2, \cdots, \xi_n)$的 N 个样本值$(x_1^{(i)}, x_2^{(i)}, \cdots, x_n^{(i)})$ $(i=1, 2, \cdots, N)$,那么在 N 个区间$(\hat{\theta}_1(x_1^{(i)}, x_2^{(i)}, \cdots, x_n^{(i)}), \hat{\theta}_2(x_1^{(i)}, x_2^{(i)}, \cdots, x_n^{(i)}))$ $(i=1, 2, \cdots, N)$ 中包含 θ 的大约有 $N(1-\alpha)$ 个,不包含 θ 的大约有 $N\alpha$ 个.如 $\alpha = 0.05$, $N = 100$,则在所获得的 100 个区间中包含 θ 的约有 95 个,而不包含 θ 的只约有 5 个.这样,当我们获得样本值$(x_1, x_2, \cdots, x_n)$后,就可以估计 θ 在区间$(\hat{\theta}_1(x_1, x_2, \cdots, x_n), \hat{\theta}_2(x_1, x_2, \cdots, x_n))$内,虽然一次估计的正确与否不能明确断言,但若用此法对 θ 重复进行多次估计时,判断正确的大约占 $1-\alpha$,且 $1-\alpha$ 越大(即 α 越小),估计的确信度就愈高.需注意的是,由于 $\hat{\theta}_1(x_1, x_2, \cdots, x_n)$, $\hat{\theta}_2(x_1, x_2, \cdots, x_n)$是两个确定的数,而 θ 是参数,因此,说$(\hat{\theta}_1(x_1, x_2, \cdots, x_n), \hat{\theta}_2(x_1, x_2, \cdots, x_n))$包含 θ 的概率已没有意义.正是基于这种原因,我们提出了置信水平的概念.根据上面的讨论,置信水平反映的是区间$(\hat{\theta}_1, \hat{\theta}_2)$包含 θ 的可靠程度.

2. 建立置信区间的方法

在实际问题中，如何寻求未知参数的置信区间呢？先看一个具体的例子.

例 7.19 假设总体 ξ 服从 $[0, \theta]$ 上的均匀分布，$(\xi_1, \xi_2, \cdots, \xi_n)$ 是取自 ξ 的一个样本，试求 θ 的 $1-\alpha$ 置信区间.

解 用极大似然法不难知道 $\hat{\theta} = \max\limits_{1\leqslant i\leqslant n}\{\xi_i\}$ 是 θ 的极大似然法估计量，考虑 $\eta = \dfrac{\max\limits_{1\leqslant i\leqslant n}\{\xi_i\}}{\theta} = \max\limits_{1\leqslant i\leqslant n}\left\{\dfrac{\xi_i}{\theta}\right\}$，它是样本的函数，且含有 θ.

由于 $\xi_i \sim U[0, \theta]$，因而 $\dfrac{\xi_i}{\theta} \sim U[0, 1]$.

$$
\begin{aligned}
P(\eta < x) &= P\left(\max_{1\leqslant i\leqslant n}\left\{\frac{\xi_i}{\theta}\right\} < x\right) \\
&= P\left(\frac{\xi_1}{\theta} < x, \frac{\xi_2}{\theta} < x, \cdots, \frac{\xi_n}{\theta} < x\right) \\
&= \left[P\left(\frac{\xi}{\theta} < x\right)\right]^n = \begin{cases} 0, & x \leqslant 0, \\ x^n, & 0 < x \leqslant 1, \\ 1, & x > 1. \end{cases}
\end{aligned}
\tag{7.2}
$$

上式表明，η 的分布不依赖于参数 θ.

今选取 $\lambda_1 < \lambda_2$，使之适合

$$
P(\eta \leqslant \lambda_1) = \frac{\alpha}{2}, \quad P(\eta \geqslant \lambda_2) = \frac{\alpha}{2}, \tag{7.3}
$$

则
$$
P(\lambda_1 < \eta < \lambda_2) = 1 - \alpha,
$$

即
$$
P\left(\lambda_1 < \frac{\max\limits_{1\leqslant i\leqslant n}\{\xi_i\}}{\theta} < \lambda_2\right) = 1 - \alpha,
$$

$$P\left(\frac{\max\limits_{1\leqslant i\leqslant n}\{\xi_i\}}{\lambda_2}<\theta<\frac{\max\limits_{1\leqslant i\leqslant n}\{\xi_i\}}{\lambda_1}\right)=1-\alpha.$$

按(7.2)式，满足(7.3)式的 $\lambda_1=\sqrt[n]{\frac{\alpha}{2}}$，$\lambda_2=\sqrt[n]{1-\frac{\alpha}{2}}$，由此得到 θ 的一个置信水平为 $1-\alpha$ 的置信区间：

$$\left(\frac{\max\limits_{1\leqslant i\leqslant n}\{\xi_i\}}{\sqrt[n]{1-\frac{\alpha}{2}}},\ \frac{\max\limits_{1\leqslant i\leqslant n}\{\xi_i\}}{\sqrt[n]{\frac{\alpha}{2}}}\right). \tag{7.4}$$

当 $1-\alpha=0.90$ 时，置信区间为

$$\left(\frac{\max\limits_{1\leqslant i\leqslant n}\{\xi_i\}}{\sqrt[n]{0.95}},\ \frac{\max\limits_{1\leqslant i\leqslant n}\{\xi_i\}}{\sqrt[n]{0.05}}\right).$$

值得指出，对于给定的置信水平，置信区间不是唯一的. 以本例来说，满足等式 $P(\lambda_1<\eta<\lambda_2)=0.90$ 的 λ_1，λ_2 不唯一，但一当 λ_1，λ_2 满足该等式，区间 $\left(\max\limits_{1\leqslant i\leqslant n}\{\xi_i\}/\lambda_2,\ \max\limits_{1\leqslant i\leqslant n}\{\xi_i\}/\lambda_1\right)$ 就是 θ 的一个置信水平为 90%的置信区间. 在这些具有同一置信水平的置信区间中，我们显然愿意挑选长度最短的一个，因为区间长度越短，估计就愈精确. 由于置信区间长度的讨论比较复杂，在实际问题中，一般总是如同(7.3)式那样去选取，所得到的效果往往较佳.

另一方面，由于置信水平 $1-\alpha$ 反映了估计的可靠程度，因此，自然希望 $1-\alpha$ 越接近于 1 越好，但 $1-\alpha$ 愈接近于 1，所得到的置信区间的长度就愈长，从而估计精度也就较差. 就上例而言，$1-\alpha$ 越接近于 1(即 α 越小)，$\lambda_1=\sqrt[n]{\frac{\alpha}{2}}$ 就愈小，$\lambda_2=\sqrt[n]{1-\frac{\alpha}{2}}$ 就愈大，从而置信区间(7.4)式的长度就愈长. 所以，人们在实际问题总是在给定的置信水平下去寻求置信区间. 如果既要估计精度高，又需可靠性大，由例 7.19 中的(7.4)式可以看出，只有提高样本容

量 n.

通过例 7.19,我们可以把寻求未知参数 θ 的置信区间的方法归纳如下:

(1) 寻找适合下列三个条件的样本函数 $g(\xi_1, \xi_2, \cdots, \xi_n; \theta)$:

① g 含有所求的未知参数 θ,但不含有其他未知参数;

② g 的分布是已知的,且不依赖于任何未知参数;

③ 不等式 $\lambda_1 < g(\xi_1, \xi_2, \cdots, \xi_n; \theta) < \lambda_2$ 可等价变形为

$$\hat{\theta}_1(\xi_1, \xi_2, \cdots, \xi_n; \lambda_1, \lambda_2) < \theta < \hat{\theta}_2(\xi_1, \xi_2, \cdots, \xi_n; \lambda_1, \lambda_2).$$

满足上面三个条件的 $g(\xi_1, \xi_2, \cdots, \xi_n; \theta)$在很多场合可以由未知参数的点估计经过变形而获得.

(2) 对于给定的置信水平 $1-\alpha$, 确定点 λ_1, λ_2,使

$$P(\lambda_1 < g(\xi_1, \xi_2, \cdots, \xi_n; \theta) < \lambda_2) = 1-\alpha.$$

根据 g 的条件,这样的 λ_1, λ_2 一定存在.

(3) 由 $\lambda_1 < g(\xi_1, \xi_2, \cdots, \xi_n; \theta) < \lambda_2$ 等价变形为

$$\hat{\theta}_1(\xi_1, \xi_2, \cdots, \xi_n) < \theta < \hat{\theta}_2(\xi_1, \xi_2, \cdots, \xi_n),$$

则区间$(\hat{\theta}_1, \hat{\theta}_2)$即为 θ 的置信水平为 $1-\alpha$ 的置信区间.

在上面所给的求置信区间的方法中,关键是样本函数 $g(\xi_1, \xi_2, \cdots, \xi_n; \theta)$的选取,因为在具体问题中,确定 g 的分布(而且要不依赖于未知参数)并不是一件容易的事情. 但对于常见的正态总体来讲,g 及 g 的分布还是比较容易确定的.

3. 正态分布中未知参数的置信区间

1) 均值的置信区间

设总体 $\xi \sim N(a, \sigma^2)$, $(\xi_1, \xi_2, \cdots, \xi_n)$为取值 ξ 的样本,由§7.3 知,$\bar{\xi}$ 是均值 a 的极大似然法估计量. 正如在上述寻求参数置信区间的方法中所指出的那样,现在要寻找参数 a 的点估计 $\bar{\xi}$ 的变形,通过它来建立 a 的置信区间,分两种情况考虑:

(1) σ^2 已知时. 由于 $\bar{\xi} \sim N\left(a, \frac{\sigma^2}{n}\right)$,从而

$$U = \frac{\sqrt{n}(\bar{\xi} - a)}{\sigma} \sim N(0, 1),$$

对于给定的置信水平 $1 - \alpha$, 查正态分布 $N(0, 1)$确定 u_α,使得 $P(|U| < u_\alpha) = 1 - \alpha$, 即 u_α 满足 $\Phi(u_\alpha) = 1 - \frac{\alpha}{2}$, 而

$$P(|U| < u_\alpha) = P\left(\left|\frac{\sqrt{n}(\bar{\xi} - a)}{\sigma}\right| < u_\alpha\right)$$

$$= P\left(\bar{\xi} - \frac{\sigma}{\sqrt{n}}u_\alpha < a < \bar{\xi} + \frac{\sigma}{\sqrt{n}}u_\alpha\right),$$

故 σ^2 已知时,均值 a 的 $1 - \alpha$ 置信区间为

$$\left(\bar{\xi} - \frac{\sigma}{\sqrt{n}}u_\alpha, \bar{\xi} + \frac{\sigma}{\sqrt{n}}u_\alpha\right).$$

(2) σ^2 未知时. 由于 σ^2 未知,上面的 U 除含未知参数 a 外还含有未知的 σ,因此,我们用 σ^2 的无偏估计量 S^{*2} 去替代 σ^2,考虑

$$T = \frac{\sqrt{n}(\bar{\xi} - a)}{S^*} = \frac{\sqrt{n-1}(\bar{\xi} - a)}{S},$$

由定理 7.6 知, $T \sim t(n-1)$. 对于给定的置信水平 $1 - \alpha$, 查 $t(n-1)$ 表确定 t_α,使 $P(|T| < t_\alpha) = 1 - \alpha$, 即

$$P\left(\left|\frac{\sqrt{n}(\bar{\xi} - a)}{S^*}\right| < t_\alpha\right) = 1 - \alpha,$$

从而 σ^2 未知时,均值 a 的 $1 - \alpha$ 置信区间为

$$\left(\bar{\xi} - \frac{S^*}{\sqrt{n}}t_\alpha, \bar{\xi} + \frac{S^*}{\sqrt{n}}t_\alpha\right).$$

例 7.20 某年级的语文考试成绩服从正态分布 $N(a, \sigma^2)$,今

从中随机抽取 25 份试卷,测得样本均值为 75 分.试在下列两种情况下求出该年级数学平均成绩的置信水平为 0.95 的置信区间.

(1) 已知 $\sigma=9$(分);(2)σ 未知,但样本修正标准差为 8.5(分).

解 由题意知:$\bar{x}=75$, $n=25$, $\alpha=0.05$.

(1) 因为 $\sigma=9$ 为已知,查 $N(0,1)$确定 u_α,得 $u_\alpha=1.96$. 由于

$$\bar{x}-\frac{\sigma}{\sqrt{n}}u_\alpha=75-\frac{9}{\sqrt{25}}\times 1.96=71.472,$$

$$\bar{x}+\frac{\sigma}{\sqrt{n}}u_\alpha=75+\frac{9}{\sqrt{25}}\times 1.96=78.528,$$

所以,语文平均成绩的置信水平为 0.95 的置信区间为(71.472, 78.528).

(2) 因为 $s^*=8.5$,查 $t(24)$表确定 t_α,得 $t_\alpha=2.064$. 由于

$$\bar{x}-\frac{s^*}{\sqrt{n}}t_\alpha=75-\frac{8.5}{\sqrt{25}}\times 2.064\approx 71.491,$$

$$\bar{x}+\frac{s^*}{\sqrt{n}}t_\alpha=75+\frac{8.5}{\sqrt{25}}\times 2.064=78.509,$$

故所求置信区间为(71.491, 78.509).

2) *方差的置信区间*

设总体 $\xi\sim N(a,\sigma^2)$, $(\xi_1,\xi_2,\cdots,\xi_n)$为取自 ξ 的样本,由例 7.12 知,当 a 已知时,$\frac{1}{n}\sum_{i=1}^{n}(\xi_i-a)^2$ 为 σ^2 的极大似然法估计量;当 a 未知时,S^2 是 σ^2 的极大似然法估计量.

(1) a 已知时. 由推论 7.3 知

$$\chi^2=\frac{\sum_{i=1}^{n}(\xi_i-a)^2}{\sigma^2}\sim\chi^2(n).$$

对于给定的置信水平 $1-\alpha$, 查 $\chi^2(n)$表确定 $\chi^2_{1-\frac{\alpha}{2}}$, $\chi^2_{\frac{\alpha}{2}}$ 使

$P\left(\chi^2 \leqslant \chi^2_{1-\frac{\alpha}{2}}\right) = \frac{\alpha}{2}\left(\text{即} P\left(\chi^2 > \chi^2_{1-\frac{\alpha}{2}}\right) = 1 - \frac{\alpha}{2}\right)$, $P(\chi^2 \geqslant \chi^2_{\frac{\alpha}{2}}) = \frac{\alpha}{2}$，从而

$$P\left(\chi^2_{1-\frac{\alpha}{2}} < \frac{1}{\sigma^2}\sum_{i=1}^{n}(\xi_i - a)^2 < \chi^2_{\frac{\alpha}{2}}\right) = 1 - \alpha,$$

$$P\left(\frac{\sum\limits_{i=1}^{n}(\xi_i - a)^2}{\chi^2_{\frac{\alpha}{2}}} < \sigma^2 < \frac{\sum\limits_{i=1}^{n}(\xi_i - a)^2}{\chi^2_{1-\frac{\alpha}{2}}}\right) = 1 - \alpha,$$

亦有
$$P\left(\frac{\sqrt{\sum\limits_{i=1}^{n}(\xi_i - a)^2}}{\chi_{\frac{\alpha}{2}}} < \sigma < \frac{\sqrt{\sum\limits_{i=1}^{n}(\xi_i - a)^2}}{\chi_{1-\frac{\alpha}{2}}}\right) = 1 - \alpha.$$

故 a 已知时，σ^2 的 $1 - \alpha$ 置信区间为

$$\left(\frac{\sum\limits_{i=1}^{n}(\xi_i - a)^2}{\chi^2_{\frac{\alpha}{2}}}, \frac{\sum\limits_{i=1}^{n}(\xi_i - a)^2}{\chi^2_{1-\frac{\alpha}{2}}}\right),$$

σ 的 $1 - \alpha$ 置信区间为

$$\left(\frac{\sqrt{\sum\limits_{i=1}^{n}(\xi_i - a)^2}}{\chi_{\frac{\alpha}{2}}}, \frac{\sqrt{\sum\limits_{i=1}^{n}(\xi_i - a)^2}}{\chi_{1-\frac{\alpha}{2}}}\right).$$

(2) a 未知时，由定理 7.5 知

$$\chi^2 = \frac{nS^2}{\sigma^2} = \frac{(n-1)S^{*2}}{\sigma^2} \sim \chi^2(n-1).$$

对于给定的置信水平 $1 - \alpha$，查 $\chi^2(n-1)$ 表确定 $\chi^2_{1-\frac{\alpha}{2}}$，$\chi^2_{\frac{\alpha}{2}}$ 使 $P\left(\chi^2 \leqslant \chi^2_{1-\frac{\alpha}{2}}\right) = \frac{\alpha}{2}$，$P\left(\chi^2 > \chi^2_{\frac{\alpha}{2}}\right) = \frac{\alpha}{2}$，从而可导得 a 未知时，σ^2

的 $1-\alpha$ 置信区间为

$$\left(\frac{(n-1)S^{*2}}{\chi^2_{\frac{\alpha}{2}}}, \frac{(n-1)S^{*2}}{\chi^2_{1-\frac{\alpha}{2}}}\right),$$

σ 的 $1-\alpha$ 置信区间为

$$\left(\frac{\sqrt{n-1}S^*}{\chi_{\frac{\alpha}{2}}}, \frac{\sqrt{n-1}S^*}{\chi_{1-\frac{\alpha}{2}}}\right).$$

在实际问题中,均值 a 通常是未知的,所以情形(2)比情形(1)更具有实用价值.

例 7.21 天平称量结果的标准差 σ,是天平精密度的重要数字特征.为检验天平的精密度,将一物体在天平上重复 12 次称量,得如下数据(单位:g,克):

10.000 1	9.994 1	9.987 3	10.012 6	10.024 3	9.985 4
9.995 4	10.019 3	10.004 4	9.994 9	9.971 6	10.001 9

已知天平的称量结果服从正态分布 $N(a, \sigma^2)$,试在下列两种情况下分别求出 σ^2, σ 的置信水平为 0.95 的置信区间.

(1) 已知物体的重量为 10g,即 $a=10$;

(2) a 未知.

解 由条件知 $n=12$, $n-1=11$, $\alpha=0.05$.

(1) 已知 $a=10$ 时,由于

$\sum\limits_{i=1}^{12}(x_i-10)^2=0.0018$,查 $\chi^2(12)$ 表确定 $\chi^2_{1-\frac{\alpha}{2}}$, $\chi^2_{\frac{\alpha}{2}}$,得 $\chi^2_{1-\frac{\alpha}{2}}=4.404$, $\chi^2_{\frac{\alpha}{2}}=23.337$, $\sum\limits_{i=1}^{12}(x_i-10)^2\Big/\chi^2_{\frac{\alpha}{2}}\approx 0.000077$, $\sum\limits_{i=1}^{12}(x_i-10)^2/\chi^2_{1-\frac{\alpha}{2}}\approx 0.000409$,因此 σ^2 的置信水平为 0.95 的置信区间为

$$(0.000077, 0.000409),$$

σ 的置信水平为 0.95 的置信区间为

$$(0.008\,8,\ 0.020\,2).$$

(2) a 未知时. 由于

$s^{*^2}=0.014\,8^2$，查 $\chi^2(11)$表确定 $\chi^2_{1-\frac{\alpha}{2}}$，$\chi^2_{\frac{\alpha}{2}}$，得 $\chi^2_{1-\frac{\alpha}{2}}=3.816$，$\chi^2_{\frac{\alpha}{2}}=21.920$，$(n-1)s^{*^2}\Big/\chi^2_{\frac{\alpha}{2}}\approx 0.000\,110$，$(n-1)s^{*^2}\Big/\chi^2_{1-\frac{\alpha}{2}}\approx 0.000\,631$，因此 σ^2 的置信水平为 0.95 的置信区间为

$$(0.000\,110,\ 0.000\,631),$$

σ 的置信水平为 0.95 的置信区间为

$$(0.010\,5,\ 0.025\,1).$$

3) 两个总体均值差、方差比的置信区间

设总体 $\xi\sim N(a_1,\sigma_1^2)$，$\eta\sim N(a_2,\sigma_2^2)$，$(\xi_1,\xi_2,\cdots,\xi_m)$，$(\eta_1,\eta_2,\cdots,\eta_n)$分别为取自 ξ 和 η 的样本，且 $\xi_1,\xi_2,\cdots,\xi_m$ 与 $\eta_1,\eta_2,\cdots,\eta_n$ 相互独立.

(1) σ_1^2，σ_2^2 已知时，均值差 a_1-a_2 的置信区间

由假设知，$\bar{\xi}-\bar{\eta}\sim N\left(a_1-a_2,\dfrac{\sigma_1^2}{m}+\dfrac{\sigma_2^2}{n}\right)$，从而

$$U=\frac{\bar{\xi}-\bar{\eta}-(a_1-a_2)}{\sqrt{\dfrac{\sigma_1^2}{m}+\dfrac{\sigma_2^2}{n}}}\sim N(0,1),$$

因此，依照 1)中(1)可得，a_1-a_2 的置信水平为 $1-\alpha$ 的置信区间为

$$\left(\bar{\xi}-\bar{\eta}-\sqrt{\frac{\sigma_1^2}{m}+\frac{\sigma_2^2}{n}}u_\alpha,\ \bar{\xi}-\bar{\eta}+\sqrt{\frac{\sigma_1^2}{m}+\frac{\sigma_2^2}{n}}u_\alpha\right).$$

(2) σ_1^2，σ_2^2 未知，但 $\sigma_1^2=\sigma_2^2$ 时，均值差 a_1-a_2 的置信区间

由假设及定理 7.7 知

$$T=\sqrt{\frac{mn(m+n-2)}{m+n}}\cdot\frac{\bar{\xi}-\bar{\eta}-(a_1-a_2)}{\sqrt{mS_1^2+nS_2^2}}$$

$$=\sqrt{\frac{mn(m+n-2)}{m+n}}\frac{\bar{\xi}-\bar{\eta}-(a_1-a_2)}{\sqrt{(m-1)S_1^{*2}+(n-1)S_2^{*2}}}$$

$$\sim t(m+n-2),$$

从而,依照1)中(2)可得,a_1-a_2 的置信水平为 $1-\alpha$ 的置信区间为

$$\left(\bar{\xi}-\bar{\eta}-\sqrt{\frac{m+n}{mn(m+n-2)}}\sqrt{(m-1)S_1^{*2}+(n-1)S_2^{*2}}t_\alpha,\right.$$

$$\left.\bar{\xi}-\bar{\eta}+\sqrt{\frac{m+n}{mn(m+n-2)}}\sqrt{(m-1)S_1^{*2}+(n-1)S_2^{*2}}t_\alpha\right).$$

(3) a_1, a_2 已知时,方差比 $\frac{\sigma_1^2}{\sigma_2^2}$ 的置信区间

由推论7.3知,$\sum_{i=1}^{m}(\xi_i-a_1)^2/\sigma_1^2\sim\chi^2(m)$, $\sum_{j=1}^{n}(\eta_j-a_2)^2/\sigma_2^2\sim\chi^2(n)$,从而根据假设及定理7.4

$$F=\frac{\sigma_2^2\sum_{i=1}^{m}(\xi_i-a_1)^2}{\sigma_1^2\sum_{j=1}^{n}(\eta_j-a_2)^2}\sim F(m,n),$$

对于给定的置信水平 $1-\alpha$,查 $F(m,n)$ 表确定 $F_{1-\frac{\alpha}{2}}$, $F_{\frac{\alpha}{2}}$ 使 $P(F\leqslant F_{1-\frac{\alpha}{2}})=\frac{\alpha}{2}$, $F(F\geqslant F_{\frac{\alpha}{2}})=\frac{\alpha}{2}$,则 $P(F_{1-\frac{\alpha}{2}}<F<F_{\frac{\alpha}{2}})=1-\alpha$,即

$$P\left(\frac{\sum_{i=1}^{m}(\xi_i-a_1)^2}{F_{\frac{\alpha}{2}}\sum_{j=1}^{n}(\eta_j-a_2)^2}<\frac{\sigma_1^2}{\sigma_2^2}<\frac{\sum_{i=1}^{m}(\xi_i-a_1)^2}{F_{1-\frac{\alpha}{2}}\sum_{j=1}^{n}(\eta_j-a_2)^2}\right)=1-\alpha,$$

因此，a_1, a_2 已知时，$\frac{\sigma_1^2}{\sigma_2^2}$的 $1-\alpha$ 置信区间为

$$\left(\frac{\sum_{i=1}^{m}(\xi_i-a_1)^2}{F_{\frac{\alpha}{2}}\sum_{j=1}^{n}(\eta_j-a_2)^2},\ \frac{\sum_{i=1}^{m}(\xi_i-a_1)^2}{F_{1-\frac{\alpha}{2}}\sum_{j=1}^{n}(\eta_j-a_2)^2}\right).$$

注意，$P(F\leqslant F_{1-\frac{\alpha}{2}})=P\left(\frac{1}{F}\geqslant\frac{1}{F_{1-\frac{\alpha}{2}}}\right)$，而$\frac{1}{F}\sim F(n, m)$，因此，关于 $F_{1-\frac{\alpha}{2}}$ 的查表，可先查 $F(n, m)$表确定 $\frac{1}{F_{1-\frac{\alpha}{2}}}$，使 $P\left(\frac{1}{F}\geqslant\frac{1}{F_{1-\frac{\alpha}{2}}}\right)=\frac{\alpha}{2}$，再对 $\frac{1}{F_{1-\frac{\alpha}{2}}}$ 取倒数求出 $F_{1-\frac{\alpha}{2}}$.

(4) a_1, a_2 未知时，方差比$\frac{\sigma_1^2}{\sigma_2^2}$的置信区间

由假设及定理 7.8 知

$$F=\frac{(n-1)mS_1^2\sigma_2^2}{(m-1)nS_2^2\sigma_1^2}=\frac{\sigma_2^2{S_1^*}^2}{\sigma_1^2{S_2^*}^2}\sim F(m-1, n-1),$$

对于给定的置信水平 $1-\alpha$，查 $F(m-1, n-1)$表确定 $F_{1-\frac{\alpha}{2}}$, $F_{\frac{\alpha}{2}}$，使 $P(F\leqslant F_{1-\frac{\alpha}{2}})=\frac{\alpha}{2}$, $P(F\geqslant F_{\frac{\alpha}{2}})=\frac{\alpha}{2}$，则可导得$\frac{\sigma_1^2}{\sigma_2^2}$的 $1-\alpha$ 置信区间为

$$\left(\frac{{S_1^*}^2}{F_{\frac{\alpha}{2}}{S_2^*}^2},\ \frac{{S_1^*}^2}{F_{1-\frac{\alpha}{2}}{S_2^*}^2}\right).$$

例 7.22 对某工商银行和农业银行的年存款余额进行调查，分别抽取 21 和 16 个储户，测得 $\bar{x}=650$ 元，$\bar{y}=800$ 元，$s_1^*=50$ 元，$s_2^*=70$ 元. 假定两行年存款余额均服从正态分布且方差相同，试求两家银行每户年平均存款余额之差的置信水平为 0.90 的置信区间.

解 由条件知，$\overline{x}-\overline{y}=-150$，$m=21$，$n=16$，$m+n-2=35$，$s_1^*=50$，$s_2^*=70$，$\alpha=0.10$. 查 $t(35)$ 表得 $t_\alpha\approx 1.69$. 由于

$$\overline{x}-\overline{y}-\sqrt{\frac{m+n}{mn(m+n-2)}}\sqrt{(m-1)s_1^{*^2}+(n-1)s_2^{*^2}}t_\alpha$$

$$\approx -183.31,$$

$$\overline{x}-\overline{y}+\sqrt{\frac{m+n}{mn(m+n-2)}}\sqrt{(m-1)s_1^{*^2}+(n-1)s_2^{*^2}}t_\alpha$$

$$\approx -116.69,$$

故所求置信区间为$(-183,31, -116.69)$.

例 7.23 两台自动车床加工的轴长分别服从 $N(a_1, \sigma_1^2)$，$N(a_2, \sigma_2^2)$分布，今从中分别抽取容量为 25，13 的两独立样本，测得 $s_1^{*^2}=6.38$，$s_2^{*^2}=5.15$. 试求$\dfrac{\sigma_1^2}{\sigma_2^2}$的置信水平为 0.90 的置信区间.

解 由条件知，$m=25$，$n=13$，$m-1=24$，$n-1=12$，$s_1^{*^2}=6.38$，$s_2^{*^2}=5.15$，$\alpha=0.10$. 查 $F(24, 12)$表得 $F_{\frac{\alpha}{2}}=2.51$，查 $F(12, 24)$分布表得 $\dfrac{1}{F_{1-\frac{\alpha}{2}}}=2.18$. 由于

$$\frac{s_1^{*^2}}{F_{\frac{\alpha}{2}}s_2^{*^2}}\approx 0.494,\quad \frac{s_1^{*^2}}{F_{1-\frac{\alpha}{2}}s_2^{*^2}}\approx 2.701,$$

因此，$\dfrac{\sigma_1^2}{\sigma_2^2}$的置信水平为 0.90 的置信区间为$(0.494, 2.701)$.

4. 非正态总体中未知参数的置信区间

对于非正态总体中未知参数的置信区间，一般比较难以寻找，其主要原因是上述所使用的一些样本函数的分布不易确定，但当

样本容量 n 较大时，我们可以借助于它的极限分布来建立未知参数的置信区间. 例如，在求总体均值 a 的置信区间时，若总体方差 σ^2 已知，则由中心极限定理知：如果 n 较大，那么

$$U = \frac{\bar{\xi} - a}{\frac{\sigma}{\sqrt{n}}}$$

近似服从 $N(0,\ 1)$ 分布，因此，我们仍然可以按前述方法来建立 a 的置信区间. 下面我们再举一个例子，通过它，读者可以体会到在样本容量 n 较大时如何来建立非正态总体中未知参数的置信区间.

例 2.24 研究学生成绩的及格率 p 时，可考虑服从二点分布的总体 ξ，此时

$$\xi = \begin{cases} 1, & \text{若学生的成绩及格}, \\ 0, & \text{若学生的成绩不及格}. \end{cases}$$

假定 $(\xi_1,\ \xi_2,\ \cdots,\ \xi_n)$ 是取自该总体的一个样本，试求 p 的 $1-\alpha$ 置信区间.

解 易知，p 的极大似然法估计量为 $\hat{p} = \bar{\xi}$，考虑

$$g(\xi_1,\ \xi_2,\ \cdots,\ \xi_n;\ p) = \frac{\sum_{i=1}^{n} \xi_i - np}{\sqrt{np(1-p)}} = \frac{\bar{\xi} - p}{\sqrt{\frac{p(1-p)}{n}}},$$

显然 g 的分布形式已知（因 $\sum_{i=1}^{n} \xi_i \sim b(n,\ p)$），但依赖于未知参数 p. 然而，由中心极限定理知，当 n 较大时，g 近似服从 $N(0,\ 1)$ 分布，即

$$P\left(\left|\frac{\bar{\xi} - p}{\sqrt{\frac{p(1-p)}{n}}}\right| < x\right) \approx \int_{-x}^{x} \frac{1}{\sqrt{2\pi}} \mathrm{e}^{-\frac{t^2}{2}} \mathrm{d}t = 2\Phi(x) - 1,$$

查 $N(0, 1)$分布表确定 u_α,使 $2\Phi(u_\alpha)-1=1-\alpha$ 即 $\Phi(u_\alpha)=1-\frac{\alpha}{2}$,则

$$P\left(\left|\frac{\bar{\xi}-p}{\sqrt{\frac{p(1-p)}{n}}}\right|<u_\alpha\right)\approx 1-\alpha.$$

而 $\left|\frac{\bar{\xi}-p}{\sqrt{\frac{p(1-p)}{n}}}\right|<u_\alpha$ 可以写成 $(\bar{\xi}-p)^2<u_\alpha^2\frac{p(1-p)}{n}$ 或

$$p^2\left(1+\frac{u_\alpha^2}{n}\right)-p\left(2\bar{\xi}+\frac{u_\alpha^2}{n}\right)+(\bar{\xi})^2<0 \tag{7.5}$$

该不等式的左边是关于 p 的一个二次三项式,它的两个零点 $\hat{p}_1$, $\hat{p}_2$ 为

$$\hat{p}_1=\frac{\bar{\xi}+\frac{u_\alpha^2}{2n}-\frac{u_\alpha}{\sqrt{n}}\sqrt{\bar{\xi}(1-\bar{\xi})+\frac{u_\alpha^2}{4n}}}{1+\frac{u_\alpha^2}{n}};$$

$$\hat{p}_2=\frac{\bar{\xi}+\frac{u_\alpha^2}{2n}+\frac{u_\alpha}{\sqrt{n}}\sqrt{\bar{\xi}(1-\bar{\xi})+\frac{u_\alpha^2}{4n}}}{1+\frac{u_\alpha^2}{n}}.$$

由此知不等式(7.5)的解为 $\hat{p}_1<p<\hat{p}_2$,所以,$(\hat{p}_1, \hat{p}_2)$是 p 的 $1-\alpha$ 置信区间.

表 7.4　正态分布参数的置信区间表

待估参数	条件		置信区间	自由度
a	已知 σ^2	$\xi \sim N(a, \sigma^2)$ $\xi_1, \xi_2, \cdots, \xi_n$	$\left(\bar{\xi} - \frac{\sigma}{\sqrt{n}} u_\alpha, \bar{\xi} + \frac{\sigma}{\sqrt{n}} u_\alpha\right)$	
	未知 σ^2		$\left(\bar{\xi} - \frac{S^*}{\sqrt{n}} t_\alpha, \bar{\xi} + \frac{S^*}{\sqrt{n}} t_\alpha\right)$	$n-1$
σ^2	已知 a	$\xi \sim N(a, \sigma^2)$ $\xi_1, \xi_2, \cdots, \xi_n$	$\left(\frac{\sum_{i=1}^{n}(\xi_i - a)^2}{\chi^2_{\frac{\alpha}{2}}}, \frac{\sum_{i=1}^{n}(\xi_i - a)^2}{\chi^2_{1-\frac{\alpha}{2}}}\right)$	n
	未知 a		$\left(\frac{(n-1)S^{*2}}{\chi^2_{\frac{\alpha}{2}}}, \frac{(n-1)S^{*2}}{\chi^2_{1-\frac{\alpha}{2}}}\right)$	$n-1$

（续表）

待估参数	条件		置信区间	自由度
a_1-a_2	已知 σ_1^2、σ_2^2	$\xi\sim N(a_1,\sigma_1^2)$ $\xi_1,\xi_2,\cdots,\xi_m$ $\eta\sim N(a_2,\sigma_2^2)$ $\eta_1,\eta_2,\cdots,\eta_n$	$\left(\bar{\xi}-\bar{\eta}-\sqrt{\dfrac{\sigma_1^2}{m}+\dfrac{\sigma_2^2}{n}}u_\alpha,\ \bar{\xi}-\bar{\eta}+\sqrt{\dfrac{\sigma_1^2}{m}+\dfrac{\sigma_2^2}{n}}u_\alpha\right)$	
	$\sigma_1^2=\sigma_2^2=\sigma^2$ 但 σ^2 未知		$\left(\bar{\xi}-\bar{\eta}-\sqrt{\dfrac{m+n}{mn(m+n-2)}}\sqrt{(m-1){S_1^*}^2+(n-1){S_2^*}^2}\,t_\alpha,\right.$ $\left.\bar{\xi}-\bar{\eta}+\sqrt{\dfrac{m+n}{mn(m+n-2)}}\sqrt{(m-1){S_1^*}^2+(n-1){S_2^*}^2}\,t_\alpha\right)$	$m+n-2$
$\dfrac{\sigma_1^2}{\sigma_2^2}$	已知 a_1、a_2	$\xi\sim N(a_1,\sigma_1^2)$ $\xi_1,\xi_2,\cdots,\xi_m$ $\eta\sim N(a_2,\sigma_2^2)$ $\eta_1,\eta_2,\cdots,\eta_n$	$\left(\dfrac{\sum_{i=1}^{m}(\xi_i-a_1)^2}{F_{\frac{\alpha}{2}}\sum_{j=1}^{n}(\eta_j-a_2)^2},\ \dfrac{\sum_{i=1}^{m}(\xi_i-a_1)^2}{F_{1-\frac{\alpha}{2}}\sum_{j=1}^{n}(\eta_j-a_2)^2}\right)$	(m,n)
	未知 a_1、a_2		$\left(\dfrac{{S_1^*}^2}{F_{\frac{\alpha}{2}}{S_2^*}^2},\ \dfrac{{S_1^*}^2}{F_{1-\frac{\alpha}{2}}{S_2^*}^2}\right)$	$(m-1,$ $n-1)$

习　题　7.4

(A)

1. 设轴承内环的锻压零件的高度 ξ 服从正态分布 $N(a,\ 0.4^2)$. 现在从中抽取 20 只内环，测得其平均高度 $\overline{x}=32.3$(mm)，试求内环平均高度的置信水平为 0.95 的置信区间.

2. 随机地从一批钉子中抽取 16 枚，测得长度(单位:cm)为：

2.14	2.10	2.13	2.15	2.13	2.12	2.13	2.10
2.15	2.12	2.14	2.10	2.13	2.11	2.14	2.11

设钉长服从正态分布，试在下列两种情况下求钉长均值 a 的置信水平为0.90的置信区间：

(1) 若已知 $\sigma=0.10$(cm)；

(2) 若 σ 未知.

3. 已知某次数学竞赛的成绩服从 $N(a,\ \sigma^2)$分布. 今从中随机抽取 10 名学生的数学竞赛成绩，得如下数据：

56　73　61　80　76　91　75　63　61　64

试分别求数学竞赛平均成绩的置信水平为 0.95，0.99 的置信区间.

4. 对于方差 σ^2 为已知的正态总体来说，问样本容量 n 为多大时，才能使得总体均值 a 的置信水平为0.95的置信区间的长度不大于 L?

5. 已知水平锻造机生产的产品尺寸 ξ 服从正态分布 $N(a,\ \sigma^2)$. 今从中随机抽取 20 件产品，得如下数据：

31.44	31.44	31.72	31.04	31.48	32.22	31.17
31.58	31.87	31.88	31.98	31.68	31.84	31.62
31.96	31.88	31.29	31.73	32.12	31.49	

试在下列两种情形下求 σ^2 及 σ 的置信水平为 0.95 的置信区间：

(1) 若已知 $a=31.60$；

(2) 若 a 未知.

6. 随机地取某种炮弹 9 发做试验，得炮口速度的方差的无偏估计量 $s^{*2}=11\ (\mathrm{m/s})^2$，设炮口速度服从 $N(a,\ \sigma^2)$，试分别求这种炮弹的炮口速度的标准差 σ 及方差 σ^2 的置信水平为 0.90 的置信区间.

7. 设 $\overline{x}=19.8$ 为取自总体 $N(a_1, 25)$ 的容量为 10 的样本均值，$\overline{y}=24$ 为取自总体 $N(a_2, 36)$ 的容量为 12 的样本均值，且两样本相互独立，试求 a_1-a_2 的置信水平为0.90的置信区间.

8. 把条件相似的 21 名学生随机分成两组，用不同的方法进行一学期纵跳训练后，测验结果如下(单位:cm)：

甲组(ξ)：57　65　62　60　63　58　57　60　58　60；

乙组(η)：57　59　56　56　57　58　57　60　65　57　55.

由经验知，$\xi \sim N(a_1, \sigma^2)$，$\eta \sim N(a_2, \sigma^2)$ (a_1, a_2, σ 均未知)，试求 a_1-a_2 的置信水平为 0.99 的置信区间.

9. 某自动机床加工同类型套筒，假定套筒的直径服从正态分布. 现在从两个不同的班次的产品中各抽验了五个套筒，测量它们的直径，得如下数据：

A 班：2.066　2.063　2.068　2.060　2.067；

B 班：2.058　2.057　2.063　2.059　2.060.

试求方差比 $\dfrac{\sigma_A^2}{\sigma_B^2}$ 的置信水平为 0.90 的置信区间.

(B)

1. 设 ξ 的密度函数为

$$f(x)=\begin{cases}\dfrac{2}{\theta^2}(\theta-x), & 0<x<\theta,\\ 0, & \text{其他},\end{cases}$$

其中 θ 是未知参数. 假定 ξ_1 是 ξ 的一个容量为 1 的样本，试求 θ 的置信水平为 0.90 的置信区间.

2. 从一批货物中抽取样本容量为 100 的样本，经检验发现有 16 个次品，试求这批货物次品率 p 的置信水平为 0.95 的置信区间.

3. 设 $(\xi_1, \xi_2, \cdots, \xi_n)$ 为取自总体 ξ 的样本，而 ξ 服从参数为 λ 的泊松分布，试在样本容量 n 较大的情况下，求 λ 的置信水平为 $1-\alpha$ 的置信区间.

第 8 章　参数假设检验

§8.1　假设检验的基本思想

1. 问题的提出

上一章中我们讨论了统计估计，这是统计推断的重要方法之一. 但在实践中常常存在着另一类不同于统计估计的问题，它需要我们根据样本对总体某种性质的假设在真伪上给出推断. 请看下面的例子.

例 8.1　某体校男生百米跑的成绩均值 $a = 13.4\text{s}$，经过一学年的教学训练后，从中抽测了 100 名男生的百米跑成绩，得其样本均值 $\overline{x} = 13.3\text{s}$，样本修正标准差 $s^* = 0.5\text{s}$. 问经一学年教学训练后男生百米跑的成绩是否改变？

本例关心的是经过一学年教学训练后男生百米跑的成绩有否改变？对此，我们可先提出假设 $H_0: a = 13.4(\text{s})$，然后用抽样所得到的样本值来检验这个假设是否正确.

例 8.2　从小学五年级随机抽取两个小组，在语文教学中，实验组尝试一种新式教学法，对照组使用传统讲授法. 后期统一测验成绩，实验组为 84，78，85，76，78，65，75，83，86，89；对照组为 80，79，77，61，58，72，66，71，69，78. 问两种教学法中哪一种更好些？

这个问题关心的是新式教学法是优于还是劣于传统讲授法.

如果记 a_1, a_2 分别为实验组和对照组的成绩均值，则该例可考虑用所得到的样本值来检验假设 $H_0: a_1 \leqslant a_2$ 是否正确.

例 8.3 某厂生产一种建筑材料——青砖，在原配方下，其抗压强度服从正态分布，现改变了配料方案，要确定其抗压强度是否还是正态的？

在这个例子中，要确定改变了配料方案后的青砖抗压强度的分布是否仍是正态的？这可作假设 $H_0: F(x) \in \{N(a, \sigma^2)\}$，其中 $F(x)$ 为抗压强度的分布，$\{N(a, \sigma^2)\}$ 表示正态分布族；然后从改变配料方案后的总体中抽取样本，用所获得的样本值来检验假设是否正确？

以上三例有一个共同的特点，就是根据问题的题意先对总体分布中的未知参数作出假设 H_0（如例 8.1 的 $a = 13.4$，例 8.2 的 $a_1 \leqslant a_2$），或对总体分布的类型作出假设 H_0（如例 8.3 的 $F(x) \in \{N(a, \sigma^2)\}$），然后从总体中抽样获取样本值，利用它来对所提出的假设进行检验. 为此需要建立检验假设的一些方法. 在数理统计中，称检验假设 H_0 的方法为**假设检验**. 它是统计推断中的另一重要方法.

在假设检验中，通常把所作的那个需要我们去检验是否为真的假设 H_0 称为**原假设**或**零假设**，如例 8.1 的原假设为 $H_0: a = 13.4$，例 8.2 的原假设为 $H_0: a_1 \leqslant a_2$，例 8.3 的原假设为 $H_0: F(x) \in \{N(a, \sigma^2)\}$. 如果原假设的内容是关于总体分布参数的，则称它为**参数假设**，检验参数假设的问题称为**参数检验**；如果原假设的内容是关于总体分布类型或总体分布性质的，则称它为**非参数假设**，检验非参数假设的问题称为**非参数检验**. 本章研究参数假设检验问题. 为了讨论如何对所作的假设进行检验，先从假设检验的基本思想谈起.

2. 假设检验的基本思想

假设检验的基本思想，其依据是 §1.6 中所提到的“小概率事件实际不可能发生"原理，即概率很小的事件在一次试验中可以把它看成是不可能发生的．为了说明它，我们来看下面的两个例子．

例 8.4 袋内装有红、白两种颜色的球共 100 只，有人猜测这 100 只球中大部分是白色球，问这种猜测成立否？

解 (1) 先作原假设 H_0："袋内白色球占绝大部分"．

(2) 在原假设 H_0 成立的条件下，事件 $A=$ "任摸一球为红色球"是一小概率事件．

(3) 进行一次抽样，即从袋内任摸一球，然后观察其抽样结果．若摸得红色球，则表示小概率事件 A 在一次试验中发生了，与小概率事件实际不可能发生原理矛盾，说明原假设 H_0 不能成立，即袋中白色球不占绝大部分；若摸得白色球，则所述小概率事件没有发生，我们没有理由拒绝原假设 H_0，只能认为它是成立的，即袋内白色球占绝大部分．

从例 8.4 可以看到，假设检验实际上是建立在"小概率事件实际不可能发生"原理上的反证法，它的基本思想是：先根据问题的题意提出原假设 H_0；然后在原假设 H_0 成立的条件下，寻找与问题有关的小概率事件 A，并进行一次抽样；观察抽样的结果，看 A 是否发生．若发生则与小概率事件实际不可能发生原理矛盾，从而拒绝原假设 H_0，否则只能接受原假设 H_0．

例 8.5 设总体 ξ 服从正态分布 $N(a,\ 1)$，其中 a 是未知参数，现假定 $a=0$，问这假定是否成立？

解 (1) 根据题意提出原假设 H_0: $a=0$.

(2) 为了检验假设，我们从总体中抽取样本，假定抽取了容量为 9 的样本 $\xi_1,\ \xi_2,\ \cdots,\ \xi_9$，易知 $\bar{\xi}=\dfrac{1}{9}\sum\limits_{i=1}^{9}\xi_i\sim N\left(a,\ \left(\dfrac{1}{3}\right)^2\right)$，因而

$$U=\frac{\bar{\xi}-a}{\frac{1}{3}}=3(\bar{\xi}-a)\sim N(0,\ 1).$$

(3) 在原假设 H_0 成立即 $a=0$ 的条件下，有 $3(\bar{\xi}-a)=3\bar{\xi}\sim N(0,1)$，$E(3\bar{\xi})=0$，这意味着 $3\bar{\xi}$ 应在 0 的附近取值，偏离 0 较远的可能性较小. 因此问题中的小概率事件 A 可构造如下：选取一个小的正数 α(一般取 $\alpha=0.10, 0.05, 0.01$)，它称之为**检验水平**，寻找 λ，使得 $P(|3\bar{\xi}-0|\geqslant\lambda)=\alpha$，即在 H_0 成立的条件下，事件 $\{|3\bar{\xi}-0|\geqslant\lambda\}$ 是小概率事件.

(4) 进行一次抽样，获得样本 $\xi_1, \xi_2, \cdots, \xi_9$ 的样本值 $x_1, x_2, \cdots, x_9$，计算 $\bar{x}=\frac{1}{9}\sum_{i=1}^{9}x_i$.

(5) 若 $|3\bar{x}-0|\geqslant\lambda$，表示小概率事件 $\{|3\bar{\xi}-0|\geqslant\lambda\}$ 在一次试验中发生，这与小概率事件实际不可能发生原理矛盾，拒绝原假设，即认为 $a\neq 0$；否则接受原假设，即认为 $a=0$. 例如选取 $\alpha=0.05$，由 $3\bar{\xi}-0=3\bar{\xi}\sim N(0,1)$，查标准正态分布表可得 $\lambda=1.96$；若 $\xi_1, \xi_2, \cdots, \xi_9$ 的样本值是

$$-1, 1, 1.5, 2, 0.9, 0.8, 1.6, -0.6, 0.5,$$

则有 $\bar{x}=\frac{6.7}{9}$，$3\bar{x}\approx 2.3$. 因为 $|3\bar{x}-0|\approx 2.23>1.96=\lambda$，故拒绝原假设.

依据本题的分析讨论，我们可以把假设检验的一般步骤归纳如下：

第一步，根据问题的需要提出原假设 H_0，即写出所要检验的假设 H_0 的具体内容.

第二步，根据原假设 H_0 的内容建立合适的样本函数 $W(\xi_1, \xi_2, \cdots, \xi_n)$(称为**检验函数**)，它在原假设 H_0 为真的条件下为一统计量. 其精确分布(小样本情况)或极根分布(大样本情况)已知.

第三步，选取检验水平 α，在 H_0 为真的条件下寻找区域 D，使得 $P(W(\xi_1, \xi_2, \cdots, \xi_n)\in D)=\alpha$ (也可以是 $P(W(\xi_1, \xi_2, \cdots, \xi_n)\in D)\leqslant\alpha$).

第四步，进行一次抽样，得到样本$(\xi_1, \xi_2, \cdots, \xi_n)$的样本值$(x_1, x_2, \cdots, x_n)$，算出$W(\xi_1, \xi_2, \cdots, \xi_n)$的样本值$W(x_1, x_2, \cdots, x_n)$.

第五步，检验小概率事件$\{W(\xi_1, \xi_2, \cdots, \xi_n) \in D\}$是否发生，若$W(x_1, x_2, \cdots, x_n) \in D$，则拒绝原假设$H_0$；若$W(x_1, x_2, \cdots, x_n) \overline{\in} D$，则接受原假设$H_0$. 通常将区域$D$称为**拒绝域**，$\overline{D}(\overline{D} = R - D)$称为**接受域**，拒绝域的边界点称为**临界点**.

以上就构成了检验假设的方法. 在该检验法中，我们会产生这样一个问题，即满足$P(W(\xi_1, \xi_2, \cdots, \xi_n) \in D) = \alpha$的区域$D$可能有许多个，应选择哪个为好呢？为了回答这个问题，我们需要介绍假设检验中的两类错误.

3. 假设检验的两类错误

假设检验的依据是“小概率事件实际不可能发生”原理，然而小概率事件并非不可能事件，我们并不能完全排斥它发生的可能性，因而假设检验的结果就有可能出现错误. 这种错误可以分为两类.

第一类：原假设H_0实际上是正确的，但我们错误地拒绝了它，从而犯了“**弃真**”的错误，统计学上称它为“**第一类错误**”. 因为

$$P(W(\xi_1, \xi_2, \cdots, \xi_n) \in D | H_0) = \alpha \ (\text{或} \leqslant \alpha),$$

所以犯第一类错误的概率等于(或不超过)检验水平α.

第二类：原假设H_0实际上是不正确的，但我们却错误地接受了它，从而犯了“**取伪**”的错误，统计学上称它为**第二类错误**. 犯第二类错误的概率为

$$\begin{aligned}\beta &= P(W(\xi_1, \xi_2, \cdots, \xi_n) \overline{\in} D | \overline{H}_0) \\ &= P(W(\xi_1, \xi_2, \cdots, \xi_n) \in \overline{D} | \overline{H}_0).\end{aligned}$$

人们自然希望犯这两类错误的概率α与β同时都很小，但是

当样本容量 n 一定时，欲使 α, β 都小是做不到的. 因为若 α 小，则拒绝域 D 的范围小，于是区域 $\overline{D}$ 的范围就大，从而 β 增大；反过来若 β 小，则接受域 $\overline{D}$ 的范围小，于是区域 D 的范围就大，从而 α 增大. 理论上可以证明，只有当样本容量 n 增大时才能使犯两类错误的概率都减小. 图 8.1 给出了例 8.5 在 $n = 9$ 及 $n = 16$ 两种情形下犯第二类错误 β 的大小(其中 α 确定). 但增大样本容量既不经济也不现实. 因此，应用中都是在样本容量 n 确定的条件下，寻找使得 α, β 都尽可能小的拒绝域 D. 由于犯第一类错误的概率比较容易控制，因而通常都是在一定的 α 之下，寻找使得 β 尽量小的拒绝域 D. 比较检验法的好坏，也是指在相同的 α 之下，比较 β 的大小，β 越小，则检验法越好. 不过对于某些假设检验，并不存在一定 α 之下使得 β 尽量小的拒绝域 D，此时可适当降低要求，寻找在一定的 α 之下附含另外合理要求的拒绝域 D.

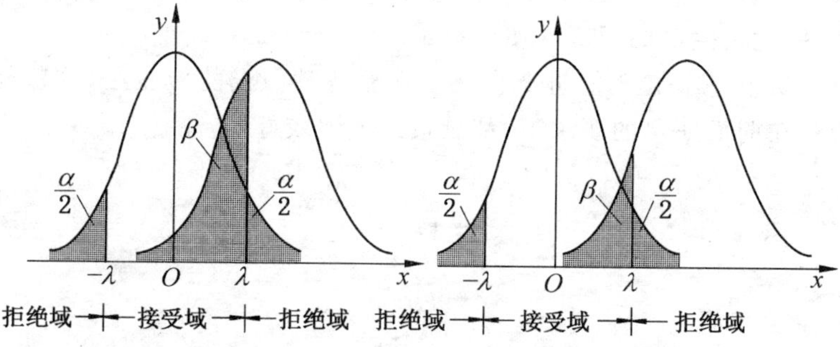

(a) $n=9$　　(b) $n=16$

图 8.1

这里要提请注意，对犯第一类错误(即拒绝原假设可能产生的错误)的概率加以控制，表明人们对拒绝原假设持慎重的态度，如果没有充足的理由，一般不轻易否定，即原假设在一定程度上受到保护. 所以在假设检验中，我们往往将有把握的，不能轻易否定的命题作为原假设，而不将没有把握的、不能轻易肯定的命题作为原假设.比如在例 8.2 中,传统讲授法是人们长期经验积累下来的一种行之有效的方法,一般不愿轻易否定,只有在新式教学法有明显优越性时,人们才愿意放弃传统讲授法.正因为如此,我们将传统讲授法优于新式教学法这个命题作为原假设,即 H_0: $a_1 \leqslant a_2$, 而不将新式教学法优于传统讲授法这个命题作为原假设.

在实际问题中,如何控制犯第一类错误的概率即如何给定检验水平 α,要视问题的具体情况而定,当拒绝一个属真的假设其后果非常严重时,应将 α 取得小一些,如 $\alpha = 0.01$, 0.005 等;当拒绝一个属真的假设其后果不甚严重,而"取伪"会引起严重后果时,可将 α 取得适当大一些,如 $\alpha = 0.05$, 0.10 等.例如,在雷达预警系统中,拒绝一个属真的原假设 H_0:"系统漏报敌人飞行器入侵"其后果十分严重,这时 α 就要选得小一些;但在判别药品合格与否时,接受一个不真的原假设 H_0:"药品合格"所造成的危害性往往很大,这时 α 便要选得大一些,虽然引起经济上的损失可能大一些,但危及生命的可能性便减小了.

从下一节起我们将从直观上建立各种假设的检验法,这些检验法在前面所提的要求下,都是最好或比较好的.

习 题 8.1

(A)

1. 设 α 为犯第一类错误的概率,β 为犯第二类错误的概率,试问 $\alpha + \beta = 1$ 吗?

2. 在假设检验中,是拒绝原假设比较有力,还是接受原假设理由充分呢?

3. 设总体 ξ 服从正态分布 $N(a, 1)$,且已知 a 为 0 与 1 两数中的一个,今假设 H_0: $a = 0$, 并从该总体中抽取一个容量 $n = 16$ 的样本.考虑对 H_0 的检验:若 $|\bar{\xi}| \geqslant \lambda$, 则拒绝 H_0.试确定 λ,使得犯第一类错误的概率为 $\alpha = 0.05$, 并相应求出犯第二类错误的概率 β.

§8.2 均值的假设检验

本节及下节我们主要研究正态总体中均值、方差这两个参数的假设检验,先讨论均值的假设检验.根据假设检验的基本思想和一般步骤,检验方法的关键是给出检验函数和相应的拒绝域.

1. 单个正态总体均值的假设检验

设总体 $\xi \sim N(a,\ \sigma^2)$, $(\xi_1,\ \xi_2,\ \cdots,\ \xi_n)$为取自 ξ 的样本.

1) σ^2 已知时,均值 a 的检验

(1) 检验 H_0: $a = a_0$

分析 由于 $\bar{\xi}$ 比较集中地反映了总体均值 a 的信息,检验函数可从它着手考虑.由定理 7.5, $U = \dfrac{\bar{\xi} - a}{\sigma/\sqrt{n}} \sim N(0,\ 1)$, 因此很自然地选用统计量

$$U_0 = \frac{\bar{\xi} - a_0}{\sigma/\sqrt{n}}$$

作为检验函数,在 H_0 为真的条件下, $U_0 = U \sim N(0,\ 1)$, 且 $\mathrm{E}(U_0) = 0$, 这表明 U_0 应当在 0 的周围随机摆动,远离 0 的可能性较小,所以拒绝域可选在如图 8.2 所示的双边区域.基于以上分析,可得检验方法如下:

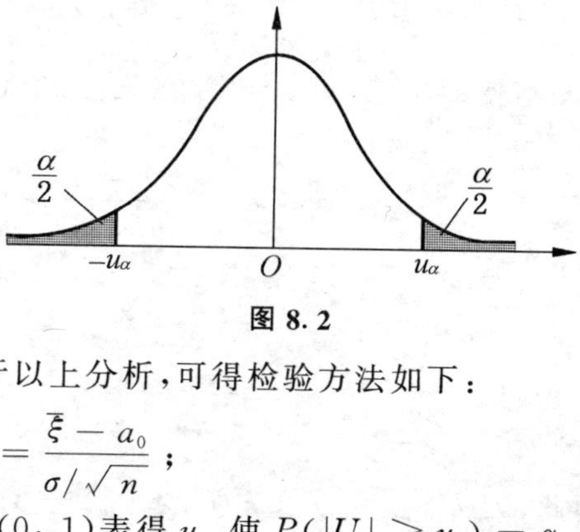

图 8.2

① 选取检验函数 $U_0 = \dfrac{\bar{\xi} - a_0}{\sigma/\sqrt{n}}$;

② 给定水平 α, 查 $N(0,\ 1)$表得 u_α, 使 $P(|U| \geqslant u_\alpha) = \alpha$, 即

$\Phi(u_\alpha)=1-\frac{\alpha}{2}$,在 H_0 为真时 $P(|U_0|\geqslant u_\alpha)=\alpha$,从而拒绝域 $D=(-\infty,\ -u_\alpha]\cup[u_\alpha,\ \infty)$;

③ 根据样本值$(x_1,\ x_2,\ \cdots,\ x_n)$,算得 U_0 的值 $u_0=\frac{\overline{x}-a_0}{\sigma/\sqrt{n}}$;

④ 若 $u_0\in D$,即 $|u_0|\geqslant u_\alpha$,则拒绝假设 H_0,否则,接受假设 H_0.

这种拒绝域选在一直线两边的检验,称为**双边检验**.

(2) 检验 H_0: $a\leqslant a_0$

分析 选取检验函数 $U_0=\frac{\overline{\xi}-a_0}{\sigma/\sqrt{n}}$,在 H_0 为真时,$\mathrm{E}(U_0)=\frac{\mathrm{E}(\overline{\xi})-a_0}{\sigma/\sqrt{n}}=\frac{a-a_0}{\sigma/\sqrt{n}}\leqslant 0$,所以 U_0 远大于 0 的可能性较小,拒绝域应选在如图 8.3 所示的右边部分,不过此时 U_0 的分布依赖于未知参数 a.我们考虑 $U=\frac{\overline{\xi}-a}{\sigma/\sqrt{n}}$,因为 $U\sim N(0,\ 1)$,对于给定的 α,选取 $u_{2\alpha}$,使 $P(U\geqslant u_{2\alpha})=\alpha$,在 H_0 为真的条件下,有

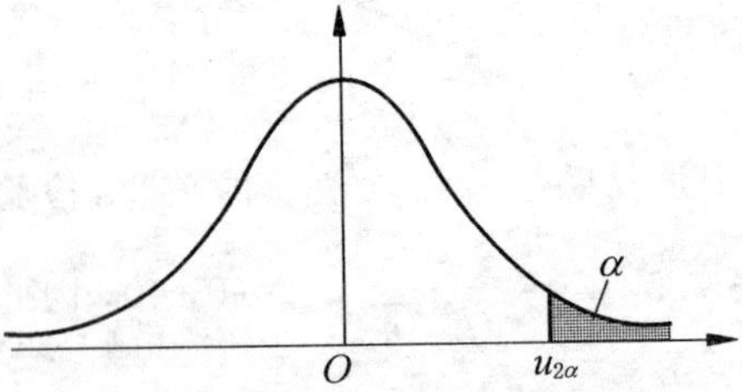

图 8.3

$$a\leqslant a_0,\quad \frac{\overline{\xi}-a}{\sigma/\sqrt{n}}\geqslant\frac{\overline{\xi}-a_0}{\sigma/\sqrt{n}},$$

故

$$\left\{\frac{\overline{\xi}-a_0}{\sigma/\sqrt{n}}\geqslant u_{2\alpha}\right\}\subset\left\{\frac{\overline{\xi}-a}{\sigma/\sqrt{n}}\geqslant u_{2\alpha}\right\},$$

因此,$P(U_0\geqslant u_{2\alpha})\leqslant P(U\geqslant u_{2\alpha})=\alpha$,这表明在 H_0 为真的条件下,$\{U_0\geqslant u_{2\alpha}\}$ 是一小概率事件.由此可得如下检验方法:

① 选取检验函数 $U_0 = \dfrac{\bar{\xi} - a_0}{\sigma/\sqrt{n}}$；

② 给定水平 α，查 $N(0,\ 1)$ 表得 $u_{2\alpha}$，使 $P(U \geqslant u_{2\alpha}) = \alpha$，即 $\Phi(u_{2\alpha}) = 1 - \alpha$，在 H_0 为真时 $P(U_0 \geqslant u_{2\alpha}) \leqslant \alpha$，从而拒绝域 $D = [u_{2\alpha},\ \infty)$；

③ 计算 u_0 的样本值 $u_0 = \dfrac{\bar{x} - a_0}{\sigma/\sqrt{n}}$；

④ 若 $u_0 \geqslant u_{2\alpha}$，拒绝原假设 H_0，否则接受原假设 H_0.

这种拒绝域选在一直线右边的检验，称为**右单边检验**.

(3) 检验 $H_0: a \geqslant a_0$

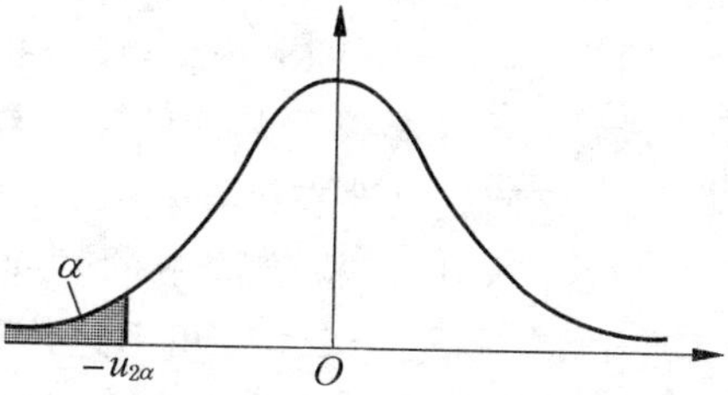

图 8.4

仿照(2)的分析，拒绝域应选在如图 8.4 所示的左边部分，对于给定的 α，选取 $-u_{2\alpha}$，使 $P(U \leqslant -u_{2\alpha}) = \alpha$，即 $\Phi(u_{2\alpha}) = 1 - \alpha$，在 H_0 为真时 $P(U_0 \leqslant -u_{2\alpha}) \leqslant \alpha$，从而拒绝域 $D = (-\infty,\ -u_{2\alpha}]$. 计算 $U_0 = \dfrac{\bar{\xi} - a_0}{\sigma/\sqrt{n}}$ 的样本值 u_0；若 $u_0 \leqslant -u_{2\alpha}$，则拒绝假设 H_0，否则接受假设 H_0.

这种拒绝域选在一直线左边的检验，称为**左单边检验**.

由于以上三种检验法都是使用 U 的分布，故又名 **U 检验法**.

例 8.6 B 市某初级中学参加中考的数学成绩服从 $N(a,\ 8.6^2)$ 分布，今从该中学参加考试的学生中随机抽取 46 名，其数学平均分数为 63 分，已知 B 市中考的数学平均分数是 68 分.

(1) 试问该校数学平均成绩与全市数学平均成绩有无差异($\alpha = 0.01$)?

(2) 从过去的资料表明，该校数学平均成绩不低于全市平均水平，问该校这次考试的数学平均成绩是否仍不低于全市平均水平（$\alpha = 0.01$）？

解 (1) 本例是要在已知 $\sigma = 8.6$ 的情况下，对假设 $H_0: a = 68$ 作出检验. 采用 U 检验法中的双边检验. 现 $n = 46$, $a_0 = 68$, $\overline{x} = 63$, $\alpha = 0.01$,

$$u_0 = \frac{\sqrt{n}\,(\overline{x} - a_0)}{\sigma} = \frac{\sqrt{46}(63 - 68)}{8.6} = -3.943.$$

对于 $\alpha = 0.01$，查 $N(0, 1)$表得 $u_\alpha = 2.58$.

因为 $|u_0| = 3.943 > 2.58$，故拒绝假设 H_0，即认为该校数学平均成绩与全市数学平均成绩存在差异.

(2) 该问题是要在已知 $\sigma = 8.6$ 的情况下，对假设 $H_0: a \geqslant 68$ 作出检验. 采用 U 检验法中的左单边检验. 对于 $\alpha = 0.01$，查 $N(0, 1)$ 表得 $u_{2\alpha} = 2.33$. 由上述计算知 $u_0 = -3.943$. 因为 $u_0 = -3.943 < -2.33$，故拒绝假设 H_0，即认为该校这次考试的数学平均成绩低于全市的平均成绩.

2) σ^2 未知时，均值 a 的检验

(1) 检验 $H_0: a = a_0$

由于 σ^2 未知，前面所述的 U_0 已不是统计量，因此，我们很自然地用 σ^2 的无偏估计量 S^* 来代替 σ^2，选取统计量 $T_0 = \dfrac{\overline{\xi} - a_0}{S^* / \sqrt{n}}$ 为检验函数. 由定理 7.6 知

$$T = \frac{\overline{\xi} - a}{S^* / \sqrt{n}} = \frac{\overline{\xi} - a}{S / \sqrt{n - 1}} \sim t(n - 1).$$

所以，在 H_0 为真时，$T_0 = T \sim t(n - 1)$；类似于前面的讨论，采用双边检验；对于给定的水平 α，查 $t(n - 1)$ 表得 t_α，使 $P(|T| \geqslant t_\alpha) = \alpha$，即 $P(|T_0| \geqslant t_\alpha) = \alpha$，从而拒绝域 $D = (-\infty, -t_\alpha] \cup [t_\alpha, \infty)$，即如图 8.5 所示.

(2) 检验 $H_0: a \leqslant a_0$

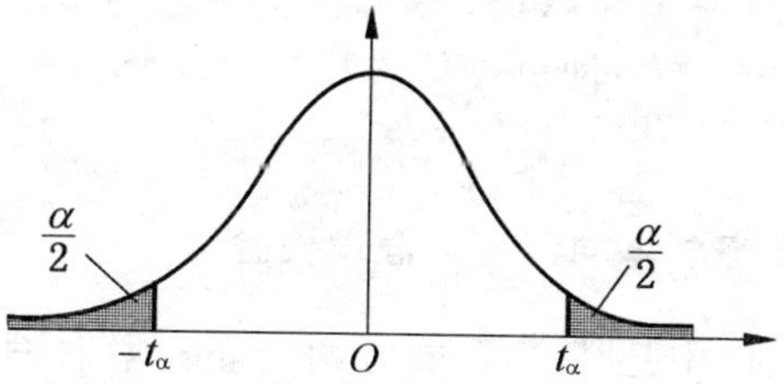

图 8.5

类似于 1)中(2)的讨论，采用右单边检验，对于给定的 α，查 $t(n-1)$ 表得 $t_{2\alpha}$，使 $P(T \geqslant t_{2\alpha}) = \alpha$ 即 $P(|T| \geqslant t_{2\alpha}) = 2\alpha$，在 H_0 为真时 $P(T_0 \geqslant t_{2\alpha}) \leqslant \alpha$，从而拒绝域 $D = [t_{2\alpha}, \infty)$.

(3) 检验 H_0: $a \geqslant a_0$

类似于 1)中(3)的讨论，采用左单边检验，对于给定的 α，查 $t(n-1)$ 表得 $-t_{2\alpha}$，使 $P(T \leqslant -t_{2\alpha}) = \alpha$ 即 $P(|T| \geqslant t_{2\alpha}) = 2\alpha$，在 H_0 为真时 $P(T_0 \leqslant -t_{2\alpha}) \leqslant \alpha$，从而拒绝域 $D = (-\infty, -t_{2\alpha}]$.

以上三种检验法均采用了 t 分布，故又名 **t 检验法**.

由于在实际问题中总体方差 σ^2 通常是未知的，因此，t 检验法比 U 检验法更具有实用价值.

例 8.7 某种片剂药物中成分 A 的含量规定为 10%，现在抽验了该药物的五个片剂，测得其中 A 的含量分别为

$$0.109\,0,\ 0.094\,5,\ 0.103\,8,\ 0.096\,1,\ 0.099\,2$$

假设该药物中成分 A 的含量 ξ 服从 $N(a, \sigma^2)$ 分布. 试问该片剂中成分 A 的平均含量是否与 10% 的要求相符($\alpha = 0.05$).

解 本例是要在未知 σ 的情况下对假设 H_0: $a = 0.10$ 进行检验，采用 t 检验法中的双边检验. 现 $n = 5$, $a_0 = 0.10$, $\alpha = 0.05$. 由所给数据可算得 $\overline{x} = 0.100\,5$, $s^{*2} = 0.005\,9^2$，从而

$$t_0 = \frac{\sqrt{n}(\overline{x} - a_0)}{s^*} = \frac{\sqrt{5}(0.100\,5 - 0.1)}{0.005\,9} = 0.189\,5.$$

对于 $\alpha=0.05$，查 $t(4)$ 表得 $t_\alpha=2.776$. 因为 $|t_0|=0.1895<2.776$，故接受 H_0，即可以认为片剂中成分 A 的平均含量符合 10%的要求.

2. 两个正态总体均值差的假设检验

在实际工作中还常常需要对两个正态总体进行比较，本章§8.1 的例 8.2 就是这类问题. 这类问题的处理方法完全类似于单个正态总体的情况.

设总体 $\xi\sim N(a_1, \sigma_1^2)$，$\eta\sim N(a_2, \sigma_2^2)$，$(\xi_1, \xi_2, \cdots, \xi_m)$，$(\eta_1, \eta_2, \cdots, \eta_n)$分别为取自 ξ 和 η 的样本，且 $\xi_1, \xi_2, \cdots, \xi_m$；$\eta_1, \eta_2, \cdots, \eta_n$ 相互独立.

1) σ_1^2, σ_2^2 已知时，均值差 a_1-a_2 的检验

(1) 检验 H_0: $a_1=a_2$

由于

$$U=\frac{(\bar{\xi}-\bar{\eta})-(a_1-a_2)}{\sqrt{\dfrac{\sigma_1^2}{m}+\dfrac{\sigma_2^2}{n}}}\sim N(0, 1),$$

因此，采用 U 检验法、双边检验；检验函数选为

$$U_0=\frac{\bar{\xi}-\bar{\eta}}{\sqrt{\dfrac{\sigma_1^2}{m}+\dfrac{\sigma_2^2}{n}}};$$

给定检验水平 α，拒绝域为 $D=(-\infty, -u_\alpha]\cup[u_\alpha, \infty)$，其中 u_α 满足 $P(|U|\geqslant u_\alpha)=\alpha$ 即 $\Phi(u_\alpha)=1-\dfrac{\alpha}{2}$.

(2) 检验 H_0: $a_1\leqslant a_2$

采用 U 检验法、右单边检验；检验函数选为 $U_0=\dfrac{\bar{\xi}-\bar{\eta}}{\sqrt{\dfrac{\sigma_1^2}{m}+\dfrac{\sigma_2^2}{n}}}$；给定检验水平 α，拒绝域为 $D=[u_{2\alpha}, \infty)$，其中 $u_{2\alpha}$满

足 $P(U \geqslant u_{2\alpha}) = \alpha$，即 $\Phi(u_{2\alpha}) = 1 - \alpha$.

(3) 检验 $H_0: a_1 \geqslant a_2$

采用 U 检验法、左单边检验；检验函数选为 $U_0 = \dfrac{\bar{\xi} - \bar{\eta}}{\sqrt{\dfrac{\sigma_1^2}{m} + \dfrac{\sigma_2^2}{n}}}$；给定检验水平 α，拒绝域为 $D = (-\infty, -u_{2\alpha}]$，其中 $-u_{2\alpha}$ 满足 $P(U \leqslant -u_{2\alpha}) = \alpha$ 即 $\Phi(u_{2\alpha}) = 1 - \alpha$.

2) σ_1^2，σ_2^2 未知，但 $\sigma_1^2 = \sigma_2^2$ 时，均值差 $a_1 - a_2$ 的检验

(1) 检验 $H_0: a_1 = a_2$

由定理 7.7

$$T = \sqrt{\frac{mn(m+n-2)}{m+n}} \cdot \frac{\bar{\xi} - \bar{\eta} - (a_1 - a_2)}{\sqrt{mS_1^2 + nS_2^2}}$$

$$= \sqrt{\frac{mn(m+n-2)}{m+n}} \cdot \frac{\bar{\xi} - \bar{\eta} - (a_1 - a_2)}{\sqrt{(m-1)S_1^{*2} + (n-1)S_2^{*2}}}$$

$$\sim t(m+n-2),$$

因此，采用 t 检验法、双边检验；检验函数选为

$$T_0 = \sqrt{\frac{mn(m+n-2)}{m+n}} \cdot \frac{\bar{\xi} - \bar{\eta}}{\sqrt{(m-1)S_1^{*2} + (n-1)S_2^{*2}}};$$

给定检验水平 α，拒绝域为 $D = (-\infty, -t_\alpha] \cup [t_\alpha, \infty)$，其中 t_α 满足 $P(|T| \geqslant t_\alpha) = \alpha$.

(2) 检验 $H_0: a_1 \leqslant a_2$

检验函数同上面的 T_0，拒绝域为 $D = [t_{2\alpha}, \infty)$，其中 $t_{2\alpha}$ 满足 $P(T \geqslant t_{2\alpha}) = \alpha$ 即 $P(|T| \geqslant t_{2\alpha}) = 2\alpha$.

(3) 检验 $H_0: a_1 \geqslant a_2$

检验函数同上面的 T_0，拒绝域为 $D = (-\infty, -t_{2\alpha}]$，其中

$-t_{2\alpha}$满足 $P(T \leqslant -t_{2\alpha}) = \alpha$ 即 $P(|T| \geqslant t_{2\alpha}) = 2\alpha$.

注意，当 $m = n$ 时，检验函数 T_0 可简化为

$$T_0 = \frac{\bar{\xi} - \bar{\eta}}{\sqrt{\dfrac{S_1^{*2} + S_2^{*2}}{n}}}.$$

例 8.8 从某校一年级学生中随机抽取 7 名男孩和 10 名女孩参加识字测验，7 名男孩的成绩为 35, 35, 28, 32, 26, 24, 16; 10 名女孩的成绩为 28, 34, 25, 20, 20, 16, 31, 27, 24, 15. 已知男孩、女孩的测验成绩均服从正态分布且假设方差相同. 试问男、女孩识字测验成绩有无差异($\alpha = 0.05$)?

解 由题意可设男孩的测验成绩 $\xi \sim N(a_1, \sigma^2)$，女孩的测验成绩 $\eta \sim N(a_2, \sigma^2)$. 本例是要检验 $H_0: a_1 = a_2$，由于未知 σ^2，故采用 t 检验法中的双边检验. 现 $m = 7$, $n = 10$, $m + n - 2 = 15$, $\alpha = 0.05$. 由所给数据可算得 $\bar{x} = 28$, $\bar{y} = 24$, $s_1^{*2} = 46.33$, $s_2^{*2} = 39.11$，从而

$$\begin{aligned} t_0 &= \sqrt{\frac{mn(m+n-2)}{m+n}} \cdot \frac{\bar{x} - \bar{y}}{\sqrt{(m-1)s_1^{*2} + (n-1)s_2^{*2}}} \\ &= \sqrt{\frac{7 \times 10 \times 15}{17}} \frac{28 - 24}{\sqrt{6 \times 46.33 + 9 \times 39.11}} \\ &= 1.252. \end{aligned}$$

对于 $\alpha = 0.05$，查 $t(15)$ 表得 $t_\alpha = 2.131$，因为 $|t_0| = 1.252 < 2.131$，故接受 H_0，即认为男、女孩识字测验成绩没有多大差异.

值得指出，在使用两总体均值差的 t 检验法时，必须注意两总体方差相等的要求，在两总体方差是否相等不明确的情况下，常见的处理方法有两种：

① 先检验两总体的方差是否相等，其检验法将在下一节中介

绍，只有通过检验，确认两总体方差相等后，才能再使用上面的 t 检验法；

② 如果获取的两总体的样本是成对样本：(ξ_1, η_1)，(ξ_2, η_2)，…，(ξ_n, η_n)，则可令 $\zeta = \xi - \eta$，将问题转化成单个正态总体去研究；这种方法的另一优点是，可以避开两总体均值差 U 检验法、t 检验法中两总体相互独立的要求.

例 8.9 将智力水平、爱好等基本条件相同的学生匹配成 12 对，然后从每一对中各抽取一人组成甲组，余下的 12 人组成乙组. 甲组由专业计算机教师讲授计算机课，乙组由语文教师兼讲计算机课，经过一阶段学习后采用统一试卷进行测试，其成绩如下：

配对号	1	2	3	4	5	6	7	8	9	10	11	12
甲组 ξ	92	80	91	65	70	82	98	81	96	88	83	75
乙组 η	80	82	81	56	75	72	90	71	82	80	73	63

试问甲组的成绩是否高于乙组（$\alpha = 0.01$）.

解 本例虽可以看成两个总体，但两总体间不一定独立，因此我们不能用两总体均值差的 t 检验法进行检验. 由于所给样本是成对样本，可令 $\zeta = \xi - \eta$，根据常识，$\zeta \sim N(a, \sigma^2)$；这样，我们就把检验 H_0: $\mathrm{E}(\xi) \leqslant \mathrm{E}(\eta)$ 是否成立转换成检验 H_0: $a \leqslant 0$ 是否成立. 此时可采用第 1 小节中 2)中的 t 检验法（右单边检验）.

因 $n = 12$，$n - 1 = 11$，$\alpha = 0.01$，查 $t(11)$ 表可得 $t_{2\alpha} = 2.718$；由所给数据可算得 ζ 的样本均值 $\bar{z} = 8$，样本修正方差 $s^{*2} = 32.182$，从而

$$t_0 = \frac{\sqrt{n}\ \bar{z}}{s^*} = \frac{\sqrt{12} \times 8}{\sqrt{32.182}} = 4.885,$$

由于 $t_0 = 4.885 > 2.718$，因此拒绝 H_0，即认为甲组的成绩明显高于乙组. 这个问题说明，随意聘用一位老师来兼授一门与他专业不

相近的课程是不利于提高教学质量的.

3. 非正态总体均值的假设检验

以上所说的检验法都是在"总体服从正态分布"的前提下得到的.若取消此前提,则上述检验法就不再适用,我们必须对所选定的检验函数重新计算其分布,从而定出相应的拒绝域.对此,有两种可考虑的途径.

一种是计算出检验函数的精确分布,通过它来建立拒绝域.例如,在研究学生成绩的及格率时,通常考虑服从二点分布 $b(1, p)$ 的总体 ξ;假定需要检验的假设是 H_0: $p = p_0$,选取检验函数为 $n\overline{\xi}\left(\text{或}\ U_0 = \dfrac{\overline{\xi} - p_0}{\sqrt{\dfrac{p_0(1-p_0)}{n}}}\right)$;由于 $n\overline{\xi} = \sum_{i=1}^{n}\xi_i \sim b(n, p)$,在 H_0 为真时,$n\overline{\xi} \sim b(n, p_0)$,$\mathrm{E}(n\overline{\xi}) = np_0$,从而 $n\overline{\xi}$ 应在 np_0 附近摆动,偏离 np_0 不应太大,也不应太小;基于上述分析及 $b(n, p_0)$ 分布,我们便可构建出该检验的拒绝域.

但这种途径有很大的局限性,因为确定非正态总体中检验函数的精确分布是十分困难的甚至是不可行的;有时,即使获得了精确分布,但通过它来求拒绝域也并非容易.

另一种是求出检验函数的极限分布,由极限分布来建立拒绝域.此时,样本容量 n 必须较大,以保证良好的近似.例如,对于一般的总体 ξ,设其均值为 a,方差为 σ^2(已知),需要检验的假设是 H_0: $a = a_0$;由中心极限定理知,当 $n \to \infty$ 时,

$$U = \frac{\overline{\xi} - a}{\sigma / \sqrt{n}}$$

以 $N(0, 1)$ 分布为极限分布,因此,我们选取检验函数

$$U_0 = \frac{\overline{\xi} - a_0}{\sigma / \sqrt{n}},$$

在 H_0 为真时，U_0 以 $N(0,1)$ 为极限分布；这样，对于给定的检验水平 α，查 $N(0,1)$ 表确定 u_α，使 $\Phi(u_\alpha)=1-\dfrac{\alpha}{2}$，在 H_0 为真且 n 较大时有 $P(|U_0|\geqslant u_\alpha)\approx\alpha$，从而得拒绝域 $D=(-\infty,-u_\alpha]\cup[u_\alpha,\infty)$.

对于 σ^2 未知的情况，可用样本修正方差 S^{*2} 代替 U 中的 σ^2，其极限分布仍为 $N(0,1)$ 分布；因此，前述检验方法依然可对照使用.

这种借助于极限分布来建立拒绝域的检验方法称为**大样本参数检验**. 通常当 σ^2 已知时要求 $n\geqslant 30$，当 σ^2 未知时要求 $n\geqslant 100$.

例 8.1 便属于方差未知的大样本均值的假设检验(因为那里的总体服从什么分布不清楚). 下面我们给出它的解答.

解 提出假设 H_0: $a=13.4$. 由题设条件可知 $n=100$，$\overline{x}=13.3$，$s^*=0.5$，

$$|u_0|=\frac{|\overline{x}-a_0|}{s^*/\sqrt{n}}=\frac{|13.3-13.4|}{0.5/10}=2,$$

对于 $\alpha=0.05$，查 $N(0,1)$ 表得 $u_\alpha=1.96$. 因为 $|u_0|=2>1.96$，所以拒绝 H_0，即认为经过一学期教学训练后该校男生百米跑成绩有所提高.

习题 8.2

(A)

1. 某小学上一届毕业班汉语拼音测验的平均分数为 66，标准差为 11.7. 现以同样的试题测验今年的毕业班，并从中随机抽取 18 份答卷，算得平均分数为 69. 假定今年的测验成绩服从正态分布，且标准差与去年相同，试问该校毕业班汉语拼音成绩这一届与上一届相比是否一致($\alpha=0.05$)?

2. 某厂生产的钢索的断裂强度服从正态分布 $N(a,\sigma^2)$，其中 $\sigma=40\text{kg/cm}^2$，现从一批这种钢索中抽取容量为 9 的一个样本，测得断裂强度的

平均值 $\overline{x}$ 与以往正常生产时的均值 a 相比，$\overline{x}$ 较 a 大 20kg/cm^2，设总体方差不变，问在 $\alpha = 0.01$ 下，能否认为这批钢索质量有所提高.

3. 用热敏电阻测温仪间接测量地热勘探井底温度，重复测量 7 次，测得温度(℃)为：

112.0　113.4　111.2　112.0　114.5　112.9　113.6

假定测量的温度服从正态分布，且井底温度的真正值为 112.6 ℃，试问用热敏电阻测温仪间接测温是否准确($\alpha = 0.05$)？

4. 某种电子元件的使用寿命不应低于 1 000h(小时). 现在从一批这种元件中抽取 25 个，测得元件寿命的平均值为 950h，标准差为 100h. 设元件寿命服从正态分布，试检验这批元件是否合格($\alpha = 0.05$)？

5. 某厂生产的一种镍合金铁线是乐器用的弦线，长期以来，其抗拉强度的均值为 $10\,560\text{kg/cm}^2$(千克/厘米^2)，今新生产了一批弦线，随机从中取 10 根作抗拉试验，测得其抗拉强度(单位：kg/cm^2)为

10 512，10 623，10 668，10 554，10 776，

10 707，10 557，10 666，10 581，10 670.

设弦线的抗拉强度服从正态分布，问这批弦线的抗拉强度是否较以往有所提高($\alpha = 0.05$)？

6. 若苗圃采用两种育苗方案作杨树的育苗试验. 在两组试验中，已知苗高服从正态分布，且它们的方差分别是 $\sigma_1^2 = 20^2$，$\sigma_2^2 = 18^2$，现各取 60 株作为样本，测得苗高的平均值 $\overline{x} = 59.34$，$\overline{y} = 49.16$ (单位：cm). 试判断两种试验方案下的平均苗高有无差异($\alpha = 0.05$).

7. 在一台自动车床上加工直径为 2.050mm 的轴，今每相隔 2h(小时)，各取容量都为 10 的样本，所得数据如下：

零件号	1	2	3	4	5	6	7	8	9	10
样本 Ⅰ	2.066	2.063	2.068	2.060	2.067	2.063	2.059	2.062	2.062	2.060
样本 Ⅱ	2.063	2.060	2.057	2.056	2.059	2.058	2.062	2.059	2.059	2.057

假定轴直径的分布是正态的. 由于样本是取自同一台车床，可以认为 $\sigma_1^2 = \sigma_2^2 = \sigma^2$，试问车床加工的轴的直径是否受时间的影响($\alpha = 0.01$)？

8. 九个失眠患者服用甲、乙两种安眠药，延长的睡眠时间如下表所示

(单位:h,小时):

人员编号	1	2	3	4	5	6	7	8	9
甲	1.9	0.8	1.1	0.1	4.4	5.5	1.6	4.6	3.4
乙	0.7	−1.6	−0.2	−1.2	3.4	3.7	0.8	0	2.0

问这两种安眠药的疗效有无差异(假定服用两种安眠药后延长的睡眠时间之差服从正态分布,且 $\alpha = 0.05$)?

9. 从某小学五年级随机抽取 12 名学生,在学期初和学期末分别进行了阅读测验,其成绩如下:

被测对象	1	2	3	4	5	6	7	8	9	10	11	12
期初成绩	50	42	51	26	35	42	60	41	70	55	62	38
期末成绩	62	40	61	35	30	52	68	51	84	63	72	50

试问期末成绩是否高于期初($\alpha = 0.01$)?

10. 某年高考中 A 市的语文平均分为 88 分,现从参加此次考试的理科考生中随机抽取了 101 份试卷,算得平均分为 86 分,标准差为 9.2 分.问理科考生的语文平均成绩与全市平均成绩是否一致($\alpha = 0.05$)?

11. 试问:均值的假设检验法和求均值的置信区间的方法有何联系?

§8.3 方差的假设检验

1. 单个正态总体方差的假设检验

设总体 $\xi \sim N(a, \sigma^2)$, $(\xi_1, \xi_2, \cdots, \xi_n)$为取自 ξ 的样本.

1) a 未知时,方差 σ^2 的检验

(1) 检验 $H_0: \sigma^2 = \sigma_0^2$

分析 S^{*2}比较集中地反映了 σ^2 的信息,而由定理 7.5

$$\chi^2=\frac{(n-1)S^{*2}}{\sigma^2}=\frac{nS^2}{\sigma^2}\sim\chi^2(n-1),$$

因此,我们选取统计量

$$\chi_0^2=\frac{(n-1)S^{*2}}{\sigma_0^2}$$

作为检验函数,在 H_0 为真的条件下,$\chi_0^2=\chi^2\sim\chi^2(n-1)$,且

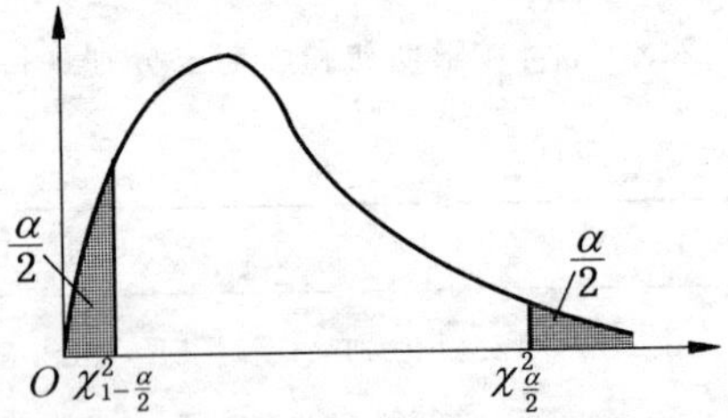

图 8.6

$\mathrm{E}(\chi_0^2)=\frac{(n-1)\mathrm{E}(S^{*2})}{\sigma_0^2}=n-1$,这说明 χ_0^2 远离 $n-1$ 的可能性较小,因而拒绝域应选在直线的两边(如图 8.6所示). 检验步骤如下:

① 选取检验函数 $\chi_0^2=\frac{(n-1)S^{*2}}{\sigma_0^2}$;

② 给定检验水平 α,查 $\chi^2(n-1)$表得 $\chi^2_{1-\frac{\alpha}{2}}$, $\chi^2_{\frac{\alpha}{2}}$,使

$$P\left(\chi^2\leqslant\chi^2_{1-\frac{\alpha}{2}}\right)=\frac{\alpha}{2}\left(\text{即 }P\left(\chi^2>\chi^2_{1-\frac{\alpha}{2}}\right)=1-\frac{\alpha}{2}\right),$$

$$P\left(\chi^2\geqslant\chi^2_{\frac{\alpha}{2}}\right)=\frac{\alpha}{2},$$

在 H_0 为真时 $P\left(\chi_0^2\leqslant\chi^2_{1-\frac{\alpha}{2}}\right)=\frac{\alpha}{2}$, $P(\chi_0^2\geqslant\chi^2_{\frac{\alpha}{2}})=\frac{\alpha}{2}$,从而拒绝域 $D=\left(0,\ \chi^2_{1-\frac{\alpha}{2}}\right]\cup\left[\chi^2_{\frac{\alpha}{2}},\ \infty\right)$;

③ 根据样本值$(x_1,\ x_2,\ \cdots,\ x_n)$,算得 χ_0^2 的值

$$\chi_0^2=\frac{(n-1)s^{*2}}{\sigma_0^2};$$

④ 若 $\chi_0^2\leqslant\chi^2_{1-\frac{\alpha}{2}}$ 或 $\chi_0^2\geqslant\chi^2_{\frac{\alpha}{2}}$, 拒绝假设 H_0,否则接受假设 H_0.

(2) 检验 H_0: $\sigma^2\leqslant\sigma_0^2$

分析　选取检验函数 $\chi_0^2=\dfrac{(n-1)S^{*^2}}{\sigma_0^2}$，在 H_0 为真时，$\mathrm{E}(\chi_0^2)=\dfrac{(n-1)\sigma^2}{\sigma_0^2}\leqslant n-1$，可见 χ_0^2 远大于 $n-1$ 的可能性较小，拒绝域应选在直线的右边；不过此时 χ_0^2 的分布依赖于未知参数 σ^2，但 $\chi^2=\dfrac{(n-1)S^{*^2}}{\sigma^2}\sim\chi^2(n-1)$；对于给定的检验水平 α，查 $\chi^2(n-1)$表得 χ_α^2，使 $P(\chi^2\geqslant\chi_\alpha^2)=\alpha$；在 H_0 为真的条件下，有

$$\sigma^2\leqslant\sigma_0^2,\quad \frac{(n-1)S^{*^2}}{\sigma_0^2}\leqslant\frac{(n-1)S^{*^2}}{\sigma^2},$$

即
$$\chi_0^2\leqslant\chi^2$$

因而　$\{\chi_0^2\geqslant\chi_\alpha^2\}\subset\{\chi^2\geqslant\chi_\alpha^2\}$，$P(\chi_0^2\geqslant\chi_\alpha^2)\leqslant P(\chi^2\geqslant\chi_\alpha^2)=\alpha$，这表明在 H_0 为真的条件下，$\{\chi_0^2\geqslant\chi_\alpha^2\}$ 是一小概率事件.

基于上述分析，本检验可选检验函数 $\chi_0^2=\dfrac{(n-1)S^{*^2}}{\sigma_0^2}$，而拒绝域 $D=[\chi_\alpha^2,\infty)$，其中 χ_α^2 通过查 $\chi^2(n-1)$表由等式 $P(\chi^2\geqslant\chi_\alpha^2)=\alpha$ 定出.

(3) 检验 H_0: $\sigma^2\geqslant\sigma_0^2$

类似于(2)的分析，检验函数选为 $\chi_0^2=\dfrac{(n-1)S^{*^2}}{\sigma_0^2}$，拒绝域选在一直线左边：$D=(0,\chi_{1-\alpha}^2]$，其中 $\chi_{1-\alpha}^2$ 通过查 $\chi_{(n-1)}^2$ 表由等式 $P(\chi^2\leqslant\chi_{1-\alpha}^2)=\alpha$（即 $P(\chi^2>\chi_{1-\alpha}^2)=1-\alpha$）定出. 注意，在 H_0 为真时，$P(\chi_0^2\leqslant\chi_{1-\alpha}^2)\leqslant1-\alpha$.

以上三种检验法均采用了 χ^2 分布，故又称 **χ^2 检验法**.

2) a 已知时，方差 σ^2 的检验

上面提供的是 a 未知时检验单个正态总体方差的检验法. 当 a 已知时，我们应当充分利用这个信息，以便得到检验单个正态总体方差更好的检验法. 我们知道，当 a 已知时，σ^2 的极大似然法估

计量为 $\frac{1}{n}\sum_{i=1}^{n}(\xi_i - a)^2$，由推论 7.3，

$$\chi^2 = \frac{\sum_{i=1}^{n}(\xi_i - a)^2}{\sigma^2} \sim \chi^2(n),$$

因此，可选取检验函数

$$\chi_0^2 = \frac{\sum_{i=1}^{n}(\xi_i - a)^2}{\sigma_0^2}$$

来分别对假设 $H_0: \sigma^2 = \sigma_0^2$，$H_0: \sigma^2 \leqslant \sigma_0^2$，$H_0: \sigma^2 \geqslant \sigma_0^2$ 进行检验，其内容和 1)中的方法几乎完全类似，差别仅在于确定拒绝域的临界点时是查 $\chi^2(n)$ 表而不是 $\chi^2(n-1)$ 表．读者可比照 1)，给出这里的检验方法．

例 8.10 某车间生产的一种合金钢丝，其折断力服从正态分布 $N(a, \sigma^2)$．原来生产一直比较稳定，σ^2 一直保持为 $\sigma_0^2 = 64$，经过一段时间生产后，要检验一下 σ^2 是否发生变化，为此从现产品中随机抽取 10 根，测得其折断力如下（单位：kg，千克）：

578　572　570　568　572　570　570　572　596　584

问能否认为合金钢丝的折断力的方差没有变化（$\alpha = 0.05$）？

解 本例是要在未知 a 的情况下对假设 $H_0: \sigma^2 = 64$ 作出检验．采用 χ^2 检验法中的双边检验．现 $n = 10$，$n - 1 = 9$，$\sigma_0^2 = 64$，$\alpha = 0.05$．由所给样本值可算得 $s^{*2} = 75.73$，从而

$$\chi_0^2 = \frac{(n-1)s^{*2}}{\sigma_0^2} = \frac{9 \times 75.73}{64} = 10.65,$$

对于 $\alpha = 0.05$，查 $\chi^2(9)$ 表得 $\chi^2_{1-\frac{\alpha}{2}} = 2.70$，$\chi^2_{\frac{\alpha}{2}} = 19.02$．因为 $\chi^2_{1-\frac{\alpha}{2}} < \chi_0^2 < \chi^2_{\frac{\alpha}{2}}$，故接受 H_0，即认为合金钢丝的折断力的方差没有发生变化．

例 8.11 在进行工艺改革时,一般若方差显著增大,可作相反方向的改革以减小方差;若方差变化不显著,可试行别的改革方案.今进行某项工艺改革,加工 23 个活塞,测量其直径,计算得 $s^{*2} = 0.000\,66$. 假定改革前活塞直径的方差为 0.000 4,问进一步改革的方向如何(设改革前后的活塞直径服从正态分布,$\alpha = 0.05$)?

解 要解决这个问题,先看改革后的直径的方差是否大于改革前的.为此提出假设 H_0: $\sigma^2 \leqslant 0.000\,4$,采用 χ^2 检验法中的右单边检验.现 $n = 23$, $n - 1 = 22$, $\sigma_0^2 = 0.000\,4$, $\alpha = 0.05$, $s^{*2} = 0.000\,66$. 由所给数据可算得

$$\chi_0^2 = \frac{(n-1)s^{*2}}{\sigma_0^2} = \frac{22 \times 0.000\,66}{0.000\,4} = 36.3.$$

对于 $\alpha = 0.05$,查 $\chi^2(22)$表得 $\chi_\alpha^2 = 33.92$. 因为 $36.3 > 33.92$,故拒绝 H_0,即认为改革后的活塞直径的方差大于改革前的,因此下一步改革应朝相反方向进行.

2. 两个正态总体方差比的假设检验

设总体 $\xi \sim N(a_1, \sigma_1^2)$, $\eta \sim N(a_2, \sigma_2^2)$, $(\xi_1, \xi_2, \cdots, \xi_m)$, $(\eta_1, \eta_2, \cdots, \eta_n)$分别为取自 ξ 和 η 的样本,且 $\xi_1, \xi_2, \cdots, \xi_m$; $\eta_1, \eta_2, \cdots, \eta_n$ 相互独立.

1) a_1, a_2 未知时,方差比$\dfrac{\sigma_1^2}{\sigma_2^2}$的检验

(1) 检验 H_0: $\sigma_1^2 = \sigma_2^2$

由定理 7.8 知

$$F = \frac{S_1^{*2}/\sigma_1^2}{S_2^{*2}/\sigma_2^2} = \frac{(n-1)mS_1^2\sigma_2^2}{(m-1)nS_2^2\sigma_1^2} \sim F(m-1, n-1),$$

选取检验函数

$$F_0 = \frac{S_1^{*2}}{S_2^{*2}},$$

在 H_0 为真的条件下，$F_0 = F \sim F(m-1, n-1)$.

因为 $\mathrm{E}(S_1^{*2}) = \sigma_1^2$, $\mathrm{E}(S_2^{*2}) = \sigma_2^2$，所以当 H_0 为真时，F_0 应在 1 附近摆动，"远离"1 的可能性较小，故采用双边检验. 给定水平 α，查 $F(m-1, n-1)$ 表得 $F_{\frac{\alpha}{2}}$, $F_{1-\frac{\alpha}{2}}$，使 $P(F \geqslant F_{\frac{\alpha}{2}}) = \frac{\alpha}{2}$, $P(F \leqslant F_{1-\frac{\alpha}{2}}) = \frac{\alpha}{2}$，在 H_0 为真时，$P(F_0 \geqslant F_{\frac{\alpha}{2}}) = \frac{\alpha}{2}$, $P(F_0 \leqslant F_{1-\frac{\alpha}{2}}) = \frac{\alpha}{2}$，从而拒绝域 $D = (0, F_{1-\frac{\alpha}{2}}] \cup [F_{\frac{\alpha}{2}}, \infty)$，即如图 8.7 所示.

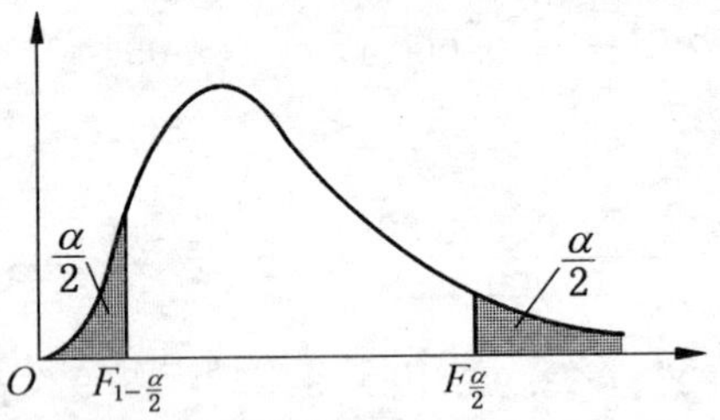

图 8.7

(2) 检验 H_0: $\sigma_1^2 \leqslant \sigma_2^2$

检验函数同上面的 F_0，拒绝域 $D = [F_\alpha, \infty)$，其中 F_α 满足 $P(F \geqslant F_\alpha) = \alpha$.

(3) 检验 H_0: $\sigma_1^2 \geqslant \sigma_2^2$

检验函数同上面的 F_0，拒绝域 $D = (0, F_{1-\alpha}]$，其中 $F_{1-\alpha}$ 满足 $P(F \leqslant F_{1-\alpha}) = \alpha$.

以上三种检验法均采用了 F 分布，故又称 ***F* 检验法**.

2) a_1, a_2 已知时，方差比 $\frac{\sigma_1^2}{\sigma_2^2}$ 的检验

由推论 7.3 及定理 7.4 知

$$F = \frac{n\sigma_2^2 \sum_{i=1}^{m} (\xi_i - a_1)^2}{m\sigma_1^2 \sum_{j=1}^{n} (\eta_j - a_2)^2} \sim F(m, n).$$

因此，可选取检验函数

$$F_0 = \frac{n \sum_{i=1}^{m} (\xi_i - a_1)^2}{m \sum_{j=1}^{n} (\eta_j - a_2)^2}$$

来分别对假设 $H_0: \sigma_1^2 = \sigma_2^2$, $H_0:\sigma_1^2 \leqslant \sigma_2^2$, $H_0:\sigma_1^2 \geqslant \sigma_2^2$ 进行检验,其内容和 1. 中的方法类似,只是借助的分布其自由度比原先各增加 1 个,请读者对照 1)给出这里的检验方法.

在§8.2 中我们已经指出,在使用两总体均值差的 t 检验法时,必须以两总体的方差相等为前提.如果题设中并没有明确这一条件,则应先进行方差相等的检验.请看下例.

例 8.12 在例 8.8 中,我们假设了两总体的方差相等,但是否真的相等呢?试检验这个假设.

解 假设 $H_0: \sigma_1^2 = \sigma_2^2$.

使用均值未知时的 F 检验法,采用双边检验.在例 8.8 中我们已算得 ${s_1^*}^2 = 46.33$, ${s_2^*}^2 = 39.11$,因此

$$F_0 = \frac{{s_1^*}^2}{{s_2^*}^2} = \frac{46.33}{39.11} = 1.18.$$

现 $m = 7$, $n = 10$, $m-1=6$, $n-1=9$, $\alpha = 0.05$,查 $F(6, 9)$表可得 $F_{\frac{\alpha}{2}} = 4.32$,查 $F(9, 6)$表可得 $\frac{1}{F_{1-\frac{\alpha}{2}}} = 5.52$,从而 $F_{1-\frac{\alpha}{2}} \approx 0.18$.因为 $F_{1-\frac{\alpha}{2}} < F_0 < F_{\frac{\alpha}{2}}$,故接受 H_0,即可以认为两总体方差相等.

例 8.13 由一台机床加工同型号零件,每周更换一次刀具.现在从周一和周末的产品中各抽取若干件,测定其内径(内径的长度服从正态分布),得如下数据(单位:mm,毫米):

周一产品:11.35 11.33 11.21 11.18 11.22 11.36

周末产品:11.08 11.38 11.10 11.20 11.02 11.42 11.36 11.25

假定刀具磨损是引起加工精度变化的唯一原因,试问经过一周运转机床的加工精度是否降低了($\alpha = 0.10$)?

解 设周一产品的方差为 σ_1^2,周末产品的方差为 σ_2^2,则本例是要检验假设 $H_0: \sigma_1^2 \leqslant \sigma_2^2$,采用 F 检验法中的右单边检验.现 $m =$

表 8.1　正态分布参数的检验表

检验名称	条件		H_0	检验函数	拒绝域	自由度
U 检验	已知 σ^2	$\xi \sim N(a, \sigma^2)$ $\xi_1, \xi_2, \cdots, \xi_n$	$a = a_0$	$U_0 = \dfrac{\sqrt{n}(\bar{\xi} - a_0)}{\sigma}$	$(-\infty, -u_\alpha] \cup [u_\alpha, \infty)$	
			$a \leqslant a_0$		$[u_{2\alpha}, \infty)$	
			$a \geqslant a_0$		$(-\infty, -u_{2\alpha}]$	
	已知 σ_1^2, σ_2^2	$\xi \sim N(a_1, \sigma_1^2)$ $\xi_1, \xi_2, \cdots, \xi_m$ $\eta \sim N(a_2, \sigma_2^2)$ $\eta_1, \eta_2, \cdots, \eta_n$	$a_1 = a_2$	$U_0 = \dfrac{\bar{\xi} - \bar{\eta}}{\sqrt{\dfrac{\sigma_1^2}{m} + \dfrac{\sigma_2^2}{n}}}$	$(-\infty, -u_\alpha] \cup [u_\alpha, \infty)$	
			$a_1 \leqslant a_2$		$[u_{2\alpha}, \infty)$	
			$a_1 \geqslant a_2$		$(-\infty, -u_{2\alpha}]$	
t 检验	σ^2 未知	$\xi \sim N(a, \sigma^2)$ $\xi_1, \xi_2, \cdots, \xi_n$	$a = a_0$	$T_0 = \dfrac{\sqrt{n}(\bar{\xi} - a_0)}{S^*}$	$(-\infty, -t_\alpha] \cup [t_\alpha, \infty)$	$n - 1$
			$a \leqslant a_0$		$[t_{2\alpha}, \infty)$	
			$a \geqslant a_0$		$(-\infty, -t_{2\alpha}]$	
	$\sigma_1^2 = \sigma_2^2 = \sigma^2$ 未知	$\xi \sim N(a_1, \sigma^2)$ $\xi_1, \xi_2, \cdots, \xi_m$ $\eta \sim N(a_2, \sigma^2)$ $\eta_1, \eta_2, \cdots, \eta_n$	$a_1 = a_2$	$T_0 = \sqrt{\dfrac{mn(m+n-2)}{m+n}} \cdot \dfrac{\bar{\xi} - \bar{\eta}}{\sqrt{(m-1){S_1^*}^2 + (n-1){S_2^*}^2}}$	$(-\infty, -t_\alpha] \cup [t_\alpha, \infty)$	$m + n - 2$
			$a_1 \leqslant a_2$		$[t_{2\alpha}, \infty)$	
			$a_1 \geqslant u_2$		$(-\infty, -t_{2\alpha}]$	

（续表）

检验名称	条件		H_0	检验函数	拒绝域	自由度
χ^2 检验	已知 a	$\xi \sim N(a, \sigma^2)$ $\xi_1, \xi_2, \cdots, \xi_n$	$\sigma^2 = \sigma_0^2$	$\chi_0^2 = \dfrac{\sum_{i=1}^{n} (\xi_i - a)^2}{\sigma_0^2}$	$(0, \chi^2_{1-\frac{\alpha}{2}}] \cup [\chi^2_{\frac{\alpha}{2}}, \infty)$	n
			$\sigma^2 \leqslant \sigma_0^2$		$[\chi^2_\alpha, \infty)$	
			$\sigma^2 \geqslant \sigma_0^2$		$(0, \chi^2_{1-\alpha}]$	
	未知 a		$\sigma^2 = \sigma_0^2$	$\chi_0^2 = \dfrac{(n-1){S^*}^2}{\sigma_0^2}$	$(0, \chi^2_{1-\frac{\alpha}{2}}] \cup [\chi^2_{\frac{\alpha}{2}}, \infty)$	$n-1$
			$\sigma^2 \leqslant \sigma_0^2$		$[\chi^2_\alpha, \infty)$	
			$\sigma^2 \geqslant \sigma_0^2$		$(0, \chi^2_{1-\alpha}]$	
F 检验	已知 a_1, a_2	$\xi \sim N(a_1, \sigma_1^2)$ $\xi_1, \xi_2, \cdots, \xi_m$ $\eta \sim N(a_2, \sigma_2^2)$ $\eta_1, \eta_2, \cdots, \eta_n$	$\sigma_1^2 = \sigma_2^2$	$F_0 = \dfrac{n\sum_{i=1}^{m} (\xi_i - a_1)^2}{m\sum_{j=1}^{n} (\eta_j - a_2)^2}$	$(0, F_{1-\frac{\alpha}{2}}] \cup [F_{\frac{\alpha}{2}}, \infty)$	(m, n)
			$\sigma_1^2 \leqslant \sigma_2^2$		$[F_\alpha, \infty)$	
			$\sigma_1^2 \geqslant \sigma_2^2$		$(0, F_{1-\alpha}]$	
	未知 a_1, a_2		$\sigma_1^2 = \sigma_2^2$	$F_0 = \dfrac{{S_1^*}^2}{{S_2^*}^2}$	$(0, F_{1-\frac{\alpha}{2}}] \cup [F_{\frac{\alpha}{2}}, \infty)$	$(m-1, n-1)$
			$\sigma_1^2 \leqslant \sigma_2^2$		$[F_\alpha, \infty)$	
			$\sigma_1^2 \geqslant \sigma_2^2$		$(0, F_{1-\alpha}]$	

6，$n=8$，$m-1=5$，$n-1=7$，$\alpha=0.10$，由所给数据可算得

$s_1^{*2}=0.0064$，$s_2^{*2}=0.0163$，

$$F_0=\frac{s_1^{*2}}{s_2^{*2}}=\frac{0.0064}{0.0163}=0.3926.$$

对于 $\alpha=0.10$，查 $F(5, 7)$表得 $F_\alpha=2.88$. 因为 $0.3926<2.88$，故接受 H_0，即不能否认加工的精度有所降低.

习　题　8.3

(A)

1. 设维尼纶的纤度在正常生产条件下服从方差为 0.048^2 的正态分布，某日抽取 5 根纤维，测得其纤度为

1.32　1.36　1.55　1.44　1.40

问该天生产的维尼纶的纤度的方差是否正常（$\alpha=0.10$）？

2. 某种导线要求其电阻的标准差不超过 0.005Ω(欧姆)，今在生产的一批导线中抽取 9 根，测得 $s^{*2}=0.007^2$，设总体为正态分布，问在 $\alpha=0.05$ 下能否认为这批导线的标准差偏大.

3. 某生 100 米跑的成绩服从正态分布 $N(11, \sigma^2)$（单位：s，秒），以往 σ 一直稳定在 0.4s，最近抽测 20 次，计算得 $\sum_{i=1}^{20}(x_i-11)^2=6.84$，试问总体方差有否变化($\alpha=0.01$)？

4. 某市初二物理期末考试实行统考，今从该市甲、乙两校初二学生中各抽取若干人，其物理统考成绩如下：

甲校：70　81　61　96　62　81　76　93　81　62　47

乙校：70　80　65　73　86　87　77　75　82　81　79　74　83

试问甲、乙两校初二学生物理成绩的稳定程度是否相同($\alpha=0.05$)？

5. 有两台车床生产同一型号的滚珠. 已知两车床生产的滚珠的直径服从正态分布，为比较两台车床所生产的滚珠的直径的精度，从这两台车床的产品中分别抽取 9 个和 8 个，测得它们的直径如下(单位：mm，毫米)：

甲车床：15.2　15.0　14.8　15.2　15.0　15.0　14.8　15.1　14.8

乙车床：15.0　14.5　15.2　15.5　14.8　15.1　15.2　14.8

试问甲车床的精度是否好于乙车床($\alpha=0.05$)?

6. 在研究杜鹃挥发性油的镇咳作用时，从一批小白鼠中抽取20只分作两组，每组各10只. 一组给杜鹃油，剂量0.3mg/g(毫克/克)，另一组给生理食盐水. 给药一小时后观察这两组小白鼠在SO_2作用下咳嗽的反映，得结果如下表：

编　号		1	2	3	4	5	6	7	8	9	10
咳嗽次数	杜鹃油	40.3	42.2	34.0	36.0	54.2	50.8	26.6	54.4	47.8	45.5
	盐　水	51.4	62.8	65.2	52.0	63.4	44.6	29.6	41.6	41.6	43.0

试问杜鹃油在$\alpha=0.01$下是否具有疗效.

7. 设总体$\xi\sim N(2,\sigma_1^2)$，$\eta\sim N(2,\sigma_2^2)$，且两总体独立. 今分别从两总体中抽取容量为20和10的样本，计算得$\sum_{i=1}^{20}(x_i-2)^2=0.6^2$，$\sum_{j=1}^{10}(y_j-2)^2=0.8^2$，试问可否认为两总体的方差相等($\alpha=0.10$)?

8. 在例8.13中，若在$\alpha=0.10$下检验H_0: $\sigma_1^2\geqslant\sigma_2^2$会得到什么结论？请结合例8.13的情况对结论作出解释.

第 9 章　非参数假设检验

§9.1　总体分布的拟合检验

前一章介绍的各种检验法，几乎都是在正态总体的假定下进行的，并且只是对总体的均值或方差进行检验．但在许多实际问题中，总体的分布类型往往是未知的．在这种情况下，我们需要根据样本来对总体分布的种种假设进行检验（如第 8 章中的例 8.3），这就是非参数假设检验所要解决的问题．

1. χ^2 拟合优度检验

设原假设为 H_0：总体 ξ 以 $F(x)$ 为分布函数，其中 $F(x)$ 具有明确的表达式（例如 $F(x)$ 属于正态分布族、指数分布族、二项分布族、泊松分布族等），具体问题中，$F(x)$ 的形式可以由问题的实际背景或经验来确定．关于假设 H_0，其检验的一种常用方法是 **χ^2 拟合优度检验法**，下面我们就来介绍这种方法．

假定 $(\xi_1, \xi_2, \cdots, \xi_n)$ 为取自总体 ξ 的样本，$(x_1, x_2, \cdots, x_n)$ 为样本值．把实轴分成 m 个小区间 $[t_{i-1}, t_i)$ $(i = 1, 2, \cdots, m)$，其中

$$-\infty = t_0 < t_1 < t_2 < \cdots < t_{m-1} < t_m = +\infty,$$

统计 $x_1, x_2, \cdots, x_n$ 中落入区间 $[t_{i-1}, t_i)$ 的个数 μ_i，则 $\frac{\mu_i}{n}$ 即为 ξ 落入 $[t_{i-1}, t_i)$ 的频数；用 p_i 表示 ξ 落入 $[t_{i-1}, t_i)$ 的概率，在 H_0 为

真时，

$$p_i = F(t_i) - F(t_{i-1}), \quad i = 1, 2, \cdots, m,$$

从而按照大数定律，$\frac{\mu_i}{n} \approx p_i$，即 $\left(\frac{\mu_i}{n} - p_i\right)^2$ 应该比较小，因此

$$\chi_n^2 = \sum_{i=1}^{m}\left(\frac{\mu_i}{n} - p_i\right)^2 \frac{n}{p_i} = \sum_{i=1}^{m} \frac{(\mu_i - np_i)^2}{np_i}, \qquad (9.1)$$

也应该比较小才合理；如果 χ_n^2 值过大，则假设 H_0 就值得怀疑. 根据以上分析，我们可借助于 χ_n^2 来对假设 H_0 进行右单边检验.

(9.1)式中的 χ_n^2 称为**皮尔逊统计量**. 关于它的构成我们再作如下几点说明：(1)小区间 $[t_{i-1}, t_i)$ 的个数 m 一般为 7～14，并且要求 $\mu_i \geqslant 5$，否则适当地合并小区间；(2)在 χ_n^2 中，自然要求 $p_i > 0$，若 $p_i = 0$，也应适当地合并小区间；(3)χ_n^2 中的因子$\frac{1}{p_i}$是起调节作用的，因为对于同样大小的差异 $\left(\frac{\mu_i}{n} - p_i\right)^2$，$p_i$ 越小，越应该引起重视；(4)χ_n^2 中的因子 n 的作用是为了方便计算 χ_n^2 的极限分布.

χ^2 拟合优度检验法的具体检验步骤可分为下列两种情况：

(1) 如果 H_0 中的 $F(x)$不仅形式已知，而且也不含未知参数. 此时(9.1)式中的 χ_n^2 为统计量. 在 H_0 为真时，皮尔逊于 1900 年证明了 χ_n^2 以 $\chi^2(m-1)$ 为极限分布，因此当 n 较大时，可以认为 χ_n^2 近似地服从 $\chi^2(m-1)$ 分布. 对于给定的检验水平 α，查 $\chi^2(m-1)$ 表得 χ_α^2，使 $P(\chi_n^2 \geqslant \chi_\alpha^2) = \alpha$，从而拒绝域 $D = [\chi_\alpha^2, \infty)$；若 χ_n^2 的样本值满足 $\chi_n^2 \geqslant \chi_\alpha^2$，拒绝原假设 H_0，否则接受 H_0.

(2) 如果 H_0 中的 $F(x)$仅知道其函数形式，但还含有 l 个未知参数 $\theta_1, \theta_2, \cdots, \theta_l$. 此时(9.1)式中的 p_i 未知，可先用 $\theta_1, \theta_2, \cdots, \theta_l$ 的极大似然法估计量 $\hat{\theta}_1, \hat{\theta}_2, \cdots, \hat{\theta}_l$ 分别替代 $\theta_1, \theta_2, \cdots, \theta_l$，并由此算出 p_i 及 χ_n^2. 在 H_0 为真时，可以证明 χ_n^2 以 $\chi^2(m-1-l)$ 为极限分布. 对于给定的检验水平 α，查 $\chi^2(m-1-l)$ 表得 χ_α^2，

使 $P(\chi_n^2 \geqslant \chi_\alpha^2) = \alpha$，从而拒绝域 $D = [\chi_\alpha^2, \infty)$.

从上面的检验步骤可以看出，χ^2 拟合优度检验必须在大样本下进行，一般要 $n \geqslant 50$.

例 9.1 随机抽取某省 100 份高考数学试卷，其成绩如表 9.1，且 $\overline{x} = 74.5$，$s = 17.2$. 试问能否认为该省高考的数学成绩 ξ 服从正态分布 $(\alpha = 0.05)$？

表 9.1

成绩(分)	30 分以下	[30, 40)	[40, 50)	[50, 60)	[60, 70)	[70, 80)
人数	0	1	8	12	17	25

成绩(分)	[80, 90)	[90, 100)	[100, 110)	[110, 120)	120 分及以上
人数	19	11	5	2	0

解 本题是要检验假设 H_0：$F(x) \in \{N(a, \sigma^2)\}$，其中 $F(x)$ 为 ξ 的分布函数. 因 a，σ^2 未知，用极大似然法估计可得 $\hat{a} = \overline{x} = 74.5$，$\hat{\sigma} = s = 17.2$.

由于表 9.1 中首末各有两组的频数小于 5，故将首端三组合并成一组，末端三组也合并成一组，并按表 9.2 的方式计算 χ_n^2 的值：

表 9.2

区间	μ_i	p_i	np_i	$(\mu_i - np_i)^2$	$\dfrac{(\mu_i - np_i)^2}{np_i}$
50 分以下	9	0.077 8	7.78	1.488 4	0.191 3
[50, 60)	12	0.122 6	12.26	0.067 6	0.005 5
[60, 70)	17	0.200 9	20.09	9.548 1	0.475 3
[70, 80)	25	0.224 2	22.42	6.656 4	0.296 9
[80, 90)	19	0.190 4	19.04	0.001 6	0.000 1
[90, 100)	11	0.114 7	11.47	0.220 9	0.019 3
100 分及以上	7	0.069 4	6.94	0.003 6	0.000 5
$\sum$					$\chi_n^2 = 0.988\,9$

经计算 $\chi_n^2 = 0.9889$，现 $m = 7, l = 2, m - 1 - l = 4$，对于 $\alpha = 0.05$，查 $\chi^2(4)$表得 $\chi_\alpha^2 = 9.488$. 因为 $\chi_n^2 = 0.9889 < 9.488$，故接受假设 H_0，即认为该省高考的数学成绩是服从正态分布的.

χ^2 拟合优度检验法对于检验离散型的分布是比较方便的，此时分组可按随机变量的取值进行，并注意把频数小于 5 的组数适当合并.

χ^2 拟合优度检验法的思想还可以用来检验两总体的独立性及多个独立总体的同分布问题.

2. 两总体的独立性检验

设 $F(x, y)$，$F_\xi(x)$，$F_\eta(y)$分别为总体 ξ 与 η 的联合分布函数及各自的边际分布函数，则 ξ 与 η 独立的充分必要条件是：$F(x, y) = F_\xi(x) \cdot F_\eta(y)$. 下面我们利用 χ^2 拟合优度检验的思想来给出检验假设 H_0：$F(x, y) = F_\xi(x) \cdot F_\eta(y)$ 的一种方法.

将 ξ 可能取值的全体 X 及 η 可能取值的全体 Y 分别进行分割，其分割形式为：

$$X = \bigcup_{i=1}^{r} A_i, \quad A_i \cap A_j = \varnothing \ (i \neq j);$$

$$Y = \bigcup_{j=1}^{s} B_j, \quad B_i \cap B_j = \varnothing \ (i \neq j).$$

对(ξ, η)进行 n 次独立重复观察，统计 $\{\xi \in A_i, \eta \in B_j\}$ 出现的频数 $\mu_{ij}(i = 1, 2, \cdots, r; j = 1, 2, \cdots, s)$，并把所得结果写成下面的 $r \times s$ 联列表(表 9.3).

记 $p_{ij} = P(\xi \in A_i, \eta \in B_j)$，$p_{i\cdot} = P(\xi \in A_i)$，$p_{\cdot j} = P(\eta \in B_j)$，$i = 1, 2, \cdots, r$；$j = 1, 2, \cdots, s$；在 H_0 成立时，有 $p_{ij} = p_{i\cdot}p_{\cdot j}$. 因此，根据 χ^2 拟合优度检验的思想，可以借助于

$$\sum_{i=1}^{r} \sum_{j=1}^{s} \left(\frac{\mu_{ij}}{n} - p_{i\cdot}p_{\cdot j} \right)^2 \frac{n}{p_{i\cdot}p_{\cdot j}}$$

表 9.3

ξ \ η (μ_{ij})	B_1	B_2	$\cdots$	B_s	$\mu_{i\cdot} = \sum_{j=1}^{s} = \mu_{ij}$	$\hat{p}_{i\cdot} = \frac{\mu_{i\cdot}}{n}$
A_1	μ_{11}	μ_{12}	$\cdots$	μ_{1s}	$\mu_{1\cdot}$	$\hat{p}_{1\cdot}$
A_2	μ_{21}	μ_{22}	$\cdots$	μ_{2s}	$\mu_{2\cdot}$	$\hat{p}_{2\cdot}$
$\vdots$	$\vdots$	$\vdots$		$\vdots$	$\vdots$	$\vdots$
A_r	μ_{r1}	μ_{r2}	$\cdots$	μ_{rs}	$\mu_{r\cdot}$	$\hat{p}_{r\cdot}$
$\mu_{\cdot j} = \sum_{i=1}^{r}\mu_{ij}$	$\mu_{\cdot 1}$	$\mu_{\cdot 2}$	$\cdots$	$\mu_{\cdot s}$	n	
$\hat{p}_{\cdot j} = \frac{\mu_{\cdot j}}{n}$	$\hat{p}_{\cdot 1}$	$\hat{p}_{\cdot 2}$	$\cdots$	$\hat{p}_{\cdot s}$		

来对 H_0 进行右单边检验. 由于 $p_{i\cdot}$, $p_{\cdot j}$通常未知,用它们的极大似然法估计$\frac{\mu_{i\cdot}}{n}$, $\frac{\mu_{\cdot j}}{n}$分别替代它们,即考虑

$$\chi_n^2 = \sum_{i=1}^{r}\sum_{j=1}^{s}\left(\frac{\mu_{ij}}{n} - \frac{\mu_{i\cdot}}{n}\frac{\mu_{\cdot j}}{n}\right)^2 \frac{n}{\frac{\mu_{i\cdot}}{n}\cdot\frac{\mu_{\cdot j}}{n}}$$

$$= \sum_{i=1}^{r}\sum_{j=1}^{s}\frac{\left(\mu_{ij} - \frac{\mu_{i\cdot}\mu_{\cdot j}}{n}\right)^2}{\frac{\mu_{i\cdot}\mu_{\cdot j}}{n}}. \tag{9.2}$$

这里共估计了 $(r-1)+(s-1)$ 个未知量$\left(因为 \sum_{i=1}^{r} p_{i\cdot} = 1, \sum_{j=1}^{s} p_{\cdot j} = 1\right)$, 可以证明,在 H_0 为真时,(9.2)式中的 χ_n^2 的极限分布为 $\chi^2(rs-(r-1)-(s-1)-1) = \chi^2((r-1)(s-1))$, 因此当 n 较大时,可以认为 $\chi_n^2 \sim \chi^2((r-1)(s-1))$. 对于给定的检验水平 α,查 $\chi^2((r-1)(s-1))$ 表得 χ_α^2,使 $P(\chi_n^2 \geqslant \chi_\alpha^2) = \alpha$, 从而拒绝域 $D = [\chi_\alpha^2, \infty)$.

上述两总体的独立性检验又称为**联列表的独立性检验**. 当试

验的结果以联列表形式给出时，随机变量取值的分类方法已确定，此时独立性假设实际上即为 $H_0: p_{ij}=p_{i\cdot}p_{\cdot j}(i=1, 2, \cdots, r;\ j=1, 2, \cdots, s)$.

例 9.2 从某学校中随机抽取 153 名学生，将他们首先按照家长的职业分成(A)工人或农民、(B)干部、(C)知识分子、(D)其他等四组，然后再按它们的学习成绩分为(1)优良、(2)中等、(3)较差等三类，制成 3×4 联列表 9.4. 试问家长的职业与学生的学习成绩的等级是否有关 ($\alpha=0.05$)?

表 9.4

人数 家长职业 / 成绩等级	A	B	C	D	合 计
优 良	6	0	10	2	18
中 等	26	15	46	7	19
较 差	13	6	17	5	41
合 计	45	21	73	14	153

解 设 H_0:学生家长的职业与学习成绩的等级无关. 按公式(9.2)

$$\chi_n^2=\sum_{i=1}^{3}\sum_{j=1}^{4}\frac{\left(\mu_{ij}-\dfrac{\mu_{i\cdot}\mu_{\cdot j}}{n}\right)^2}{\dfrac{\mu_{i\cdot}\mu_{\cdot j}}{n}}$$

$$=\frac{\left(6-\dfrac{18\times 45}{153}\right)^2}{\dfrac{18\times 45}{153}}+\frac{\left(0-\dfrac{18\times 21}{153}\right)^2}{\dfrac{18\times 21}{153}}+\cdots+\frac{\left(5-\dfrac{41\times 14}{153}\right)^2}{\dfrac{41\times 14}{153}}$$

$$=4.488.$$

现 $r=3, s=4, (r-1)(s-1)=6$，对于 $\alpha=0.05$，查 $\chi^2(6)$ 表得 $\chi_\alpha^2=12.592$. 因为 $\chi_n^2=4.488<12.592$，故接受原假设 H_0，即认为学生家长的职业与学习成绩的等级无关.

注意，当(ξ, η)服从二维正态分布时，检验ξ和η的独立性等价于检验$\rho_{\xi\eta}=0$是否成立，此时可采用相关系数检验法对其进行检验，这部分内容将在第 10 章 § 10.3 中介绍.

3. 多个独立总体的同分布检验

设有r个相互独立的总体$\xi_1, \xi_2, \cdots, \xi_r$，$(x_{i_1}, x_{i_2}, \cdots, x_{in_i})$是取自总体$\xi_i$的样本值. 利用$\chi^2$拟合优度检验的思想，我们可以给出检验假设

$$H_0: \xi_1, \xi_2, \cdots, \xi_r \text{ 与 } \xi \text{ 同分布}$$

的一种方法.

把实轴分成s个区域$A_1, A_2, \cdots, A_s$ $(A_i \cap A_j = \varnothing, i \neq j)$，统计$x_{i_1}, x_{i_2}, \cdots, x_{in_i}$中落入$A_j$的频数$\mu_{ij}(i=1, 2, \cdots, r;\ j=1, 2, \cdots, s)$，并将所得结果列成下面的表 9.5：

表 9.5

μ_{ij} 分组差 / 总体差	A_1	A_2	$\cdots$	A_s	$\mu_{i\cdot}=\sum_{j=1}^{s}\mu_{ij}$
ξ_1	μ_{11}	μ_{12}	$\cdots$	μ_{1s}	$\mu_{1\cdot}=n_1$
ξ_2	μ_{21}	μ_{22}	$\cdots$	μ_{2s}	$\mu_{2\cdot}=n_2$
$\vdots$	$\vdots$	$\vdots$		$\vdots$	$\vdots$
ξ_r	μ_{r1}	μ_{r2}	$\cdots$	μ_{rs}	$\mu_{r\cdot}=n_r$
$\mu_{\cdot j}=\sum_{i=1}^{r}\mu_{ij}$	$\mu_{\cdot 1}$	$\mu_{\cdot 2}$	$\cdots$	$\mu_{\cdot s}$	$n=\sum_{i=1}^{r}n_i$
$\hat{p}_j=\frac{\mu_{\cdot j}}{n}$	$\hat{p}_1$	$\hat{p}_2$	$\cdots$	$\hat{p}_s$	1

记$p_j=P(\xi \in A_j)(j=1, 2, \cdots, s)$，则$\sum_{j=1}^{s}p_j=1$. 如果$H_0$为真，那么$\frac{\mu_{ij}}{n_i}\approx p_j(i=1, 2, \cdots, r;\ j=1, 2, \cdots, s)$，因此，根据$\chi^2$拟合优度检验的思想，可以借助于

$$\sum_{i=1}^{r}\sum_{j=1}^{s}\left(\frac{\mu_{ij}}{n_i}-p_j\right)^2\frac{n_i}{p_i}$$

来对 H_0 进行右单边检验. 由于 p_j 未知,用 p_j 的极大似然法估计

$\hat{p}_j=\dfrac{\sum_{i=1}^{r}\mu_{ij}}{n}=\dfrac{\mu_{\cdot j}}{n}$ 去替代它 $(j=1, 2, \cdots, s)$, 即考虑

$$\chi_n^2=\sum_{i=1}^{r}\sum_{j=1}^{s}\left(\frac{\mu_{ij}}{n_i}-\frac{\mu_{\cdot j}}{n}\right)^2\frac{n_i}{\frac{\mu_{\cdot j}}{n}}=\sum_{i=1}^{r}\sum_{j=1}^{s}\frac{\left(\mu_{ij}-\frac{n_i\mu_{\cdot j}}{n}\right)^2}{\frac{n_i\mu_{\cdot j}}{n}}$$

$$=\sum_{i=1}^{r}\sum_{j=1}^{s}\frac{\left(\mu_{ij}-\frac{\mu_{i\cdot}\mu_{\cdot j}}{n}\right)^2}{\frac{\mu_{i\cdot}\mu_{\cdot j}}{n}}.$$

这里的 χ_n^2 与(9.2)式形式上完全一致. 可以证明,当 $\min(n_1, n_2, \cdots, n_r)\to\infty$ 且 H_0 为真时,χ_n^2 以 $\chi^2((r-1)(s-1))$ 为极限分布,因此在各样本容量都较大时,可以认为 $\chi_n^2\sim\chi^2((r-1)(s-1))$. 对于给定的检验水平 α,查 $\chi^2((r-1)(s-1))$ 表得 χ_α^2,使 $P(\chi_n^2\geqslant\chi_\alpha^2)=\alpha$, 于是拒绝域 $D=[\chi_\alpha^2, \infty)$.

例 9.3 观察三种药物 A, B, C 治疗感冒的效果,分别给 59, 72 和 69 名病人服用 A, B, C 三种药,经观察得如下数据:

药品 \ 人数 \ 疗效	显效	有效	无效	合计
A	15	37	7	59
B	11	48	13	72
C	16	39	14	69
合计	42	124	34	200

试问三种药物疗效有无差异 $(\alpha=0.01)$?

解 假设 H_0:三种药物疗效相同.该假设实际上是一同分布假设.

由表中所给数据可算得:

$$\chi_n^2 = \left(15 - \frac{42 \times 59}{200}\right)^2 \Big/ \frac{42 \times 59}{200} + \left(37 - \frac{124 \times 59}{200}\right)^2 \Big/ \frac{124 \times 59}{200} + \cdots + \left(14 - \frac{34 \times 69}{200}\right)^2 \Big/ \frac{34 \times 69}{200} = 3.819.$$

现 $r = 3$, $s = 3$, $(r-1)(s-1) = 4$,对于 $\alpha = 0.01$,查 $\chi^2(4)$表得 $\chi_\alpha^2 = 7.779$,因为 $\chi_n^2 = 3.819 < 7.779$,故接受原假设 H_0,即认为三种药物的疗效无差异.

习 题 9.1

(A)

1. 随机抽取某学校 120 名 11 岁的男生,测量其身高,其结果如下:(单位:cm)

身高(cm)	(0,122)	[122,126)	[126,130)	[130,134)	[134,138)	[138,142)
人 数	1	4	9	10	22	33

身高(cm)	[142,146)	[146,150)	[150,154)	[154,158)	[158,∞)
人 数	20	11	6	4	1

$\overline{x} = 139.9$, $s = 7.5$. 试检验该校 11 岁男生的身高是否服从正态分布($\alpha = 0.05$)?

2. 1979 年广州 157 名学生高考化学分数如下:

组　距	65～69	60～64	55～59	50～54	45～49	40～44
人　数	1	1	9	6	14	22
组　距	35～39	30～34	25～29	20～24	15～19	10～14
人　数	36	20	20	11	9	8

试检验其分布是否符合正态分布 ($\alpha = 0.05$)(注:在计算$\bar{x}$, s^2 时,要用到具体的样本值,此时可把每一区间内的数据近似取为区间的中点值)?

3. 某电话交换台在一小时内接到电话的呼唤次数按每分钟记录得如下数据:

呼唤次数	0	1	2	3	4	5	6	≥7
频　数	8	16	17	10	6	2	1	0

试问呼唤次数的分布是否可以认为是泊松分布 ($\alpha = 0.05$)?

4. 某工厂近十年来发生了 120 次事故,按星期几分类如下表:

星　期	1	2	3	4	5	6
次　数	23	26	21	20	15	15

试问事故的发生是否与星期几无关,即是否可以认为事故在星期一至星期六中每一天发生的可能性大小相同 ($\alpha = 0.05$)?

5. 某商店赊销某耐用商品,要求顾客在次年交清所购商品的赊款.现统计了 1 200 个顾客偿还赊款的时间如下表:

人数 职业 / 还期	工人 B_1	农民 B_2	干部 B_3	总　计
一季度 A_1	180	120	80	380
二季度 A_2	200	100	40	340
三季度 A_3	130	80	50	260
四季度 A_4	90	120	10	220
总　　计	600	420	180	1 200

试问偿还时间(ξ)与顾客的职业(η)是否有关 ($\alpha = 0.01$)?

6. 为了研究慢性气管炎与吸烟量的关系,调查了 385 人,得如下数据:

类型 \ 人数 \ 烟量	a(支/日)	b(支/日)	c(支/日)	总计
患病者人数	26	147	37	210
健康者人数	30	123	22	175
总计	56	270	59	385

试问慢性气管炎与吸烟量是否有关 ($\alpha = 0.05$)?

7. 随机抽取某学校 350 名学生,调查其学习努力程度和学业成绩的关系如下表:

类型 \ 人数 \ 成绩	较差	中等	优良	总计
不努力	19	17	6	42
较努力	27	35	21	83
努力	30	137	58	225
总计	76	189	85	350

试问学习努力程度和学业成绩是否有关 ($\alpha = 0.01$)?

8. 对三个居民区的住房情况进行调查,把住房情况分为一、二、三个等级得下表:

地区 \ 户数 \ 等级	一	二	三	合计
1	52	64	24	140
2	60	59	52	172
3	50	65	74	189

试问各区之间住房情况有无差异 ($\alpha=0.01$)?

§9.2 符号检验

在实际问题中,经常会遇到需要我们去检验两个总体是否具有相同分布的问题.比如,在教育科学中,经常要考虑某班期中考试成绩与期末考试成绩的分布是否吻合、两个平行班的成绩是否同分布等.这类问题的讨论可以分为两种情况:第一种情况是知道了两总体的分布函数属于同一已知类型,但分布中还含有未知的参数.此时,检验两总体是否同分布,实际上只需检验分布中对应的参数是否相等,即问题可以转化为参数假设的检验.上一章§8.2,§8.3中给出的有些检验法就属于这一情形.第二种情况是总体分布函数的类型未知.此时,同分布的假设为非参数假设.在§9.1中我们曾经讨论过这类问题的检验(多个独立总体的同分布检验),但那里的检验法需要的样本容量较大.如何在给定的样本容量下来考虑该情形下的非参数假设检验呢?这就是我们下面所要解决的主要问题,本节先讨论成对样本情形下的同分布检验.

设(ξ, η)是一个二维连续型总体,(ξ_1, η_1), (ξ_2, η_2), $\cdots$, (ξ_n, η_n)为取自(ξ, η)的样本,以$F_1(x)$, $F_2(x)$分别表示ξ, η各自的分布函数,则ξ与η是否同分布,就是要检验假设

$$H_0: F_1(x)=F_2(x)$$

是否成立.

记 $\zeta_i^+ = \begin{cases} 1, & \xi_i > \eta_i, \\ 0, & \text{否则}. \end{cases}$ $i=1, 2, \cdots, n$; $S^+ = \sum_{i=1}^{n} \zeta_i^+$. S^+即为$\xi_1-\eta_1$, $\xi_2-\eta_2$, $\cdots$, $\xi_n-\eta_n$中符号为"+"的个数.易知ζ_1^+, ζ_2^+, $\cdots$, ζ_n^+ 独立同分布于$b(1, p)$, $S^+\sim b(n, p)$,其中$p=P(\zeta_i^+=1)=P(\xi_i>\eta_i)=P(\xi>\eta)$.在$H_0$为真时,可以证明$p=P(\xi>\eta)=P(\xi<\eta)=\frac{1}{2}$,从而$S^+\sim b\left(n, \frac{1}{2}\right)$, $\mathrm{E}(S^+)=\frac{n}{2}$;这表明

S^+应在$\frac{n}{2}$的邻近摆动，偏小、偏大的可能性都较小. 因此，可选用检验函数S^+来对假设H_0进行双边检验. 对于给定的检验水平α，查$b\left(n, \frac{1}{2}\right)$表确定满足下面不等式的最大整数$c_\alpha$：

$$P(S^+ \leqslant c_\alpha) = \sum_{k=0}^{c_\alpha} C_n^k \left(\frac{1}{2}\right)^n \leqslant \frac{\alpha}{2},$$

由于$C_n^k = C_n^{n-k}$，故上述c_α也满足

$$P(S^+ \geqslant n - c_\alpha) = \sum_{k=n-c_\alpha}^{n} C_n^k \left(\frac{1}{2}\right)^n$$

$$= \sum_{i=0}^{c_\alpha} C_n^{n-i} \left(\frac{1}{2}\right)^n \leqslant \frac{\alpha}{2},$$

于是，检验的拒绝域$D = [0, c_\alpha] \cup [n - c_\alpha, n]$.

由于上述检验中的检验函数$S^+ = \sum_{i=1}^{n} \zeta_i^+$是$\xi_1 - \eta_1$，$\xi_2 - \eta_2$，…，$\xi_n - \eta_n$中符号为"+"的个数，故该检验法又称为**符号检验法**，相应的$b\left(n, \frac{1}{2}\right)$表也称为符号检验表. 符号检验法的特点是简单、易于操作.

关于符号检验，我们再作两点补充：

(1) 由于H_0为真时$S^+ \sim b\left(n, \frac{1}{2}\right)$，从而根据中心极限定理，$\frac{S^+ - \frac{n}{2}}{\sqrt{n/4}}$以$N(0, 1)$为极限分布. 这样，在样本容量$n$较大时，可选用

$$U = \frac{S^+ - \frac{n}{2}}{\sqrt{n/4}}$$

来对原假设 H_0 作 U 检验法、双边检验，拒绝域 $D=(-\infty, -u_\alpha]$ $\cup [u_\alpha, \infty)$，其中 u_α 满足 $\Phi(u_\alpha)=1-\dfrac{\alpha}{2}$.

2. 记 $\zeta_i^-=\begin{cases}1, & \xi_i<\eta_i,\\ 0, & \text{否则}.\end{cases}$ $S^-=\sum_{i=1}^{n}\zeta_i^-$，则 S^- 为 $\xi_1-\eta_1, \xi_2-\eta_2, \cdots, \xi_n-\eta_n$ 中符号为"$-$"的个数.由于假定了(ξ, η)为连续型，$P(\xi_i-\eta_i=0)=0$，故不妨认为 $\xi_i-\eta_i\neq 0(i=1, 2, \cdots, n)$，这样，$S^+ + S^-=n$，$S^+\geqslant n-c_\alpha$ 即为 $S^-\leqslant c_\alpha$，从而

$$S^+\in[0, c_\alpha]\cup[n-c_\alpha, n) \text{ 等价于 } \min(S^+, S^-)\in[0, c_\alpha].$$

因此，在符号检验中，常选用检验函数 $\min[S^+, S^-)$来对 H_0 作左单边检验，拒绝域 $D=[0, c_\alpha]$，其中 c_α 的确定同前.

若在具体问题中出现了 $\xi_i-\eta_i=0$ 怎么办？此时有两种处理方法：①将该观察结果在样本中剔除不计；②将为零的个数一半计入"+"号中，一半计入"$-$"号中.

例 9.4 从某小学五年级中随机抽取 24 名学生，他们的期中和期末的作文成绩由表 9.6 给出，试问期中与期末的成绩有无差异 ($\alpha=0.05$)？

表 9.6

学 生 号	1	2	3	4	5	6	7	8	9	10	11	12
期中成绩(x_i)	60	52	61	36	45	52	70	51	80	63	74	48
期末成绩(y_i)	71	50	70	45	42	62	78	65	94	63	84	62
x_i-y_i 的符号	$-$	+	$-$	$-$	+	$-$	$-$	$-$	$-$	0	$-$	$-$

学 生 号	13	14	15	16	17	18	19	20	21	22	23	24
期中成绩(x_i)	66	54	70	72	75	63	50	84	65	90	55	82
期末成绩(y_i)	72	60	76	72	70	68	60	88	71	92	60	85
x_i-y_i 的符号	$-$	$-$	$-$	0	+	$-$	$-$	$-$	$-$	$-$	$-$	$-$

解 检验期中与期末的成绩有无差异，就是要检验期中与期末的成绩是否同分布. 为此，提出原假设 H_0：期中与期末的成绩同分布.

由于 $x_i - y_i$ 有两处出现了 0，将它们剔除，这样 $n = 22$. 由表中数据统计得 $s^+ = 3$、$s^- = 19$，从而 $\min(s^+, s^-) = 3$. 对于 $\alpha = 0.05$，查符号检验表 ($n = 22$) 得 $c_\alpha = 5$. 因为 $\min(s^+, s^-) = 3 < 5$，故拒绝原假设 H_0，即认为期中与期末成绩存在差异.

由于符号检验法中只考虑了数据差的符号，没有涉及差的大小，从而失去了样本所提供的一些信息，所以，符号检验在接受原假设时往往可靠性不高. 为此，许多统计工作者对符号检验进行了改进，如威尔科克逊(Wilcoxon)吸收了下一节将要介绍的秩和检验的思想，于 1964 年提出了符号秩次检验法. 对此我们不再展开讨论.

习 题 9.2

(A)

1. 为研究播放音乐对工作人员工作效率的影响，选 10 名工作人员，并观察、记录下不播放音乐和播放音乐下日产产品的件数，得如下 10 对数据：

不放音乐：90　80　92　85　81　82　75　85　75　80

播放音乐：99　85　98　83　88　99　80　81　80　94

试检验播放音乐是否对工作效率有影响($\alpha = 0.10$)?

2. 甲、乙两个车间生产同一种产品，要比较这种产品的某项指标的波动情况. 从这两车间连续 15(单位：d，天)取得反映波动大小的数据如下：

日　次	1	2	3	4	5	6	7	8
甲	1.13	1.26	1.16	1.41	0.86	1.39	1.21	1.22
乙	1.21	1.31	0.99	1.59	1.41	1.48	1.31	1.12

(续表)

日　次	9	10	11	12	13	14	15
甲	1.20	0.62	1.18	1.34	1.57	1.30	1.13
乙	1.60	1.38	1.60	1.84	1.95	1.25	1.50

试问两车间所生产的产品在该项指标上的波动情况是否一致 ($\alpha = 0.05$)?

3. 为研究课后辅导对学生成绩的作用,将 10 名学生分别在辅导前后用 A, B 卷进行测试,成绩如下:

学 生 号	1	2	3	4	5	6	7	8	9	10
辅导前(x_i)	14	19	30	7	13	20	7	29	18	21
辅导后(y_i)	19	19	26	15	18	30	18	30	26	28

试问课后辅导对成绩的分布有无影响 ($\alpha = 0.05$)?

§9.3　秩和检验与游程检验

上一节讨论了成对样本中的同分布检验问题,本节我们研究两独立总体的同分布检验.

设 ξ, η 为两个独立的总体,且 ξ, η 均为连续型随机变量,其分布函数分别为 $F_1(x)$, $F_2(x)$, $(\xi_1, \xi_2, \cdots, \xi_m)$为 ξ 的样本,$(\eta_1, \eta_2, \cdots, \eta_n)$为 η 的样本,且不妨设 $m \leqslant n$ (否则交换 ξ 与 η 的记号). 下面我们介绍检验假设

$$H_0: F_1(x) = F_2(x),$$

的两种方法.

1. 秩和检验

先给出秩的概念. 设 $\zeta_1, \zeta_2, \cdots, \zeta_s$ 是 s 个连续型随机变量,

$z_1, z_2, \cdots, z_s$ 是它们的观察结果,将 $z_1, z_2, \cdots, z_s$ 按从小到大的顺序排列成:

$$z_1^* < z_2^* < \cdots < z_s^*.$$

若 $z_i = z_k^*$,则称 k 为 ζ_i 的**秩**,记为 R_i, $i = 1, 2, \cdots, n$.

易知,在样本$(\zeta_1, \zeta_2, \cdots, \zeta_n)$中,$\zeta_i$ 的秩就是将其排成顺序统计量后 ζ_i 所占位置的序号.

设 $\zeta_1, \zeta_2, \cdots, \zeta_s$ 为独立同分布的连续型随机变量,$(i_1, i_2, \cdots, i_s)$为$(1, 2, \cdots, s)$的一个排列,易知$(\zeta_{i_1}, \zeta_{i_2}, \cdots, \zeta_{i_s})$与$(\zeta_1, \zeta_2, \cdots, \zeta_s)$同分布,

$$P(\zeta_{i_1} < \zeta_{i_2} < \cdots < \zeta_{i_s}) = P(\zeta_1 < \zeta_2 < \cdots < \zeta_s).$$

因此,结合分布的连续性及$(1, 2, \cdots, s)$的排列有 $s!$ 种知

$$P(\zeta_{i_1} < \zeta_{i_2} < \cdots < \zeta_{i_s}) = \frac{1}{s!}.$$

由此,若$(r_1, r_2, \cdots, r_s)$是$(1, 2, \cdots, s)$的一个排列,则

$$P(R_1 = r_1, R_2 = r_2, \cdots, R_s = r_s) = \frac{1}{s!}.$$

下面给出秩和检验的思想及方法.

将两样本 $\xi_1, \xi_2, \cdots, \xi_m$; $\eta_1, \eta_2, \cdots, \eta_n$ 混合成 $m + n$ 个随机变量,混合后 $\xi_1, \xi_2, \cdots, \xi_m, \eta_1, \eta_2, \cdots, \eta_n$ 的秩分别记作 $R_1, R_2, \cdots, R_m, R_{m+1}, \cdots, R_{m+n}$. 记

$$W = R_1 + R_2 + \cdots + R_m,$$

W 称为**威尔科克逊统计量**. 由于 R_i 是 $1, 2, \cdots, m + n$ 中的某一个,故

$$W \geqslant 1 + 2 + \cdots + m = \frac{1}{2}m(m + 1),$$

$$W \leqslant (m+n)+(m+n-1)+\cdots+(n+1)$$

$$=\frac{1}{2}m(m+2n+1),$$

即
$$\frac{1}{2}m(m+1) \leqslant W \leqslant \frac{1}{2}m(m+2n+1).$$

在 H_0 为真的条件下，$\xi_1, \xi_2, \cdots, \xi_m, \eta_1, \eta_2, \cdots, \eta_n$ 独立同分布，从而

$$P(R_1=r_1, R_2=r_2, \cdots, R_m=r_m)=\frac{n!}{(m+n)!}$$

其中$(r_1, r_2, \cdots, r_m)$为$(1, 2, \cdots, m+n)$的一个选排列. 若记 t_k 为从$(1, 2, \cdots, m+n)$中任取 m 个数其和为 k 的方法数，则

$$P(W=k)=m!t_k\frac{n!}{(m+n)!}=\frac{t_k}{C_{m+n}^m}. \tag{9.3}$$

直观上，如果 H_0 为真，则 $R_1, R_2, \cdots, R_m$ 应随机地分布在 $1, 2, \cdots, m+n$ 中，从而 W 偏小、偏大的可能性都较小，因此可选用检验函数 W 来对假设 H_0 进行双边检验. 对于给定的检验水平 α，由(9.3)式(实际问题中查秩和检验表——附表 8)分别确定满足下列不等式的最大的 w_1 和最小的 w_2：

$$P(W \leqslant w_1) \leqslant \frac{\alpha}{2}, \quad P(W \geqslant w_2) \leqslant \frac{\alpha}{2}.$$

于是，检验的拒绝域 $D=\left[\frac{1}{2}m(m+1), w_1\right] \cup \left[w_2, \frac{1}{2}m(m+2n+1)\right]$.

上述检验法称为**秩和检验法**，最初由曼(Mann)和惠特尼(Whitney)提出. 关于秩和检验法，我们再作以下几点补充说明：

(1) 在上述检验法中，我们考虑的是总体 ξ 的样本在混合样本中的秩和，相应地还可以考虑总体 η 的样本在混合样本中的秩

和，其检验方法与上类似. 由于 W 中的加项越少，W 越易计算，因此，在实际问题中一般都是对样本容量较小的那个样本作秩和.

(2) 设 ξ_i 在 $\xi_1, \xi_2, \cdots, \xi_m$ 中的秩为 Q_i，在 $\xi_1, \xi_2, \cdots, \xi_m, \eta_1, \eta_2, \cdots, \eta_n$ 中的秩为 R_i，则 R_i 等于满足 $\eta_j < \xi_i$ 的 η_j 的个数加上 Q_i. 若令 $g(x) = \begin{cases} 1, & x > 0, \\ 0, & x \leqslant 0. \end{cases}$ 则满足 $\eta_j < \xi_i$ 的 η_j 的个数为 $\sum_{j=1}^{n} g(\xi_i - \eta_j)$，于是

$$R_i = \sum_{j=1}^{n} g(\xi_i - \eta_j) + Q_i,$$

$$W = \sum_{i=1}^{m} R_i = \sum_{i=1}^{m} \sum_{j=1}^{n} g(\xi_i - \eta_j) + \sum_{i=1}^{m} Q_i$$

$$= \sum_{i=1}^{m} \sum_{j=1}^{n} g(\xi_i - \eta_j) + \frac{1}{2} m(m+1),$$

令 $G = \sum_{i=1}^{m} \sum_{j=1}^{n} g(\xi_i - \eta_j)$，则 $W = G + \frac{1}{2} m(m+1)$. G 的引入可以方便 W 及 W 的数字特征的计算. 例如，利用 G 容易算得 $\mathrm{E}(W) = \frac{1}{2} m(m+n+1)$，$\mathrm{D}(W) = \frac{1}{12} mn(m+n+1)$.

(3) 秩和检验表只对 $m \leqslant n \leqslant 10$ 给出. 当 $m, n > 10$ 时，可考虑 W 的极限分布. 莱曼(Lehmann)证明了在 H_0 为真且 $\min(m, n) \to \infty$ 时

$$U = \frac{W - \frac{1}{2} m(m+n+1)}{\sqrt{\frac{1}{2} mn(m+n+1)}}$$

以 $N(0, 1)$ 为极限分布. 这样，在 $m, n > 10$ 时，再选用上面的 U 来对原假设 H_0 作 U 检验法、双边检验，拒绝域 $D = (-\infty, -u_\alpha] \cup [u_\alpha, \infty)$，其中 u_α 满足 $\Phi(u_\alpha) = 1 - \frac{\alpha}{2}$.

(4) 当两个样本的若干观察值等于同一个数值时，一般采用

下列方式规定秩：先将样本值按从小到大的顺序排成一列，然后取这些等值数据所排序号的算术平均值来作为它们的秩.

例 9.5 为比较某校走读生与住校生的英语口语成绩的分布状况，从走读生、住校生中分别抽取 5 名和 6 名学生进行英语口语成绩测试，结果是：

走读生：42 38 35 41 32

住校生：56 49 60 43 38 55

试问走读生与住校生的成绩分布是否相同 ($\alpha = 0.05$)？

解 假设 H_0: $F_1(x) = F_2(x)$，其中 $F_1(x)$，$F_2(x)$分别为走读生、住校生英语口语成绩的分布函数. 将两样本混合计算秩：

序　号	1	2	3	4	5	6	7	8	9	10	11
秩	1	2	3.5	3.5	5	6	7	8	9	10	11
走读生	32	35	38		41	42					
住校生				38			43	49	55	56	60

现 $m = 5$, $n = 6$, 求秩和

$$W = 1 + 2 + 3.5 + 5 + 6 = 17.5.$$

对于 $\alpha = 0.05$，查秩和检验表得 $w_1 = 19$，$w_2 = 41$. 因为 $W = 17.5 < 19$，故拒绝原假设 H_0，即认为走读生与住校生英语口语成绩的分布存在差异.

2. 游程检验

先介绍游程的概念. 设有 m 个 0 和 n 个 1 ($m \leqslant n$) 排成一列，如：00110111…01，我们称由同一个数字组成且被另一个数字分隔的每一个子列为一个**游程**，游程中相同数字的个数叫做该**游程的长度**；一个排列中，其游程的个数 $R_{m,n}$ 称为**游程总数**. 例如，下面是 5 个 0 与 6 个 1 的一个排列：

1 1 0 0 1 0 0 0 1 1 1

它有5个游程,其中两个“0—游程”,长度依次为2, 3;三个“1—游程”,长度依次为2, 1, 3.

易知,在 m 个0与 n 个1的一个排列中,“0—游程”与“1—游程”的个数至多相差一个;$R_{m,n}$的最小值是2(m 个0排在一起,n 个1排在一起),当 $m=n$ 时,$R_{m,n}$的最大值为 $2m$(0与1相间而排),当 $m<n$ 时,$R_{m,n}$的最大值为 $2m+1$(每个“0—游程”的长度均为1,且首、尾两个游程为“1—游程”);使得 $R_{m,n}=2k$ 的排列方法有 $2C_{m-1}^{k-1}C_{n-1}^{k-1}$ 种,使得 $R_{m,n}=2k+1$ 的排列方法有 $C_{m-1}^{k-1}C_{n-1}^{k}+C_{m-1}^{k}C_{n-1}^{k-1}$ 种.

下面给出游程检验的思想及方法.

将两样本 $\xi_1, \xi_2, \cdots, \xi_m; \eta_1, \eta_2, \cdots, \eta_n$ 混合,并按从小到大的顺序排列成:

$$\zeta_1^* \leqslant \zeta_2^* \leqslant \cdots \leqslant \zeta_{m+n}^*.$$

若 $\zeta_i^*=\xi_j$,则用0表示 ζ_i^*;若 $\zeta_i^*=\eta_k$,则用1表示 ζ_i^*. 这样,排列 $\zeta_1^*, \zeta_2^*, \cdots, \zeta_{m+n}^*$ 就转化为 m 个0和 n 个1的一个排列. 如果 H_0 为真,则 $\xi_1, \xi_2, \cdots, \xi_m, \eta_1, \eta_2, \cdots, \eta_n$ 独立同分布,从而由对称性知,m 个0与 n 个1的每一种排列都具有等可能性,因此,游程总数 $R_{m,n}$具有分布:

$$P(R_{m,n}=2k)=\frac{2C_{m-1}^{k-1}C_{n-1}^{k-1}}{C_{m+n}^{m}}, \quad k=1, 2, \cdots, m;$$

$$P(R_{m,n}=2k+1)=\frac{C_{m-1}^{k-1}C_{n-1}^{k}+C_{m-1}^{k}C_{n}^{k-1}}{C_{m+n}^{m}}, \qquad (9.4)$$

$$k=1, 2, \cdots, m-1;$$

$$P(R_{m,n}=2m+1)=\frac{C_{n-1}^{m}}{C_{m+n}^{m}}, \quad 若\ m<n.$$

直观上，如果 H_0 为真，则在混合样本的排序中 ξ_i 与 η_j 的交替应该比较频繁，即 $R_{m,n}$ 的值偏小的可能性较小；因此可选检验函数 $R_{m,n}$ 来对假设 H_0 进行左单边检验. 对于给定的检验水平 α，由(9.4)式(实际问题中查游程检验表——附表 9)确定满足

$$P(R_{m,n} \leqslant r_\alpha) \leqslant \alpha$$

的最大整数 r_α，从而得检验的拒绝域 $D = [2, r_\alpha]$.

上述检验法称为**游程检验法**，由 Wald 及 Wolfowitz 于 1940 年提出.

可以证明，在 H_0 为真且 $\min(m, n) \to \infty$ 时

$$U = \frac{R_{m,n} - \left(1 + \dfrac{2mn}{m+n}\right)}{\sqrt{\dfrac{2mn(2mn - m - n)}{(m+n)^2(m+n-1)}}}$$

以 $N(0, 1)$ 为极限分布. 因此，在 m, n 较大时，可选用上面的 U 来对原假设 H_0 作 U 检验法、左单边检验，拒绝域 $D = (-\infty, -u_{2\alpha}]$，其中 $u_{2\alpha}$ 满足 $\Phi(u_{2\alpha}) = 1 - \alpha$.

例 9.6 某市物理考试采用统一试卷，今从甲、乙两县中分别抽取 8 名和 9 名考生，其成绩由表 9.7 给出，试问能否认为甲乙两县的成绩分布相同 ($\alpha = 0.10$)？

表 9.7

序号	甲	3	8	9	2	15	16	10	6	
	乙	1	4	5	7	11	13	14	17	12
甲　县		63	73	74	56	82	87	74	64	
乙　县		53	63	63	70	75	78	81	89	76

解 假设 H_0: $F_1(x) = F_2(x)$，其中 $F_1(x)$, $F_2(x)$ 分别为甲、乙两县物理成绩的分布函数.

将两样本值混合排序(见表 9.7),对应的 0 与 1 的排列为:

$$1\ 0\ 0\ 1\ 1\ 1\ 0\ 1\ 0\ 0\ 0\ 1\ 1\ 1\ 1\ 0\ 0\ 1$$

它共有 9 个游程. 现 $m = 8$, $n = 9$, $\alpha = 0.10$, 查游程检验表得 $r_\alpha = 5$. 因为 $R_{8,9} = 9 > r_\alpha$, 故接受原假设 H_0,即可以认为甲、乙两县物理成绩的分布相同.

习 题 9.3

1. 为了比较两种不同的轮胎的质量,每种轮胎中各取 8 件进行试验,得如下数据(单位:千千米):

甲:32.1 20.6 17.8 28.4 19.6 21.4 19.9 30.1

乙:19.8 27.7 30.8 27.6 34.1 18.7 16.9 17.9

试用秩和检验法检验两种轮胎的质量是否一致 ($\alpha = 0.05$)?

2. 两种配方所生产的某种产品的性能指标经抽样测定得如下数据:

配方Ⅰ:14.6 15.0 15.1

配方Ⅱ:14.7 14.8 15.2 15.6

试用秩和检验法检验两种配方下生产出的产品的性能指标是否同分布 ($\alpha = 0.05$)?

3. 甲、乙两个平行班的数学课各由一个教师任课,并采用统一试卷进行测试. 今从两班中各抽取容量为 7 和 8 的样本,得如下数据:

甲班:97 90 66 51 85 76 48

乙班:49 62 99 74 67 44 71 68

试用游程检验法检验两班成绩的分布是否一致 ($\alpha = 0.05$)?

4. 比较两种催化剂 A 和 B 对某化工产品得收率(实际生产量与理论生产量之比)的影响. 使用催化剂 A 的 5 个试验,其得收率为 0.82, 0.90, 0.86, 0.92, 0.88;使用催化剂 B 的 7 个试验,其得收率为 0.83, 0.85, 0.84, 0.79, 0.81, 0.87, 0.85. 试用游程检验法检验两种催化剂的效果是否一致 ($\alpha = 0.05$)?

第10章　方差分析与回归分析

§10.1　单因素方差分析

我们知道,自然界中任一事物都不是孤立存在的,往往受着多种因素的影响.比如,在化工生产中,原料成份、剂量、催化剂、反映速度、时间、设备及操作人员的技术水平等对产品的质量都可能有影响.如何分析这诸多因素中哪些因素对结果有明显的影响,这就是方差分析所要解决的主要问题.

通常,我们把在试验中需要考察的那些可以控制的条件称为**因素**,而因素变化的各个等级称为**水平**.如果试验中只有一个因素在变化,而其他条件可以控制不变,则称该试验为**单因素试验**,否则称为**多因素试验**.本节讨论单因素试验中的方差分析.

1. 单因素方差分析问题的提法

先看一个例子.

例10.1　为寻求适应于本地区的高产油菜品种,选了五种不同的品种进行试验,每一品种在四块试验田上试种,且各试验田的耕作条件基本相同.试验的结果(亩产量)如下(表10.1):

问不同品种的平均亩产量是否存在差异.

在本例中,试验的条件只有一个——品种,而关心的问题是品种这一因素对亩产量的影响,这是一个单因素试验问题.我们用 A

表 10.1

品种＼田块	1	2	3	4
A_1	256	222	280	298
A_2	244	300	290	275
A_3	250	277	230	322
A_4	288	280	315	259
A_5	206	212	220	212

表示品种这一因素，五个不同品种就是因素 A 的五个不同水平，分别记为 A_1, A_2, A_3, A_4, A_5. 从表 10.1 可以看出：同一水平中不同田块上的亩产量存在着差异，但这种差异的存在来源于试验的随机误差(因为不同田块的耕作条件基本相同)，于是，我们可以认为一个水平下的亩产量就是一个总体；另一方面，不同水平下的亩产量也存在着差异，然而，这种差异的存在除了来源于试验的随机误差外，还可能由因素 A 的作用而产生. 因此，不同水平下的总体可能不同，五个不同的水平就对应着五个相应的总体. 设水平 A_1, A_2, A_3, A_4, A_5 下的总体分别为 $\xi_1, \xi_2, \xi_3, \xi_4, \xi_5$；根据经验和常识，可假定各总体独立且服从方差相同的正态分布，即假定 $\xi_1, \xi_2, \xi_3, \xi_4, \xi_5$ 相互独立，且 $\xi_i \sim N(a_i, \sigma^2)$, $i=1, 2, 3, 4, 5$, 其中 a_i 与 σ^2 均未知. 这样，我们就将所讨论的问题转化为如何通过表 10.1 提供的样本值来检验假设 H_0: $a_1=a_2=a_3=a_4=a_5$ 是否成立；若拒绝 H_0，则认为这五种品种的平均亩产量之间有差异；反之，则认为各品种间的产量无差异，亩产量的不同只是由于试验的随机误差而引起的.

以上就是单因素方差分析问题，它的一般提法是：

设在单因素试验中，所考察的因素为 A，A 有 m 个水平 $A_1, A_2, \cdots, A_m$，水平 A_i 下的总体为 ξ_i, $i=1, 2, \cdots, m$；假定 $\xi_1, \xi_2, \cdots, \xi_m$ 相互独立，且 $\xi_i \sim N(a_i, \sigma^2)$, $i=1, 2, \cdots, m$, 其中 a_i 和 σ^2 未知. 对于总体 ξ_i，选取容量为 n_i 的样本 $(\xi_{i_1}, \xi_{i_2}, \cdots, \xi_{in_i})$, i

$= 1, 2, \cdots, m$；由于 ξ_i 间的独立性，这 m 组样本是相互独立的. 单因素方差分析就是研究如何根据这组样本来检验假设 H_0：$a_1 = a_2 = \cdots = a_m$ 是否成立，即检验因素 A 对试验结果有无影响.

现在我们来分析一下单因素方差分析中样本的数据结构. 由于 $\xi_{ij} \sim N(a_i, \sigma^2)$，令 $\varepsilon_{ij} = \xi_{ij} - a_i$，则 ε_{ij} 可以看成一随机误差，$\varepsilon_{ij} \sim N(0, \sigma^2)$，且诸 ε_{ij} 间相互独立，

$$\xi_{ij} = a_i + \varepsilon_{ij}, \quad j = 1, 2, \cdots, n_i;\ i = 1, 2, \cdots, m.$$

记 $n = \sum_{i=1}^{m} n_i$，$a = \frac{1}{n} \sum_{i=1}^{m} n_i a_i$，$\delta_i = a_i - a$，称 a 为**一般平均**，δ_i 为水平 A_i 的**效应**（它反映了水平 A_i 下的总体均值与一般平均间的差异），显然 $\sum_{i=1}^{m} n_i \delta_i = 0$. 由上，样本的数据结构可以写成

$$\begin{cases} \xi_{ij} = a + \delta_i + \varepsilon_{ij}, \\ \varepsilon_{ij} \sim N(0, \sigma^2), \end{cases} \quad j = 1, 2, \cdots, n_i;\ i = 1, 2, \cdots, m. \tag{10.1}$$

且 ε_{ij} 间相互独立. 上式通常称为**单因素方差分析模型**. 在该模型下，假设 H_0：$a_1 = a_2 = \cdots = a_m$ 等价于假设 H_0：$\delta_1 = \delta_2 = \cdots = \delta_m = 0$.

注意，在单因素方差分析问题中，若因素 A 的水平只有两个，则就是比较两正态总体均值是否相等的问题，这在 §8.2 中虽然讨论过，但方差分析是一种更一般的方法.

2. 方差分析的基本方法

从(10.1)式可以看出，引起 ξ_{ij} 间的波动主要有两个原因，一是随机误差 ε_{ij} 引起的，另一则是水平 A_i 的效应 δ_i 所引起的. 如果我们能够从 ξ_{ij} 间总的波动中，将上述两个原因引起的波动分离出来，则可以通过比较来给出原假设的检验. 为此我们先研究离差平方和的分解.

1）离差平方和的分解

记 $\bar{\xi}_i = \frac{1}{n_i}\sum_{j=1}^{n_i}\xi_{ij}$，$T_{i\cdot} = n_i\bar{\xi}_i$，$i = 1, 2, \cdots, m$，

$$\bar{\xi} = \frac{1}{n}\sum_{i=1}^{m}\sum_{j=1}^{n_i}\xi_{ij}, \quad T = n\bar{\xi}.$$

我们有

$$\begin{aligned}\sum_{i=1}^{m}\sum_{j=1}^{n_i}(\xi_{ij} - \bar{\xi})^2 &= \sum_{i=1}^{m}\sum_{j=1}^{n_i}(\xi_{ij} - \bar{\xi}_i + \bar{\xi}_i - \bar{\xi})^2 \\ &= \sum_{i=1}^{m}\sum_{j=1}^{n_i}(\xi_{ij} - \bar{\xi}_i)^2 + \sum_{i=1}^{m}\sum_{j=1}^{n_i}(\bar{\xi}_i - \bar{\xi})^2 \\ &\quad + 2\sum_{i=1}^{m}\sum_{j=1}^{n_i}(\xi_{ij} - \bar{\xi}_i)(\bar{\xi}_i - \bar{\xi}).\end{aligned}$$

因为

$$\begin{aligned}\sum_{i=1}^{m}\sum_{j=1}^{n_i}(\xi_{ij} - \bar{\xi}_i)(\bar{\xi}_i - \bar{\xi}) &= \sum_{i=1}^{m}(\bar{\xi}_i - \bar{\xi})\sum_{j=1}^{n_i}(\xi_{ij} - \bar{\xi}_i) \\ &= \sum_{i=1}^{m}(\bar{\xi}_i - \bar{\xi})(n_i\bar{\xi}_i - n_i\bar{\xi}_i) = 0,\end{aligned}$$

从而

$$\begin{aligned}\sum_{i=1}^{m}\sum_{j=1}^{n_i}(\xi_{ij} - \bar{\xi})^2 &= \sum_{i=1}^{m}\sum_{j=1}^{n_i}(\xi_{ij} - \bar{\xi}_i)^2 + \sum_{i=1}^{m}\sum_{j=1}^{n_i}(\bar{\xi}_i - \bar{\xi})^2 \\ &= \sum_{i=1}^{m}\sum_{j=1}^{n_i}(\xi_{ij} - \bar{\xi}_i)^2 + \sum_{i=1}^{m}n_i(\bar{\xi}_i - \bar{\xi})^2.\end{aligned}$$

记
$$S_T = \sum_{i=1}^{m}\sum_{j=1}^{n_i}(\xi_{ij} - \bar{\xi})^2, \tag{10.2}$$

$$S_e = \sum_{i=1}^{m} \sum_{j=1}^{n_i} (\xi_{ij} - \bar{\xi}_i)^2, \tag{10.3}$$

$$S_A = \sum_{i=1}^{m} n_i (\bar{\xi}_i - \bar{\xi})^2, \tag{10.4}$$

则有
$$S_T = S_e + S_A. \tag{10.5}$$

其中 S_T 称为**总离差平方和**,它反映了 ξ_{ij}间总的波动情况. 为了看清 S_e, S_A 的意义,记

$$\bar{\varepsilon}_i = \frac{1}{n_i} \sum_{j=1}^{n_i} \varepsilon_{ij}, \quad i = 1, 2, \cdots, m,$$

$$\bar{\varepsilon} = \frac{1}{n} \sum_{i=1}^{m} \sum_{j=1}^{n_i} \varepsilon_{ij} = \frac{1}{n} \sum_{i=1}^{m} n_i \bar{\varepsilon}_i.$$

则由(10.1)式知

$$\bar{\xi}_i = a + \delta_i + \bar{\varepsilon}_i \quad (i = 1, 2, \cdots, m), \quad \bar{\xi} = a + \bar{\varepsilon}.$$

于是

$$S_e = \sum_{i=1}^{m} \sum_{j=1}^{n_i} (\xi_{ij} - \bar{\xi}_i)^2 = \sum_{i=1}^{m} \sum_{j=1}^{n_i} (\varepsilon_{ij} - \bar{\varepsilon}_i)^2,$$

$$S_A = \sum_{i=1}^{m} n_i (\bar{\xi}_i - \bar{\xi})^2 = \sum_{i=1}^{m} n_i (\delta_i + \bar{\varepsilon}_i - \bar{\varepsilon})^2. \tag{10.6}$$

这说明 S_e 完全由随机误差所引起的波动所决定,而 S_A 除随机误差外主要由各水平的效应 δ_i 所决定,因此它反映了因素 A 的不同水平所引起的波动. 通常称 S_e 为**误差平方和**,S_A 为**组间平方和**,而公式(10.5)称为**离差平方和分解式**.

2) 检验方法

从离差平方和分解式及(10.6)式可知,若 H_0 为真,则各水平的效应为零,因此 S_A 相对来说较小,从而 S_A/S_e 较小;如果 S_A/S_e

较大，则 S_A 相对来说就较大，这表明因素 A 的不同水平有着明显的效应，从而 H_0 不成立. 基于上述分析，对 H_0 的检验，可从 S_A/S_e 着手考虑.

若 H_0 成立，则 $\xi_{ij}(j=1, 2, \cdots, n_i; i=1, 2, \cdots, m)$ 间独立且均服从正态分布 $N(a, \sigma^2)$，因此由定理 7.5 知

$$\frac{S_T}{\sigma^2}=\sum_{i=1}^{m}\sum_{j=1}^{n_i}(\xi_{ij}-\bar{\xi})^2/\sigma^2\sim\chi^2(n-1),$$

$$\sum_{j=1}^{n_i}(\xi_{ij}-\bar{\xi}_i)^2/\sigma^2\sim\chi^2(n_i-1),\quad i=1, 2, \cdots, m.$$

再由 χ^2 分布的可加性又知

$$\frac{S_e}{\sigma^2}=\sum_{i=1}^{m}\sum_{j=1}^{n_i}(\xi_{ij}-\bar{\xi}_i)^2/\sigma^2\sim\chi^2\Big(\sum_{i=1}^{m}(n_i-1)\Big)=\chi^2(n-m).$$

可以证明，当 H_0 成立时，$\dfrac{S_A}{\sigma^2}\sim\chi^2(m-1)$，且 $\dfrac{S_A}{\sigma^2}$ 与 $\dfrac{S_e}{\sigma^2}$ 相互独立，从而

$$F=\frac{S_A/(m-1)}{S_e/(n-m)}\sim F(m-1, n-m).$$

由上，我们可利用 F 对 H_0 进行右单边检验. 对于给定的检验水平 α，查 $F(m-1, n-m)$ 表确定 F_α，使 $P(F\geqslant F_\alpha)=\alpha$，得检验的拒绝域为 $D=[F_\alpha, \infty)$.

3. 数据计算与方差分析表

在上面给出的方差分析的基本方法中，由于 S_A, S_e 的计算比较复杂，为此有必要先对公式(10.2)、(10.4)进行简化，然后通过简化后的公式列表计算出有关的量并给出检验.

1) 数据简化

令 $\xi'_{ij}=d(\xi_{ij}-c)$，其中 c, d 均为常数且 $d\neq 0$，根据(7.1)

式容易知道，变换前后的 F 值不变. 因此在实际问题中，我们总可以选取适当的常数 c 与 d，使得变换后的数据尽可能为整数且绝对值较小，从而方便数据的计算.

2）公式简化

公式(10.2)与(10.4)可作如下简化：

$$S_T = \sum_{i=1}^{m} \sum_{j=1}^{n_i} (\xi_{ij} - \bar{\xi})^2 = \sum_{i=1}^{m} \sum_{j=1}^{n_i} \xi_{ij}^2 - n\,\bar{\xi}^2$$

$$= \sum_{i=1}^{m} \sum_{j=1}^{n_i} \xi_{ij}^2 - \frac{T^2}{n},$$

$$S_A = \sum_{i=1}^{m} n_i (\bar{\xi}_i - \bar{\xi})^2 = \sum_{i=1}^{m} n_i (\bar{\xi}_i^2 - 2\,\bar{\xi}_i\,\bar{\xi} + \bar{\xi}^2)$$

$$= \sum_{i=1}^{m} n_i\,\bar{\xi}_i^2 - 2\,\bar{\xi} \sum_{i=1}^{m} n_i\,\bar{\xi}_i + \bar{\xi}^2 \sum_{i=1}^{m} n_i$$

$$= \sum_{i=1}^{m} n_i\,\bar{\xi}_i^2 - 2n\,\bar{\xi}^2 + n\,\bar{\xi}^2 = \sum_{i=1}^{m} n_i\,\bar{\xi}_i^2 - n\,\bar{\xi}^2$$

$$= \sum_{i=1}^{m} \frac{T_{i\cdot}^2}{n_i} - \frac{T^2}{n}.$$

如果是等重复试验 $n_1 = n_2 = \cdots = n_m = h$，则

$$S_A = \frac{1}{h} \sum_{i=1}^{m} T_{i\cdot}^2 - \frac{T^2}{n}.$$

根据公式(10.5)：$S_e = S_T - S_A$.

3）数据计算表与方差分析表

由上述简化后的公式，方差分析中的数据计算通常按表 10.2 的格式进行，有关量的计算结果可制成形如表 10.3 的方差分析表. 根据该表，我们即可作出拒绝 H_0 还是接受 H_0 的判断.

表 10.2 数据计算表

数据 \ 试验号 / 水平	1	2	…	n_i	$T_{i\cdot}$	$T_{i\cdot}^2$	$\frac{1}{n_i}T_{i\cdot}^2$	$\sum{}^2\cdot$
A_1	ξ_{11}	ξ_{12}	…	ξ_{1n_1}	$T_{1\cdot}$	$T_{1\cdot}^2$	$\frac{1}{n_1}T_{1\cdot}^2$	$\sum_{j=1}^{n_1}\xi_{1j}^2$
A_2	ξ_{21}	ξ_{22}	…	ξ_{2n_2}	$T_{2\cdot}$	$T_{2\cdot}^2$	$\frac{1}{n_2}T_{2\cdot}^2$	$\sum_{j=1}^{n_2}\xi_{2j}^2$
⋮	⋮	⋮		⋮	⋮	⋮	⋮	⋮
A_m	ξ_{m1}	ξ_{m2}	…	ξ_{mn_m}	$T_{m\cdot}$	$T_{m\cdot}^2$	$\frac{1}{n_m}T_{m\cdot}^2$	$\sum_{j=1}^{n_m}\xi_{mj}^2$
				$\sum$	T		$\sum_{i=1}^{m}\frac{1}{n_i}T_{i\cdot}^2$	$\sum_{i=1}^{m}\sum_{j=1}^{n_i}\xi_{ij}^2$

（表头"数据 整理"横跨后四列。）

$m=$ $\qquad$ $m-1=$ $\qquad$ $S_T=\sum_{i=1}^{m}\sum_{j=1}^{n_i}\xi_{ij}^2-\frac{T^2}{n}=$

$n=\sum_{i=1}^{m}n_i=$ $\qquad$ $n-m=$ $\qquad$ $S_A=\sum_{i=1}^{m}\frac{1}{n_i}T_{i\cdot}^2-\frac{T^2}{n}=$

$T^2=$ $\qquad$ $S_e=S_T-S_A=$

表 10.3 单因素方差分析表

方差来源	平方和	自由度	F 值	临界点
因素 A	S_A	$m-1$	$F=\dfrac{S_A/(m-1)}{S_e/(n-m)}$	F_α
试验误差	S_e	$n-m$		
总　和	S_T	$n-1$		

例 10.2 为了改进录音带质量，今比较四种不同磁粉的录音带的放音效果，用这四种不同磁粉（记为 A_1，A_2，A_3，A_4）的录音带录音，其放音效果的测量数据列于下表，问这四种磁粉的平均放

音效果有无差异（$\alpha=0.05$）？

效果 序号 / 因素 A	1	2	3	4	5	6	7
A_1	10	15	8	12	15		
A_2	14	18	21	15			
A_3	17	16	14	15	17	15	18
A_4	12	15	17	15	16	15	

解 用 ξ_i 表示磁粉为 A_i 的录音带的放音效果，且假定 $\xi_i \sim N(a_i, \sigma^2)$，$i=1, 2, 3, 4$，本题需检验原假设 H_0：$a_1=a_2=a_3=a_4$.

为了简化计算，我们将所有数据都减去同一常数 $c=15$，列表计算如下：

数据 试验号 / 水平	1	2	3	4	5	6	7	$T_{i\cdot}$	$T_{i\cdot}^2$	$\frac{1}{n_i}T_i^2$	$\sum^2$.
A_1	−5	0	−7	−3	0			−15	225	45	83
A_2	−1	3	6	0				8	64	16	46
A_3	2	1	−1	0	2	0	3	7	49	7	19
A_4	−3	0	2	0	1	0		0	0	0	14
$\sum$								0		68	162

$m=4$ $T^2=0$		$S_A=68-0=68$	$m-1=3$
$n=22$ $S_T=162-0=162$		$S_e=162-68=94$	$n-m=22-4=18$

方差来源	平方和	自由度	平均平方和	F	临界点
A	68	3	22.67	4.34	$F_{0.05} = 3.16$
试验误差	94	18	5.22		
总　　和	162	21			

因 $F = 4.34 > 3.16 = F_{0.05}$，故拒绝 H_0，即该四种磁粉对录音带平均放音效果有差异.

习　题　10.1

(A)

1. 试问例 10.1 的问题中不同品种的平均亩产量是否存在差异 ($\alpha = 0.05$)?

2. 三组不同学龄的学生记同一组词汇，其分数情况如下表，问小学生的学龄对词汇的记忆有无影响 ($\alpha = 0.01$)?

分数 序号 / 年级	1	2	3	4
一年级	2	3	3	4
二年级	10	7	9	6
三年级	9	11	10	10

3. 在工厂设备未损耗前，对三种制缸设备 A, B, C 的日产量观察多次，结果由下表给出，问能否认为三种制缸设备的平均日产量无差异 ($\alpha = 0.05$)?

序号 / 设备	1	2	3	4	5	6	7	8	9
A	84	60	40	47	34				
B	67	92	95	40	98	60	59	108	86
C	46	93	100						

4. 某煤矿有四个掘进组，分别在四个条件大致相同的工作面上作业，今以 10 天为一个单元统计得各组五个单元时间掘进尺的数据如下表，试问各组的工作效率有无差异 ($\alpha = 0.01$)？

掘进组 \ 序号	1	2	3	4	5
一	12	11	12	13	12
二	14	12	13	14	12
三	9	10	11	9	11
四	10	11	12	12	10

§10.2 双因素方差分析

1. 问题的提法

前面我们讨论了单因素的方差分析，即只考虑一个因素对试验结果的影响. 但在实际问题中影响试验结果的因素往往不止一个，例如小麦的亩产量，它既受品种的影响，又受施肥量、雨水等因素的影响，因此还需要讨论多因素的方差分析问题. 本节仅以双因素的方差分析为例来作介绍.

双因素方差分析问题相对来说比较复杂，因为在双因素试验中，除每个因素的影响之外，有时还会出现两因素搭配上的影响，现通过如下的两张试验表来说明它.

表 10.4

A \ B	B_1	B_2
A_1	20	60
A_2	50	90

表 10.5

A \ B	B_1	B_2
A_1	20	100
A_2	50	80

在表 10.4 中，我们看到，无论因素 B 是什么水平(B_1 或 B_2)，水平 A_2 下的结果总比 A_1 下的高 30；同样，不论 A 是什么水平，B_2 下的结果总比 B_1 下的高 40. 这说明 A 和 B 各自单独地对试验结果产生影响，相互之间没有联系.

在表 10.5 中，当 B 为 B_1 时，A_2 下的结果比 A_1 高，而当 B 为 B_2 时，A_2 下的结果又比 A_1 低，这说明 A 的作用与 B 所取的水平有关；同样可以看出 B 的作用与 A 所取的水平也有关. 因此对试验结果的影响，除 A, B 的各自影响外，还存在着 A, B 搭配方式上的影响，我们把这种影响称为 A 和 B 的**交互作用**，记为 $A\times B$. 当然，由于试验的随机误差，仅从 A, B 的每种搭配的一次试验结果上来判断 A 与 B 是否有交互作用是不准确的，只有在重复试验中才能看清 A 与 B 的交互作用. 为简单起见，下面仅讨论 A, B 无交互作用情形下的双因素方差分析，此时对 A, B 的每一种搭配可以只进行一次试验.

设因素 A 有 r 个不同水平 $A_1, A_2, \cdots, A_r$，因素 B 有 s 个不同水平 $B_1, B_2, \cdots, B_s$，这样，A 与 B 的各水平的搭配共 $r\times s$ 种. 对每种搭配相互独立地进行一次试验，设搭配(A_i, B_j)下的试验结果为 ξ_{ij}，与单因素的方差分析一样. 假定 ξ_{ij} 均服从具有相同方差的正态分布 $N(a_{ij}, \sigma^2)$, $i=1, 2, \cdots, r$; $j=1, 2, \cdots, s$. 此时，检验因素 A 和 B 各自对试验结果有无影响，也就是要相应地检验假设：

$$H_{0A}: a_{1j}=a_{2j}=\cdots=a_{rj},\ j=1, 2, \cdots, s;$$

$$H_{0B}: a_{i1}=a_{i2}=\cdots=a_{is},\ i=1, 2, \cdots, r.$$

2. 检验方法

类似与单因素方差分析的方法，在检验之前，我们必须设法把因素 A, B 及随机误差各自所引起的数据波动从总的波动中分离出来.

记 $n = rs$， $\bar{\xi}_{i\cdot} = \frac{1}{s}\sum_{j=1}^{s}\xi_{ij}$， $\bar{\xi}_{\cdot j} = \frac{1}{r}\sum_{i=1}^{r}\xi_{ij}$，
$T_{i\cdot} = s\,\bar{\xi}_{i\cdot}$， $T_{\cdot j} = r\,\bar{\xi}_{\cdot j}$， $i = 1, 2, \cdots, r$； $j = 1, 2, \cdots, s$.
$\bar{\xi} = \frac{1}{rs}\sum_{i=1}^{r}\sum_{j=1}^{s}\xi_{ij}$， $T = rs\,\bar{\xi}$. 有

$$
\begin{aligned}
S_T &= \sum_{i=1}^{r}\sum_{j=1}^{s}(\xi_{ij} - \bar{\xi})^2 \\
&= \sum_{i=1}^{r}\sum_{j=1}^{s}[(\xi_{ij} - \bar{\xi}_{i\cdot} - \bar{\xi}_{\cdot j} + \bar{\xi}) + (\bar{\xi}_{i\cdot} - \bar{\xi}) + (\bar{\xi}_{\cdot j} - \bar{\xi})]^2 \\
&= \sum_{i=1}^{r}\sum_{j=1}^{s}(\bar{\xi}_{i\cdot} - \bar{\xi})^2 + \sum_{i=1}^{r}\sum_{j=1}^{s}(\bar{\xi}_{\cdot j} - \bar{\xi})^2 + \\
&\quad \sum_{i=1}^{r}\sum_{j=1}^{s}(\xi_{ij} - \bar{\xi}_{i\cdot} - \bar{\xi}_{\cdot j} + \bar{\xi})^2 + \\
&\quad 2\sum_{i=1}^{r}\sum_{j=1}^{s}(\bar{\xi}_{i\cdot} - \bar{\xi})(\bar{\xi}_{\cdot j} - \bar{\xi}) + \\
&\quad 2\sum_{i=1}^{r}\sum_{j=1}^{s}(\bar{\xi}_{i\cdot} - \bar{\xi})(\xi_{ij} - \bar{\xi}_{i\cdot} - \bar{\xi}_{\cdot j} + \bar{\xi}) + \\
&\quad 2\sum_{i=1}^{r}\sum_{j=1}^{s}(\bar{\xi}_{\cdot j} - \bar{\xi})(\xi_{ij} - \bar{\xi}_{i\cdot} - \bar{\xi}_{\cdot j} + \bar{\xi}).
\end{aligned}
$$

易证，上式中最后三项都等于零，从而

$$
\begin{aligned}
S_T = s\sum_{i=1}^{r}(\bar{\xi}_{i\cdot} - \bar{\xi})^2 + r\sum_{j=1}^{s}(\bar{\xi}_{\cdot j} - \bar{\xi})^2 \\
+ \sum_{i=1}^{r}\sum_{j=1}^{s}(\xi_{ij} - \bar{\xi}_{i\cdot} - \bar{\xi}_{\cdot j} + \bar{\xi})^2
\end{aligned}
$$

$$= S_A + S_B + S_e.$$

其中 $S_A = s\sum_{i=1}^{r}(\bar{\xi}_{i\cdot} - \bar{\xi})^2$；$S_B = r\sum_{j=1}^{s}(\bar{\xi}_{\cdot j} - \bar{\xi})^2$；$S_e = \sum_{i=1}^{r}\sum_{j=1}^{s}(\xi_{ij} - \bar{\xi}_{i\cdot} - \bar{\xi}_{\cdot j} + \bar{\xi})^2$. 称 S_A 为 **A 的离差平方和**，S_B 为 **B 的离差平方和**，S_e 为**误差平方和**. 对比单因素方差分析的讨论，容易明白，S_A，S_B 分别反映了因素 A，B 的不同水平所引起的系统误差，而 S_e 则反映了随机因素所引起的试验误差.

可以证明，当 H_{0A} 成立时，$\frac{S_A}{\sigma^2}$ 与 $\frac{S_e}{\sigma^2}$ 独立，且 $\frac{S_A}{\sigma^2} \sim \chi^2(r-1)$，$\frac{S_e}{\sigma^2} \sim \chi^2((r-1)(s-1))$，从而

$$F_A = \frac{S_A/\sigma^2}{r-1}\Big/\frac{S_e/\sigma^2}{(r-1)(s-1)}$$

$$= \frac{(s-1)S_A}{S_e} \sim F(r-1, (r-1)(s-1));$$

当 H_{0B} 成立时，$\frac{S_B}{\sigma^2}$ 与 $\frac{S_e}{\sigma^2}$ 独立，且 $\frac{S_B}{\sigma^2} \sim \chi^2(s-1)$，$\frac{S_e}{\sigma^2} \sim \chi^2((r-1)(s-1))$，从而

$$F_B = \frac{S_B/\sigma^2}{s-1}\Big/\frac{S_e/\sigma^2}{(r-1)(s-1)}$$

$$= \frac{(r-1)S_B}{S_e} \sim F(s-1, (r-1)(s-1)).$$

同单因素方差分析一样，若 H_{0A} 成立，则 F_A 不应较大；若 H_{0B} 成立，则 F_B 不应较大. 因此，可分别利用 F_A，F_B 来对 H_{0A}，H_{0B} 作右单边检验. 对于给定的检验水平 α，分别查 $F(s-1, (r-1)(s-1))$，$F(r-1, (r-1)(s-1))$ 表确定 $F_{A\alpha}$，$F_{B\alpha}$，使 $P(F_A \geqslant F_{A\alpha}) = \alpha$，$P(F_B \geqslant F_{B\alpha}) = \alpha$，于是，$H_{0A}$ 的检验拒绝域为 $D = [F_{A\alpha}, \infty)$，$H_{0B}$ 的检验拒绝域为 $D = [F_{B\alpha}, \infty)$.

为便于计算，S_T，S_A，S_B，S_e 常用下面简化后的公式来计算：

$$S_T=\sum_{i=1}^{r}\sum_{j=1}^{s}\xi_{ij}^2-\frac{T^2}{rs},$$

$$S_A=\frac{1}{s}\sum_{i=1}^{r}T_{i\cdot}^2-\frac{T^2}{rs},$$

$$S_B=\frac{1}{r}\sum_{j=1}^{s}T_{\cdot j}^2-\frac{T^2}{rs},$$

$$S_e=S_T-S_A-S_B.$$

类同单因素方差分析，双因素方差分析也可以通过数据计算表和方差分析表来进行.

表 10.6 双因素方差分析数据计算表

数据 因素 B / 因素 A	$B_1 \quad B_2 \quad \cdots \quad B_s$	$T_{i\cdot}=\sum_{j=1}^{s}\xi_{ij}$	$T_{i\cdot}^2$	$\sum_{j=1}^{s}\xi_{ij}^2$
A_1	$\xi_{11} \quad \xi_{12} \quad \cdots \quad \xi_{1s}$	$T_{1\cdot}$	$T_{1\cdot}^2$	$\sum_{j=1}^{s}\xi_{1j}^2$
A_2	$\xi_{21} \quad \xi_{22} \quad \cdots \quad \xi_{2s}$	$T_{2\cdot}$	$T_{2\cdot}^2$	$\sum_{j=1}^{s}\xi_{2j}^2$
$\vdots$	$\vdots \quad \vdots \quad \quad \vdots$	$\vdots$	$\vdots$	$\vdots$
A_r	$\xi_{r1} \quad \xi_{r2} \quad \cdots \quad \xi_{rs}$	$T_{r\cdot}$	$T_{r\cdot}^2$	$\sum_{j=1}^{s}\xi_{rj}^2$
$T_{\cdot j}=\sum_{i=1}^{r}\xi_{ij}$	$T_{\cdot 1} \quad T_{\cdot 2} \quad \cdots \quad T_{\cdot s}$	$T=\sum_{i=1}^{r}\sum_{j=1}^{s}\xi_{ij}$	$\sum_{i=1}^{r}T_{i\cdot}^2$	$\sum_{i=1}^{r}\sum_{j=1}^{s}\xi_{ij}^2$
$T_{\cdot j}^2$	$T_{\cdot 1}^2 \quad T_{\cdot 2}^2 \quad \cdots \quad T_{\cdot s}^2$	$\sum_{j=1}^{s}T_{\cdot j}^2$		

（续表）

$r=$	$\frac{1}{s}\sum_{i=1}^{r}T_{i\cdot}^2=$	$S_T=\sum_{i=1}^{r}\sum_{j=1}^{s}\xi_{ij}^2-\frac{T^2}{rs}=$
$s=$	$\frac{1}{r}\sum_{j=1}^{s}T_{\cdot j}^2=$	$S_A=\frac{1}{s}\sum_{i=1}^{r}T_{i\cdot}^2-\frac{T^2}{rs}=$
$n=rs=$	$\frac{T^2}{rs}=$	$S_B=\frac{1}{r}\sum_{j=1}^{s}T_{\cdot j}^2-\frac{T^2}{rs}=$
$r-1=$		$S_e=S_T-S_A-S_B=$
$s-1=$		
$(r-1)(s-1)=$		

表 10.7　双因素方差分析表

方差来源	平方和	自由度	F 值	临界点
因素 A	S_A	$r-1$	$F_A=\frac{(s-1)S_A}{S_e}$	$F_{A\alpha}$
因素 B	S_B	$s-1$	$F_B=\frac{(r-1)S_B}{S_e}$	$F_{B\alpha}$
试验误差	S_e	$(r-1)(s-1)$		
总　和	S_T	$rs-1$		

例 10.3　将 B_1, B_2, B_3, B_4 四种教学方法在农村 A_1，区镇 A_2，城市 A_3 的三所学校进行试验，各校试验结果如下表. 问究竟是教学方法对学生成绩有影响，还是城乡的差别对学生成绩有影响呢 $(\alpha=0.05)$？

数据 B / A	B_1	B_2	B_3	B_4
A_1	80	90	30	20
A_2	90	80	40	50
A_3	100	100	60	40

解：建立假设 H_{0A}：城乡差别对学生成绩无影响，H_{0B}：教学方法对学生成绩无影响.

将表中每一数据先减去 60,然后再除以 10,列出数据计算表如下(注意:此时 S_T, S_A, S_B, S_e 各缩小了 10^2 倍,但 F 值不变).

数据 B / A	B_1	B_2	B_3	B_4	$T_{i\cdot}$	$T_{i\cdot}^2$	$\sum_{j=1}^{4}\xi_{ij}^2$
A_1	2	3	−3	−4	−2	4	38
A_2	3	2	−2	−1	2	4	18
A_3	4	4	0	−2	6	36	36
$T_{\cdot j}$	9	9	−5	−7	$T = 6$	$\sum_{i=1}^{3}T_{i\cdot}^2 = 44$	$\sum_{i=1}^{3}\sum_{j=1}^{4}\xi_{ij}^2 = 92$
$T_{\cdot j}^2$	81	81	25	49	$\sum_{j=1}^{4}T_{\cdot j}^2 = 236$		
$r=3$ $s=4$ $rs=12$ $r-1=2$ $s-1=3$ $(r-1)(s-1)=6$	$\frac{1}{4}\sum_{i=1}^{3}T_{i\cdot}^2 = 11$ $\frac{1}{3}\sum_{j=1}^{4}T_{\cdot j}^2 = 78.667$ $\frac{T^2}{12} = 3$				$S'_T = 92 - 3 = 89$ $S'_A = 11 - 3 = 8$ $S'_B = 78.667 - 3 = 75.667$ $S'_e = 5.333$		

由此可得方差分析表:

方差来源	平方和	自由度	F 值	临界点
因素 A	$S_A = 10^2 \times 8$	2	$F_A = 4.5$	$F_{A,\,0.05} = 5.14$
因素 B	$S_B = 10^2 \times 75.667$	3	$F_B = 28.38$	$F_{8,\,0.05} = 4.76$
试验误差	$S_e = 10^2 \times 5.333$	6		
总　和	$S_T = 10^2 \times 89$	11		

因为 $F_A = 4.5 < 5.14$，$F_B = 28.38 > 4.76$，故接受 H_{0A}，拒绝 H_{0B}，即认为城乡差别对学生的学习成绩基本无影响，而教学方法的差别则对学生的成绩有影响.

习 题 10.2

(A)

1. 设有 5 个工作人员在四台机器上分别各工作了一天，得到的产量如下表所示，试问工作人员的不同、机器的差异是否分别对产量有影响（$\alpha = 0.05$）？

机器(B) / 工作人员(A)	1	2	3	4
1	53	47	57	45
2	56	50	63	52
3	45	47	54	42
4	52	47	57	41
5	49	53	58	48

2. 某女排运动员在世界杯赛、世界锦标赛和奥运会三种场合与美国队、日本队、俄罗斯队和古巴队的比赛中，其扣球成功率(%)如下表所示，试判断不同的比赛场合、队别对其扣球成功率是否分别有影响（$\alpha = 0.05$）？

队别(B) / 比赛名称(A)	美	日	俄	古
世 界 杯	70	68	89	85
世界锦标赛	60	70	80	78
奥 运 会	62	63	65	74

3. 为了考察蒸馏水的 pH 值和硫酸铜溶液浓度对化验血清中白蛋白与球蛋白的影响，对蒸馏水的 pH 值(A)取了四个不同的水平，对硫酸铜的浓度

(B)取了 3 个不同的水平，对每一组合各进行一次试验，得白蛋白与球蛋白之比的数据如下表所示，试问蒸馏水的 pH 值、硫酸铜的浓度是否对化验结果分别有影响 $(\alpha = 0.05)$？

浓度(B) \ pH 值(A)	B_1	B_2	B_3
A_1	3.5	2.3	2.0
A_2	2.6	2.0	1.9
A_3	2.0	1.5	1.2
A_4	1.4	0.8	0.3

§10.3　一元线性回归分析

1. 一元线性回归分析问题的提法

1）确定性关系与相关关系

在自然界现象中，同一过程中的各种变量之间往往存在着一定的关系，这种关系大致可分为两类. 一类是确定性关系，如电路中的电压 U，电阻 R 和电流 I 三者之间服从欧姆定律 $U = IR$，在这个关系中，只要知道其中任意两个变量的值，另一个变量的值也就唯一确定了. 另一类是不确定性关系，例如，树的树干直径 x 和树高 η 之间存在着一定的关系，一般讲，树干直径大，树也较高，但这种关系并不是确定性的，因为即使同一树干直径的树，其树高也不完全相同. 又如，在土质和耕作条件相同的条件下，每亩的施肥量 x_1，播种量 x_2 与农作物产量 η 之间存在着一定的关系，一般讲，施肥量、播种量适宜时，农作物产量较高，但这种关系也不是确定性的，因为在施肥量、播种量相同的条件下，农作物产量也不尽相同，具有某种随机性.

变量之间的这种不确定性关系在自然现象中普遍存在，造成不确定性的原因主要是由于测量上的误差和其他一些无法控制的随机因素的干扰.我们称变量之间的这种不确定性关系为**相关关系**.回归分析就是研究变量间相关关系的一种有效的方法.为简单起见,本节主要研究一元线性回归分析.

2) 散点图与一元线性回归模型

设 x 是一可控制的变量,η 是与 x 有关的随机变量,怎样确定 η 与 x 之间的相关关系呢?除根据理论和经验外,可以用散点图来帮助分析,先看一个具体的例子.

例 10.4 在某种产品表面进行腐蚀刻线试验,得到腐蚀深度 η 与腐蚀时间 x 相对应的一组数据:

x(s)	5	10	15	20	30	40	50	60	70	90	120
η(μm)	6	10	10	13	16	17	19	23	25	29	46

这些数据大致反映了 η 和 x 的关系,但 η 和 x 并非确定性关系,因为如果在同一时间段上进行多次试验,所得到的 η 未必完全一致.怎样由所给的数据来理清 η 和 x 间的相关关系呢?我们可以在直角坐标系下将这些成对的数据描出(图 10.1),所绘出的图形通常称为**散点图**.

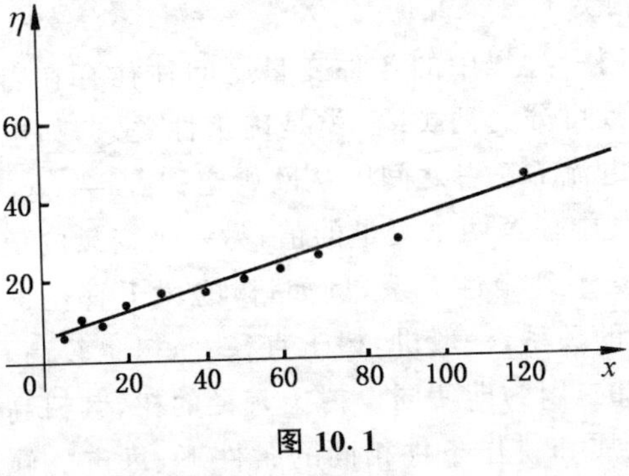

图 10.1

散点图 10.1 中的点虽然是散乱的,但有一定的规律,我们发现当腐蚀时间 x 增加时,腐蚀深度 η 也随着增加,并且这些点散布在某条直线的附近,但又不完全在一直线上,产生这种现象的原因是试验和测试过程中还存在着一些不可控制的随机因素.因此,由

散点图 10.1 可知例 10.4 中的 η 与 x 具有下列关系

$$\eta = a + bx + \varepsilon. \tag{10.7}$$

上式中的 η 由两部分叠加而成，一部分是由 x 的线性函数 $a + bx$ 所引起的，另一部分是由随机因素 ε 所引起的. 由于 ε 通常被看作是随机误差，故一般假定 $\varepsilon \sim N(0, \sigma^2)$，且 σ^2 与 x 无关. 这样，观察结果 (x_i, η_i) 满足

$$\eta_i = a + bx_i + \varepsilon_i, \quad i = 1, 2, \cdots, n. \tag{10.8}$$

其中 $\varepsilon_1, \varepsilon_2, \cdots, \varepsilon_n$ 独立同分布于 $N(0, \sigma^2)$. 形如(10.7)或(10.8)所确定的模型称为**一元(正态)线性回归模型**，参数 a, b 称为**回归系数**. 建立在一元线性回归模型基础上的统计分析称为**一元线性回归分析**.

3) 一元线性回归分析的研究内容

在模型(10.7)下，$E(\eta) = a + bx$，若记 $y = E(\eta)$，则

$$y = a + bx.$$

上式称为**一元线性回归方程**，其图形称为**回归直线**. 在散点图中，回归直线就是散点 (x_i, η_i) $(i = 1, 2, \cdots, n)$ 分布在其邻近的那条直线. 由于回归直线反映了 η 的“平均趋势”或“主要部分”，因此回归直线在一元线性回归分析中占有十分重要的地位. 一元线性回归分析讨论的主要内容有：

(1) 对参数 a, b 进行点估计，估计量 $\hat{a}$, $\hat{b}$ 称为**样本回归系数**或**经验回归系数**，而

$$\hat{y} = \hat{a} + \hat{b}x$$

称为**经验回归直线方程**，其图形相应地称为**经验回归直线**，它是回归直线的一种近似.

为了更深刻地认识模型(10.7)或了解误差情况，有时还必须对 σ^2 进行估计.

(2) 在模型(10.7)下检验 η 与 x 之间是否线性相关. 如其不

是线性相关的，所建立的经验回归直线方程也就失去其应用价值.

(3) 怎样利用求得的线性关系，通过 x 来对 η 进行预测或由 η 来控制 x 的范围.

在讨论上述问题之前，我们需指出：

(1) 在实际问题中，x 可能是一随机变量，但由于我们假定其可控制，故可视 x 为非随机变量.

(2) 较一元线性回归模型更一般的回归模型是

$$y = f(x_1, x_2, \cdots, x_n) + \varepsilon$$

其中常见的是多元线性回归模型，即 $f(x_1, x_2, \cdots, x_p) = b_0 + b_1x + b_2x_2 + \cdots + b_px_p$. 多元线性回归分析所讨论的内容与一元线性回归分析基本上类似，只是处理起来稍许复杂些.

(3) 回归分析中回归一词由英国统计学家高尔顿(F. Galton)在 1889 年发表的关于遗传的论文中首先应用. 他在研究前辈与后代身高之间的关系时，发现儿子的身高介于父亲与种族(父辈)平均身高之间，有回归于种族平均身高的趋势.

2. 回归系数 a, b 的最小二乘法估计

求 a, b 的估计量 $\hat{a}, \hat{b}$，实际上就是要确定一条经验回归直线 $\hat{y} = \hat{a} + \hat{b}x$，用它可以近似地表达 η 和 x 的关系. 我们用最小二乘法来解决这个问题.

对于每一个 x_i，都可用 $\hat{y}_i = \hat{a} + \hat{b}x_i$ 确定一个 $\hat{y}_i$，$i = 1, 2, \cdots, n$，要使得 $\hat{y} = \hat{a} + \hat{b}x$ 能够近似地表达 η，自然希望 $\hat{y}_i$ 与 η_i 的离差越小越好，为此考虑

$$Q(\hat{a}, \hat{b}) = \sum_{i=1}^{n}(\eta_i - \hat{y}_i)^2 = \sum_{i=1}^{n}(\eta_i - \hat{a} - \hat{b}x)^2,$$

最小二乘法就是取使得 $Q(\hat{a}, \hat{b})$ 达到最小值的 $\hat{a}, \hat{b}$ 来分别作为 a, b 的估计量，这样，把求 a, b 的估计量就转化为求 $Q(\hat{a}, \hat{b})$ 的最小值点问题. 由微积分学的知识易知，$Q(\hat{a}, \hat{b})$ 的最小值点

$\hat{a}$，$\hat{b}$ 就是方程组

$$\begin{cases} \dfrac{\partial Q}{\partial \hat{a}} = -2\sum_{i=1}^{n}(\eta_i - \hat{a} - \hat{b}\ x_i) = 0 \\ \dfrac{\partial Q}{\partial \hat{b}} = -2\sum_{i=1}^{n}(\eta_i - \hat{a} - \hat{b}\ x_i)x_i = 0 \end{cases} \tag{10.9}$$

即

$$\begin{cases} n\hat{a} + \hat{b}\ \sum_{i=1}^{n}x_i - \sum_{i=1}^{n}\eta_i = 0 \\ \hat{a}\ \sum_{i=1}^{n}x_i + \hat{b}\ \sum_{i=1}^{n}x_i^2 - \sum_{i=1}^{n}\eta_i x_i = 0 \end{cases}$$

的解.

解上面的方程组可得

$$\hat{a} = \bar{\eta} - \hat{b}\ \bar{x}, \tag{10.10}$$

$$\hat{b} = \frac{n\sum_{i=1}^{n}\eta_i x_i - \left(\sum_{i=1}^{n}x_i\right)\left(\sum_{i=1}^{n}\eta_i\right)}{n\sum_{i=1}^{n}x_i^2 - \left(\sum_{i=1}^{n}x_i\right)^2} = \frac{\sum_{i=1}^{n}(x_i - \bar{x})(\eta_i - \bar{\eta})}{\sum_{i=1}^{n}(x_i - \bar{x})^2}. \tag{10.11}$$

其中 $\bar{x} = \frac{1}{n}\sum_{i=1}^{n}x_i$，$\bar{\eta} = \frac{1}{n}\sum_{i=1}^{n}\eta_i$.

用上述方法确定的 $\hat{a}$，$\hat{b}$ 分别称为 a 与 b 的**最小二乘法估计量**.

最小二乘法是一般线性模型中未知参数估计的重要方法. 读者可以验证，在一元线性回归中 a，b 的最小二乘法估计量就是极大似然法估计量. 但采用最小二乘法可以避开随机变量概率分布的形式，使问题变得简单. 最小二乘法估计量具有许多优良性质. 例如，线性模型(10.8)中回归系数 a，b 的最小二乘法估计量 $\hat{a}$ 和

$\hat{b}$ 分别是 a, b 的无偏估计量，即

$$E(\hat{a}) = a, \quad E(\hat{b}) = b.$$

事实上，注意到 $\eta_i = a + bx_i + \varepsilon_i$, $E(\varepsilon_i) = 0$，有 $E(\eta_i) = a + bx_i$, $E(\bar{\eta}) = \frac{1}{n}\sum_{i=1}^{n}E(\eta_i) = a + b\bar{x}$，于是，由(10.11)式

$$E(\hat{b}) = E\left(\frac{\sum_{i=1}^{n}(x_i - \bar{x})(\eta_i - \bar{\eta})}{\sum_{i=1}^{n}(x_i - \bar{x}_i)^2}\right)$$

$$= \frac{\sum_{i=1}^{n}(x_i - \bar{x})(E(\eta_i) - E(\bar{\eta}))}{\sum_{i=1}^{n}(x_i - \bar{x})^2}$$

$$= \frac{\sum_{i=1}^{n}(x_i - \bar{x})(a + bx_i - a - b\bar{x})}{\sum_{i=1}^{n}(x_i - \bar{x})^2} = b.$$

再由(10.10)式

$$E(\hat{a}) = E(\bar{\eta} - \hat{b}\,\bar{x}) = E(\bar{\eta}) - \bar{x}E(\hat{b})$$

$$= a + b\bar{x} - \bar{x}b = a.$$

顺便指出：由于 $Q(\hat{a}, \hat{b})$ 反映了 η_i 偏离经验回归直线 $\hat{y} = \hat{a} + \hat{b}x$ 的程度，从而反映了 η_i 偏离回归直线 $y = a + bx$ 的程度，因此，从 $Q(\hat{a}, \hat{b})$ 的大小，可以看出线性模型(10.7)中 σ^2 的大小. 事实上，容易证明，若 $\hat{a}$, $\hat{b}$ 为线性模型(10.7)中 a, b 的最小二乘法估计量，则 $\hat{\sigma}^2 = \frac{Q(\hat{a}, \hat{b})}{n-2}$ 为 σ^2 的无偏估计量，即

$$\mathrm{E}\left(\frac{Q(\hat{a}\,,\;\hat{b}\,)}{n-2}\right)=\sigma^2.$$

下面我们按例 10.4 给出的数据来计算腐蚀深度 η 关于腐蚀时间 x 的经验回归直线方程，为此只需计算 $\hat{a}$，$\hat{b}$. 将所给数据列表计算如下：

表 10.8

编号	x_i	x_i^2	η_i	η_i^2	$x_i\eta_i$
1	5	25	6	36	30
2	10	100	10	100	100
3	15	225	10	100	150
4	20	400	13	169	260
5	30	900	16	256	480
6	40	1 600	17	289	680
7	50	2 500	19	361	950
8	60	3 600	23	529	1 380
9	70	4 900	25	625	1 750
10	90	8 100	29	841	2 610
11	120	14 400	46	2 116	5 520
$\sum$	510	36 750	214	5 422	13 910

从而由(10.10)、(10.11)两式得

$$\hat{b}=\frac{n\sum x_i\eta_i-\left(\sum x_i\right)\left(\sum\eta_i\right)}{n\sum x_i^2-\left(\sum x_i\right)^2}=\frac{11\times 13\,910-510\times 214}{11\times 36\,750-510^2}$$

$$=0.304,$$

$$\hat{a}=\bar{\eta}-\hat{b}\,\bar{x}=\frac{214}{11}-0.304\times\frac{510}{11}=5.36.$$

于是得腐蚀深度关于腐蚀时间的经验回归直线方程：

$$\hat{y}=5.36+0.304x.$$

从上面的计算过程可以看出，当数据较大时，其计算是较繁的. 为简化起见，可将数据进行适当的变换. 设原数据为 (x_i, η_i)，$i = 1, 2, \cdots, n$，令

$$x'_i = d_1(x_i - c_1), \qquad \eta'_i = d_2(\eta_i - c_2),$$

即

$$x_i = \frac{x'_i}{d_1} + c_1, \qquad \eta_i = \frac{\eta'_i}{d_2} + c_2,$$

其中 c_1, c_2, d_1, d_2 均为常数. 在此变换下，由式(7.1)，不难得到

$$\hat{b} = \frac{d_1}{d_2} \times \frac{n\sum_{i=1}^{n} x'_i \eta'_i - \left(\sum_{i=1}^{n} x'_i\right)\left(\sum_{i=1}^{n} \eta'_i\right)}{n\sum_{i=1}^{n} x'^2_i - \left(\sum_{i=1}^{n} x'_i\right)^2},$$

$$\hat{a} = c_2 + \frac{\overline{\eta}'}{d_2} - \hat{b}\left(c_1 + \frac{\overline{x}'}{d_1}\right).$$

用简化后的数据计算 $\hat{a}$，$\hat{b}$ 可减轻计算量，实际计算中常常采用这种方法.

例 10.5 在教育科学中，经常需要考虑同一对象的两次测验成绩或两门学科成绩之间的关系，一元线性回归是处理这类问题的一个主要方法. 例如，若需要研究某校初三学生物理成绩 η 与数学成绩 x 之间的关系，可建立 η 关于 x 的经验回归直线方程. 今抽取了十名学生，其数学与物理成绩如下：

x(数学成绩)	94	90	86	86	72	70	68	66	64	62
η(物理成绩)	93	92	92	70	82	76	65	76	68	60

试找出 η 关于 x 的经验回归直线方程.

解 令 $x'_i = \frac{1}{2}(x_i - 76)$，$\eta'_i = \eta_i - 76$，即 $c_1 = c_2 = 76$，$d_1 = \frac{1}{2}$，$d_2 = 1$. 对 (x'_i, η'_i) 列表计算如下：

表 10.9

编号	x_i	η_i	x_i'	$x_i'^2$	η_i'	$\eta_i'^2$	$x_i'\eta_i'$
1	94	93	9	81	17	289	153
2	90	92	7	49	16	256	112
3	86	92	5	25	16	256	80
4	86	70	5	25	−6	36	−30
5	72	82	−2	4	6	36	−12
6	70	76	−3	9	0	0	0
7	68	65	−4	16	−11	121	44
8	66	76	−5	25	0	0	0
9	64	68	−6	36	−8	64	48
10	62	60	−7	49	−16	256	112
$\sum$			−1	319	14	1 314	507

从而

$$\hat{b} = \frac{d_1}{d_2}\frac{n\sum x_i'\eta_i' - \left(\sum x_i'\right)\left(\sum \eta_i'\right)}{n\sum x_i'^2 - \left(\sum x_i'\right)^2}$$

$$= \frac{1}{2}\frac{10 \times 507 - (-1) \times 14}{10 \times 319 - (-1)^2} = 0.797,$$

$$\hat{a} = c_2 + \frac{\overline{\eta}'}{d_2} - \hat{b}\left(c_1 + \frac{\overline{x}'}{d_1}\right)$$

$$= 76 + \frac{14}{10} - 0.797 \times \left(76 + \frac{(-1)}{10} \times 2\right)$$

$$= 16.987.$$

因此 η 关于 x 的经验回归直线方程为

$$\hat{y} = 16.987 + 0.797x.$$

3. 线性相关的检验

由于从任一组数据 $(x_i, \eta_i)(i = 1, 2, \cdots, n)$ 按最小二乘法

都可建立起η关于x的经验回归直线方程，然而，如果η与x不具有近似的线性关系(即η与x不线性相关，反映在线性模型(10.7)中也就是$b=0$)，则所建立的经验回归直线方程也就失去了其应用价值. 因此，我们必须对η与x之间是否真实具有线性相关关系给出检验. 为解决这个问题，先建立偏差平方和分解式.

1) 偏差平方和分解式

记$L=\sum_{i=1}^{n}(\eta_i-\overline{\eta})^2$，

$$Q=Q(\hat{a},\hat{b})=\sum_{i=1}^{n}(\eta_i-\hat{y}_i)^2=\sum_{i=1}^{n}(\eta_i-\hat{a}-\hat{b}x_i)^2,$$

$$U=\sum_{i=1}^{n}(\hat{y}_i-\overline{\eta})^2=\sum_{i=1}^{n}[(\hat{a}+\hat{b}x_i)-(\hat{a}+\hat{b}\overline{x})]^2$$

$$=\hat{b}^2\sum_{i=1}^{n}(x_i-\overline{x})^2.$$

由于

$$L=\sum_{i=1}^{n}(\eta_i-\overline{\eta})^2=\sum_{i=1}^{n}[(\eta_i-\hat{y}_i)+(\hat{y}_i-\overline{\eta})]^2$$

$$=\sum_{i=1}^{n}(\eta_i-\hat{y}_i)^2+\sum_{i=1}^{n}(\hat{y}_i-\overline{\eta})^2+2\sum_{i=1}^{n}(\eta_i-\hat{y}_i)(\hat{y}_i-\overline{\eta}),$$

注意到$\hat{a}$，$\hat{b}$满足方程组(10.9)，有

$$\sum_{i=1}^{n}(\eta_i-\hat{y}_i)(\hat{y}_i-\overline{\eta})$$

$$=\sum_{i=1}^{n}(\eta_i-\hat{a}-\hat{b}x_i)[(\hat{a}+\hat{b}x_i)-(\hat{a}+\hat{b}\overline{x})]$$

$$=\hat{b}\sum_{i=1}^{n}(\eta_i-\hat{a}-\hat{b}x_i)x_i-\hat{b}\overline{x}\sum_{i=1}^{n}(\eta_i-\hat{a}-\hat{b}x_i)=0,$$

从而

$$L=\sum_{i=1}^{n}(\eta_i-\hat{y}_i)^2+\sum_{i=1}^{n}(\hat{y}_i-\bar{\eta})^2=Q+U. \quad (10.12)$$

上式称为**偏差平方和分解式**. L 表示数据 η_i 与均值之差的平方和,它反映了数据 η_i 本身的总的波动情况,我们称它为**总偏差平方和**;Q 是数据 η_i 与回归值 $\hat{y}_i$ 之差的平方和,它反映了数据 η_i 偏离 $\hat{y}=\hat{a}+\hat{b}x$ 的程度,即反映了除去变量 x 对 η 的线性作用以外其他一些因素引起 η_i 间的波动情况,我们称 Q 为**残差平方和**;U 是 $\hat{y}_i$ 与平均值 $\bar{\eta}$ 之差的平方和,它反映了 η 在变量 x 的线性作用下所引起的 η_i 间的波动情况,我们称 U 为**回归平方和**. 偏差平方和分解式(10.12)说明,数据 η_i 间总的波动 L 可以分解成两部分:一部分是由 x 的线性作用所引起的波动 U,另一部分是由除去 x 的线性作用外其他因素所引起的波动 Q.

2) 线性相关的 F 检验

从偏差平方和分解式(10.12)可以看出,如果 η 与 x 线性相关程度比较高的话,那么总的波动应该主要由 x 的线性作用所引起,因此 U 较大,Q 较小;反之,如果 η 与 x 不具有线性相关关系,则总的波动应该主要由其他因素的作用所引起,从而 U 较小,Q 较大. 这样 U 与 Q 相对比值的大小就体现了 η 与 x 间的线性相关程度,可以用它来检验 η 与 x 之间是否线性相关. 在线性模型(10.7)中,η 与 x 不线性相关,就是假设 $H_0: b=0$ 成立. 基于上面的分析,可考虑

$$F=\frac{U}{Q/(n-2)}=\frac{(n-2)U}{Q},$$

作为检验函数. 这里乘上因子 $(n-2)$ 是为了方便计算 F 的分布. 可以证明,H_0 成立时,$F\sim F(1, n-2)$. 这样,我们可利用 F 对 H_0 进行右单边检验,对于给定的检验水平 α,查 $F(1, n-2)$ 表确定 F_α 使 $P(F\geqslant F_\alpha)=\alpha$, 于是检验的拒绝域为 $D=[F_\alpha, \infty)$.

用统计量 F 检验 η 与 x 是否线性相关的方法称为 F 检验法.

下面就例 10.4 中所给的数据对腐蚀深度 η 与腐蚀时间 x 的线性相关性进行检验. 原假设为 $H_0: b=0$. $\alpha=0.01$.

由表 10.8 的有关结果知

$$L=\sum_{i=1}^{n}(\eta_i-\bar{\eta})^2=\sum_{i=1}^{n}\eta_i^2-n\bar{\eta}^2$$

$$=5\,422-11\times\left(\frac{214}{11}\right)^2=1\,258.727,$$

$$U=\hat{b}^2\sum_{i=1}^{n}(x_i-\bar{x})^2=\hat{b}^2\left(\sum_{i=1}^{n}x_i^2-n\bar{x}^2\right)$$

$$=0.304^2\times\left[36\,750-11\times\left(\frac{510}{11}\right)^2\right]=1\,211.07,$$

$$Q=L-U=1\,258.727-1\,211.07=47.657,$$

从而 $$F=\frac{(n-2)U}{Q}=\frac{9\times 1\,211.07}{47.657}=228.71.$$

对于 $\alpha=0.01$, 查 $F(1,9)$ 分布表得 $F_\alpha=10.56$, 由于 $F=228.71>10.56$, 故拒绝 H_0. 即认为腐蚀深度 η 和腐蚀时间 x 之间具有线性相关关系.

3) 线性相关的相关系数检验法

从偏差平方和分解式(10.12)可知, 当总的波动 L 固定后, U 值越大, 表明 η 与 x 之间的线性相关程度越密切, 因此 $\frac{U}{L}$ 即 $\frac{U}{U+Q}$ 也是衡量 η 与 x 之间线性相关程度的量. 由于

$$\frac{U}{L}=\frac{\hat{b}^2\sum_{i=1}^{n}(x_i-\bar{x})^2}{\sum_{i=1}^{n}(\eta_i-\bar{\eta})^2}=\left[\frac{\sum_{i=1}^{n}(x_i-\bar{x})(\eta_i-\bar{\eta})}{\sqrt{\sum_{i=1}^{n}(x_i-\bar{x})^2\sum_{i=1}^{n}(\eta_i-\bar{\eta})^2}}\right]^2,$$

这样
$$r=\frac{\sum_{i=1}^{n}(x_i-\overline{x})(\eta_i-\overline{\eta})}{\sqrt{\sum_{i=1}^{n}(x_i-\overline{x})^2\sum_{i=1}^{n}(\eta_i-\overline{\eta})^2}}$$
就成为衡量 η 与 x 之间线性相关程度的一个量，且它的符号与回归系数 $\hat{b}$ 的符号一致，我们可以从 $|r|$ 的大小来看清 η 与 x 的线性相关程度，特别可以用它来检验 η 与 x 之间是否线性相关.

用 r 来度量 η 与 x 的线性相关程度有许多优越性. 其一，$0\leqslant|r|\leqslant 1$，$|r|$ 越接近于 1，线性相关程度就愈强，$|r|$ 越接近于 0，线性相关程度就愈弱. 从这个意义上讲，r 在变量 η 与 x 的线性相关程度上更直接. 值得指出，相关程度的强弱决定着经验回归直线方程的实用价值，如果相关程度高，则 η 主要受 x 线性支配，从而经验回归直线方程的应用价值就较高；如果 η 与 x 虽然线性相关，但相关程度比较弱，那么 η 受 x 的线性控制就较弱，从而经验回归直线方程的实用价值就减低，此时通常要考虑是否有其他因素在支配 η. 其二，从 r 的表达式来看，x，η 是对称的，它和直观上相关性应具有“相互性”是一致的. 用 r 来进行相关性检验还可以克服把 x 看作是非随机变量的缺陷，这一点是很有实际意义的，因为在实际问题中，即使 x 是非随机变量，但由于测量误差等方面的原因也可能导致它的随机性. 当 x 为随机变量时，r 正好是总体 (x,η) 的样本相关系数.

用 r 来检验 η 与 x 是否线性相关可利用附表 10 来确定临界点. 下面结合例 10.5 来说明其检验步骤.

(1) 建立线性无关的假设 $H_0:\rho=0$.

(2) 计算样本相关系数 r 的值：

当 $x_i'=d_1(x_i-c_1)$，$\eta_i'=d_2(\eta_i-c_2)$ 时，易知
$$r=\frac{\sum_{i=1}^{n}(x_i-\overline{x})(\eta_i-\overline{\eta})}{\sqrt{\sum_{i=1}^{n}(x_i-\overline{x})^2\sum_{i=1}^{n}(\eta_i-\overline{\eta})^2}}$$

$$= \frac{|d_1 d_2|}{d_1 d_2} \times \frac{\sum_{i=1}^{n}(x_i' - \overline{x}')(\eta_i' - \overline{\eta}')}{\sqrt{\sum_{i=1}^{n}(x_i' - \overline{x}')^2 \sum_{i=1}^{n}(\eta_i' - \overline{\eta}')^2}},$$

利用表 10.9 计算的一些结果,我们可算得 $r = 0.791$.

(3) 给定检验水平 $\alpha = 0.05$, 按 $n - 2$ (自由度)的数值及自变量的个数(这里只有一个自变量)查附表 10,得临界点 $r_\alpha = 0.632$.

(4) 比较 $|r|$ 与 r_α,若 $|r| \geqslant r_\alpha$, 拒绝假设 H_0,若 $|r| < r_\alpha$, 接受 H_0. 本例中 $|r| = 0.791 > r_\alpha$, 故拒绝 H_0,因此物理成绩与数学成绩存在线性相关关系.

用相关系数来检验线性相关的方法称为**相关系数检验法**.

关于相关系数检验法,我们再作下面三点补充说明:

(1) 由于

$$F = \frac{(n-2)U}{Q} = \frac{(n-2)U}{L-U}$$

$$= (n-2)\frac{U/L}{1-U/L}$$

$$= (n-2)\frac{r^2}{1-r^2},$$

因此,在检验 η 与 x 是否线性相关时,F 检验法和相关系数检验法是等效的. 但读者不难看出,在实际问题中,特别在不需要求出经验回归公式时,计算 r 比计算 F 更为直接.

(2) 对于二维正态总体(ξ, η),由于 ξ, η 不相关与 ξ, η 相互独立是等价的,因此,可以用相关系数检验法来检验 ξ 与 η 的独立性.

(3) 关于线性相关程度的假设 $H_0: \rho = \rho_0$ 的检验不能利用附表 10,但可以利用费希尔变换

$$Z_x = \frac{1}{2}\ln\frac{1+x}{1-x}$$

来考虑. 设 Z_r, Z_{ρ_0} 分别是 r, ρ_0 的费希尔变换,则在假设 $H_0: \rho = \rho_0$ 下, $(Z_r - Z_{\rho_0})\Big/\sqrt{\frac{1}{n-3}}$ 近似服从 $N(0, 1)$分布,这样,我们可借助于 $N(0, 1)$分布表给出假设 $H_0: \rho = \rho_0$ 的检验.

4. 预测与控制

在线性模型(10.7)中,若通过了 η 与 x 的相关性检验,则可以利用经验回归直线方程来研究回归分析中的一些问题. 这里主要讨论预测与控制问题.

所谓预测问题,就是研究在 $x = x_0$ 时,如何估计 η_0. 显然,借助于经验回归直线方程 $\hat{y} = \hat{a} + \hat{b}x$, 我们可以得到 $x = x_0$ 时, $\eta_0 = a + bx_0 + \varepsilon_0$ 的估计值为 $\hat{y}_0 = \hat{a} + \hat{b}x_0$, 它称为 η_0 的**点预测**. 以例 10.4 来说,如果知道腐蚀时间为 55(s),则可以预测腐蚀深度 η_0 为 $\hat{y}_0 = 5.36 + 0.304 \times 55 = 22.08\ (\mu\text{m})$. 但点预测并不知道其精度. 为了解决精度问题,注意到 η_0 是一随机变量,我们可以像参数的区间估计一样,对于给定的水平 $1-\alpha$, 定出 t_α,使

$$P(|\eta_0 - \hat{y}_0| < t_\alpha) = 1 - \alpha,$$

即
$$P(\hat{y}_0 - t_\alpha < \eta_0 < \hat{y}_0 + t_\alpha) = 1 - \alpha.$$

我们称$(\hat{y}_0 - t_\alpha, \hat{y}_0 + t_\alpha)$为 η_0 的 $(1-\alpha)$ **预测区间**. 现在我们来考虑如何获得预测区间,可以证明

$$\eta_0 - \hat{y}_0 \sim N\left(0, \left(1 + \frac{1}{n} + \frac{(x_0 - \overline{x})^2}{\sum_{i=1}^{n}(x_i - \overline{x})^2}\right)\sigma^2\right),$$

$$Q(\hat{a}, \hat{b})/\sigma^2 \sim \chi^2(n-2),$$

且 $\eta_0 - \hat{y}_0$ 与 $Q(\hat{a}, \hat{b})/\sigma^2$ 相互独立,于是

$$T = \frac{\eta_0 - \hat{y}_0}{\sigma \sqrt{1 + \frac{1}{n} + \frac{(x_0 - \overline{x})^2}{\sum_{i=1}^{n}(x_i - \overline{x})^2}}} \Bigg/ \sqrt{\frac{Q}{(n-2)\sigma^2}}$$

$$= \frac{\eta_0 - \hat{y}_0}{\hat{\sigma} \sqrt{1 + \frac{1}{n} + \frac{(x_0 - \overline{x})^2}{\sum_{i=1}^{n}(x_i - \overline{x})^2}}} \sim t(n-2),$$

式中 $\hat{\sigma} = \sqrt{\frac{Q}{n-2}}$.

这样,对于给定的水平 $1-\alpha$, 查 $t(n-2)$ 分布表可得满足

$$P\left(\left|\frac{\eta_0 - \hat{y}_0}{\hat{\sigma} \sqrt{1 + \frac{1}{n} + \frac{(x_0 - \overline{x})^2}{\sum_{i=1}^{n}(x_i - \overline{x})^2}}}\right| < t_\alpha\right) = 1 - \alpha$$

的值 t_α,由此

$$\left(\hat{y}_0 - t_\alpha \hat{\sigma} \sqrt{1 + \frac{1}{n} + \frac{(x_0 - \overline{x})^2}{\sum_{i=1}^{n}(x_i - \overline{x})^2}},\right.$$

$$\left.\hat{y}_0 + t_\alpha \hat{\sigma} \sqrt{1 + \frac{1}{n} + \frac{(x_0 - \overline{x})^2}{\sum_{i=1}^{n}(x_i - \overline{x})^2}}\right) \tag{10.13}$$

即为 η_0 的 $(1-\alpha)$ 预测区间. 该预测区间是一个以 $\hat{y}_0$ 为中心,长度为 $2t_\alpha \hat{\sigma} \sqrt{1 + \frac{1}{n} + \frac{(x_0 - \overline{x})^2}{\sum_{i=1}^{n}(x_i - \overline{x})^2}}$ 的区间. 它的中心 $\hat{y}_0 = \hat{a} + \hat{b} x_0$ 随 x_0 而线性变化,其长度在 $x_0 = \overline{x}$ 处最短,x_0 越远离 $\overline{x}$,长度就越长,预测区间的上限与下限落在关于经验回归直线对称的两

条曲线上，并呈喇叭形(见图10.2).

当 n 较大，且 x_0 较接近于 $\overline{x}$ 时，

$$\sqrt{1+\frac{1}{n}+\frac{(x_0-\overline{x})^2}{\sum_{i=1}^{n}(x_i-\overline{x})^2}}\approx 1,$$

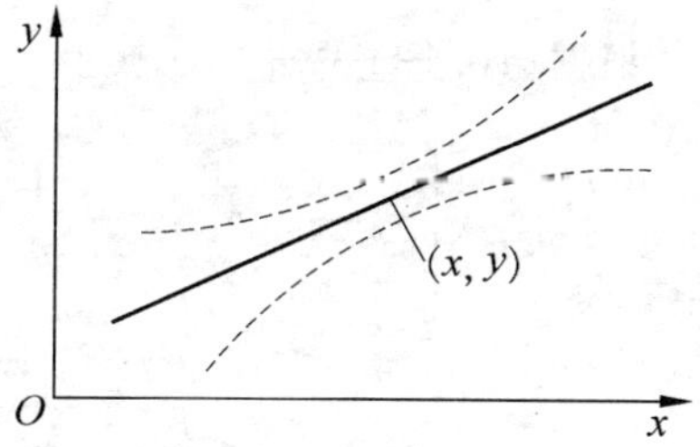

图 10.2

此时，区间(10.13)可近似地写成

$$(\hat{y}_0 - t_\alpha \hat{\sigma},\ \hat{y}_0 + t_\alpha \hat{\sigma}). \qquad (10.14)$$

上式说明，预测区间的长度，即预测的精度主要被 $\hat{\sigma}$ 的大小所确定，因此，在预测中，$\hat{\sigma}$ 是一个不可忽视的量.

作为一个例子，现以例10.4中所提供的数据来给出腐蚀深度 η_0 的一个预测区间，其中 $x_0 = 55(\text{s})$, $\alpha = 0.05$.

解 $\qquad \hat{y}_0 = \hat{a} + \hat{b}x_0 = 22.08\ (\mu\text{m}).$

前面已计算得 $Q = 47.657$. 从而 $\hat{\sigma} = \sqrt{\frac{Q}{n-2}} = \sqrt{\frac{47.657}{11-2}} = 2.3$, 易知

$$\sqrt{1+\frac{1}{n}+\frac{(x_0-\overline{x})^2}{\sum_{i=1}^{n}(x_i-\overline{x})^2}}\approx 1,$$

查 $t(9)$ 分布表得 $t_\alpha = 2.262$, 由(10.14)式，得 η_0 的预测区间为

$$(22.08 - 2.262 \times 2.3,\ 22.08 + 2.262 \times 2.3)$$

$$\approx (16.88,\ 27.29).$$

利用经验回归直线方程进行预测在实际问题中经常被使用.

所谓控制，实际上是预测问题的反问题. 具体地说，为了把 η_0 以不小于 $1-\alpha$ 的概率控制在 (y_1, y_2) 内，即 $P(y_1 < \eta_0 < y_2) \geqslant 1$

$-\alpha$，则相应的 x_0 应落在什么范围内.

根据(10.13)式，若 x_0 满足

$$\left(\hat{y}_0 - t_\alpha \hat{\sigma}\sqrt{1+\frac{1}{n}+\frac{(x_0-\overline{x})^2}{\sum_{i=1}^{n}(x_i-\overline{x})^2}},\right.$$

$$\left.\hat{y}_0 + t_\alpha \hat{\sigma}\sqrt{1+\frac{1}{n}+\frac{(x_0-\overline{x})^2}{\sum_{i=1}^{n}(x_i-\overline{x})^2}}\right)$$

$$\subset (y_1, y_2), \tag{10.15}$$

则显然有 $P(y_1 < \eta_0 < y_2) \geqslant 1-\alpha$，否则不一定成立. 因此控制问题一般是寻找满足(10.15)式的 x_0 的范围，这是一个比较初等的问题，我们不再展开讨论了.

最后指出，许多非线性问题可以转化为线性问题来处理. 例如，若 η 与 x 适合下列模型

$$\eta = a + b\ln x + \varepsilon,$$

如果令 $t = \ln x$，则

$$\eta = a + bt + \varepsilon,$$

它就是一个 η 关于 t 的一元线性回归模型，我们可以通过它来研究 η 与 x 间的非线性关系.

习　题　10.3

(A)

1. 试问：经验回归直线方程的建立是否需要线性模型(10.8)式的假设？如果 η 与 x 不线性相关，能否利用经验回归直线方程来进行预测和控制？

2. 10 个学生初一(x)与初二(η)的数学成绩如下：

序号	1	2	3	4	5	6	7	8	9	10
x_i	74	71	72	68	76	73	67	70	65	74
η_i	76	75	71	70	76	79	65	77	62	72

试求 η 关于 x 的经验回归直线方程.

3. 在10组母女中,测得她们的身长(单位:cm)如下:

母身长(x)	159	160	160	163	159	154	159	158	159	157
女儿身长(η)	158	159	160	161	161	155	162	157	162	156

假定 η 与 x 具有线性模型(10.7)式,

(1) 试求 η 关于 x 的经验回归直线方程;

(2) 在 $\alpha = 0.05$ 下检验 η 与 x 是否线性相关(F 检验法);

(3) 若已知母身长 $x_0 = 162$ cm,试预测女儿未来的身长(点预测).

4. 统计了甲、乙两地1963年～1972年这10年中10月份的平均气温如下:(单位:℃)

年　份	63	64	65	66	67	68	69	70	71	72
乙地(x)	16.1	18.2	18.2	17.9	17.4	16.6	17.2	17.7	15.7	17.1
甲地(η)	17.1	18.4	18.6	18.5	18.2	17.1	18.0	18.2	16.0	17.5

假定 η 与 x 具有线性模型(10.7)式,

(1) 试求 η 关于 x 的经验回归直线方程;

(2) 在 $\alpha = 0.05$ 下检验 η 与 x 是否线性相关(相关系数法);

(3) 若某年乙地10月份的平均气温 $x_0 = 17.3$ ℃,试估计甲地该月的平均气温,并在 $\alpha = 0.05$ 下求出它的预测区间.

5. 维尼龙纤维的耐水性能好坏一般可用指标"缩醛化度"η 来衡量,该指标越高,其耐水性能也就愈好.但缩醛化度受甲醛浓度 x 的影响,为研究它们之间的关系,试验得如下数据:

甲醛浓度 x(g/l)	18	20	22	24	26	28	30
缩醛化度 η 的摩尔分数	26.86	28.35	28.75	28.87	29.75	30.00	30.36

试求出 η 关于 x 的经验回归直线方程，进行相关性检验并求出 $x_0 = 25$(g/l) 时缩醛化度的预测区间($\alpha = 0.05$).

§10.4 相关性在教育测量中的应用

在教育科学中，变量之间的关系一般都是线性相关关系，因此可利用上节关于线性相关性的讨论来研究教育科学中的某些问题. 例如，在比较高考成绩和入学后的成绩时，可以考察两个成绩之间的相关系数，如果相关系数大于零且较接近于1，那么高考成绩与入学后的成绩状况较为一致，否则，两者之间就存在一定的差异. 这种分析是具有实际意义的，因为高考成绩与入学后成绩较为一致，就说明高考对于选拔人材具有一定的作用.

相关性在教育科学中的应用很多，本节介绍它在教育测量中的一些应用，主要是利用它来讨论试卷质量的一些评价指标.

评价试卷的质量是教育科学中一个很重要的内容，因为试卷的质量直接影响着测试成绩，而测试成绩又是检查教学质量、升学、就业等方面的重要依据.

评价试卷质量的指标主要有效度、信度、难度和区分度，其中效度、信度、区分度和相关性有着紧密的联系.

1. 效度

效度是试卷质量指标中最基本的一条，它是衡量测试能否准确测出学生在某一学科上真实水平的量. 如测试学生已具备的数学水平，若测得的结果与学生的真实数学水平比较吻合，那么这个测试的效度就较高；若测试的成绩主要靠语文知识(如题目难以理解)或其他知识(如某些特定的常识)来获得,那么这样的测试效度就低.由此看来,效度可以用测试结果与被测对象在某一学科上真实水平的相关系数来度量,其最大值为1,最小值为−1.注意,效度和测试目的有关,一份物理试卷在测试学生物理水平上可能有效,但用它来测试化学水平一般来说是无效的,因此我们不能笼统地说某份试卷是否有效.

由于被测对象在某一学科上的真实水平是无法直接测量的,因此人们往往确定一个或几个能反映真实水平的标准来作为真实水平的度量.如某个公认的标准测试上所得的分数、历年来的学习成绩、有经验的老师评定、被测对象今后的成绩等,基于不同的出发点,可得出不同形式的效度.在实际问题中,试卷的效度通常考虑下列两个方面.

1) 内容效度

内容效度是指试卷测试内容与所要测试目标的吻合程度,它是评价试卷效度的重要基础.因为试卷的测试内容能否反映学生在各种知识点上的掌握程度是制卷时必须考虑的一个问题,如果测试的试题比较单一,仅局限于某个知识点上,那么,这样的试卷其效度就低.内容效度很难作定量的分析,一般由专家讨论评定.

2) 预测效度

预测效度是指试卷测试的结果与被测对象未来成绩(我们所关心的某个方面)的相关程度,它可以用两者的相关系数来描述.如果相关系数较接近于1,说明试卷的测试结果与被测对象的未来行为较一致,从而预测的有效性就较高.由于很多测试都是用来预测未来行为的,因此预测效度具有重要的意义.

预测效度是用未来"行为"作为检验试卷效度标准的.通常称这种标准为**效标**.当然还可以用其他效标来建立效度,对此我们不准备再作讨论.用测试成绩与效标的相关程度来衡量的效度一般称为**效标关联效度**.

2. 信度

信度也是试卷质量指标中重要的一条.在日常生活中,我们说用钢尺测量一个人的身高比用(具有伸缩性的)橡皮条尺测量来得可信,原因就是钢尺在重复测量某一对象时差异不大.根据这个道理,我们把一份试卷对同一对象前后测试结果的相关程度称为试卷的信度;信度可以用前后测试结果的相关系数来度量,信度的最大值为1,最小值为−1.显然,一份好的试卷应具有较高的信度.

信度和效度不是同一个概念,但有一定的联系.从两个概念的定义可以看出,效度高的试卷一般信度较高,但反之不成立.理由很简单,因为如果用只需小学一年级数学知识就能解答的试卷去测试大学生,信度一定是很高的,但其效度显然极低.

信度按其估计方法可分为:

1) 再测信度

试卷在一定时间间隔内对同一对象两次测试结果的相关系数称为**再测信度**.再测信度在理论上最能反映信度的概念,是最基本的信度.

例 10.6 一次测验在时隔半年后再测,两次成绩如下表所示,计算它们的再测信度.

学　生	1	2	3	4	5	6	7	8	9	10
首测 x_i	16	15	13	13	13	11	11	10	10	9
再测 y_i	16	15	16	14	12	11	13	12	10	11

解 用样本的相关系数作为再测信度的估计,可得

$$r=\frac{\sum_{i=1}^{n}(x_i-\overline{x})(y_i-\overline{y})}{\sqrt{\sum_{i=1}^{n}(x_i-\overline{x})^2\sum_{i=1}^{n}(y_i-\overline{y})^2}}=\frac{37}{\sqrt{46.9\times 44}}\approx 0.81.$$

本例采集的数据较少(10 对),主要是为了减少计算量(后面的例子也是如此),如果是大样本,则估计的精度就较高.

再测信度在应用中存在着间隔时间的长短问题,如果间隔时间太短,被测对象对上次测试的内容会有所记忆,如果间隔时间太长,被测对象在这段时间中知识能力可能又有了新的变化,因此,再测信度在实际问题中很少采用.

2) "等价形式"信度

拟制一份与测试试卷"等价"的试卷(即要求它们的测试内容、难度、评分标准等均为一致),将两份试卷同时施测于同一测试对象,则两个测试结果的相关系数称为**"等价形式"信度**.采用"等价形式"信度可以避免再测信度的缺陷,但拟制一份"等价形式"的试卷在实际问题中是非常困难的,并且在一次测试中用两份试卷同时测试被测对象也会加重被测对象的负担.

3) 分半信度

将一份试卷按其难度和测试内容分成两个相等的部分同时施测于同一对象,并分开计分,则两个部分所得成绩的相关系数称为**分半信度**.如果试卷的题目是按由易到难的顺序排列且内容分布均匀的话,则通常采用按奇偶分半的方法.分半信度和"等价形式"信度有类似之处,但实际施行中计算分半信度较为方便.然而分半信度实际上只是试卷中"半卷"的信度,但分半信度高,试卷的信度也高,如果记 r_{11} 为分半信度,r 为原试卷的信度,则 r 一般可用斯皮尔曼-布朗(Spearman-Brown)公式

$$r = \frac{2r_{11}}{1 + r_{11}}$$

来估计.

例 10.7 采用某试卷对 5 名学生进行测试,结果如表 10.10,试估计试卷的信度.这里第一大题共四小题,每小题满分为 5 分;第二大题共两小题,每小题满分为 15 分;第三题满分为 25 分,第四题满分为 25 分.

表 10.10

学生序号	总分	第一大题 1	2	3	4	第二大题 1	2	三	四	奇 (x_i)	偶 (y_i)
1	90	5	5	5	5	15	12	20	23	45	45
2	78	5	5	5	3	12	13	20	15	42	36
3	82	5	5	5	5	14	10	20	18	44	38
4	63	2	5	2	4	10	10	18	12	32	31
5	42	3	0	1	2	8	10	10	8	22	20
$\overline{x}$	71	4	4	3.6	3.8	11.8	11	17.6	15.2	37	34
s	16.95	1.26	2	1.74	1.17	2.56	1.26	3.88	5.11	8.81	8.32
s^2	287.2	1.6	4	3.0	1.4	6.6	1.6	15.0	26.2	77.6	69.2

解 将试卷按奇偶分半,由表中数据可估计得试卷的分半信度为

$$r_{11} = \frac{\sum_{i=1}^{n} x_i y_i - n\overline{x}\,\overline{y}}{ns_x\,s_y} = \frac{6\,641 - 6\,290}{5 \times 8.81 \times 8.32} = 0.96,$$

从而整个试卷信度的估计为

$$r = \frac{2r_{11}}{1 + r_{11}} = 0.98.$$

从上面的计算结果来看,试卷具有较高的信度,但注意,当样本容量较小时,r_{11}的计算结果受测试随机误差的影响较大,因此被分成两个半卷的测试结果是否真正相关,还需用数理统计的方法进行检验(一般可用相关系数检验法).在教育测量学中,一份优秀的试卷一般要求其信度达到 0.9 以上.

4) α 系数法

分半法虽然是求试卷信度的常用方法,但由于分半法的分法多种多样,因此所得的信度的估计值常有差异,并且分半法也不一

定能使两个半卷真正等价. 1951 年,克朗巴赫(Cronbach)在其论文《测验的 α 和内在的结构》中,采用理论上假定"等价形式"试卷存在,从试卷测试的总方差与试卷各题测试方差的关系着手,经过一系列数学推导,提出了用

$$\alpha = \frac{k}{k-1}\left(1 - \frac{\sum_{i=1}^{k} S_i^2}{S^2}\right) \tag{10.16}$$

来作为信度的估计,其中 S_i^2 为第 i 题的测试方差,S^2 为试卷测试的总方差,k 为试卷题目的个数. 用 10.16 式估计信度称为 **α 系数法**. α 系数法的优点是其估计形式只依赖于该试卷的测试结果,因此实际应用中广泛被使用.

用 α 系数法,可得例 10.7 中试卷信度的估计值为

$$\alpha = \frac{8}{7}\left(1 - \frac{59.4}{287.2}\right) = 0.91.$$

效度、信度是对整个试卷质量的评价,对于试卷的各题,我们还可以从试卷本身考虑下列问题.

3. 难度

难度是衡量试卷各题难易程度的质量指标,是反映试题与学生知识水平适合程度的一个量. 显然试卷各题的难度可以用该题的平均失分和该题满分值之比来度量,即如果用 H_j 表示第 j 题的难度,w_j 表示第 j 题的满分值,$\overline{x}_j$ 表示被测对象第 j 题的平均得分,则有

$$H_j = 1 - \frac{\overline{x}_j}{w_j}. \tag{10.17}$$

难度的最大值为 1,最小值为 0.

按难度的计算公式(10.17),可以计算出例 10.7 中各小题的难度为

$$H_1 = H_2 = 0.20, \quad H_3 = 0.28,$$

$$H_4 = 0.24, \quad H_5 = 0.21, \quad H_6 = 0.27,$$

$$H_7 = 0.30, \quad H_8 = 0.39.$$

如果被测对象较多，直接计算难度其计算量较大，此时可按下面的高低分分组分析法近似计算：将被测对象按总分由高到低顺次排列，然后在两端分别划出人数相等的高分组和低分组，一般占总人数的 27%左右；分别计算两组考生在第 j 题上的平均得分 h_j，l_j，并用

$$1 - \frac{h_j + l_j}{2w_j} \tag{10.18}$$

来作为第 j 题的难度.

4. 区分度

区分度是衡量试卷各题在区别被测对象不同水平程度上的指标，这里被测对象的水平通常是从试卷内部来考虑的，即假定被测对象的水平由他的试卷总得分的高低而定(当然还可以用其他方法来评定测试对象的水平). 这样，试卷中某题的区分度可以用被测对象在该题上的得分与试卷总得分的相关系数来度量，它的最大值为 1，最小值为 −1. 实际问题中，区分度可用样本相关系数来估计，即若记 r_{d_j} 为第 j 题的区分度，则

$$r_{d_j} = \frac{\sum_{i=1}^{n} x_{ij} y_i - n\overline{x}_j \overline{y}}{nS_j S}. \tag{10.19}$$

其中 x_{ij} 和 y_j 分别表示第 i 个被测对象第 j 题的得分和整个试卷的得分，S_j，S 分别表示第 j 题的测试标准差和整个试卷的测试标准差，$\overline{x}_j = \frac{1}{n}\sum_{i=1}^{n} x_{ij}$，$\overline{y} = \frac{1}{n}\sum_{i=1}^{n} y_i$.

利用(10.19)式,可以得到例 10.7 中各小题区分度的估计为:

$$r_{d_1}=0.77,\ r_{d_2}=0.86,\ r_{d_3}=0.95,\ r_{d_4}=0.82,$$

$$r_{d_5}=0.97,\ r_{d_6}=0.55,\ r_{d_7}=0.93,\ r_{d_8}=0.95.$$

这里仍需指出,当样本容量较小时,r_d 的计算受测试随机误差的影响较大,某小题的得分与试卷总得分是否相关,还需用数理统计的方法进行相关性检验.

当被测对象较多时,也可以采用高低分分组分析法来近似计算区分度,此时近似计算公式为

$$r_{d_j}\approx D_j=\frac{h_j-l_j}{w_j},$$

其中 $h_j,\ l_j,\ w_j$ 的意义如同(10.18)式所指出的.

高低分分组分析法的原理直观,方法简单,但这种方法浪费了样本的部分信息.

注意,试题的难度和区分度不是同一个概念,但两者之间存在着一定的联系,如果题目难度太大或太小,其区分度都不会较高.

习　题　10.4

(A)

某试卷共有 8 题,各题的满分值分别为 5, 5, 15, 15, 20, 20, 10, 10,现用该试卷对 10 名学生进行测试,结果如下

学生	总分	一	二	三	四	五	六	七	八
1	95	5	5	15	15	20	20	8	7
2	91	5	5	15	13	18	17	10	8
3	84	4	5	14	14	15	20	7	5
4	82	5	3	14	15	17	16	6	6

（续表）

学生	总分	一	二	三	四	五	六	七	八
5	73	3	4	13	12	16	14	5	6
6	70	2	3	12	11	16	15	6	5
7	66	3	2	10	13	15	12	7	4
8	61	4	1	10	9	12	18	5	2
9	52	2	4	8	10	10	10	4	4
10	37	1	2	8	7	9	7	3	0

（1）试按奇偶分半法估计试卷的分半信度和信度；

（2）用 α 系数法估计试卷的信度；

（3）估计试卷各题的难度；

（4）用相关系数法估计试卷各题的区分度.

附表 1　泊松分布表

表中列出了 $P(\xi = k) = \frac{\lambda^k}{k!}e^{-\lambda}$ 的值

k \ λ	0.1	0.2	0.3	0.4	0.5	0.6
0	0.904 837	0.818 731	0.740 818	0.670 320	0.606 531	0.548 812
1	0.090 484	0.163 746	0.222 245	0.268 128	0.303 265	0.329 287
2	0.004 524	0.016 375	0.033 337	0.053 626	0.075 816	0.098 786
3	0.000 151	0.001 092	0.003 334	0.007 150	0.012 636	0.019 757
4	0.000 004	0.000 055	0.000 250	0.000 715	0.001 580	0.002 964
5	—	0.000 002	0.000 015	0.000 057	0.000 158	0.000 356
6	—	—	0.000 001	0.000 004	0.000 013	0.000 036
7	—	—	—	—	0.000 001	0.000 003

k \ λ	0.7	0.8	0.9	1.0	2.0	3.0
0	0.496 585	0.449 329	0.406 570	0.367 879	0.135 335	0.049 787
1	0.347 610	0.359 463	0.365 913	0.367 879	0.270 671	0.149 361
2	0.121 663	0.143 785	0.164 661	0.183 940	0.270 671	0.224 042
3	0.028 388	0.038 343	0.049 398	0.061 313	0.180 447	0.224 042
4	0.004 968	0.007 669	0.011 115	0.015 328	0.090 224	0.168 031
5	0.000 696	0.001 227	0.002 001	0.003 066	0.036 089	0.100 819
6	0.000 081	0.000 164	0.000 300	0.000 511	0.012 030	0.050 409
7	0.000 008	0.000 019	0.000 039	0.000 073	0.003 437	0.021 604
8	0.000 001	0.000 002	0.000 004	0.000 009	0.000 859	0.008 102
9	—	—	—	0.00 001	0.000 191	0.002 701
10	—	—	—	—	0.000 038	0.000 810
11	—	—	—	—	0.000 007	0.000 221
12	—	—	—	—	0.000 001	0.000 055
13	—	—	—	—	—	0.000 013
14	—	—	—	—	—	0.000 003
15	—	—	—	—	—	0.000 001

（续表）

k \ λ	4.0	5.0	6.0	7.0	8.0	9.0
0	0.018 316	0.006 738	0.002 479	0.000 912	0.000 335	0.000 123
1	0.073 263	0.033 690	0.014 873	0.006 383	0.002 684	0.001 111
2	0.146 525	0.084 224	0.044 618	0.022 341	0.010 735	0.004 998
3	0.195 367	0.140 374	0.089 235	0.052 129	0.028 626	0.014 994
4	0.195 367	0.175 467	0.133 853	0.091 226	0.057 252	0.033 737
5	0.156 293	0.175 467	0.160 623	0.127 717	0.091 604	0.060 727
6	0.104 196	0.146 223	0.160 623	0.149 003	0.122 138	0.091 090
7	0.059 540	0.104 445	0.137 677	0.149 003	0.139 587	0.117 116
8	0.029 770	0.065 278	0.103 258	0.130 377	0.139 587	0.131 756
9	0.013 231	0.036 266	0.068 838	0.101 405	0.124 077	0.131 756
10	0.005 292	0.018 133	0.041 303	0.070 983	0.099 262	0.118 580
11	0.001 925	0.008 242	0.022 529	0.045 171	0.072 190	0.097 020
12	0.000 642	0.003 434	0.011 264	0.026 350	0.048 127	0.072 765
13	0.000 197	0.001 321	0.005 199	0.014 188	0.029 616	0.050 376
14	0.000 056	0.000 472	0.002 228	0.007 094	0.016 924	0.032 384
15	0.000 015	0.000 157	0.000 891	0.003 311	0.009 026	0.019 431
16	0.000 004	0.000 049	0.000 334	0.001 448	0.004 513	0.010 930
17	0.000 001	0.000 014	0.000 118	0.000 596	0.002 124	0.005 786
18	—	0.000 004	0.000 039	0.000 232	0.000 944	0.002 893
19	—	0.000 001	0.000 012	0.000 085	0.000 397	0.001 370
20	—	—	0.000 004	0.000 030	0.000 159	0.000 617
21	—	—	0.000 001	0.000 010	0.000 061	0.000 264
22	—	—	—	0.000 003	0.000 022	0.000 108
23	—	—	—	0.000 001	0.000 008	0.000 042
24	—	—	—	—	0.000 003	0.000 016
25	—	—	—	—	0.000 001	0.000 006
26	—	—	—	—	—	0.000 002
27	—	—	—	—	—	0.000 001

附表 2 正态分布表

(1) 表中列出了 $\varphi(x)=\frac{1}{\sqrt{2\pi}}\mathrm{e}^{-\frac{x^2}{2}}$ 的值

x	0.00	0.01	0.02	0.03	0.04	0.05	0.06	0.07	0.08	0.09	x
0.0	0.398 9	398 9	398 9	398 8	398 6	398 4	398 2	398 0	397 7	397 3	0.0
0.1	397 0	396 5	396 1	395 6	395 1	394 5	393 9	393 2	392 5	391 8	0.1
0.2	391 0	390 2	389 4	388 5	387 6	386 7	385 7	384 7	383 6	382 5	0.2
0.3	381 4	380 2	379 0	377 8	376 5	375 2	373 9	372 5	371 2	369 7	0.3
0.4	368 3	366 8	365 3	363 7	362 1	360 5	358 9	357 2	355 5	353 8	0.4
0.5	352 1	350 3	348 5	346 7	344 8	342 9	341 0	339 1	337 2	335 2	0.5
0.6	333 2	331 2	329 2	327 1	325 1	323 0	320 9	318 7	316 6	314 4	0.6
0.7	312 3	310 1	307 9	305 6	303 4	301 1	298 9	296 6	294 3	292 0	0.7
0.8	289 7	287 4	285 0	282 7	280 3	278 0	275 6	273 2	270 9	268 5	0.8
0.9	266 1	263 7	261 3	258 9	256 5	254 1	251 6	249 2	246 8	244 4	0.9
1.0	0.242 0	239 6	237 1	234 7	232 3	229 9	227 5	225 1	222 7	220 3	1.0
1.1	217 9	215 5	213 1	210 7	208 3	205 9	203 6	201 2	198 9	196 5	1.1
1.2	194 2	191 9	189 5	187 2	184 9	182 6	180 4	178 1	175 8	173 6	1.2
1.3	171 4	169 1	166 9	164 7	162 6	160 4	158 2	156 1	153 9	151 8	1.3
1.4	149 7	147 6	145 6	143 5	141 5	139 4	137 4	135 4	133 4	131 5	1.4
1.5	129 5	127 6	125 7	123 8	121 9	120 0	118 2	116 3	114 5	112 7	1.5
1.6	110 9	109 2	107 4	105 7	104 0	102 3	100 6	098 9	097 3	095 7	1.6
1.7	094 0	092 5	090 9	089 3	087 8	086 3	084 8	083 3	081 8	080 4	1.7
1.8	079 0	077 5	076 1	074 8	073 4	072 1	070 7	069 4	068 1	066 9	1.8
1.9	065 6	064 4	063 2	062 0	060 8	059 6	058 4	057 3	056 2	055 1	1.9
2.0	0.054 0	052 9	051 9	050 8	049 8	048 8	047 8	046 8	045 9	044 9	2.0
2.1	044 0	043 1	042 2	041 3	040 4	039 6	038 7	037 9	037 1	036 3	2.1
2.2	035 5	034 7	033 9	033 2	032 5	031 7	031 0	030 3	029 7	029 0	2.2
2.3	028 3	027 7	027 0	026 4	025 8	025 2	024 6	024 1	023 5	022 9	2.3
2.4	022 4	021 9	021 3	020 8	020 3	019 8	019 4	018 9	018 4	018 0	2.4
2.5	017 5	017 1	016 7	016 3	015 8	015 4	015 1	014 7	014 3	013 9	2.5
2.6	013 6	013 2	012 9	012 6	012 2	011 9	011 6	011 3	011 0	010 7	2.6
2.7	010 4	010 1	009 9	009 6	009 3	009 1	008 8	008 6	008 4	008 1	2.7
2.8	007 9	007 7	007 5	007 3	007 1	006 9	006 7	006 5	006 3	006 1	2.8
2.9	006 0	005 8	005 6	005 5	005 3	005 1	005 0	004 8	004 7	004 6	2.9
3.0	0.004 4	004 3	004 2	004 0	003 9	003 8	003 7	003 6	003 5	003 4	3.0
3.1	003 3	003 2	003 1	003 0	002 9	002 8	002 7	002 6	002 5	002 5	3.1
3.2	002 4	002 3	002 2	002 2	002 1	002 0	002 0	001 9	001 8	001 8	3.2
3.3	001 7	001 7	001 6	001 6	001 5	001 5	001 4	001 4	001 3	001 3	3.3
3.4	001 2	001 2	001 2	001 1	001 1	001 0	001 0	001 0	000 9	000 9	3.4
3.5	000 9	000 8	000 8	000 8	000 8	000 7	000 7	000 7	000 7	000 6	3.5
3.6	000 6	000 6	000 6	000 5	000 5	000 5	000 5	000 5	000 5	000 4	3.6
3.7	000 4	000 4	000 4	000 4	000 4	000 4	000 3	000 3	000 3	000 3	3.7
3.8	000 3	000 3	000 3	000 3	000 3	000 2	000 2	000 2	000 2	000 2	3.8
3.9	000 2	000 2	000 2	000 2	000 2	000 2	000 2	000 2	000 1	000 1	3.9

(2) 表中列出了 $\Phi(x)=\frac{1}{\sqrt{2\pi}}\int_{-\infty}^{x} e^{-\frac{t^2}{2}}dt$ 的值($x\geqslant 0$)

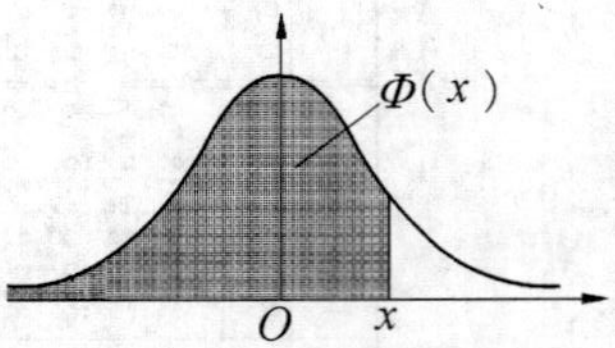

x	0.00	0.01	0.02	0.03	0.04	0.05	0.06	0.07	0.08	0.09	x
0.0	0.500 0	0.504 0	0.508 0	0.512 0	0.516 0	0.519 9	0.523 9	0.527 9	0.531 9	0.535 9	0.0
0.1	0.539 8	0.543 8	0.547 8	0.551 7	0.555 7	0.559 6	0.563 6	0.567 5	0.571 4	0.575 3	0.1
0.2	0.579 3	0.583 2	0.587 1	0.591 0	0.594 8	0.598 7	0.602 6	0.606 4	0.610 3	0.614 1	0.2
0.3	0.617 9	0.621 7	0.625 5	0.629 3	0.633 1	0.636 8	0.640 6	0.644 3	0.648 0	0.651 7	0.3
0.4	0.655 4	0.659 1	0.662 8	0.666 4	0.670 0	0.673 6	0.677 2	0.680 8	0.684 4	0.687 9	0.4
0.5	0.691 5	0.695 0	0.698 5	0.701 9	0.705 4	0.708 8	0.712 3	0.715 7	0.719 0	0.722 4	0.5
0.6	0.725 7	0.729 1	0.732 4	0.735 7	0.738 9	0.742 2	0.745 4	0.748 6	0.751 7	0.754 9	0.6
0.7	0.758 0	0.761 1	0.764 2	0.767 3	0.770 3	0.773 4	0.776 4	0.779 4	0.782 3	0.785 2	0.7
0.8	0.788 1	0.791 0	0.793 9	0.796 7	0.799 5	0.802 3	0.805 1	0.807 8	0.810 6	0.813 3	0.8
0.9	0.815 9	0.818 6	0.821 2	0.823 8	0.826 4	0.828 9	0.831 5	0.834 0	0.836 5	0.838 9	0.9
1.0	0.841 3	0.843 8	0.846 1	0.848 5	0.850 8	0.853 1	0.855 4	0.857 7	0.859 9	0.862 1	1.0
1.1	0.864 3	0.866 5	0.868 6	0.870 8	0.872 9	0.874 9	0.877 0	0.879 0	0.881 0	0.883 0	1.1
1.2	0.884 9	0.886 9	0.888 8	0.890 7	0.892 5	0.894 4	0.896 2	0.898 0	0.899 7	0.901 47	1.2
1.3	0.903 20	0.904 90	0.906 58	0.908 24	0.909 88	0.911 49	0.913 09	0.914 66	0.916 21	0.917 74	1.3
1.4	0.919 24	0.920 73	0.922 20	0.923 64	0.925 07	0.926 47	0.927 85	0.929 22	0.930 56	0.931 89	1.4

（续表）

x	0.00	0.01	0.02	0.03	0.04	0.05	0.06	0.07	0.08	0.09	x
1.5	0.933 19	0.934 48	0.935 74	0.936 99	0.938 22	0.939 43	0.940 62	0.941 79	0.942 95	0.944 08	1.5
1.6	0.945 20	0.946 30	0.947 38	0.948 45	0.949 50	0.950 53	0.951 54	0.952 54	0.953 52	0.954 49	1.6
1.7	0.955 43	0.956 37	0.957 28	0.958 18	0.959 07	0.959 94	0.960 80	0.961 64	0.962 46	0.963 27	1.7
1.8	0.964 07	0.964 85	0.965 62	0.966 38	0.967 12	0.967 84	0.968 56	0.969 26	0.969 95	0.970 62	1.8
1.9	0.971 28	0.971 93	0.972 57	0.973 20	0.973 81	0.974 41	0.975 00	0.975 58	0.976 15	0.976 70	1.9
2.0	0.977 25	0.977 78	0.978 31	0.978 82	0.979 32	0.979 82	0.980 30	0.980 77	0.981 24	0.981 69	2.0
2.1	0.982 14	0.982 57	0.983 00	0.983 41	0.983 82	0.984 22	0.984 61	0.985 00	0.985 37	0.985 74	2.1
2.2	0.986 10	0.986 45	0.986 79	0.987 13	0.987 45	0.987 78	0.988 09	0.988 40	0.988 70	0.988 99	2.2
2.3	0.989 28	0.989 56	0.989 83	$0.9^{2}0097$	$0.9^{2}0358$	$0.9^{2}0613$	$0.9^{2}0863$	$0.9^{2}1106$	$0.9^{2}1344$	$0.9^{2}1576$	2.3
2.4	$0.9^{2}1802$	$0.9^{2}2024$	$0.9^{2}2240$	$0.9^{2}2451$	$0.9^{2}2656$	$0.9^{2}2857$	$0.9^{2}3053$	$0.9^{2}3244$	$0.9^{2}3431$	$0.9^{2}3613$	2.4
2.5	$0.9^{2}3790$	$0.9^{2}3963$	$0.9^{2}4132$	$0.9^{2}4297$	$0.9^{2}4457$	$0.9^{2}4614$	$0.9^{2}4766$	$0.9^{2}4915$	$0.9^{2}5060$	$0.9^{2}5201$	2.5
2.6	$0.9^{2}5339$	$0.9^{2}5473$	$0.9^{2}5604$	$0.9^{2}5731$	$0.9^{2}5855$	$0.9^{2}5975$	$0.9^{2}6093$	$0.9^{2}6207$	$0.9^{2}6319$	$0.9^{2}6427$	2.6
2.7	$0.9^{2}6533$	$0.9^{2}6636$	$0.9^{2}6736$	$0.9^{2}6833$	$0.9^{2}6928$	$0.9^{2}7020$	$0.9^{2}7110$	$0.9^{2}7197$	$0.9^{2}7282$	$0.9^{2}7365$	2.7
2.8	$0.9^{2}7445$	$0.9^{2}7523$	$0.9^{2}7599$	$0.9^{2}7673$	$0.9^{2}7744$	$0.9^{2}7814$	$0.9^{2}7882$	$0.9^{2}7948$	$0.9^{2}8012$	$0.9^{2}8074$	2.8
2.9	$0.9^{2}8134$	$0.9^{2}8193$	$0.9^{2}8250$	$0.9^{2}8305$	$0.9^{2}8359$	$0.9^{2}8411$	$0.9^{2}8462$	$0.9^{2}8511$	$0.9^{2}8559$	$0.9^{2}8605$	2.9
3.0	$0.9^{2}8650$	$0.9^{2}8694$	$0.9^{2}8736$	$0.9^{2}8777$	$0.9^{2}8817$	$0.9^{2}8856$	$0.9^{2}8893$	$0.9^{2}8930$	$0.9^{2}8965$	$0.9^{2}8999$	3.0
3.1	$0.9^{3}0324$	$0.9^{3}0646$	$0.9^{3}0957$	$0.9^{3}1260$	$0.9^{3}1553$	$0.9^{3}1836$	$0.9^{3}2112$	$0.9^{3}2378$	$0.9^{3}2636$	$0.9^{3}2886$	3.1
3.2	$0.9^{3}3129$	$0.9^{3}3363$	$0.9^{3}3590$	$0.9^{3}3810$	$0.9^{3}4024$	$0.9^{3}4230$	$0.9^{3}4429$	$0.9^{3}4623$	$0.9^{3}4810$	$0.9^{3}4991$	3.2
3.3	$0.9^{3}5166$	$0.9^{3}5335$	$0.9^{3}5499$	$0.9^{3}5658$	$0.9^{3}5811$	$0.9^{3}5959$	$0.9^{3}6103$	$0.9^{3}6242$	$0.9^{3}6376$	$0.9^{3}6505$	3.3
3.4	$0.9^{3}6631$	$0.9^{3}6752$	$0.9^{3}6869$	$0.9^{3}6982$	$0.9^{3}7091$	$0.9^{3}7197$	$0.9^{3}7299$	$0.9^{3}7398$	$0.9^{3}7493$	$0.9^{3}7585$	3.4

（续表）

x	0.00	0.01	0.02	0.03	0.04	0.05	0.06	0.07	0.08	0.09	x
3.5	$0.9^{3}7674$	$0.9^{3}7759$	$0.9^{3}7842$	$0.9^{3}7922$	$0.9^{3}7999$	$0.9^{3}8074$	$0.9^{3}8146$	$0.9^{3}8215$	$0.9^{3}8282$	$0.9^{3}8347$	3.5
3.6	$0.9^{3}8409$	$0.9^{3}8469$	$0.9^{3}8527$	$0.9^{3}8583$	$0.9^{3}8637$	$0.9^{3}8689$	$0.9^{3}8739$	$0.9^{3}8787$	$0.9^{3}8834$	$0.9^{3}8879$	3.6
3.7	$0.9^{3}8922$	$0.9^{3}8964$	$0.9^{4}0039$	$0.9^{4}0426$	$0.9^{4}0799$	$0.9^{4}1158$	$0.9^{4}1504$	$0.9^{4}1838$	$0.9^{4}2159$	$0.9^{4}2468$	3.7
3.8	$0.9^{4}2765$	$0.9^{4}3052$	$0.9^{4}3327$	$0.9^{4}3593$	$0.9^{4}3848$	$0.9^{4}4094$	$0.9^{4}4331$	$0.9^{4}4558$	$0.9^{4}4777$	$0.9^{4}4988$	3.8
3.9	$0.9^{4}5190$	$0.9^{4}5385$	$0.9^{4}5573$	$0.9^{4}5753$	$0.9^{4}5926$	$0.9^{4}6092$	$0.9^{4}6253$	$0.9^{4}6406$	$0.9^{4}6554$	$0.9^{4}6696$	3.9
4.0	$0.9^{4}6833$	$0.9^{4}6964$	$0.9^{4}7090$	$0.9^{4}7211$	$0.9^{4}7327$	$0.9^{4}7439$	$0.9^{4}7546$	$0.9^{4}7649$	$0.9^{4}7748$	$0.9^{4}7843$	4.0
4.1	$0.9^{4}7934$	$0.9^{4}8022$	$0.9^{4}8106$	$0.9^{4}8186$	$0.9^{4}8263$	$0.9^{4}8338$	$0.9^{4}8409$	$0.9^{4}8477$	$0.9^{4}8542$	$0.9^{4}8605$	4.1
4.2	$0.9^{4}8665$	$0.9^{4}8723$	$0.9^{4}8778$	$0.9^{4}8832$	$0.9^{4}8882$	$0.9^{4}8931$	$0.9^{4}8978$	$0.9^{5}0226$	$0.9^{5}0655$	$0.9^{5}1066$	4.2
4.3	$0.9^{5}1460$	$0.9^{5}1837$	$0.9^{5}2199$	$0.9^{5}2545$	$0.9^{5}2876$	$0.9^{5}3193$	$0.9^{5}3497$	$0.9^{5}3788$	$0.9^{5}4066$	$0.9^{5}4332$	4.3
4.4	$0.9^{5}4587$	$0.9^{5}4831$	$0.9^{5}5065$	$0.9^{5}5288$	$0.9^{5}5502$	$0.9^{5}5706$	$0.9^{5}5902$	$0.9^{5}6089$	$0.9^{5}6268$	$0.9^{5}6439$	4.4
4.5	$0.9^{5}6602$	$0.9^{5}6759$	$0.9^{5}6908$	$0.9^{5}7051$	$0.9^{5}7187$	$0.9^{5}7318$	$0.9^{5}7442$	$0.9^{5}7561$	$0.9^{5}7675$	$0.9^{5}7784$	4.5
4.6	$0.9^{5}7888$	$0.9^{5}7987$	$0.9^{5}8081$	$0.9^{5}8172$	$0.9^{5}8258$	$0.9^{5}8340$	$0.9^{5}8419$	$0.9^{5}8494$	$0.9^{5}8566$	$0.9^{5}8634$	4.6
4.7	$0.9^{5}8699$	$0.9^{5}8761$	$0.9^{5}8821$	$0.9^{5}8877$	$0.9^{5}8931$	$0.9^{5}8983$	$0.9^{6}0320$	$0.9^{6}0789$	$0.9^{6}1235$	$0.9^{6}1661$	4.7
4.8	$0.9^{6}2067$	$0.9^{6}2453$	$0.9^{6}2822$	$0.9^{6}3173$	$0.9^{6}3508$	$0.9^{6}3827$	$0.9^{6}4131$	$0.9^{6}4420$	$0.9^{6}4696$	$0.9^{6}4958$	4.8
4.9	$0.9^{6}5208$	$0.9^{6}5446$	$0.9^{6}5673$	$0.9^{6}5889$	$0.9^{6}6094$	$0.9^{6}6289$	$0.9^{6}6475$	$0.9^{6}6652$	$0.9^{6}6821$	$0.9^{6}6981$	4.9

附表 3　t 分布表

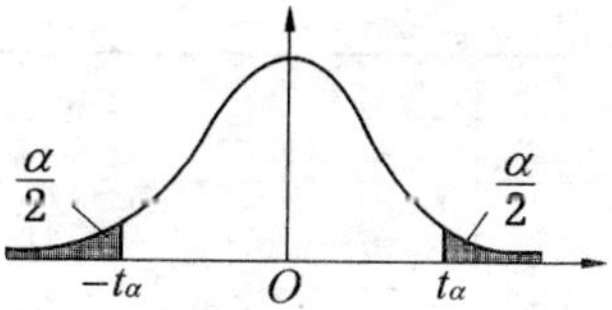

表中列出了 $P(|t(n)| \geqslant t_\alpha) = \alpha$ 的 t_α 值

n \ α	0.9	0.8	0.7	0.6	0.5	0.4
1	0.158	0.325	0.510	0.727	1.000	1.376
2	0.142	0.289	0.445	0.617	0.816	1.061
3	0.137	0.277	0.424	0.584	0.765	0.978
4	0.134	0.271	0.414	0.569	0.741	0.941
5	0.132	0.267	0.408	0.559	0.727	0.920
6	0.131	0.265	0.404	0.553	0.718	0.906
7	0.130	0.263	0.402	0.549	0.711	0.896
8	0.130	0.262	0.399	0.546	0.706	0.889
9	0.129	0.261	0.398	0.543	0.703	0.883
10	0.129	0.260	0.397	0.542	0.700	0.879
11	0.129	0.260	0.396	0.540	0.697	0.876
12	0.128	0.259	0.395	0.539	0.695	0.873
13	0.128	0.259	0.394	0.538	0.694	0.870
14	0.128	0.258	0.393	0.537	0.692	0.868
15	0.128	0.258	0.393	0.536	0.691	0.866
16	0.128	0.258	0.392	0.535	0.690	0.865
17	0.128	0.257	0.392	0.534	0.689	0.863
18	0.127	0.257	0.392	0.534	0.688	0.862
19	0.127	0.257	0.391	0.533	0.688	0.861
20	0.127	0.257	0.391	0.533	0.687	0.860
21	0.127	0.257	0.391	0.532	0.686	0.859
22	0.127	0.256	0.390	0.532	0.686	0.858
23	0.127	0.256	0.390	0.532	0.685	0.858
24	0.127	0.256	0.390	0.531	0.685	0.857
25	0.127	0.256	0.390	0.531	0.684	0.856
26	0.127	0.256	0.390	0.531	0.684	0.856
27	0.127	0.256	0.389	0.531	0.684	0.855
28	0.127	0.256	0.389	0.530	0.683	0.855
29	0.127	0.256	0.389	0.530	0.683	0.854
30	0.127	0.256	0.389	0.530	0.683	0.854
40	0.126	0.255	0.388	0.529	0.681	0.851
60	0.126	0.254	0.387	0.527	0.679	0.848
120	0.126	0.254	0.386	0.526	0.677	0.845
∞	0.126	0.253	0.385	0.524	0.674	0.842

（续表）

n \ α	0.3	0.2	0.1	0.05	0.02	0.01	0.001
1	1.963	3.078	6.314	12.706	31.821	63.657	636.619
2	1.386	1.886	2.920	4.303	6.965	9.925	31.599
3	1.250	1.638	2.353	3.182	4.541	5.841	12.924
4	1.190	1.533	2.132	2.776	3.747	4.604	8.610
5	1.156	1.476	2.015	2.571	3.365	4.032	6.869
6	1.134	1.440	1.943	2.447	3.143	3.707	5.959
7	1.119	1.415	1.895	2.365	2.998	3.499	5.408
8	1.108	1.397	1.860	2.306	2.896	3.355	5.041
9	1.100	1.383	1.833	2.262	2.821	3.250	4.781
10	1.093	1.372	1.812	2.228	2.764	3.169	4.587
11	1.088	1.363	1.796	2.201	2.718	3.106	4.437
12	1.083	1.356	1.782	2.179	2.681	3.055	4.318
13	1.079	1.350	1.771	2.160	2.650	3.012	4.221
14	1.076	1.345	1.761	2.145	2.624	2.977	4.140
15	1.074	1.341	1.753	2.131	2.602	2.947	4.073
16	1.071	1.337	1.746	2.120	2.583	2.921	4.015
17	1.069	1.333	1.740	2.110	2.567	2.898	3.965
18	1.067	1.330	1.734	2.101	2.552	2.878	3.922
19	1.066	1.328	1.729	2.093	2.539	2.861	3.883
20	1.064	1.325	1.725	2.086	2.528	2.845	3.850
21	1.063	1.323	1.721	2.080	2.518	2.831	3.819
22	1.061	1.321	1.717	2.074	2.508	2.819	3.792
23	1.060	1.319	1.714	2.069	2.500	2.807	3.768
24	1.059	1.318	1.711	2.064	2.492	2.797	3.745
25	1.058	1.316	1.708	2.060	2.485	2.787	3.725
26	1.058	1.315	1.706	2.056	2.479	2.779	3.707
27	1.057	1.314	1.703	2.052	2.473	2.771	3.690
28	1.056	1.313	1.701	2.048	2.467	2.763	3.674
29	1.055	1.311	1.699	2.045	2.462	2.756	3.659
30	1.055	1.310	1.697	2.042	2.457	2.750	3.646
40	1.050	1.303	1.684	2.021	2.423	2.704	3.551
60	1.046	1.296	1.671	2.000	2.390	2.660	3.460
120	1.041	1.289	1.658	1.980	2.358	2.617	3.373
∞	1.036	1.282	1.645	1.960	2.326	2.576	3.291

附表 4　χ^2 分布表

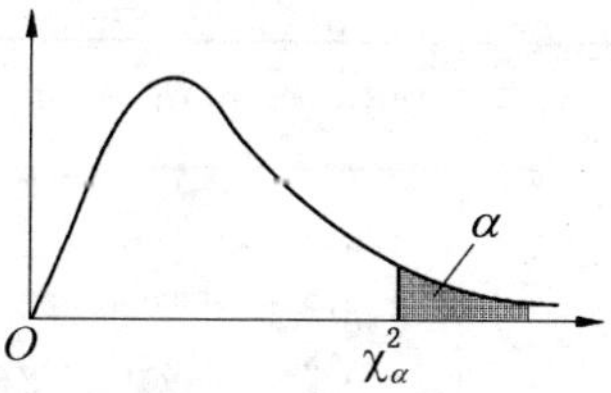

表中列出了 $P(\chi^2(n) \geqslant \chi_\alpha^2)=\alpha$ 的 χ_α^2 值

n \ α	0.995	0.99	0.975	0.95	0.90	0.80
1	0.000 0	0.000 2	0.001 0	0.003 9	0.015 8	0.064 2
2	0.010 0	0.020 1	0.050 6	0.103	0.211	0.446
3	0.072	0.115	0.216	0.352	0.584	1.005
4	0.207	0.297	0.484	0.711	1.064	1.649
5	0.412	0.554	0.831	1.145	1.610	2.343
6	0.676	0.872	1.237	1.635	2.204	3.070
7	0.989	1.239	1.690	2.167	2.833	3.822
8	1.344	1.646	2.180	2.733	3.490	4.594
9	1.735	2.088	2.700	3.325	4.168	5.380
10	2.156	2.558	3.247	3.940	4.865	6.179
11	2.603	3.053	3.816	4.575	5.578	6.989
12	3.074	3.571	4.404	5.226	6.304	7.807
13	3.565	4.107	5.009	5.892	7.042	8.634
14	4.075	4.660	5.629	6.571	7.790	9.467
15	4.601	5.229	6.262	7.261	8.547	10.307
16	5.142	5.812	6.908	7.962	9.312	11.152
17	5.697	6.408	7.564	8.672	10.085	12.002
18	6.265	7.015	8.231	9.390	10.865	12.857
19	6.844	7.633	8.907	10.117	11.651	13.716
20	7.434	8.260	9.591	10.851	12.443	14.578
21	8.034	8.897	10.283	11.591	13.240	15.445
22	8.643	9.542	10.982	12.338	14.041	16.314
23	9.260	10.196	11.689	13.091	14.848	17.187
24	9.886	10.856	12.401	13.848	15.659	18.062
25	10.520	11.524	13.120	14.611	16.473	18.940
26	11.160	12.198	13.844	15.379	17.292	19.820
27	11.808	12.879	14.573	16.151	18.114	20.703
28	12.461	13.565	15.308	16.928	18.939	21.588
29	13.121	14.256	16.047	17.708	19.768	22.475
30	13.787	14.953	16.791	18.493	20.599	23.364

（续表）

n \ α	0.20	0.10	0.05	0.025	0.01	0.005	0.001
1	1.642	2.706	3.841	5.024	6.635	7.879	10.828
2	3.219	4.605	5.991	7.378	9.210	10.597	13.816
3	4.642	6.251	7.815	9.348	11.345	12.838	16.266
4	5.989	7.779	9.488	11.143	12.277	14.860	18.467
5	7.289	9.236	11.070	12.833	15.068	16.750	20.515
6	8.558	10.645	12.592	14.449	16.812	18.548	22.458
7	9.803	12.017	14.067	16.013	18.475	20.278	24.322
8	11.030	13.362	15.507	17.535	20.090	21.955	26.125
9	12.242	14.684	16.919	19.023	21.666	23.589	27.877
10	13.442	15.987	18.307	20.483	23.209	25.188	29.588
11	14.631	17.275	19.675	21.920	24.725	26.757	31.264
12	15.812	18.549	21.026	23.337	26.217	28.300	32.909
13	16.985	19.812	22.362	24.736	27.688	29.819	34.528
14	18.151	21.064	23.685	26.119	29.141	31.319	36.123
15	19.311	22.307	24.996	27.488	30.578	32.801	37.697
16	20.465	23.542	26.296	28.845	32.000	34.267	39.252
17	21.615	24.769	27.587	30.191	33.409	35.718	40.790
18	22.760	25.989	28.869	31.526	34.805	37.156	42.312
19	23.900	27.204	30.144	32.852	36.191	38.582	43.820
20	25.038	28.412	31.410	34.170	37.566	39.997	45.315
21	26.171	29.615	32.671	35.479	38.932	41.401	46.797
22	27.301	30.813	33.924	36.781	40.289	42.796	48.268
23	28.429	32.007	35.172	38.076	41.638	44.181	49.728
24	29.553	33.196	36.415	39.364	42.980	45.559	51.179
25	30.675	34.382	37.652	40.646	44.314	46.928	52.620
26	31.795	35.563	38.885	41.923	45.642	48.290	54.052
27	32.912	36.741	40.113	43.195	46.963	49.645	55.476
28	34.027	37.916	41.337	44.461	48.278	50.993	56.892
29	35.139	39.087	42.557	45.722	49.588	52.336	58.301
30	36.250	40.256	43.773	46.979	50.892	53.672	59.703

附表 5　F 分布表

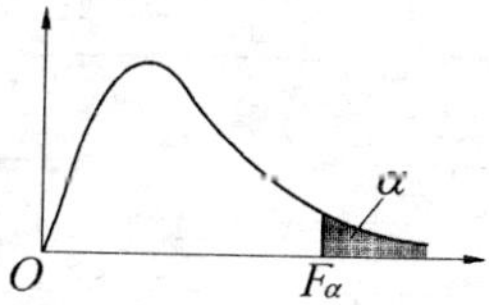

表中列出了 $P(F(m,n)>F_\alpha)=\alpha$ 的 F_α 值

$\alpha=0.10$

n \ m	1	2	3	4	5	6	7	8	9
1	39.86	49.50	53.59	55.83	57.24	58.20	58.91	59.44	59.86
2	8.53	9.00	9.16	9.24	9.29	9.33	9.35	9.37	9.38
3	5.54	5.46	5.39	5.34	5.31	5.28	5.27	5.25	5.24
4	4.54	4.32	4.19	4.11	4.05	4.01	3.98	3.95	3.94
5	4.06	3.78	3.62	3.52	3.45	3.40	3.37	3.34	3.32
6	3.78	3.46	3.29	3.18	3.11	3.05	3.01	2.98	2.96
7	3.59	3.26	3.07	2.96	2.88	2.83	2.78	2.75	2.72
8	3.46	3.11	2.92	2.81	2.73	2.67	2.62	2.59	2.56
9	3.36	3.01	2.81	2.69	2.61	2.55	2.51	2.47	2.44
10	3.29	2.92	2.73	2.61	2.52	2.46	2.41	2.38	2.35
11	3.23	2.86	2.66	2.54	2.45	2.39	2.34	2.30	2.27
12	3.18	2.81	2.61	2.48	2.39	2.33	2.28	2.24	2.21
13	3.14	2.76	2.56	2.43	2.35	2.28	2.23	2.20	2.16
14	3.10	2.73	2.52	2.39	2.31	2.24	2.19	2.15	2.12
15	3.07	2.70	2.49	2.36	2.27	2.21	2.16	2.12	2.09
16	3.05	2.67	2.46	2.33	2.24	2.18	2.13	2.09	2.06
17	3.03	2.64	2.44	2.31	2.22	2.15	2.10	2.06	2.03
18	3.01	2.62	2.42	2.29	2.20	2.13	2.08	2.04	2.00
19	2.99	2.61	2.40	2.27	2.18	2.11	2.06	2.02	1.98
20	2.97	2.59	2.38	2.25	2.16	2.09	2.04	2.00	1.96
21	2.96	2.57	2.36	2.23	2.14	2.08	2.02	1.98	1.95
22	2.95	2.56	2.35	2.22	2.13	2.06	2.01	1.97	1.93
23	2.94	2.55	2.34	2.21	2.11	2.05	1.99	1.95	1.92
24	2.93	2.54	2.33	2.19	2.10	2.04	1.98	1.94	1.91
25	2.92	2.53	2.32	2.18	2.09	2.02	1.97	1.93	1.89
26	2.91	2.52	2.31	2.17	2.08	2.01	1.96	1.92	1.88
27	2.90	2.51	2.30	2.17	2.07	2.00	1.95	1.91	1.87
28	2.89	2.50	2.29	2.16	2.06	2.00	1.94	1.90	1.87
29	2.89	2.50	2.28	2.15	2.06	1.99	1.93	1.89	1.86
30	2.88	2.49	2.28	2.14	2.05	1.98	1.93	1.88	1.85
40	2.84	2.44	2.23	2.09	2.00	1.93	1.87	1.83	1.79
60	2.79	2.39	2.18	2.04	1.95	1.87	1.82	1.77	1.74
120	2.75	2.35	2.13	1.99	1.90	1.82	1.77	1.72	1.68
∞	2.71	2.30	2.08	1.94	1.85	1.77	1.72	1.67	1.63

（续表）

$\alpha = 0.10$

n \ m	10	12	15	20	24	30	40	60	120	∞
1	60.19	60.71	61.22	61.74	62.00	62.26	62.53	62.79	63.06	63.33
2	9.39	9.41	9.42	9.44	9.45	9.46	9.47	9.47	9.48	9.49
3	5.23	5.22	5.20	5.18	5.18	5.17	5.16	5.15	5.14	5.13
4	3.92	3.90	3.87	3.84	3.83	3.82	3.80	3.79	3.78	3.76
5	3.30	3.27	3.24	3.21	3.19	3.17	3.16	3.14	3.12	3.10
6	2.94	2.90	2.87	2.84	2.82	2.80	2.78	2.76	2.74	2.72
7	2.70	2.67	2.63	2.59	2.58	2.56	2.54	2.51	2.49	2.47
8	2.54	2.50	2.46	2.42	2.40	2.38	2.36	2.34	2.32	2.29
9	2.42	2.38	2.34	2.30	2.28	2.25	2.23	2.21	2.18	2.16
10	2.32	2.28	2.24	2.20	2.18	2.16	2.13	2.11	2.08	2.06
11	2.25	2.21	2.17	2.12	2.10	2.08	2.05	2.03	2.00	1.97
12	2.19	2.15	2.10	2.06	2.04	2.01	1.99	1.96	1.93	1.90
13	2.14	2.10	2.05	2.01	1.98	1.96	1.93	1.90	1.88	1.85
14	2.10	2.05	2.01	1.96	1.94	1.91	1.89	1.86	1.83	1.80
15	2.06	2.02	1.97	1.92	1.90	1.87	1.85	1.82	1.79	1.76
16	2.03	1.99	1.94	1.89	1.87	1.84	1.81	1.78	1.75	1.72
17	2.00	1.96	1.91	1.86	1.84	1.81	1.78	1.75	1.72	1.69
18	1.98	1.93	1.89	1.84	1.81	1.78	1.75	1.72	1.69	1.66
19	1.96	1.91	1.86	1.81	1.79	1.76	1.73	1.70	1.67	1.63
20	1.94	1.89	1.84	1.79	1.77	1.74	1.71	1.68	1.64	1.61
21	1.92	1.87	1.83	1.78	1.75	1.72	1.69	1.66	1.62	1.59
22	1.90	1.86	1.81	1.76	1.73	1.70	1.67	1.64	1.60	1.57
23	1.89	1.84	1.80	1.74	1.72	1.69	1.66	1.62	1.59	1.55
24	1.88	1.83	1.78	1.73	1.70	1.67	1.64	1.61	1.57	1.53
25	1.87	1.82	1.77	1.72	1.69	1.66	1.63	1.59	1.56	1.52
26	1.86	1.81	1.76	1.71	1.68	1.65	1.61	1.58	1.54	1.50
27	1.85	1.80	1.75	1.70	1.67	1.64	1.60	1.57	1.53	1.49
28	1.84	1.79	1.74	1.69	1.66	1.63	1.59	1.56	1.52	1.48
29	1.83	1.78	1.73	1.68	1.65	1.62	1.58	1.55	1.51	1.47
30	1.82	1.77	1.72	1.67	1.64	1.61	1.57	1.54	1.50	1.46
40	1.76	1.71	1.66	1.61	1.57	1.54	1.51	1.47	1.42	1.38
60	1.71	1.66	1.60	1.54	1.51	1.48	1.44	1.40	1.35	1.29
120	1.65	1.60	1.55	1.48	1.45	1.41	1.37	1.32	1.26	1.19
∞	1.60	1.55	1.49	1.42	1.38	1.34	1.30	1.24	1.17	1.00

（续表）

$\alpha = 0.05$

n \ m	1	2	3	4	5	6	7	8	9
1	161.4	199.5	215.7	224.6	230.2	234.0	236.8	238.9	240.5
2	18.51	19.00	19.16	19.25	19.30	19.33	19.35	19.37	19.38
3	10.13	9.55	9.28	9.12	9.01	8.94	8.89	8.85	8.81
4	7.71	6.94	6.59	6.39	6.26	6.16	6.09	6.04	6.00
5	6.61	5.79	5.41	5.19	5.05	4.95	4.88	4.82	4.77
6	5.99	5.14	4.76	4.53	4.39	4.28	4.21	4.15	4.10
7	5.59	4.74	4.35	4.12	3.97	3.87	3.79	3.73	3.68
8	5.32	4.46	4.07	3.84	3.69	3.58	3.50	3.44	3.39
9	5.12	4.26	3.86	3.63	3.48	3.37	3.29	3.23	3.18
10	4.96	4.10	3.71	3.48	3.33	3.22	3.14	3.07	3.02
11	4.84	3.98	3.59	3.36	3.20	3.09	3.01	2.95	2.90
12	4.75	3.89	3.49	3.26	3.11	3.00	2.91	2.85	2.80
13	4.67	3.81	3.41	3.18	3.03	2.92	2.83	2.77	2.71
14	4.60	3.74	3.34	3.11	2.96	2.85	2.76	2.70	2.65
15	4.54	3.68	3.29	3.06	2.90	2.79	2.71	2.64	2.59
16	4.49	3.63	3.24	3.01	2.85	2.74	2.66	2.59	2.54
17	4.45	3.59	3.20	2.96	2.81	2.70	2.61	2.55	2.49
18	4.41	3.55	3.16	2.93	2.77	2.66	2.58	2.51	2.46
19	4.38	3.52	3.13	2.90	2.74	2.63	2.54	2.48	2.42
20	4.35	3.49	3.10	2.87	2.71	2.60	2.51	2.45	2.39
21	4.32	3.47	3.07	2.84	2.68	2.57	2.49	2.42	2.37
22	4.30	3.44	3.05	2.82	2.66	2.55	2.46	2.40	2.34
23	4.28	3.42	3.03	2.80	2.64	2.53	2.44	2.37	2.32
24	4.26	3.40	3.01	2.78	2.62	2.51	2.42	2.36	2.30
25	4.24	3.39	2.99	2.76	2.60	2.49	2.40	2.34	2.28
26	4.23	3.37	2.98	2.74	2.59	2.47	2.39	2.32	2.27
27	4.21	3.35	2.96	2.73	2.57	2.46	2.37	2.31	2.25
28	4.20	3.34	2.95	2.71	2.56	2.45	2.36	2.29	2.24
29	4.18	3.33	2.93	2.70	2.55	2.43	2.35	2.28	2.22
30	4.17	3.32	2.92	2.69	2.53	2.42	2.33	2.27	2.21
40	4.08	3.23	2.84	2.61	2.45	2.34	2.25	2.18	2.12
60	4.00	3.15	2.76	2.53	2.37	2.25	2.17	2.10	2.04
120	3.92	3.07	2.68	2.45	2.29	2.17	2.09	2.02	1.96
∞	3.84	3.00	2.60	2.37	2.21	2.10	2.01	1.94	1.88

(续表)

$\alpha = 0.05$

n \ m	10	12	15	20	24	30	40	60	120	∞
1	241.9	243.9	245.9	248.0	249.1	250.1	251.1	252.2	253.3	254.3
2	19.40	19.41	19.43	19.45	19.45	19.46	19.47	19.48	19.49	19.50
3	8.79	8.74	8.70	8.66	8.64	8.62	8.59	8.57	8.55	8.53
4	5.96	5.91	5.86	5.80	5.77	5.75	5.72	5.69	5.66	5.63
5	4.74	4.68	4.62	4.56	4.53	4.50	4.46	4.43	4.40	4.36
6	4.06	4.00	3.94	3.87	3.84	3.81	3.77	3.74	3.70	3.67
7	3.64	3.57	3.51	3.44	3.41	3.38	3.34	3.30	3.27	3.23
8	3.35	3.28	3.22	3.15	3.12	3.08	3.04	3.01	2.97	2.93
9	3.14	3.07	3.01	2.94	2.90	2.86	2.83	2.79	2.75	2.71
10	2.98	2.91	2.85	2.77	2.74	2.70	2.66	2.62	2.58	2.54
11	2.85	2.79	2.72	2.65	2.61	2.57	2.53	2.49	2.45	2.40
12	2.75	2.69	2.62	2.54	2.51	2.47	2.43	2.38	2.34	2.30
13	2.67	2.60	2.53	2.46	2.42	2.38	2.34	2.30	2.25	2.21
14	2.60	2.53	2.46	2.39	2.35	2.31	2.27	2.22	2.18	2.13
15	2.54	2.48	2.40	2.33	2.29	2.25	2.20	2.16	2.11	2.07
16	2.49	2.42	2.35	2.28	2.24	2.19	2.15	2.11	2.06	2.01
17	2.45	2.38	2.31	2.23	2.19	2.15	2.10	2.06	2.01	1.96
18	2.41	2.34	2.27	2.19	2.15	2.11	2.06	2.02	1.97	1.92
19	2.38	2.31	2.23	2.16	2.11	2.07	2.03	1.98	1.93	1.88
20	2.35	2.28	2.20	2.12	2.08	2.04	1.99	1.95	1.90	1.84
21	2.32	2.25	2.18	2.10	2.05	2.01	1.96	1.92	1.87	1.81
22	2.30	2.23	2.15	2.07	2.03	1.98	1.94	1.89	1.84	1.78
23	2.27	2.20	2.13	2.05	2.00	1.96	1.91	1.86	1.81	1.76
24	2.25	2.18	2.11	2.03	1.98	1.94	1.89	1.84	1.79	1.73
25	2.24	2.16	2.09	2.01	1.96	1.92	1.87	1.82	1.77	1.71
26	2.22	2.15	2.07	1.99	1.95	1.90	1.85	1.80	1.75	1.69
27	2.20	2.13	2.06	1.97	1.93	1.88	1.84	1.79	1.73	1.67
28	2.19	2.12	2.04	1.96	1.91	1.87	1.82	1.77	1.71	1.65
29	2.18	2.10	2.03	1.94	1.90	1.85	1.81	1.75	1.70	1.64
30	2.16	2.09	2.01	1.93	1.89	1.84	1.79	1.74	1.68	1.62
40	2.08	2.00	1.92	1.84	1.79	1.74	1.69	1.64	1.58	1.51
60	1.99	1.92	1.84	1.75	1.70	1.65	1.59	1.53	1.47	1.39
120	1.91	1.83	1.75	1.66	1.61	1.55	1.50	1.43	1.35	1.25
∞	1.83	1.75	1.67	1.57	1.52	1.46	1.39	1.32	1.22	1.00

（续表）

$\alpha = 0.025$

n \ m	1	2	3	4	5	6	7	8	9
1	647.8	799.5	864.2	899.6	921.8	937.1	948.2	956.7	963.3
2	38.51	39.00	39.17	39.25	39.30	39.33	39.36	39.37	39.39
3	17.44	16.04	15.44	15.10	14.88	14.73	14.62	14.54	14.47
4	12.22	10.65	9.98	9.60	9.36	9.20	9.07	8.98	8.90
5	10.01	8.43	7.76	7.39	7.15	6.98	6.85	6.76	6.68
6	8.81	7.26	6.60	6.23	5.99	5.82	5.70	5.60	5.52
7	8.07	6.54	5.89	5.52	5.29	5.12	4.99	4.90	4.82
8	7.57	6.06	5.42	5.05	4.82	4.65	4.53	4.43	4.36
9	7.21	5.71	5.08	4.72	4.48	4.32	4.20	4.10	4.03
10	6.94	5.46	4.83	4.47	4.24	4.07	3.95	3.85	3.78
11	6.72	5.26	4.63	4.28	4.04	3.88	3.76	3.66	3.59
12	6.55	5.10	4.47	4.12	3.89	3.73	3.61	3.51	3.44
13	6.41	4.97	4.35	4.00	3.77	3.60	3.48	3.39	3.31
14	6.30	4.86	4.24	3.89	3.66	3.50	3.38	3.29	3.21
15	6.20	4.77	4.15	3.80	3.58	3.41	3.29	3.20	3.12
16	6.12	4.69	4.08	3.73	3.50	3.34	3.22	3.12	3.05
17	6.04	4.62	4.01	3.66	3.44	3.28	3.16	3.06	2.98
18	5.98	4.56	3.95	3.61	3.38	3.22	3.10	3.01	2.93
19	5.92	4.51	3.90	3.56	3.33	3.17	3.05	2.96	2.88
20	5.87	4.46	3.86	3.51	3.29	3.13	3.01	2.91	2.84
21	5.83	4.42	3.82	3.48	3.25	3.09	2.97	2.87	2.80
22	5.79	4.38	3.78	3.44	3.22	3.05	2.93	2.84	2.76
23	5.75	4.35	3.75	3.41	3.18	3.02	2.90	2.81	2.73
24	5.72	4.32	3.72	3.38	3.15	2.99	2.87	2.78	2.70
25	5.69	4.29	3.69	3.35	3.13	2.97	2.85	2.75	2.68
26	5.66	4.27	3.67	3.33	3.10	2.94	2.82	2.73	2.65
27	5.63	4.24	3.65	3.31	3.08	2.92	2.80	2.71	2.63
28	5.61	4.22	3.63	3.29	3.06	2.90	2.78	2.69	2.61
29	5.59	4.20	3.61	3.27	3.04	2.88	2.76	2.67	2.59
30	5.57	4.18	3.59	3.25	3.03	2.87	2.75	2.65	2.57
40	5.42	4.05	3.46	3.13	2.90	2.74	2.62	2.53	2.45
60	5.29	3.93	3.34	3.01	2.79	2.63	2.51	2.41	2.33
120	5.15	3.80	3.23	2.89	2.67	2.52	2.39	2.30	2.22
∞	5.02	3.69	3.12	2.79	2.57	2.41	2.29	2.19	2.11

（续表）

$\alpha = 0.025$

n \ m	10	12	15	20	24	30	40	60	120	∞
1	968.6	976.7	984.9	993.1	997.2	1 001	1 006	1 010	1 014	1 018
2	39.40	39.41	39.43	39.45	39.46	39.46	39.47	39.48	39.49	39.50
3	14.42	14.34	14.25	14.17	14.12	14.08	14.04	13.99	13.95	13.90
4	8.84	8.75	8.66	8.56	8.51	8.46	8.41	8.36	8.31	8.26
5	6.62	6.52	6.43	6.33	6.28	6.23	6.18	6.12	6.07	6.02
6	5.46	5.37	5.27	5.17	5.12	5.07	5.01	4.96	4.90	4.85
7	4.76	4.67	4.57	4.47	4.42	4.36	4.31	4.25	4.20	4.14
8	4.30	4.20	4.10	4.00	3.95	3.89	3.84	3.78	3.73	3.67
9	3.96	3.87	3.77	3.67	3.61	3.56	3.51	3.45	3.39	3.33
10	3.72	3.62	3.52	3.42	3.37	3.31	3.26	3.20	3.14	3.08
11	3.53	3.43	3.33	3.23	3.17	3.12	3.06	3.00	2.94	2.88
12	3.37	3.28	3.18	3.07	3.02	2.96	2.91	2.85	2.79	2.72
13	3.25	3.15	3.05	2.95	2.89	2.84	2.78	2.72	2.66	2.60
14	3.15	3.05	2.95	2.84	2.79	2.73	2.67	2.61	2.55	2.49
15	3.06	2.96	2.86	2.76	2.70	2.64	2.59	2.52	2.46	2.40
16	2.99	2.89	2.79	2.68	2.63	2.57	2.51	2.45	2.38	2.32
17	2.92	2.82	2.72	2.62	2.56	2.50	2.44	2.38	2.32	2.25
18	2.87	2.77	2.67	2.56	2.50	2.44	2.38	2.32	2.26	2.19
19	2.82	2.72	2.62	2.51	2.45	2.39	2.33	2.27	2.20	2.13
20	2.77	2.68	2.57	2.46	2.41	2.35	2.29	2.22	2.16	2.09
21	2.73	2.64	2.53	2.42	2.37	2.31	2.25	2.18	2.11	2.04
22	2.70	2.60	2.50	2.39	2.33	2.27	2.21	2.14	2.08	2.00
23	2.67	2.57	2.47	2.36	2.30	2.24	2.18	2.11	2.04	1.97
24	2.64	2.54	2.44	2.33	2.27	2.21	2.15	2.08	2.01	1.94
25	2.61	2.51	2.41	2.30	2.24	2.18	2.12	2.05	1.98	1.91
26	2.59	2.49	2.39	2.28	2.22	2.16	2.09	2.03	1.95	1.88
27	2.57	2.47	2.36	2.25	2.19	2.13	2.07	2.00	1.93	1.85
28	2.55	2.45	2.34	2.23	2.17	2.11	2.05	1.98	1.91	1.83
29	2.53	2.43	2.32	2.21	2.15	2.09	2.03	1.96	1.89	1.81
30	2.51	2.41	2.31	2.20	2.14	2.07	2.01	1.94	1.87	1.79
40	2.39	2.29	2.18	2.07	2.01	1.94	1.88	1.80	1.72	1.64
60	2.27	2.17	2.06	1.94	1.88	1.82	1.74	1.67	1.58	1.48
120	2.16	2.05	1.94	1.82	1.76	1.69	1.61	1.53	1.43	1.31
∞	2.05	1.94	1.83	1.71	1.64	1.57	1.48	1.39	1.27	1.00

（续表）

n \ m	1	2	3	4	5	6	7	8	9
	$\alpha = 0.01$								
1	4 052	5 000	5 403	5 625	5 764	5 859	5 928	5 981	6 022
2	98.50	99.00	99.17	99.25	99.30	99.33	99.36	99.37	99.39
3	34.12	30.82	29.46	28.71	28.24	27.91	27.67	27.49	27.35
4	21.20	18.00	16.69	15.98	15.53	15.21	14.98	14.80	14.66
5	16.26	13.27	12.06	11.39	10.97	10.67	10.46	10.29	10.16
6	13.75	10.92	9.78	9.15	8.75	8.47	8.26	8.10	7.98
7	12.25	9.55	8.45	7.85	7.46	7.19	6.99	6.84	6.72
8	11.26	8.65	7.59	7.01	6.63	6.37	6.18	6.03	5.91
9	10.56	8.02	6.99	6.42	6.06	5.80	5.61	5.47	5.35
10	10.04	7.56	6.55	5.99	5.64	5.39	5.20	5.06	4.94
11	9.65	7.21	6.22	5.67	5.32	5.07	4.89	4.74	4.63
12	9.33	6.93	5.95	5.41	5.06	4.82	4.64	4.50	4.39
13	9.07	6.70	5.74	5.21	4.86	4.62	4.44	4.30	4.19
14	8.86	6.51	5.56	5.04	4.70	4.46	4.28	4.14	4.03
15	8.68	6.36	5.42	4.89	4.56	4.32	4.14	4.00	3.89
16	8.53	6.23	5.29	4.77	4.44	4.20	4.03	3.89	3.78
17	8.40	6.11	5.18	4.67	4.34	4.10	3.93	3.79	3.68
18	8.29	6.01	5.09	4.58	4.25	4.01	3.84	3.71	3.60
19	8.18	5.93	5.01	4.50	4.17	3.94	3.77	3.63	3.52
20	8.10	5.85	4.94	4.43	4.10	3.87	3.70	3.56	3.46
21	8.02	5.78	4.87	4.37	4.04	3.81	3.64	3.51	3.40
22	7.95	5.72	4.82	4.31	3.99	3.76	3.59	3.45	3.35
23	7.88	5.66	4.76	7.26	3.94	3.71	3.54	3.41	3.30
24	7.82	5.61	4.72	4.22	3.90	3.67	3.50	3.36	3.26
25	7.77	5.57	4.68	4.18	3.86	3.63	3.46	3.32	3.22
26	7.72	5.53	4.64	4.14	3.82	3.59	3.42	3.29	3.18
27	7.68	5.49	4.60	4.11	3.78	3.56	3.39	3.26	3.15
28	7.64	5.45	4.57	4.07	3.75	3.53	3.36	3.23	3.12
29	7.60	5.42	4.54	4.04	3.73	3.50	3.33	3.20	3.09
30	7.56	5.39	4.51	4.02	3.70	3.47	3.30	3.17	3.07
40	7.31	5.18	4.31	3.83	3.51	3.29	3.12	2.99	2.89
60	7.08	4.98	4.13	3.65	3.34	3.12	2.95	2.82	2.72
120	6.85	4.79	3.95	3.48	3.17	2.96	2.79	2.66	2.56
∞	6.63	4.61	3.78	3.32	3.02	2.80	2.64	2.51	2.41

（续表）

$\alpha = 0.01$

n \ m	10	12	15	20	24	30	40	60	120	∞
1	6 056	6 106	6 157	6 209	6 235	6 261	6 287	6 313	6 339	6 366
2	99.40	99.42	99.43	99.45	99.46	99.47	99.47	99.48	99.49	99.50
3	27.23	27.05	26.87	26.69	26.60	26.50	26.41	26.32	26.22	26.13
4	14.55	14.37	14.20	14.02	13.93	13.84	13.75	13.65	13.56	13.46
5	10.05	9.89	9.72	9.55	9.47	9.38	9.29	9.20	9.11	9.02
6	7.87	7.72	7.56	7.40	7.31	7.23	7.14	7.06	6.97	6.88
7	6.62	6.47	6.31	6.16	6.07	5.99	5.91	5.82	5.74	5.65
8	5.81	5.67	5.52	5.36	5.28	5.20	5.12	5.03	4.95	4.86
9	5.26	5.11	4.96	4.81	4.73	4.65	4.57	4.48	4.40	4.31
10	4.85	4.71	4.56	4.41	4.33	4.25	4.17	4.08	4.00	3.91
11	4.54	4.40	4.25	4.10	4.02	3.94	3.86	3.78	3.69	3.60
12	4.30	4.16	4.01	3.86	3.78	3.70	3.62	3.54	3.45	3.36
13	4.10	3.96	3.82	3.66	3.59	3.51	3.43	3.34	3.25	3.17
14	3.94	3.80	3.66	3.51	3.43	3.35	3.27	3.18	3.09	3.00
15	3.80	3.67	3.52	3.37	3.29	3.21	3.13	3.05	2.96	2.87
16	3.69	3.55	3.41	3.26	3.18	3.10	3.02	2.93	2.84	2.75
17	3.59	3.46	3.31	3.16	3.08	3.00	2.92	2.83	2.75	2.66
18	3.51	3.37	3.23	3.08	3.00	2.92	2.84	2.75	2.66	2.57
19	3.43	3.30	3.15	3.00	2.92	2.84	2.76	2.67	2.58	2.49
20	3.37	3.23	3.09	2.94	2.86	2.78	2.69	2.61	2.52	2.42
21	3.31	3.17	3.03	2.88	2.80	2.72	2.64	2.55	2.46	2.36
22	3.26	4.12	2.98	2.83	2.75	2.67	2.58	2.50	2.40	2.31
23	3.21	3.07	2.93	2.78	2.70	2.62	2.54	2.45	2.35	2.26
24	3.17	3.03	2.89	2.74	2.66	2.58	2.49	2.40	2.31	2.21
25	3.13	2.99	2.85	2.70	2.62	2.54	2.45	2.36	2.27	2.17
26	3.09	2.96	2.81	2.66	2.58	2.50	2.42	2.33	2.23	2.13
27	3.06	2.93	2.78	2.63	2.55	2.47	2.38	2.29	2.20	2.10
28	3.03	2.90	2.75	2.60	2.52	2.44	2.35	2.26	2.17	2.06
29	3.00	2.87	2.73	2.57	2.49	2.41	2.33	2.23	2.14	2.03
30	2.98	2.84	2.70	2.55	2.47	2.39	2.30	2.21	2.11	2.01
40	2.80	2.66	2.52	2.37	2.29	2.20	2.11	2.02	1.92	1.80
60	2.63	2.50	2.35	2.20	2.12	2.03	1.94	1.84	1.73	1.60
120	2.47	2.34	2.19	2.03	1.95	1.86	1.76	1.66	1.53	1.38
∞	2.32	2.18	2.04	1.88	1.79	1.70	1.59	1.47	1.32	1.00

（续表）

$\alpha = 0.005$

n \ m	1	2	3	4	5	6	7	8	9
1	16 211	20 000	21 615	22 500	23 056	23 437	23 715	23 925	24 091
2	198.5	199.0	199.2	199.2	199.3	199.3	199.4	199.4	199.4
3	55.55	49.80	47.47	46.19	45.39	44.84	44.43	44.13	43.88
4	31.33	26.28	24.26	23.15	22.46	21.97	21.62	21.35	21.14
5	22.78	18.31	16.53	15.56	14.94	14.51	14.20	13.96	13.77
6	18.63	14.54	12.92	12.03	11.46	11.07	10.79	10.57	10.39
7	16.24	12.40	10.88	10.05	9.52	9.16	8.89	8.68	8.51
8	14.69	11.04	9.60	8.81	8.30	7.95	7.69	7.50	7.34
9	13.61	10.11	8.72	7.96	7.47	7.13	6.88	6.69	6.54
10	12.83	9.43	8.08	7.34	6.87	6.54	6.30	6.12	5.97
11	12.23	8.91	7.60	6.88	6.42	6.10	5.86	5.68	5.54
12	11.75	8.51	7.23	6.52	6.07	5.76	5.52	5.35	5.20
13	11.37	8.19	6.93	6.23	5.79	5.48	5.25	5.08	4.94
14	11.06	7.92	6.68	6.00	5.56	5.26	5.03	4.86	4.72
15	10.80	7.70	6.48	5.80	5.37	5.07	4.85	4.67	4.54
16	10.58	7.51	6.30	5.64	5.21	4.91	4.69	4.52	4.38
17	10.38	7.35	6.16	5.50	5.07	4.78	4.56	4.39	4.25
18	10.22	7.21	6.03	5.37	4.96	4.66	4.44	4.28	4.14
19	10.07	7.09	5.92	5.27	4.85	4.56	4.34	4.18	4.04
20	9.94	6.99	5.82	5.17	4.76	4.47	4.26	4.09	3.96
21	9.83	6.89	5.73	5.09	4.68	4.39	4.18	4.01	3.88
22	9.73	6.81	5.65	5.02	4.61	4.32	4.11	3.94	3.81
23	9.63	6.73	5.58	4.95	4.54	4.26	4.05	3.88	3.75
24	9.55	6.66	5.52	4.89	4.49	4.20	3.99	3.83	3.69
25	9.48	6.60	5.46	4.84	4.43	4.15	3.94	3.78	3.64
26	9.41	6.54	5.41	4.79	4.38	4.10	3.89	3.73	3.60
27	9.34	6.49	5.36	4.74	4.34	4.06	3.85	3.69	3.56
28	9.28	6.44	5.32	4.70	4.30	4.02	3.81	3.65	3.52
29	9.23	6.40	5.28	4.66	4.26	3.98	3.77	3.61	3.48
30	9.18	6.35	5.24	4.62	4.23	3.95	3.74	3.58	3.45
40	8.83	6.07	4.98	4.37	3.99	3.71	3.51	3.35	3.22
60	8.49	5.79	4.73	4.14	3.76	3.49	3.29	3.13	3.01
120	8.18	5.54	4.50	3.92	3.55	3.28	3.09	2.93	2.81
∞	7.88	5.30	4.28	3.72	3.35	3.09	2.90	2.74	2.62

（续表）

$\alpha = 0.005$

n \ m	10	12	15	20	24	30	40	60	120	∞
1	24 224	24 426	24 630	24 836	24 940	25 044	25 148	25 253	25 359	25 464
2	199.4	199.4	199.4	199.4	199.5	199.5	199.5	199.5	199.5	199.5
3	43.69	43.39	43.08	42.78	42.62	42.47	42.31	42.15	41.99	41.83
4	20.97	20.70	20.44	20.17	20.03	19.89	19.75	19.61	19.47	19.32
5	13.62	13.38	13.15	12.90	12.78	12.66	12.53	12.40	12.27	12.14
6	10.25	10.03	9.81	9.59	9.47	9.36	9.24	9.12	9.00	8.88
7	8.38	8.18	7.97	7.75	7.65	7.53	7.42	7.31	7.19	7.08
8	7.21	7.01	6.81	6.61	6.50	6.40	6.29	6.18	6.06	5.95
9	6.42	6.23	6.03	5.83	5.73	5.62	5.52	5.41	5.30	5.19
10	5.85	5.66	5.47	5.27	5.17	5.67	4.97	4.86	4.75	4.64
11	5.42	5.24	5.05	4.86	4.76	4.65	4.55	4.44	4.34	4.23
12	5.09	4.91	4.72	4.53	4.43	4.33	4.23	4.12	4.01	3.90
13	4.82	4.64	4.46	4.27	4.17	4.07	3.97	3.87	3.76	3.65
14	4.60	4.43	4.25	4.06	3.96	3.86	3.76	3.66	3.55	3.44
15	4.42	4.25	4.07	3.88	3.79	3.69	3.58	3.48	3.37	3.26
16	4.27	4.10	3.92	3.73	3.64	3.54	3.44	3.33	3.22	3.11
17	4.14	3.97	3.79	3.61	3.51	3.41	3.31	3.21	3.10	2.98
18	4.03	3.86	3.68	3.50	3.40	3.30	3.20	3.10	2.99	2.87
19	3.93	3.76	3.59	3.40	3.31	3.21	3.11	3.00	2.89	2.78
20	3.85	3.68	3.50	3.32	3.22	3.12	3.02	2.92	2.81	2.69
21	3.77	3.60	3.43	3.24	3.15	3.05	2.95	2.84	2.73	2.61
22	3.70	3.54	3.36	3.18	3.08	2.98	2.88	2.77	2.66	2.55
23	3.64	3.47	3.30	3.12	3.02	2.92	2.82	2.71	2.60	2.48
24	3.59	3.42	3.25	3.06	2.97	2.87	2.77	2.66	2.55	2.43
25	3.54	3.37	3.20	3.01	2.92	2.82	2.72	2.61	2.50	2.38
26	3.49	3.33	3.15	2.97	2.87	2.77	2.67	2.56	2.45	2.33
27	3.45	3.28	3.11	2.93	2.83	2.73	2.63	2.52	2.41	2.29
28	3.41	3.25	3.07	2.89	2.79	2.69	2.59	2.48	2.37	2.25
29	3.38	3.21	3.04	2.86	2.76	2.66	2.56	2.45	2.33	2.21
30	3.34	3.18	3.01	2.82	2.73	2.93	2.52	2.42	2.30	2.18
40	3.12	2.95	2.78	2.60	2.50	2.40	2.30	2.18	2.06	1.93
60	2.90	2.74	2.57	2.39	2.29	2.19	2.08	1.96	1.83	1.69
120	2.71	2.54	2.37	2.19	2.09	1.98	1.87	1.75	1.61	1.43
∞	2.52	2.36	2.19	2.00	1.90	1.79	1.67	1.53	1.36	1.00

附表 6　随机数表

03 47 43 73 86	36 96 47 36 61	46 98 63 71 62	33 26 16 80 45	60 11 14 10 95
97 74 24 67 62	42 81 14 57 20	42 53 32 37 32	27 07 36 07 51	24 51 79 89 73
16 76 62 27 66	56 50 26 71 07	32 90 79 78 53	13 55 38 58 59	88 97 54 14 10
12 56 85 88 25	96 96 68 27 31	05 03 72 93 15	57 12 10 14 21	88 26 49 81 76
55 59 56 35 64	38 54 82 46 22	31 62 43 09 90	06 18 44 32 53	23 83 01 30 30
16 22 77 94 39	49 54 43 54 82	17 37 93 23 78	87 35 20 96 43	84 26 34 91 64
84 42 17 53 31	57 24 55 06 88	77 04 74 47 67	21 76 33 50 25	83 92 12 06 76
63 01 63 78 59	16 95 55 67 19	98 10 50 71 75	12 86 73 58 07	44 39 52 38 79
33 21 12 34 29	78 64 56 07 82	52 42 07 44 38	15 51 00 13 42	99 66 02 79 54
57 60 86 32 44	09 47 27 96 54	49 17 46 09 62	90 52 84 77 27	08 02 73 43 28
18 18 07 92 45	44 17 16 58 09	79 83 86 19 62	06 76 50 03 10	55 23 64 05 05
26 62 33 97 75	84 16 07 44 99	83 11 46 32 24	20 14 85 88 45	10 93 72 88 71
23 42 40 64 74	82 97 77 77 81	07 45 32 14 08	32 98 94 07 72	93 85 79 10 75
52 36 28 19 95	50 92 26 11 97	00 56 76 31 38	80 22 02 53 53	86 60 42 04 53
37 85 94 35 12	83 39 50 08 30	42 34 07 96 88	54 42 06 87 98	35 85 29 48 39
70 29 17 12 13	40 33 20 38 26	13 89 51 03 74	17 76 37 13 04	07 74 21 19 30
56 62 18 37 35	96 83 50 87 75	97 12 25 93 47	70 33 24 03 54	97 77 46 44 80
99 49 57 22 77	88 42 95 45 72	16 64 36 16 00	04 43 18 66 79	94 77 24 21 90
16 08 15 04 72	33 27 14 34 09	45 59 34 68 49	12 72 07 34 45	99 27 72 95 14
31 16 93 32 43	50 27 89 87 19	20 15 37 00 49	52 85 66 60 44	38 68 88 11 80
68 34 30 13 70	55 74 30 77 40	44 22 78 84 26	04 33 46 09 52	68 07 97 06 57
74 57 25 65 76	59 29 97 68 60	71 97 38 67 54	13 58 18 24 76	15 54 55 95 52
27 42 37 86 53	48 55 90 65 72	96 57 69 36 10	96 46 92 42 45	97 60 49 04 91

00 39 68 29 61	66 37 32 20 30	77 84 57 03 29	10 45 65 04 26	11 04 96 67 24
29 94 98 94 24	68 49 69 10 82	53 75 91 93 30	34 25 20 57 27	40 48 73 51 92
16 90 82 66 59	83 62 64 11 12	67 19 00 71 74	60 47 21 29 68	02 02 37 03 31
11 27 94 75 06	06 09 19 74 66	02 94 37 34 02	76 70 90 30 86	38 45 94 30 38
35 24 10 16 20	33 32 51 26 38	79 78 45 04 91	16 92 53 56 16	02 75 50 95 98
38 23 16 86 38	42 38 97 01 50	87 75 66 81 41	40 01 74 91 62	48 51 84 08 32
31 96 25 91 47	96 44 33 49 13	34 86 82 53 91	00 52 43 48 85	27 55 26 89 62
66 67 40 67 14	64 05 71 95 86	11 05 65 09 68	76 83 20 37 90	57 16 00 11 66
14 90 84 45 11	75 73 88 05 90	52 27 41 14 86	22 98 12 22 08	07 52 74 95 80
68 05 51 18 00	33 96 02 75 19	07 60 62 93 55	59 33 82 43 90	49 37 38 44 59
20 46 78 73 90	97 51 40 14 02	04 02 33 31 08	39 54 16 49 36	47 95 93 13 30
64 19 58 97 79	15 06 15 93 20	01 90 10 75 06	40 78 78 89 62	02 67 74 17 33
05 26 93 70 60	22 35 85 15 13	92 03 51 59 77	59 56 78 06 83	52 91 05 70 74
07 97 10 88 23	09 98 42 99 64	61 71 62 99 15	06 51 29 16 93	58 05 77 09 51
68 71 86 85 85	54 87 66 47 54	73 32 08 11 12	44 95 92 63 16	29 56 24 29 48
26 99 61 65 53	58 37 78 80 70	42 10 50 67 42	32 17 55 85 74	94 44 67 16 94
14 65 52 68 75	87 59 36 22 41	26 78 63 06 55	13 08 27 01 50	15 29 39 39 43
17 53 77 58 71	71 41 61 50 72	12 41 94 96 26	44 95 27 36 99	02 96 74 30 83
90 26 59 21 19	23 52 23 33 12	96 93 02 18 39	07 02 18 36 07	25 99 32 70 23
41 23 52 55 99	31 04 49 69 96	10 47 48 45 88	13 41 43 89 20	97 17 14 49 17
60 20 50 81 69	31 99 73 68 68	35 81 33 03 76	24 30 12 48 60	18 99 10 72 34
91 25 38 05 90	94 58 28 41 36	45 37 59 03 09	90 35 57 29 12	82 62 54 65 60
34 50 57 74 37	98 80 33 00 91	09 77 93 19 82	74 94 80 04 04	45 07 31 66 49
85 22 04 39 43	73 81 53 94 79	33 62 46 86 28	08 31 54 46 31	53 94 13 38 47
09 79 13 77 48	73 82 97 22 21	05 03 27 24 83	72 89 44 05 60	35 80 39 94 88
88 75 80 18 14	22 95 75 42 49	39 32 82 22 49	02 48 07 70 37	16 04 61 67 87
90 96 23 70 00	39 00 03 06 90	55 85 78 38 36	94 37 30 69 32	90 89 00 76 33

附表 7　符号检验表

表中列出了能使 $\sum_{i=0}^{c_\alpha} C_n^i \left(\frac{1}{2}\right)^n \leqslant \frac{\alpha}{2}$ 的最大 c_α 值

n	α		n	α		n	α		n	α		n	α	
	0.05	0.10		0.05	0.10		0.05	0.10		0.05	0.10		0.05	0.10
1	—	—	19	4	5	37	12	13	55	19	20	73	27	28
2	—	—	20	5	5	38	12	13	56	20	21	74	28	29
3	—	—	21	5	6	39	12	13	57	20	21	75	28	29
4	—	—	22	5	6	40	13	14	58	21	22	76	28	30
5	—	0	23	6	7	41	13	14	59	21	22	77	29	30
6	0	0	24	6	7	42	14	15	60	21	23	78	29	31
7	0	0	25	7	7	43	14	15	61	22	23	79	30	31
8	0	1	26	7	8	44	15	16	62	22	24	80	30	32
9	1	1	27	7	8	45	15	16	63	23	24	81	31	32
10	1	1	28	8	9	46	15	16	64	23	24	82	31	33
11	1	2	29	8	9	47	16	17	65	24	25	83	32	33
12	2	2	30	9	10	48	16	17	66	24	25	84	32	33
13	2	3	31	9	10	49	17	18	67	25	26	85	32	34
14	2	3	32	9	10	50	17	18	68	25	26	86	33	34
15	3	3	33	10	11	51	18	19	69	25	27	87	33	35
16	3	4	34	10	11	52	18	19	70	26	27	88	34	35
17	4	4	35	11	12	53	18	20	71	26	28	89	34	36
18	4	5	36	11	12	54	19	20	72	27	28	90	35	36

附表 8 秩和检验表

表中列出了满足 $P(W_{m,n} \leqslant w_1) \leqslant \frac{\alpha}{2}$, $P(W_{m,n} \geqslant w_2) \leqslant \frac{\alpha}{2}$ 的最大的 w_1,最小的 w_2

$\alpha = 0.05$								$\alpha = 0.025$							
m	n	w_1	w_2	m	n	w_1	w_2	m	n	w_1	w_2	m	n	w_1	w_2
2	4	3	11	5	5	19	36	2	6	3	15	5	6	19	41
2	5	3	13	5	6	20	40	2	7	3	17	5	7	20	45
2	6	4	14	5	7	22	43	2	8	3	19	5	8	21	49
2	7	4	16	5	8	23	47	2	9	3	21	5	9	22	53
2	8	4	18	5	9	25	50	2	10	4	22	5	10	24	56
2	9	4	20	5	10	26	54	3	4	6	18	6	6	26	52
2	10	5	21	6	6	28	50	3	5	6	21	6	7	28	56
3	3	6	15	6	7	30	54	3	6	7	23	6	8	29	61
3	4	7	17	6	8	32	58	3	7	8	25	6	9	31	65
3	5	7	20	6	9	33	63	3	8	8	28	6	10	33	69
3	6	8	22	6	10	35	67	3	9	9	30	7	7	37	68
3	7	9	24	7	7	39	66	3	10	9	33	7	8	39	73
3	8	9	27	7	8	41	71	4	4	11	25	7	10	43	83
3	9	10	29	7	9	43	76	4	5	12	28	8	8	49	87
3	10	11	31	7	10	46	80	4	6	12	32	8	9	51	93
4	4	12	24	8	8	52	84	4	7	13	35	8	10	54	98
4	5	13	27	8	9	54	90	4	8	14	38	9	9	63	108
4	6	14	30	8	10	57	95	4	9	15	41	9	10	66	114
4	7	15	33	9	9	66	105	4	10	16	44	10	10	79	131
4	8	16	36	9	10	69	111	5	5	18	37				
4	9	17	39	10	10	93	127								
4	10	18	42												

附表 9　游程检验表

表中列出了满足 $P(R_{m,n} \geqslant r_\alpha) \leqslant \alpha$ 的最大的 r_α

$\alpha = 0.025$

n \ m	2	3	4	5	6	7	8	9	10	11	12	13	14	15	16	17	18	19	20
2																			
3																			
4																			
5			2	2															
6		2	2	3	3														
7		2	2	3	3	3													
8		2	3	3	3	4	4												
9		2	3	3	4	4	5	5											
10		2	3	3	4	5	5	5	6										
11		2	3	4	4	5	5	6	6	7									
12	2	2	3	4	4	5	6	6	7	7	7								
13	2	2	3	4	5	5	6	6	7	7	8	8							
14	2	2	3	4	5	5	6	7	7	8	8	9	9						
15	2	3	3	4	5	6	6	7	7	8	8	9	9	10					
16	2	3	4	4	5	6	6	7	8	8	9	9	10	10	11				
17	2	3	4	4	5	6	7	7	8	9	9	10	10	11	11	11			
18	2	3	4	5	5	6	7	8	8	9	9	10	10	11	11	12	12		
19	2	3	4	5	6	6	7	8	8	9	10	10	11	11	12	12	13	13	
20	2	3	4	5	6	6	7	8	9	9	10	10	11	12	12	13	13	13	14

（续表）

n \ m	2	3	4	5	6	7	8	9	10	11	12	13	14	15	16	17	18	19	20
	$\alpha = 0.05$																		
2																			
3																			
4			2																
5		2	2	3															
6		2	3	3	3														
7		2	3	3	4	4													
8	2	2	3	3	4	4	5												
9	2	2	3	4	4	5	5	6											
10	2	3	3	4	5	5	6	6	6										
11	2	3	3	4	5	5	6	6	7	7									
12	2	3	4	4	5	6	6	7	7	8	8								
13	2	3	4	4	5	6	6	7	8	8	9	9							
14	2	3	4	5	5	6	7	7	8	8	9	9	10						
15	2	3	4	5	6	6	7	8	8	9	9	10	10	11					
16	2	3	4	5	6	6	7	8	8	9	10	10	11	11	11				
17	2	3	4	5	6	7	7	8	9	9	10	10	11	11	12	12			
18	2	3	4	5	6	7	8	8	9	10	10	11	11	12	12	13	13		
19	2	3	4	5	6	7	8	8	9	10	10	11	12	12	13	13	14	14	
20	2	3	4	5	6	7	8	9	9	10	11	11	12	12	13	13	14	14	15

附表 10　相关系数检验表

表中列出了 $P(|r| > r_{\alpha}) = \alpha$ 的 r_{α} 值

自由度 $(n-2)$	$\alpha = 0.05$			$\alpha = 0.01$			自由度 $(n-2)$
	自变量个数			自变量个数			
	1	2	3	1	2	3	
1	0.997	0.999	0.999	1.000	1.000	1.000	1
2	0.950	0.975	0.983	0.990	0.995	0.937	2
3	0.878	0.930	0.950	0.959	0.976	0.983	3
4	0.811	0.881	0.912	0.917	0.949	0.962	4
5	0.754	0.836	0.874	0.874	0.917	0.937	5
6	0.707	0.795	0.839	0.834	0.886	0.991	6
7	0.666	0.758	0.807	0.798	0.855	0.865	7
8	0.632	0.726	0.777	0.765	0.827	0.860	8
9	0.602	0.697	0.750	0.735	0.800	0.836	9
10	0.576	0.671	0.726	0.708	0.776	0.814	10
11	0.553	0.648	0.703	0.684	0.753	0.793	11
12	0.532	0.627	0.683	0.661	0.732	0.773	12
13	0.514	0.608	0.664	0.641	0.712	0.755	13
14	0.497	0.590	0.646	0.623	0.694	0.737	14
15	0.482	0.574	0.630	0.606	0.677	0.721	15
16	0.468	0.559	0.615	0.590	0.662	0.706	16
17	0.456	0.545	0.601	0.575	0.647	0.691	17
18	0.444	0.532	0.587	0.561	0.633	0.678	18
19	0.433	0.520	0.575	0.549	0.620	0.665	19
20	0.423	0.509	0.563	0.537	0.608	0.652	20
21	0.413	0.498	0.552	0.526	0.596	0.641	21
22	0.404	0.488	0.542	0.515	0.585	0.630	22
23	0.396	0.479	0.532	0.505	0.574	0.619	23
24	0.388	0.470	0.523	0.496	0.565	0.609	24
25	0.381	0.462	0.514	0.487	0.555	0.600	25
26	0.374	0.454	0.506	0.478	0.546	0.590	26
27	0.367	0.446	0.498	0.470	0.538	0.582	27
28	0.361	0.439	0.490	0.463	0.530	0.573	28
29	0.355	0.432	0.482	0.456	0.522	0.565	29
30	0.349	0.426	0.476	0.449	0.514	0.558	30
35	0.325	0.397	0.445	0.418	0.481	0.523	35
40	0.304	0.373	0.419	0.393	0.454	0.494	40
45	0.288	0.353	0.397	0.372	0.430	0.470	45
50	0.273	0.336	0.379	0.354	0.410	0.449	50
60	0.250	0.308	0.348	0.325	0.377	0.414	60
70	0.232	0.286	0.324	0.302	0.351	0.386	70
80	0.217	0.269	0.304	0.283	0.330	0.362	80
90	0.205	0.254	0.288	0.267	0.312	0.343	90
100	0.195	0.214	0.274	0.254	0.297	0.327	100

习题答案与提示

习题 1.1

(A) **1.** 记 ω_{ij}=“第一、二次取出的分别是 i, j 号签”,则 $\Omega=\{\omega_{i,j}: i, j=1, 2, 3, 4; i\neq j\}$, $A=\{\omega_{ij}: \max(i, j)=3; i, j=1, 2, 3; i\neq j\}$. **2.** 记 $\omega_0=000\cdots$, $\omega_n=\underbrace{00\cdots0}_{n-1个}1$, $n=1, 2, \cdots$;则 $\Omega=\{\omega_n: n=1, 2, \cdots\}$.
3. **(1)** $AB\overline{C}$=“选的是非 1999 年出版的中文版数学书”. **(2)** 当图书馆的数学书都是 1999 年出版的中文版时 $ABC=A$. **(3)** $\overline{C}\cup B$=“选的是中文版书或非 1999 年出版的书”. **(4)** 是. **4.** $A\cup B$=“取出的数是偶数或 5 的倍数”,AB=“取出的数是 10 的倍数”,$A-B$=“取出的数是 5 的奇数倍”. **5.** **(1)** A_3B_3. **(2)** $\overline{A}_2B_2$. **(3)** A_3. **(4)** $\overline{A}_1\overline{B}_1$. **6.** **(1)** $AB\overline{C}\cup A\overline{B}C\cup\overline{A}BC$. **(2)** $\overline{A}\cup\overline{B}\cup\overline{C}$. **7.** $A_1A_2A_4A_5\cup A_3A_4A_5$. **8.** (1)、(3)、(4)成立,(2)、(5)不成立. **9.** 不是一回事. **10.** 由于 $BA_i=\varnothing$, $i=1, 2, \cdots, n$;故 $B(\bigcup_{i=1}^{n}A_i)=\bigcup_{i=1}^{n}BA_i=\varnothing$.

(B) **1.** 记 ω_0=“各次抛均出现反面”,ω_n=“第 n 次抛时首次出现正面”, $n=1, 2, \cdots$; 则 $\Omega=\{\omega_n: n=0, 1, 2, \cdots\}$, $B=\{\omega_{2n}: n=1, 2, \cdots\}$.
2. **(1)** $\bigcap_{i=1}^{n}A_i$. **(2)** $\bigcup_{i=1}^{n}\overline{A}_i$. **(3)** $\bigcup_{i=1}^{n}A_1\cdots A_{i-1}\overline{A}_iA_{i+1}\cdots A_n$. **(4)** $\bigcup_{1\leqslant i<j\leqslant n}A_iA_j$.
3. 记 $A_0=\varnothing$, $B_k=A_k\overline{A}_{k-1}\cdots\overline{A}_0(k=1, 2, \cdots, n)$,则 $B_iB_j=\varnothing(i, j=1, 2, \cdots, n; i\neq j)$, $\bigcup_{i=1}^{n}A_i=\bigcup_{i=1}^{n}B_i$.

习题 1.2

(A) **1.** 不是. **2.** 是. **3.** 0.4. **4.** **(1)** 0.4. **(2)** 0.1. **(3)** 0.3. **(4)** 0.7. **(5)** 0.2. **5.** $\frac{207}{625}$. **6.** 不放回抽样情况:**(1)** $\frac{1}{15}$. **(2)** 0.2. **(3)** 1. 放回抽样情况:**(1)** $\frac{2}{27}$. **(2)** $\frac{2}{9}$. **(3)** $\frac{26}{27}$. **7.** **(1)** 0.01. **(2)** 0.81. **(3)** $\frac{P_{10}^{7}}{10^7}$. **8.** $\frac{4^4}{C_{52}^{5}}$. **9.** 0.2; $\frac{8}{125}$. **10.** **(1)** 0.2. **(2)** 0.18.

(B) **1.** $\frac{P_9^6}{9^6}$. **2.** $\frac{1}{2}\left[1-\frac{C_{10}^{5}}{2^{10}}\right]$(提示:记 A=“出现的正面数多于反

面数”，$B=$“出现的反面数多于正面数”，$C=$“出现的正反面数相等”，则由对称性知 $P(A)=P(B)$，从而容易导得 $P(A)=\frac{1}{2}[1-P(C)]$）． **3.** (1) $\frac{2^8\cdot C_{10}^8}{C_{20}^8}$． (2) $\frac{2^6\cdot C_{10}^1\cdot C_9^6}{C_{20}^8}$． (3) $1-\frac{2^8\cdot C_{10}^8}{C_{20}^8}$． (4) $\frac{C_{10}^4}{C_{20}^8}$． **4.** (1) $\frac{P_6^5}{6^5}$． (2) $1-2\cdot\left(\frac{5}{6}\right)^5$． (3) $\frac{25}{54}$． (4) $\frac{25}{648}$． (5) $\frac{7}{432}$（提示：设第 i 个骰子的点数为 $x_i(i=1,2,3,4,5)$，则“点数总和为 10”即为 $x_1+x_2+\cdots+x_5=10$，E 所含的样本点数就是不定方程 $x_1+x_2+\cdots+x_5=10\ (x_i=1,2,\cdots,6;\ i=1,2,\cdots,5)$ 正整数解的个数，而其正整数解的个数又为 $(x+x^2+\cdots+x^6)(x+x^2+\cdots+x^6)\cdots(x+x^2+\cdots+x^6)=(x+x^2+\cdots+x^6)^5$ 的展开式中 x^{10} 项前的系数．因此，将 $(x+x^2+\cdots+x^6)^5=x^5(1-x^6)^5(1-x)^{-5}$ 幂级数展开即可求得 E 所含的样本点数为 126）．

习题 1.3

(A) **1.** 可能发生． **2.** $\frac{1}{3}$． **3.** 0.25． **4.** $\frac{2}{\pi}$． **5.** 0.75． **6.** $\frac{311}{1\,152}$．

(B) **1.** 提示：在 $\triangle ABC$ 内作 $A'B'\parallel AB$，且 $A'B':AB=\frac{1}{n}:1$，则 $\triangle ABP$ 与 $\triangle ABC$ 的面积之比大于 $\frac{n-1}{n}$ 等价于点 P 落入 $\triangle A'B'C$ 内． **2.** $\frac{1}{12}$（提示：$x^2+\xi x+\eta=0$ 有实根的充要条件是 $\xi^2-4\eta\geqslant 0$，即 (ξ,η) 落入所述正方形中 $\xi^2\geqslant 4\eta$ 的部分）． **3.** 0.062 5（提示：设 x,y 分别为硬币圆心离最近的一条“水平”平行线和离最近的一条“沿直”平行线的距离，则 $\Omega=\{(x,y):0\leqslant x,y\leqslant 2\}$，而整个硬币落入一格子中的充要条件是 $\frac{3}{2}<x,y\leqslant 2$）．

习题 1.4

(A) **1.** $\Omega=\{\omega_n:n=0,1,2\}$，其中 $\omega_n=$“出现的正面数为 n”，$\mathscr{F}=\{\varnothing,\Omega,\{\omega_0\},\{\omega_1\},\{\omega_2\},\{\omega_0,\omega_1\},\{\omega_0,\omega_2\},\{\omega_1,\omega_2\}\}$，$P(\varnothing)=0$，$P(\Omega)=1$，$P(\{\omega_0\})=P(\{\omega_2\})=\frac{1}{4}$，$P(\{\omega_1\})=\frac{1}{2}$，$P(\{\omega_0,\omega_2\})=\frac{1}{2}$，$P(\{\omega_0,\omega_1\})=P(\{\omega_1,\omega_2\})=\frac{3}{4}$（注：本题还可以按古典概型来建立概率空

间). **2.** 提示:由概率的规范性、可列可加性容易说明所有的点不具有等可能性. **3.** $\frac{2}{7}$(提示:由概率的规范性及题设可知,取到数 k 的概率$\frac{k}{210}$).

4. $P(A-B)=0.2$, $P(\overline{AB})=0.7$, $P(A\cup\overline{A}B)=0.9$. **5.** $\frac{5}{8}$. **6.** 提示:$P(AB)=P(A)+P(B)-P(A\cup B)=1-P(A\cup B)=P(\overline{A\cup B})=P(\overline{A}\,\overline{B})$. **7.** 0.6(提示:设 $A_i=$"炸弹投中第 i 个军火库",$i=1, 2, 3$,则所求概率为 $P(A_1\cup A_2\cup A_3)$). **8.** $\frac{4\cdot C_9^5-6\cdot C_6^5}{C_{12}^5}$(提示:设 A_1, A_2, A_3, A_4 分别为所取 5 球中不含红、黄、黑、白色球,然后对 $P(A_1\cup A_2\cup A_3\cup A_4)$ 用一般加法公式).

(B) **1.** **(1)** 30%. **(2)** 73%. **(3)** 14%. **(4)** 17%. **2.** $\frac{1}{C_{52}^{13}}(4\times C_{50}^{11}-6\times C_{48}^{9}+4\times C_{46}^{7}-C_{44}^{5})$(提示:设 A_1, A_2, A_3, A_4 分别为所取 13 张扑克牌中含有红桃、黑球、方块、梅花 A 与 K,然后对 $P(A_1\cup A_2\cup A_3\cup A_4)$ 用一般加法公式). **3.** 提示:记 $B_1=A_1$, $B_k=A_k\overline{A}_{k-1}\cdots\overline{A}_1(k=2, 3, \cdots)$,则 $P(B_k)\leqslant P(A_k)$,$\bigcup\limits_{i=1}^{\infty}A_i=\bigcup\limits_{i=1}^{\infty}B_i$ 且 $B_k(k=1, 2, \cdots)$ 间两两互不相容,从而 $P(\bigcup\limits_{i=1}^{\infty}A_i)=P(\bigcup\limits_{i=1}^{\infty}B_i)=\sum\limits_{i=1}^{\infty}P(B_i)\leqslant\sum\limits_{i=1}^{\infty}P(A_i)$.

习题 1.5

(A) **1.** $\frac{1}{3}$. **2.** $\frac{1}{3}$. **3.** $\frac{1}{3}$. **4.** 提示:$P(AB)=P(A)+P(B)-P(A\cup B)\geqslant P(A)+P(B)-1$. **5.** **(1)** 0.66. **(2)** 0.16. **6.** $\frac{261}{1\,700}$.

7. $\frac{C_3^1}{C_5^1}\cdot\frac{C_4^2}{C_6^2}\cdot\frac{C_5^3}{C_7^3}\cdot\frac{C_6^4}{C_8^4}\cdot\frac{C_7^5}{C_9^5}$. **8.** 0.62. **9.** $\frac{1}{2}+(-1)^{n-1}\frac{2^{n-2}}{3^{n-1}}, n=2, 3, \cdots$(提示:记 $A_i=$"第 i 次是 A 掷",则 $P(A_i)=P(A_{i-1})P(A_i|A_{i-1})+P(\overline{A}_{i-1})P(A_i|\overline{A}_{i-1})=P(A_{i-1})\cdot\frac{1}{6}+[1-P(A_{i-1})]\cdot\frac{5}{6}=\frac{1}{2}+\frac{2}{3}\left(\frac{1}{2}-P(A_{i-1})\right), i=2, 3, \cdots$). **10.** $\frac{23}{36}$. **11.** 0.8. **12.** 0.875.

13. 交给甲站为好. **14.** **(1)** $\frac{441}{3\,025}$. **(2)** $\frac{5}{21}$. **15.** **(1)** 0.15. **(2)** $\frac{1}{6}$(注:这里"在甲袋取得白球的条件下"指"在甲袋中至少取得一个白球的条件下"). **(3)** $\frac{27}{73}$(参见第(2)小题的注).

(B) **1.** 提示：由 $P(BC)=P(B)P(C)$ 知 $P(B\overline{C})=P(B)-P(BC)=P(B)-P(B)P(C)=P(B)P(\overline{C})$. 从而利用定义便可由等式的右边化到左边. **2.** $\frac{1}{r}\left[1-\left(\frac{1}{1-r}\right)^{n-1}\right]$（提示：不妨设甲为第 r 人，$A_{k_i}=$“第 k 次传球结束球到第 i 人手中”，$i=1, 2, \cdots, r$, $k=1, 2, \cdots$；$q_{n_i}=P(A_{n_i})$，$i=1, 2, \cdots, r-1$. 由对称性 $q_{n_1}=q_{n_2}=\cdots=q_{n_{r-1}}$，利用这个结论及全概率公式即可求得所需结论）. **3.** $\frac{1}{2}$（提示：先证明 n 次摸球中出现 n_1 次黑球，$n-n_1$ 次红球的概率只与 n_1 有关，而与什么时候摸到黑球无关）.

习题 1.6

(A) **1.** 不能同时成立. **2.** 不一定成立. **3.** 提示：由 $P(A|B)=P(A|\overline{B})$ 可得 $P(AB)P(\overline{B})=P(A\overline{B})P(B)$，从而 $P(AB)=P(AB)P(B)+P(A\overline{B})P(B)=P(A)P(B)$. **4.** 略. **5.** $\frac{2}{3}$. **6.** 0.788. **7.** 0.133 1. **8.** 6. **9.** (1) 0.492. (2) $\frac{22}{41}$. **10.** (1) 0.176 9，在线路断电的条件下元件 1 断电的概率为 $\frac{15}{17}$. (2) 0.829 9，在线路断电的条件下元件 1 断电的概率为 $\frac{12\,500}{17\,289}$. **11.** 选用系统 3 为佳. **12.** 0.104. **13.** 0.998 4. **14.** (1) 0.311. (2) $\frac{35}{2^6}$. **15.** 0.521 7. **16.** $\frac{13\,440}{3^{10}}$.

(B) **1.** 0.375. **2.** 无理由申辩（提示：设最小的女孩打破一个碗的概率为 p，则四个碗中至少有三个是她打破的概率为 $C_4^3p^3(1-p)+C_4^4p^4=p^3(4-3p)$，若 $p\leqslant\frac{1}{4}$，则该概率不超过 0.050 8）. **3.** 甲获胜的概率为 $\frac{p^2}{1-2pq}$，乙获胜的概率为 $\frac{q^2}{1-2pq}$（提示：就前两轮的比赛情况应用全概率公式）. **4.** $\frac{(\lambda p)^l e^{-\lambda p}}{l!}$（提示：就昆虫的产卵数应用全概率公式）.

习题 2.1

(A) **1.** 略. **2.** $\chi_A(\omega)$ 是随机变量，$A=\{\omega:\chi_A(\omega)=1\}$ $\left(提示：\{\omega:\chi_A(\omega)<x\}=\begin{cases}\varnothing & x\leqslant 0\\ \overline{A} & 0<x\leqslant 1\\ \Omega & x>1\end{cases}\right)$. **3.** (1) 记 $\xi(\omega)=$ 掷出的点数，则“出现

奇数点” $=\{\omega:\xi(\omega)=1,3,5\}$,“出现的点数大于 4” $=\{\omega:\xi(\omega)>4\}$. **(2)** 记 $\eta(\omega)=$ 灯泡 ω 的寿命(h),则“任取一只灯泡的寿命不超过1 000(h)” $=\{\omega:\eta(\omega)\leqslant 1\,000\}$,“任取一只灯泡的寿命在 500(h)到 800(h)之间” $=\{\omega:500\leqslant\eta(\omega)\leqslant 800\}$. **4.** $\{\xi_1=1,\xi_2=0\}=$“第一次取得正品,第二次取得次品”,$\{\xi_1+\xi_2+\xi_3\geqslant 1\}=$“三次检验中至少有一个是正品”. **5.** **(1)** $F(x)=\begin{cases}0, & x\leqslant a,\\ 1, & x>a.\end{cases}$ **(2)** $F(x)=\begin{cases}0, & x\leqslant 0,\\ \dfrac{1}{4}, & 0<x\leqslant 1,\\ \dfrac{3}{4}, & 1<x\leqslant 2,\\ 1, & x>2.\end{cases}$ **6.** **(1)** $A=16$. **(2)** 0.16.

(B) **1.** 提示:分 $a>0$ 及 $a<0$ 两种情况讨论. **2.** **(1)** 不是. **(2)** 可以是. **(3)** 不是. **3.** 提示:验证分布函数的性质满足.

习题 2.2

(A) **1.** (2)、(3)是,(1)、(4)不是. **2.** **(1)** $C=\dfrac{1}{e^{\lambda}-1}$, $P(\xi\geqslant 3)=1-\dfrac{1}{e^{\lambda}-1}\left(\lambda+\dfrac{\lambda^2}{2}\right)$. **(2)** $C=\dfrac{2}{3^{n+1}-1}$, $P(\xi\geqslant 3)=\begin{cases}0, & n<3,\\ 1-\dfrac{26}{3^{n+1}-1}, & n\geqslant 3.\end{cases}$ **3.** $P(\xi=k)=\dfrac{n}{m+n}\cdot\dfrac{n-1}{m+n-1}\cdots\dfrac{n-k+1}{m+n-k+1}\cdot\dfrac{n-k}{m+n-k}$, $k=0,1,2,\cdots,n$.

4. **(1)**

η	1	2	3
$P(\eta=x_i)$	$\frac{3}{5}$	$\frac{3}{10}$	$\frac{1}{10}$

, $P(\eta>4)=0$.

(2)

ξ	6	7	8	9	10	11	12
$P(\xi=x_i)$	$\frac{1}{10}$	$\frac{1}{10}$	$\frac{1}{5}$	$\frac{1}{5}$	$\frac{1}{5}$	$\frac{1}{10}$	$\frac{1}{10}$

5. 令 ξ,η 分别表示甲、乙两人的射击次数,$P(\xi=k)=0.76\times(0.24)^{k-1}$, $k=1,2,\cdots$; $P(\eta=0)=0.4$, $P(\eta=k)=0.456\times(0.24)^{k-1}$, $k=1,2,\cdots$.

6.

ξ	0	1	2	3	3.5
$P(\xi=x_i)$	0.5	0.1	0.2	0.1	0.1

. **7.** (**1**) $47\times\frac{2^{11}}{3^{12}}$. (**2**) 11 个单位. **8.** (**1**) 0.993 3. (**2**) 0.033 7. **9.** $\frac{1}{6\mathrm{e}}$. **10.** 16.

(**B**) **1.**

ξ	0	1	2	3
$P(\xi=x_i)$	$\frac{1}{30}$	$\frac{3}{10}$	$\frac{1}{2}$	$\frac{1}{6}$

, $P(\xi\geqslant 2)=\frac{2}{3}$. **2.** 提示：考察 $\frac{b(k;n,p)}{b(k-1;n,p)}$. **3.** 提示:考察 $\frac{P(\xi=i)}{P(\xi=i-1)}$.

习题 2.3

(**A**) **1.** 不一定. **2.** (**1**) $k=\frac{\lambda}{2}$, $P(-1<\xi<1)=1-\mathrm{e}^{-\lambda}$, $F(x)=\begin{cases}\frac{1}{2}\mathrm{e}^{\lambda x}, & x\leqslant 0,\\ 1-\frac{1}{2}\mathrm{e}^{-\lambda x}, & x>0.\end{cases}$ (**2**) $k=\frac{1}{2}$, $P\left(-\frac{\pi}{4}<\xi<\frac{\pi}{4}\right)=\frac{\sqrt{2}}{2}$,

$$F(x)=\begin{cases}0, & x\leqslant-\frac{\pi}{2},\\ \frac{1+\sin x}{2}, & -\frac{\pi}{2}<x\leqslant\frac{\pi}{2},\\ 1, & x>\frac{\pi}{2}.\end{cases}$$

(**3**) $k=\frac{6}{29}$, $P(1.5<\xi<2.5)=\frac{16}{29}$, $F(x)=\begin{cases}0, & x\leqslant 1,\\ \frac{2}{29}(x^2-1), & 1<x\leqslant 2,\\ \frac{3}{29}x^2+\frac{2}{29}, & 2<x\leqslant 3,\\ 1, & x>3.\end{cases}$ **3.** (**1**) $A=\frac{1}{2}$, $B=\frac{1}{\pi}$. (**2**) $\frac{1}{3}$. (**3**) $f(x)=\begin{cases}\frac{1}{\pi\sqrt{a^2-x^2}}, & -a<x<a,\\ 0, & \text{其他}.\end{cases}$ **4.** (**1**) $a=\frac{1}{\sqrt[4]{2}}$. (**2**) $b=\sqrt[4]{0.95}$. **5.** (**1**) $\frac{1}{3}$. (**2**) $\frac{1}{3}$. **6.** $\frac{2}{3}$. **7.** $\frac{1}{\mathrm{e}}$. **8.** (**1**) 0.470 7. (**2**) 0.471 8. (**3**) 0.112 5. **9.** (**1**) 0.988 6. (**2**) $a\approx 99.84$. (**3**) $\alpha\approx 44.505$. **10.** 因为 $P(|\xi-a|>3\sigma)=0.002\,7$.

(B) **1.** $f(x)=\begin{cases}\dfrac{2(h-x)}{h^2}, & 0<x<h,\\ 0 & \text{其他}.\end{cases}$（提示：先求 ξ 的分布函数） **2.** 提示：利用变量代换可以证明：$F(-a)=1-F(a)$，$\int_0^{-a}f(x)\mathrm{d}x=-\int_0^a f(x)\mathrm{d}x$，从而 $F(0)=\dfrac{1}{2}$，而 $F(-a)=F(0)+\int_0^{-a}f(x)\mathrm{d}x$. **3.** 提示：易知 $F(x)$ 为分布函数，设对应的随机变量为 ξ. 由 $F(x)$ 的表达式可知，ξ 可以取 $(-\infty,0)$ 中任一值，故 ξ 不是离散型随机变量；又由 $P(\xi=1)=F(1+0)-F(1)=\dfrac{1}{2}$ 可知，ξ 也不是连续型随机变量.

习题 2.4

(A) **1.** **(1)**

η	0	$\frac{1}{2}$	1	$\frac{3}{2}$	$\frac{5}{2}$
$P(\eta=y_i)$	$\frac{1}{5}$	$\frac{1}{6}$	$\frac{1}{5}$	$\frac{1}{15}$	$\frac{11}{30}$

(2)

η	$\cos 3$	$\cos 2$	$\cos 1$	1
$P(\eta=y_j)$	$\frac{11}{30}$	$\frac{1}{5}$	$\frac{7}{30}$	$\frac{1}{5}$

2. **(1)** $P(\eta=ak+b)=C_n^k p^k(1-p)^{n-k}$，$k=0,1,2,\cdots,n$. **(2)** $P(\eta=k^2)=C_n^k p^k(1-p)^{n-k}$，$k=0,1,2,\cdots,n$. **(3)** $P(\eta=\sqrt{k})=C_n^k p^k(1-p)^{n-k}$，$k=0,1,2,\cdots,n$. **3.** $F_\eta(y)=\begin{cases}0, & y\leqslant 0,\\ F(y^2)-F(-y^2+0), & y>0.\end{cases}$

4. $f_\eta(y)=\begin{cases}\dfrac{1}{(1-y)^2}, & 0<y<\dfrac{1}{2},\\ 0, & \text{其他}.\end{cases}$

5. **(1)** $f_{\eta_1}(y)=\begin{cases}\dfrac{1}{\sqrt{2\pi}y}\mathrm{e}^{-\frac{1}{2}(\ln y)^2}, & y>0,\\ 0, & y\leqslant 0.\end{cases}$

(2) $f_{\eta_2}(y)=\begin{cases}0, & y\leqslant -1,\\ \dfrac{1}{2\sqrt{\pi(1+y)}}\mathrm{e}^{-\frac{1+y}{4}}, & y>1.\end{cases}$ **6.** 0.242 7.

7. $f_\eta(y)=\begin{cases}\dfrac{2}{\pi}\dfrac{1}{\sqrt{1-y^2}}, & 0<y<1,\\ 0, & \text{其他}.\end{cases}$

8. $f_\eta(y)=\begin{cases}\sqrt[3]{\dfrac{2}{9\pi}}\cdot\dfrac{1}{b-a}\cdot\dfrac{1}{\sqrt[3]{y^2}}, & \dfrac{1}{6}\pi a^3<y<\dfrac{1}{6}\pi b^3,\\ 0, & \text{其他}.\end{cases}$

9. $f_\eta(y)=\begin{cases}2\pi k^{\frac{3}{2}}y^{-\frac{5}{2}}\mathrm{e}^{-\frac{4}{3}k^{\frac{3}{2}}y^{-\frac{3}{2}}}, & y>0,\\ 0, & y\leqslant 0.\end{cases}$

(B) **1.** $f_\eta(y)=$

$$\begin{cases}\dfrac{1}{\sqrt{2\pi}}\sum\limits_{k=-\infty}^{\infty}\left[\mathrm{e}^{-\frac{[2(k+1)\pi-\arccos y]^2}{2}}+\mathrm{e}^{-\frac{[2k\pi+\arccos y]^2}{2}}\right]\dfrac{1}{\sqrt{1-y^2}}, & |y|<1,\\ 0 & \text{其他}.\end{cases}$$

(提示：当 $-1<y<1$ 时，$P(\eta<y)=P(\cos\xi<y)=\sum\limits_{k=-\infty}^{+\infty}P(2k\pi+\arccos y<\xi<(2k+2)\pi-\arccos y)$.)

2. $f_\eta(y)=\begin{cases}\dfrac{1}{2y\sqrt{\ln y}}\mathrm{e}^{-\sqrt{\ln y}}, & y>1,\\ 0, & \text{其他}.\end{cases}$ (提示：由于 $\ln\eta=(\ln\xi)^2$，故可先求 $\zeta=(\ln\xi)^2$ 的分布，再求 $\eta=\mathrm{e}^{\zeta}$ 的分布) **3.** 提示：当 $0<x<1$ 时，由介值定理知存在 z 满足 $F(z)=x$，令 $y=\inf\{z:F(z)=x\}$，则可以证明 $F(y)=x$，从而由 $F(x)$ 的单调性容易得到 $\{F(\xi)<x\}=\{\xi<y\}$.

习题 3.1

(A) **1.** 0. **2.** 略. **3.** $\dfrac{10!}{3!\ 2!\ 5!}\left(\dfrac{1}{13}\right)^5\left(\dfrac{11}{13}\right)^5$. **4.** $F(2,1)-F(2,+\infty)-F(+\infty,1)+1$. **5.** (1)

$\xi \backslash \eta$	0	1
0	$\frac{4}{9}$	$\frac{2}{9}$
1	$\frac{2}{9}$	$\frac{1}{9}$

. (2)

ξ \ η	0	1
0	$\frac{2}{5}$	$\frac{4}{15}$
1	$\frac{4}{15}$	$\frac{1}{15}$

. **6.** (**1**) 4. (**2**) 0.25. (**3**) 0. (**4**) 0.5. **7.** (**1**) 1.

(**2**) $f(x, y) = \begin{cases} 2e^{-2x}e^{-y}, & x, y > 0, \\ 0, & \text{其他}. \end{cases}$ (**3**) $(1-e^{-1})^2$. **8.** (**1**) $f(x, y) = \begin{cases} \frac{1}{18}, & (x, y) \in G, \\ 0, & \text{其他}. \end{cases}$ (**2**) $\frac{101}{189}$. **9.** (**1**) $f(x, y) = \frac{1}{\sqrt{3}\pi}\exp\left\{-\frac{2}{3}[(x-3)^2-(x-3)y+y^2]\right\}$. (**2**) $f(x, y) = \frac{4}{\sqrt{3}\pi}\exp\left\{-\frac{2}{3}[4(x-1)^2+4(x-1)(y+1)+4(y+1)^2]\right\}$. (**3**) $f(x, y) = \frac{1}{\pi}\exp\left\{-\frac{1}{2}[(x+1)^2+4(y+2)^2]\right\}$.

(**B**) **1.**

η \ ξ	0	1	2	3	4
0	0	0	$\frac{3}{8}$	0	0
2	0	$\frac{1}{4}$	0	$\frac{1}{4}$	0
3	$\frac{1}{16}$	0	0	0	$\frac{1}{16}$

2. $\frac{13}{27}$. **3.** $a > 0$, $c > 0$, $ac - b^2 > 0$, $k = \frac{1}{\pi}\sqrt{ac-b^2}$.

习题 3.2

(**A**) **1.** 是. **2.** $p_{i\cdot} = \frac{1}{15}(2i+3)$, $i = 0, 1, 2$; $p_{\cdot j} = \frac{1}{10}(1+j)$, $j = 0, 1, 2, 3$. **3.** $f_\xi(x) = \begin{cases} 4x(1-x^2), & 0 \leqslant x \leqslant 1, \\ 0 & \text{其他}. \end{cases}$ $f_\eta(y) = \begin{cases} 4y^3, & 0 \leqslant y \leqslant 1, \\ 0, & \text{其他}. \end{cases}$ **4.** 略. **5.** $P(\xi = i|\eta = j) = \frac{(n-j)!}{i!(n-j-i)!} \cdot \left(\frac{p_1}{p_1+p_3}\right)^i \left(\frac{p_3}{p_1+p_3}\right)^{n-j-i}$, $i = 0, 1, \cdots, n-j$. **6.** (**1**) 24. (**2**)

$$f_{\xi|\eta}(x|y)=\begin{cases}\dfrac{2(1-y-x)}{(1-y)^2}, & 0<x<1-y,\\ 0 & \text{其他}.\end{cases}\quad(0<y<1)$$

习题 3.3

(A) **1.** $\alpha=\dfrac{2}{9}$, $\beta=\dfrac{1}{9}$. **2.** 不独立. **3.** $\dfrac{1}{4}(1-e^{-4})$. **4.** $f_\xi(x)=\begin{cases}e^{-x}, & x>0,\\ 0, & x\leqslant 0.\end{cases}$ $f_\eta(y)=\begin{cases}e^{-y}, & y>0,\\ 0, & y\leqslant 0.\end{cases}$ $f_\zeta(z)=\begin{cases}e^{-z}, & z>0,\\ 0, & z\leqslant 0.\end{cases}$ ξ,η,ζ 相互独立. **5.** $f(x_1,x_2,\cdots,x_n)=\dfrac{1}{(2\pi)^{\frac{n}{2}}\sigma^n}\exp\left\{-\dfrac{1}{2\sigma^2}\sum\limits_{i=1}^{n}(x_i-a)^2\right\}$. **6.** 提示：$P(\xi_1<x_1,\xi_2<x_2)=P(\xi_1<x_1,\xi_2<x_2,\xi_3<\infty)$.

(B) **1.** 提示：$\{\xi<x\}=\begin{cases}\varnothing, & x\leqslant a,\\ \Omega, & x>a.\end{cases}$ **2.** 易证 ξ 与 η 不独立，而

$$F_{\xi^2,\eta^2}(x,y)=P(\xi^2<x,\eta^2<y)=\begin{cases}0, & x\leqslant 0 \text{ 或 } y\leqslant 0,\\ \sqrt{xy}, & 0<x<1,\ 0<y<1,\\ \sqrt{x}, & 0<x<1,\ y\geqslant 1,\\ \sqrt{y}, & x\geqslant 1,\ 0<y<1,\\ 1, & x\geqslant 1,\ y\geqslant 1,\end{cases}$$

故 $F_{\xi^2}(x)=\begin{cases}0, & x\leqslant 0,\\ \sqrt{x}, & 0<x<1,\\ 1, & x\geqslant 1.\end{cases}$ $F_{\eta^2}(y)=\begin{cases}0, & y\leqslant 0,\\ \sqrt{y}, & 0<y<1,\\ 1, & y\geqslant 1.\end{cases}$ 由此即知 ξ^2 与 η^2 独立. **3.** 提示：分别计算 (ξ,η)，(ξ,ζ)，(η,ζ)，ξ,η,ζ 的密度函数.

习题 3.4

(A) **1.**

ξ	0	1	2	4
$P(\xi=x_i)$	$\frac{7}{16}$	$\frac{1}{4}$	$\frac{1}{4}$	$\frac{1}{16}$

. **2.** $P(\xi+\eta=k)=(k-1)p^2q^{k-2}$, $k=2,3,\cdots$; 其中 $p=P(\xi=1)$, $q=1-p$. **3.** $f_{\xi+\eta}(z)=\begin{cases}0, & z<0,\\ 1-e^{-z}, & 0\leqslant z<1,\\ e^{-z}(e-1), & z\geqslant 1.\end{cases}$ $f_{\xi-\eta}(z)=\begin{cases}e^z(1-e^{-1}), & z<0,\\ 1-e^{z-1}, & 0\leqslant z<1,\\ 0, & z\geqslant 1.\end{cases}$

4. $f_\zeta(z)=\begin{cases}\frac{1}{2}e^{-\frac{z}{2}}, & z>0,\\ 0, & z\leqslant 0.\end{cases}$

5. $f_{\xi-\eta}(z)=\begin{cases}1+z, & -1<z\leqslant 0,\\ 1-z, & 0<z\leqslant 1,\\ 0, & 其他.\end{cases}$ $f_{\xi\cdot\eta}(z)=\begin{cases}-\ln z, & 0<z<1,\\ 0, & 其他.\end{cases}$

6. $f_\zeta(z)=\begin{cases}\frac{1}{(z+1)^2}, & z>0,\\ 0, & z\leqslant 0.\end{cases}$

(B) **1.** $f_\xi(x)=\begin{cases}\frac{2-|x|}{4}, & |x|<2,\\ 0, & 其他.\end{cases}$

$f_\eta(y)=\begin{cases}-\frac{1}{2}\ln|y|, & |y|<1,\\ 0, & 其他.\end{cases}$（提示：利用根与系数的关系）

2. $f_{\min(\xi,\eta)}(z)=\begin{cases}2(1-z), & 0<z<1,\\ 0, & 其他.\end{cases}$（提示：$P(\min(\xi,\eta)<z)=1-P(\min(\xi,\eta)\geqslant z)=1-P(\xi\geqslant z,\eta\geqslant z)=1-P(\xi\geqslant z)P(\eta\geqslant z)$） **3.** 提示：利用等式 $\sum_{i=0}^{k}C_n^iC_m^{k-i}=C_{n+m}^k$ 可以证明：若 $\xi\sim b(n,p)$，$\eta\sim b(m,p)$，且 ξ 与 η 相互独立，则 $\xi+\eta\sim b(n+m,p)$.

习题 4.1

(A) **1.** 乙的产品质量较好些. **2.** 1.2. **3.** $\frac{1}{p}$. 4. 44.64. **5.** $\frac{n+1}{2}$. **6.** 略. **7.** $A=e^{-2}$, $B=2$. **8.** (**1**) 0. (**2**) 1. **9.** (**1**) $\frac{2}{\sigma^2}$. (**2**) $e^{-\frac{\pi}{4}}$. (**3**) $2\sigma^2-\frac{\sigma}{2}\sqrt{\pi}-1$. **10.** $\frac{a^2}{\pi}\ln 2$. **11.** 3 500 吨. **12.** 满足不等式 $\sum_{k=0}^{n}C_{100}^k\left(\frac{1}{3}\right)^k\left(\frac{2}{3}\right)^{100-k}<\frac{1}{3}$ 的最大的 n. **13.** (**1**) $\frac{3}{4}\sqrt{\pi}$. (**2**) $-\frac{\sqrt{\pi}}{2}-1$. **14.** $\frac{nM}{N}$.

(B) **1.** $\frac{n+1}{3}$. **2.** 提示：$\sum_{i=1}^{\infty}\sum_{k=i}^{\infty}P(\xi=k)=\sum_{k=1}^{\infty}\sum_{i=1}^{k}P(\xi=k)$. **3.** $10\times[1-0.9^{20}]$.

习题 4.2

(A) **1.** 题 2 为 0.36，题 4 为 694.310 4，题 5 为 $\frac{(n+1)(2n+1)}{6}$，题 8 中(1) 为 $\frac{\pi^2}{12}-\frac{1}{2}$，题 8 中(2)为 $\frac{1}{6}$，题 10 为 $\frac{a^4}{\pi}\left[1-\frac{\pi}{4}-\frac{(\ln 2)^2}{\pi}\right]$. **2.** $\frac{q}{p^2}$. **3.** 提示：令 $\eta=\frac{\xi-a}{b-a}$，则 $0<\eta<1$，$D(\eta)=\frac{D(\xi)}{(b-a)^2}$，为此只要证明 $D(\eta)\leqslant\frac{1}{4}$. 不妨设 η 为连续型，则 $E(\eta^2)=\int_0^1 x^2 f_\eta(x)dx\leqslant\int_0^1 |x| f_\eta(x)dx=2\cdot\frac{1}{2}\int_0^1 xf_\eta(x)dx\leqslant\left(\frac{1}{2}\right)^2+\left[\int_0^1 xf_\eta(x)dx\right]^2=\frac{1}{4}+[E(\eta)]^2$. **4.** $D(\xi)=\sigma_1^2$，$D(\eta)=\sigma_2^2$. **5.** 不成立. **6.** **(1)** $\frac{17}{12}$. **(2)** $\frac{4}{9}$. **7.** 方法 1 的精度较好. **8.** 提示：考虑从次品率为 p 的产品中有放回地取 n 件的试验，令 ξ_i 为第 i 次取得的次品数 $(i=1, 2, \cdots, n)$，则 $\xi_1, \xi_2, \cdots, \xi_n$ 独立同服从 $b(1, p)$分布，且 $\xi=\sum_{i=1}^n \xi_i\sim b(n, p)$. **9.** $\frac{35}{12}n$.

(B) **1.** 提示：利用 $D(\xi\eta)=E(\xi^2\eta^2)-[E(\xi\eta)]^2$，$E(\xi^2)=D(\xi)+[E(\xi)]^2$，$E(\eta^2)=D(\eta)+[E(\eta)]^2$ 及 ξ, η 的独立性即可得证. **2.** $\frac{1}{\sqrt{\pi}}$ (提示：$\max(\xi, \eta)=\frac{1}{2}[\xi+\eta-|\xi-\eta|]$). **3.** 提示：容易计算得 $E(\xi)=D(\xi)=m+1$，从而 $P(0<\xi<2(m+1))=P(|\xi-(m+1)|<m+1)=1-P(|\xi-(m+1)|\geqslant m+1)$，由此利用切比雪夫不等式即得所证.

习题 4.3

(A) **1.** 等价. **2.** (1)、(3)对，(2)、(4)不对(前提：相关系数存在). **3.** 0. **4.** $\mathrm{cov}(\xi, \eta)=\frac{4}{225}$，$\rho_{\xi\eta}=\frac{2}{33}\sqrt{66}$，$D(\xi-2\eta)=\frac{19}{225}$. **5.** $\frac{\alpha^2-\beta^2}{\alpha^2+\beta^2}$. **6.** 略.

(B) **1.** 提示：由于 $\mathrm{cov}(a_1\xi+b_1, a_2\eta+b_2)=a_1a_2\mathrm{cov}(\xi, \eta)$，故不妨设 ξ, η 只取 0, 1. 这样 ξ, η 是否相关，是否独立都可归结为 $P(\xi=1, \eta=1)=P(\xi=1)P(\eta=1)$ 是否成立. **2.** $\frac{n\rho}{1+(n-1)\rho}$. **3.** 提示：$\xi-\eta\sim N(0, 2(1-r))$.

习题 4.4

(A) **1.** $E(\xi|\eta=-1)=1.5$, $E(\xi|\eta=1)=2.25$. **2.** $\dfrac{n\lambda_1}{\lambda_1+\lambda_2}$. **3.** $\dfrac{7}{9}$. **4.** y. **5.** 1.33.

(B) **1.** 7(提示:由问题的实际意义知 $E(\xi|\eta=1)=E(\xi)+1$). **2.** 12 天(提示:记 ξ 为该人获得自由所需的天数,而开始所走的门为第 η 个,则 $E(\xi|\eta=1)=2+E(\xi)$, $E(\xi|\eta=2)=4+E(\xi)$, $E(\xi|\eta=3)=1$, 由此应用全数学期望公式即可计算得 $E(\xi)$). **3.** $N(1-e^{-\frac{\lambda}{N}})$ $\Big($提示:记 ξ 为所有乘客都走出电梯时该电梯停止的次数,η 为开始乘电梯的人数,由全数学期望公式: $E(\xi)=\sum\limits_{k=0}^{\infty}E(\xi|\eta=k)P(\eta=k)$. 若记 ξ_i 为第 i 个出口处电梯的停止次数,则 $E(\xi|\eta=k)=E\Big(\sum\limits_{i=1}^{N}\xi_i|\eta=k\Big)=\sum\limits_{i=1}^{N}E(\xi_i|\eta=k)$. 而 $P(\xi_i=0|\eta=k)=\dfrac{(N-1)^k}{N^k}$, $P(\xi_i=1|\eta=k)=1-\dfrac{(N-1)^k}{N^k}$, 故 $E(\xi_i|\eta=k)=1-\dfrac{(N-1)^k}{N^k}\Big)$.

习题 5.1

(A) **1.** 不能. **2.** 提示: $\{|(\xi_n-\eta_n)-(\xi-\eta)|\geqslant\varepsilon\}=\{|(\xi_n-\xi)-(\eta_n-\eta)|\geqslant\varepsilon\}\subset\{|\xi_n-\xi|\geqslant\frac{\varepsilon}{2}\}\cup\{|\eta_n-\eta|\geqslant\frac{\varepsilon}{2}\}$. **3.** 提示: $P(|\xi_n|<\varepsilon)=\dfrac{2}{\pi}\arctan n\varepsilon\to 1\ (n\to\infty)$. **4.** 提示: $D(\xi_n)=\ln(n+2)$, $\dfrac{\sum\limits_{i=1}^{n}D(\xi_i)}{n^2}=\dfrac{\sum\limits_{i=1}^{n}\ln(i+2)}{n^2}<\dfrac{\ln(n+2)}{n}$. **5.** 略. **6.** 可以(提示:利用切比雪夫不等式). **7.** $n>1.875\times10^7$(同上题提示). **8.** 略. **9.** 大数定律.

(B) **1.** 提示: $E\Big(\dfrac{2}{n(n+1)}\sum\limits_{i=1}^{n}i\xi_i\Big)=a$, $D\Big(\dfrac{2}{n(n+1)}\sum\limits_{i=1}^{n}i\xi_i\Big)=\dfrac{4D(\xi_1)}{n^2(n+1)^2}\sum\limits_{i=1}^{n}i^2=\dfrac{2(2n+1)}{3n(n+1)}D(\xi_1)$. **2.** 提示:验证满足辛钦大数定律的条件.

习题 5.2

(A) **1.** 0.000 79$\left(\right.$提示：记 ξ_i 为第 i 次射击的得分，则所求概率为 $P\left(\sum_{i=1}^{100}\xi_i > 950\right)\left.\right)$. **2.** **(1)** 0.090 1. **(2)** 733(提示：令 ξ_i 为第 i 个加数的舍入误差). **3.** 0.181 4$\left(\right.$提示：令 ξ_i 为 D_i 的运行时间，则 $\xi = \sum_{i=1}^{30}\xi_i\left.\right)$. **4.** 题 6 与前答案相同，题 7 为 $n \geqslant 1\,249$. **5.** 0.02. **6.** **(1)** 0.000 088. **(2)** 约等于 1. **(3)** 0.001 4. **7.** **(1)** 约为零. **(2)** 0.5, 0.995 2. **8.** $n \geqslant 12\,674$. **9.** 334.45 a(吨). **10.** 中心极限定理.

(B) **1.** 15 ~ 33. **2.** 0.998 193$\left(\right.$提示：$P\left(\prod_{i=1}^{100}\xi_i \leqslant 4^{100}\right) = P\left(\sum_{i=1}^{100}\ln\xi_i \leqslant 100\ln 4\right)\left.\right)$. **3.** 0.5(提示：令 ξ_i 为卖掉 $i-1$ 份报纸后到卖掉 i 份报纸间走过的人数，则 $\xi = \sum_{i=1}^{100}\xi_i$，且 $\xi_1, \xi_2, \cdots, \xi_n$ 独立同服从参数 $p = \dfrac{1}{3}$ 的几何分布).

习题 6.1

(A) **1.** 略. **2.** 圆上 10 个点按逆时针方向顺次编号为 1, 2, …, 10，记 ξ_n 为第 n 次游动后质点所在位置的编号，则易知 $\{\xi_n, n \geqslant 0\}$ 为一马尔可夫链，状态空间 $S = \{1, 2, \cdots, 10\}$. **3.** 记 ξ_n 为 n 次取球后袋中的白球数，则 $\{\xi_n, n \geqslant 0\}$ 为一马尔可夫链. **4.** 由于第 $n+1$ 次掷出的结果只与第 n 次掷的是硬币还是骰子有关，因此易知 $\{\xi_n, n \geqslant 0\}$ 为一马尔可夫链；其状态空间 $S = \{1, 2, \cdots, 6, 7, 8\}$，初始分布为 $P(\xi_0 = i) = \dfrac{1}{12}$, $P(\xi_0 = j) = \dfrac{1}{4}$, $i = 1, 2, \cdots, 6$; $j = 7, 8$. **5.** 提示：仿照例 6.3 证明.

习题 6.2

(A) **1.** 3 个状态；$\boldsymbol{P}^{(2)} = \begin{pmatrix} \frac{5}{12} & \frac{13}{36} & \frac{2}{9} \\ \frac{7}{18} & \frac{7}{18} & \frac{2}{9} \\ \frac{7}{18} & \frac{13}{36} & \frac{1}{4} \end{pmatrix}$. **2.** $\begin{pmatrix} q & p & 0 & 0 \\ q & 0 & p & 0 \\ 0 & q & 0 & p \\ 0 & 0 & q & p \end{pmatrix}$.

3. 状态空间 $S = \{1, 2, 3, 4, 5, 6\}$，转移矩阵 $\boldsymbol{P} =$

$$\begin{bmatrix} \frac{1}{6} & \frac{1}{6} & \frac{1}{6} & \frac{1}{6} & \frac{1}{6} & \frac{1}{6} \\ 0 & \frac{1}{3} & \frac{1}{6} & \frac{1}{6} & \frac{1}{6} & \frac{1}{6} \\ 0 & 0 & \frac{1}{2} & \frac{1}{6} & \frac{1}{6} & \frac{1}{6} \\ 0 & 0 & 0 & \frac{2}{3} & \frac{1}{6} & \frac{1}{6} \\ 0 & 0 & 0 & 0 & \frac{5}{6} & \frac{1}{6} \\ 0 & 0 & 0 & 0 & 0 & 1 \end{bmatrix}.$$ **4.** $\boldsymbol{P}=\begin{bmatrix} p_{00} & p_{01} & \cdots & p_{0N} \\ p_{10} & p_{11} & \cdots & p_{1N} \\ \vdots & \vdots & \cdots & \vdots \\ p_{N0} & p_{N1} & \cdots & p_{NN} \end{bmatrix}$,其中 $p_{i\,i}=\dfrac{2i(N-i)}{N^2}$, $p_{i\,i-1}=\dfrac{i^2}{N^2}$, $p_{i\,i+1}=\dfrac{(N-i)^2}{N^2}$, $i=1, 2, \cdots, N-1$; $p_{01}=1$, $p_{NN-1}=1$;其他 $p_{ij}=0$. **5.** A, B, C 三公司第一周期中拥有的市场份额分别为 33%, 38%, 29%,第二周期中拥有的市场份额分别为 32.3%, 42.8%, 24.9%.

习题 6.3

(A) **1.** 是遍历的 $\left(\text{因为}\boldsymbol{P}^{(2)}=\begin{bmatrix} \frac{1}{2} & \frac{1}{4} & \frac{1}{4} \\ \frac{1}{4} & \frac{1}{2} & \frac{1}{4} \\ \frac{1}{4} & \frac{1}{4} & \frac{1}{2} \end{bmatrix}\right)$, $(\pi_1, \pi_2, \pi_3)=\left(\frac{1}{3}, \frac{1}{3}, \frac{1}{3}\right)$. **2.** A, B, C 三公司最终拥有的市场份额分别为 $\frac{2}{7}$, $\frac{1}{2}$, $\frac{3}{14}$. **3.** 设于 A 处为好$\left(\text{极限概率分布为}(\pi_1, \pi_2, \pi_3)=\left(\frac{17}{41}, \frac{16}{41}, \frac{8}{41}\right)\right)$. **4.** **(1)** 保留策略下,甲、乙、丙三公司最终拥有的市场份额分别为 $\frac{6}{19}$, $\frac{5}{19}$, $\frac{8}{19}$;争取策略下三公司最终拥有的市场份额分别为 $\frac{1}{3}$, $\frac{2}{9}$, $\frac{4}{9}$. **(2)** 甲公司应采用争取策略(由(1)知). **5.** 提示:由切普曼-柯尔莫哥洛夫方程知:$p_{ij}^{(n+1)}=\sum\limits_{l=1}^{k}p_{il}p_{lj}^{(n)}$. 在此等式两边令 $n\to\infty$ 即可得所证.

习题 7.1

(A) **1.** 略. **2.** 略. **3.** 样本空间为 $\{(i_1, i_2, \cdots, i_n): i_1, i_2, \cdots, i_n=$

0, 1}，样本的分布列为 $P(\xi_1 = i_1, \xi_2 = i_2, \cdots, \xi_n = i_n) = p^{\sum\limits_{j=1}^{n} i_j}(1 - p)^{n-\sum\limits_{j=1}^{n} i_j}$. **4.**

次品个数	0	1	2	3	$\geqslant 4$
频数 μ_i	43	38	12	4	3
频率 F_i	0.43	0.38	0.12	0.04	0.03

5. 略. **6.**

$$F_5(x) = \begin{cases} 0, & x \leqslant -2.1, \\ \dfrac{1}{5}, & -2.1 < x \leqslant -1, \\ \dfrac{2}{5}, & -1 < x \leqslant 0, \\ \dfrac{3}{5}, & 0 < x \leqslant 1.5, \\ \dfrac{4}{5}, & 1.5 < x \leqslant 2.3, \\ 1, & x > 2.3. \end{cases}$$

7. 是，

取值	x_1	x_2	$\cdots$	x_n
P	$\dfrac{1}{n}$	$\dfrac{1}{n}$	$\cdots$	$\dfrac{1}{n}$

.

习题 7.2

(A) **1.** **(1)** $\xi_1 + \xi_2$, $\max(\xi_1, \xi_2, \cdots, \xi_n)$, $(\xi_n - \xi_1)^2$ 是统计量. **(2)** $\overline{x} = \dfrac{3}{5}$, $s^2 = \dfrac{6}{25}$. **2.** 略. **3.** 提示：$\zeta_1 = \xi_1^2 + \xi_2^2 + \cdots + \xi_m^2 \sim \chi^2(m)$, $\zeta_2 = \eta_1^2 + \eta_2^2 + \cdots + \eta_n^2 \sim \chi^2(n)$，且 ζ_1 与 ζ_2 相互独立. **4.** **(1)** 0.158 7. **(2)** 183.05(克). **5.** 0.5. **6.** **(1)** 2 381. **(2)** 40.

(B) **1.** **(1)** 略. **(2)** 提示：在(A)组题 2 (2)中将 n 换作 $n+1$，并令 $C = \overline{\xi}_n$，则有 $\sum\limits_{i=1}^{n+1}(\xi_i - \overline{\xi}_n)^2 = \sum\limits_{i=1}^{n+1}(\xi_i - \overline{\xi}_{n+1})^2 + (n+1)(\overline{\xi}_{n+1} - \overline{\xi}_n)^2$，由此再结合(1)即可得所证结论. **2.** **(1)** $C = \dfrac{20}{9}$. **(2)** 约等于 0.10. **3.** 提示：由题设及定理 7.5 易知 $\xi_{n+1} - \overline{\xi}$ 与 S_n^2 独立，$\xi_{n+1} - \overline{\xi} \sim N\left(0, \dfrac{n+1}{n}\sigma^2\right)$，$\dfrac{nS^2}{\sigma^2} \sim \chi^2(n-1)$，而 $\dfrac{\xi_{n+1} - \overline{\xi}}{S_n}\sqrt{\dfrac{n-1}{n+1}} = \dfrac{\xi_{n+1} - \overline{\xi}}{\sqrt{\dfrac{n+1}{n}}\sigma} \Bigg/ \sqrt{\dfrac{nS^2/\sigma^2}{n-1}}$. **4.** 样本 k 阶原点矩、k 阶中心矩的样本值分别是经验分布函数的 k 阶原点矩、k 阶中心矩.

习题 7.3

（A）1. 乙车床的性能较甲车床好. 2. 在标准分的意义下，3 号学生学习成绩最好. 3. 矩法估计量：(1) $\hat{p}=\bar{\xi}$； (2) $\hat{p}=\dfrac{1}{\bar{\xi}}$； (3) $\hat{\alpha}=\dfrac{\bar{\xi}}{1-\bar{\xi}}$； (4) $\hat{\lambda}=\dfrac{1}{\bar{\xi}}$； (5) $\hat{\theta}=2\bar{\xi}$. 极大似然法估计量：(1) $\hat{p}=\bar{\xi}$； (2) $\hat{p}=\dfrac{1}{\bar{\xi}}$； (3) $\hat{\alpha}=-\dfrac{n}{\sum\limits_{i=1}^{n}\ln\xi_i}$； (4) $\hat{\lambda}=\dfrac{1}{\bar{\xi}}$. (5) $\hat{\theta}=\max\{\xi_1,\xi_2,\cdots,\xi_n\}$. 4. $\hat{R}=\dfrac{k}{n-k}$. 5. 提示：一致性可利用习题 5.1(B)题 1. 6. $\hat{a}_3$ 的方差最小. 7. $k=\dfrac{1}{m+n-2}$. 8. $c_1=\dfrac{1}{4}$, $c_2=\dfrac{3}{4}$. 9. 提示：$E(\hat{\theta}^2)=D(\hat{\theta})+[E(\hat{\theta})]^2=D(\hat{\theta})+\theta^2>\theta^2$. 10. 提示：(1) $E\left[\dfrac{\partial}{\partial\lambda}\ln f(\xi;\lambda)\right]^2=\dfrac{E(\xi-\lambda)^2}{\lambda^2}$； (2) $E\left[\dfrac{\partial}{\partial\lambda}\ln f(\xi;\lambda)\right]^2=\dfrac{E(\xi-\lambda)^2}{\lambda^4}$.

（B）1. 提示：θ 的似然函数为 $L(\theta)=\begin{cases}1, & \theta\leqslant\xi_1,\xi_2,\cdots,\xi_n\leqslant\theta+1,\\ 0, & \text{其他}.\end{cases}$ 欲使 $L(\theta)$ 取得最大，只需 $\theta\leqslant\min\limits_{1\leqslant i\leqslant n}\xi_i$, $\theta+1\geqslant\max\limits_{1\leqslant i\leqslant n}\xi_i$，即 θ 介于 $\max\limits_{1\leqslant i\leqslant n}\xi_i-1$ 与 $\min\limits_{1\leqslant i\leqslant n}\xi_i$ 之间. 2. $\hat{\theta}_1=\min\limits_{1\leqslant i\leqslant n}\xi_i$, $\hat{\theta}_2=\max\limits_{1\leqslant i\leqslant n}\xi_i-\min\limits_{1\leqslant i\leqslant n}\xi_i$. 3. $k=\dfrac{1}{2(n-1)}$（提示：不妨设 $E(\xi)=0$，否则用 $\eta=\xi-E(\xi)$ 来换 ξ 即可）. 4. 提示：易知 $F_{\hat{\theta}}(x)=\begin{cases}0, & x\leqslant 0,\\ \left(\dfrac{x}{\theta}\right)^n, & 0<x\leqslant\theta,\\ 1, & x>\theta.\end{cases}$

$f_{\hat{\theta}}(x)=\begin{cases}\dfrac{nx^{n-1}}{\theta^n}, & 0\leqslant x\leqslant\theta,\\ 0, & \text{其他}.\end{cases}$ 因此 (1) $P(|\hat{\theta}-\theta|\leqslant\varepsilon)=P(\theta-\varepsilon\leqslant\hat{\theta}\leqslant\theta+\varepsilon)=\begin{cases}1, & \varepsilon\geqslant\theta,\\ \left(\dfrac{\theta-\varepsilon}{\theta}\right)^n, & 0<\varepsilon<\theta.\end{cases}\to 1$. (2) $E(\hat{\theta})=\dfrac{n}{n+1}\theta$. 5. $E(S_3-\sigma^2)^2$ 最小（提示：由习题 7.2(A)题 2 中(2)可知，$E(S_i-\sigma^2)^2=D(S_i^2)+[E(S_i^2)-\sigma^2]^2$, $i=1,2,3$.）.

习题 7.4

（A）1. (32.12, 32.48). 2. (1) (2.120 9, 2.129 1). (2)

(2.117 5, 2.132 5). **3.** (62.26, 77.74), (58.89, 81.11). **4.** $n \geqslant \left(\frac{3.92\sigma}{L}\right)^2$. **5.** **(1)** σ^2:(0.056 1, 0.200 2), σ:(0.236 9, 0.447 4). **(2)** σ^2:(0.055 8, 0.206 0), σ:(0.236 2, 0.453 9). **6.** σ:(2.382 2, 5,674 4), σ^2:(5.675, 32.199). **7.** (−8.07, −0.33). **8.** (−1.29, 5.47). **9.** (0.316, 12.901).

(B) **1.** $\left(\frac{\xi_1}{1-\sqrt{0.05}}, \frac{\xi_1}{1-\sqrt{0.95}}\right)$ $\left(提示:设\ \eta = \frac{\xi_1}{\theta},则易知\ F_\eta(x) = \begin{cases} 0, & x \leqslant 0, \\ 1-(1-x)^2, & 0 < x \leqslant 1, \\ 1, & x > 1. \end{cases}\right)$ **2.** (0.105 9, 0.239 2)(提示:利用例 2.24). **3.** $\left(\bar{\xi} + \frac{u_\alpha^2}{2n} - \sqrt{\frac{\bar{\xi}u_\alpha^2}{n} + \frac{u_\alpha^2}{4n^2}}, \bar{\xi} + \frac{u_\alpha^2}{2n} + \sqrt{\frac{\bar{\xi}u_\alpha^2}{n} + \frac{u_\alpha^2}{4n^2}}\right)$,其中 u_α 满足 $\Phi(u_\alpha) = 1 - \frac{\alpha}{2}$ $\left(提示:\frac{n\bar{\xi} - n\lambda}{\sqrt{n\lambda}}\ 近似服从\ N(0, 1)分布\right)$.

习题 8.1

(A) **1.** 不. **2.** 拒绝原假设比较有力. **3.** $\lambda = 0.49$, $\beta = 0.020\ 7$.

习题 8.2

(A) **1.** 可以认为一样. **2.** 不能认为质量有所提高. **3.** 可以认为间接测温法基本准确. **4.** 不合格. **5.** 抗拉强度较以往有所提高. **6.** 有差异. **7.** 受时间的影响. **8.** 有差异. **9.** 高于期初. **10.** 不一致. **11.** 略.

习题 8.3

(A) **1.** 不正常. **2.** 可以认为标准差偏大. **3.** 有变化. **4.** 不相同. **5.** 甲车床的精度好于乙车床. **6.** 无疗效(提示:先检验两总体方差是否相等). **7.** 不能认为两总体方差相等. **8.** 接受假设 $H_0:\sigma_1^2 \geqslant \sigma_2^2$(实际上,在 $\alpha = 0.10$ 下,可以认为两总体的方差相等).

习题 9.1

(A) **1.** 服从正态分布. **2.** 符合正态分布. **3.** 可以认为是泊松分布. **4.** 可以认为可能性大小相同. **5.** 有关. **6.** 无关. **7.** 有关. **8.** 有差异.

习题 9.2

(A) **1.** 影响不明显. **2.** 不重合. **3.** 有影响.

习题 9.3

(A) **1.** 一致. **2.** 可以认为同分布. **3.** 一致. **4.** 一致.

习题 10.1

(A) **1.** 存在差异. **2.** 有影响. **3.** 可以认为无差异. **4.** 有差异.

习题 10.2

(A) **1.** 均有影响. **2.** 扣球成功率与比赛场合无关,与队别有关. **3.** 均有影响.

习题 10.3

(A) **1.** 经验回归直线方程的建立无需线性模型的假设,但如果 η 与 x 不线性相关,则不能利用经验回归直线方程来进行预测和控制. **2.** $\hat{y} = -14.1922 + 1.2182x$. **3.** **(1)** $\hat{y} = 34.9978 + 0.7815x$. **(2)** 线性相关. **(3)** $\hat{y}_0 = 161.6008$. **4.** **(1)** $\hat{y} = 1.8907 + 0.9221x$. **(2)** 线性相关. **(3)** $\hat{y}_0 = 17.843$ (17.2233, 18.4627). **5.** $\hat{y} = 22.6486 + 0.2643x$, 线性相关(28.23, 30.19).

习题 10.4

(A) **(1)** $r_{11} = 0.939$, $r = 0.969$. **(2)** $\alpha = 0.936$. **(3)** $H_1 = 0.32$, $H_2 = 0.32$, $H_3 = H_4 = 0.207$, $H_5 = 0.26$, $H_6 = 0.255$, $H_7 = 0.39$, $H_8 = 0.53$. **(4)** $r_{d_1} = 0.867$, $r_{d_2} = 0.672$, $r_{d_3} = 0.961$, $r_{d_4} = 0.900$, $r_{d_5} = 0.942$, $r_{d_6} = 0.851$, $r_{d_7} = 0.866$, $r_{d_8} = 0.904$.

主要参考书目

[1] 华东师范大学数学系编.概率论与数理统计教程.北京:高等教育出版社,1983

[2] 李贤平.概率论基础.第2版.北京:高等教育出版社,1997

[3] 中山大学数学力学系.概率论及数理统计.北京:高等教育出版社,1983

[4] 何声武主编.概率论与数理统计.北京:经济科学出版社,1992

[5] 严士健等.概率论与数理统计.北京:高等教育出版社,1990

[6] 王梓坤.概率论基础及其应用.北京:科学出版社,1976

[7] Б·В·格涅坚科著.概率论教程.北京:高等教育出版社,1956

[8] 谢尔登·罗斯著,李漳南,杨振明译.概率论初级教程.北京:人民教育出版社,1981

[9] 穆德A·M·等著,史定华译.统计学导论.北京:科学出版社,1978

[10] 梅叶P·L·著,潘孝瑞等译.概率引论及统计应用.北京:高等教育出版社,1986

[11] 伏见正则著,李明哲译.概率论和随机过程.北京:世界图书出版公司,1997

[12] 许升汉编.概率论与随机过程.北京:人民邮电出版社,1996

[13] M. H. DeGroot. Probability and Statistics. Addison Wesley Publishing Company, Inc., 1976

[14] V. K. Rohatgi. Statistics Inference. John Wiley & Sons, Inc., 1984

[15] 饶乐三,王晓柳.教育统计学.南京:南京大学出版社,1990

[16] 王孝玲编.教育统计学.上海:华东师范大学出版社,1986

后　　记

受江苏省教育厅委托，我们负责编写供五年制师范用的《概率与统计》教材．在本教材编写之前，编者曾为全国高等师范专科二、三年制教育编写过《概率与数理统计》教材（华东师范大学出版社，1989）．该教材自出版以来，深受读者欢迎，普遍认为这是一本深入浅出、联系实际、内容恰当、特色明显、适合师专的好教材．为此该教材连续印刷了8次，并于1997年出版了修订版．在五年制师范建立之初，相应教材缺乏，作为权宜之计，编者中也试用过该教材在这类学校开设《概率与统计》课程，试用下来，总体反映良好，唯感不足的是某些内容、例题及习题偏难，不能很好的贴近五年制师范自身对教材的要求．

鉴于上述情况，考虑到五年制师范教材与师专相应教材就其基本内容来说是一致的这一事实．在本教材编写过程中，充分运用了原师专教材的信息，结合五年制师范有别于师专的教学要求，在原师专教材基础上，从知识内容到结构进行了适度调整．略去了不少定理的证明，更多的辅以直观上的理解；降低了例题、习题的难度；增加了条件数学期望、马尔可夫链、蒙特卡罗方法思想以及在教育统计中常用的一些非参数检验方法等内容．通过以上调整形成的本教材比起原师专教材而言，知识面扩大了，适用性增强了，这正是五年制师范教材所期望的．

本教材在习题配备上保持了原师专教材的风格，每节都配备了习题，每节习题有的又分A组题和B组题，A组题是基本题，每个学生都必须在教师指导下选择若干认真完成，达到基本要求；B组题是有一定难度的题，供有余力的学生选做，以达到较高的要求．这样的安排有助于因材施教、人才培养．

按照江苏省五年制师范的课程方案,《概率与统计》课程的教学时数为84学时左右,本教材的容量足能应付.根据部分编者在五年制师范的教学情况,各章学时大致可分配如下:

章	1	2	3	4	5	6	7	8	9	10
学时	17	8	8	10	3	5	12	7	4	10

本教材虽是为五年制师范而编写的,但从其所选内容来看,也可作为培养本科学历小学师资、中小学师资培训、高等师范专科教育以及自学考试等的教材或教学参考书.

本教材由镇江师专缪铨生教授主编,参加编写的人员有:缪铨生(第1、2、4、5、6章),常州师范学校邹辛程高级讲师(第3章),镇江师专赵跃生副教授(第7、8、9、10章),并由缪铨生完成了全书的统稿定稿工作,赵跃生完成了习题答案与提示.

限于编者水平,本教材能否满足五年制师范教学之需,还有待今后教学实践来检验,恳请读者批评指正.

借此机会,请允许我们向始终关心、支持本教材的江苏省教育厅师教处、南京大学出版社表示衷心的感谢.

编　者

2000年3月